U0310687

高职高专“十二五”规划教材

机械设计技术

主　编　张本升

副主编　郑道友　冯士活　虞培清

参　编　韦志刚　刘　勇

机械工业出版社

本书内容包括机械常用零件的设计、机械常用部件的选用与设计、齿轮传动、蜗杆传动与螺旋传动、轮系、带传动与链传动、平面连杆机构、间歇运动机构、机械系统设计与减速器的设计简介。

本书适用于高职高专制造类各专业，也可作为各类成人高校、函授大学、电视大学、中等职业学校和高等技校相关专业的教学用书，并可供工程技术人员和工人参阅。

本书配有电子课件，凡使用本书作为教材的教师可登录机械工业出版社教材服务网 www. cmpedu. com 注册后下载。咨询邮箱：cmpgaozhi@ sina. com。咨询电话：010-88379375。

图书在版编目（CIP）数据

机械设计技术/张本升主编. —北京：机械工业出版社，2013. 11
高职高专“十二五”规划教材
ISBN 978 - 7 - 111 - 44600 - 2

Ⅰ. ①机… Ⅱ. ①张… Ⅲ. ①机械设计 - 高等职业教育 - 教材 Ⅳ. ①TH122

中国版本图书馆 CIP 数据核字（2013）第 256496 号

机械工业出版社（北京市百万庄大街 22 号　邮政编码 100037）
策划编辑：王海峰　责任编辑：王海峰　王丹凤
版式设计：霍永明　责任校对：刘秀丽
封面设计：鞠　杨　责任印制：张　楠
北京京丰印刷厂印刷
2014 年 1 月第 1 版 · 第 1 次印刷
184mm × 260mm · 15. 5 印张 · 379 千字
0 001—3 000 册
标准书号：ISBN 978 - 7 - 111 - 44600 - 2
定价：30. 00 元

凡购本书，如有缺页、倒页、脱页，由本社发行部调换
电话服务　网络服务
社服务中心：(010)88361066　教材网：http：//www. cmpedu. com
销售一部：(010)68326294　机工官网：http：//www. cmpbook. com
销售二部：(010)88379649　机工官博：http：//weibo. com/cmp1952
读者购书热线：(010)88379203　**封面无防伪标均为盗版**

前　言

本书是根据“国家中长期教育改革和发展规划纲要”的部署，为促进高职院校学生全面发展，以培养生产、建设、管理、服务第一线的高素质技能型专门人才为目标编写而成。高职高专教材应主动适应“十二五”期间高职应用型人才培养的指导思想和教学改革专业教学计划要求，推进工学结合，校企一体的高职人才培养创新模式。编者结合参考高职教育十多年来对教材的需求，在广泛吸收借鉴兄弟院校教学改革成果和编者多年的教学经验的基础上编写了本书。

为了使本书有较大的适应性，本书内容遵循通俗易懂、少而精，注重高职教育适用和基本够用的原则，既保证了基本知识内容，又能适应理论课时减少后课堂教学改革的需要，充分体现出课程结构的科学性、应用性及综合性。

各高等职业技术学院各专业对本课程的要求不同，在选用本书时，可结合本校具体情况适当取舍。

本书配有电子课件，凡使用本书作为教材的教师可登录机械工业出版社教材服务网 www. cmpedu. com 注册后下载。咨询邮箱：cmpgaozhi @ sina. com。咨询电话：010-88379375。

本书由浙江工贸职业技术学院张本升任主编，浙江工贸职业技术学院郑道友、冯士活、浙江长城减速器有限公司虞培清任副主编，参加编写工作的还有浙江工贸职业技术学院韦志刚，黑龙江交通职业技术学院刘勇。全书由张本升统稿。

本书在编写过程中得到了有关院校和企业的大力支持、协助及一些同行专家的指点，他们对本书提出了许多宝贵的意见，在此表示衷心感谢！

鉴于编者水平有限，书中难免有欠妥之处，欢迎同行和广大读者批评指正。

编　者

目　录

绪论

“机械设计技术”是机械类专业的一门技术应用课程，其宗旨是培养学生综合运用先修课程中所学知识和技能，解决机械设计实际应用的能力，结合各种实践教学环节，进行机械工程技术人员所需的基本训练，为毕业设计和毕业后从事机械创新设计，改进设计工作提供技术支持，在人才培养过程中占有重要地位和作用。

本课程注重培养学生综合运用传统和现代设计思想，分析和解决现有机械设计实际问题的能力。

一、机器的组成及特征

在现代工、农业生产和日常生活中广泛使用着各式各样的机器。根据其用途不同，可以分为：动力机器（如电动机、内燃机、发电机等）；切削机器（如车床、刨床、铣床、钻床、磨床等；工作机器（如磨粉机、压面机、纺织机、包装机、搅拌机、洗衣机、起重机、机器人等）；运输机器（如飞机、火车、汽车、摩托车、自行车等）和信息处理机（如计算机、电视机、录像机等）。

1. 机器的组成

机器由动力部分、传动部分、工作部分和控制部分四大部分组成。

1）动力部分是机器能量的来源，它将各种能量（如电能、热能、化学能等）转变为机械能，常用的动力部分有电动机、内燃机等。

2）传动部分是按机器的工作要求将其运动,传递、转换并分配给工作部分的中间装置。常用的传动部分有带传动、链传动、齿轮传动、蜗杆传动、螺旋传动等。

3）工作部分是直接实现机器特定功能、完成生产任务的部分。如起重机的吊钩、推土机的铲斗、轧钢机的轧辊、汽车的车轮、机器人的夹持部分等。

4）控制部分是控制机器起动、停车和变更运动参数的部分。如开关、变速手柄、制动装置，以及相应的控制元件等。图 0-1 所示为常用卷扬机的传动示

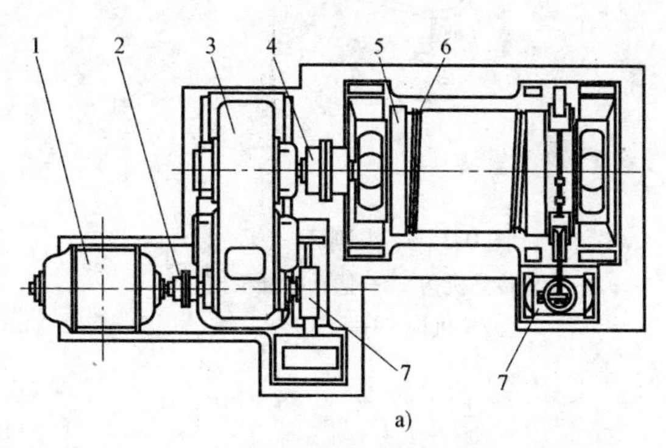

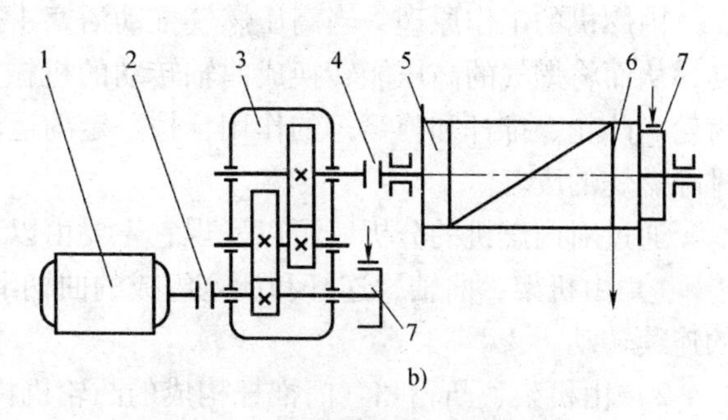

图 0-1 常用卷扬机的传动示意图

1—电动机 2、4—联轴器 3—减速器

5—卷筒 6—钢丝绳 7—制动器

意图。其中动力部分是电动机；工作部分是卷筒；介于动力部分和工作部分之间的齿轮是传动部分，齿轮传动是将电动机的高速转动转变为低速转动，并将转矩加大；而控制台上的按钮和手柄是卷扬机的控制部分，它分别控制电动机的正反转、起动、制动从而控制卷绕在卷筒上的钢丝绳上、下运动进行起吊工作。

图 0-2 所示为牛头刨床，由齿轮机构、摆动导杆机构、棘轮机构、螺旋机构、滑枕移动、刨刀刀架机构以及床身等组成。

牛头刨床的工作原理：旋转的电动机通过变速齿轮传动机构、摆动导杆机构驱动滑枕往复移动带动刀架上的刨刀运动以及工作台进给运动，实现对工件的刨削加工。

图 0-3 所示为单缸内燃机，由气缸体 1（机架）、曲轴 2、连杆 3、活塞 4、进气阀 5、排气阀 6、推杆 7、凸轮 8、齿轮 9、10 及飞轮和火花塞等组成。

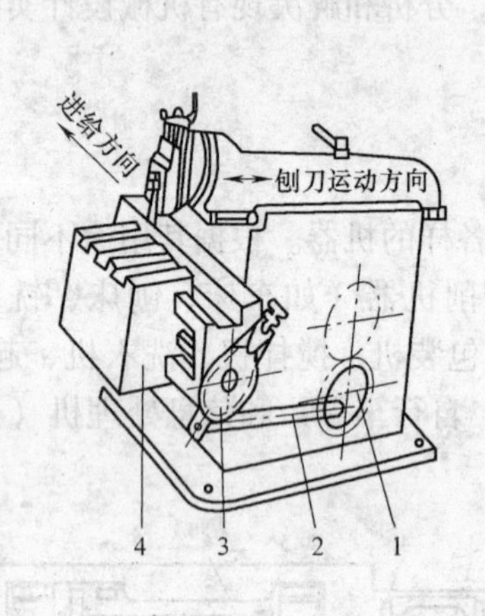

图 0-2 牛头刨床

1—齿轮传动机构 2—摆动导杆机构
3—棘轮机构 4—工作台

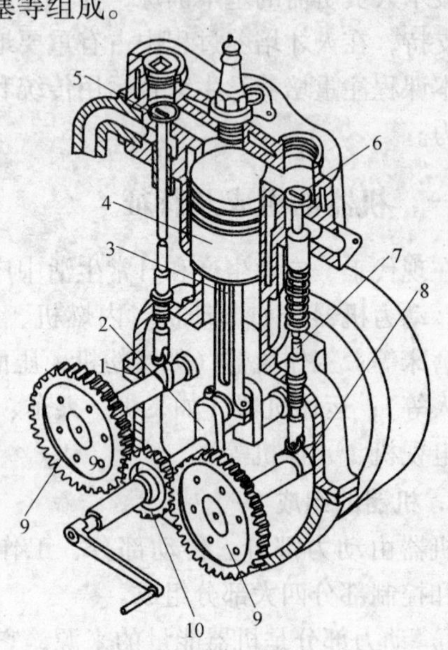

图 0-3 单缸内燃机

1—气缸体 2—曲轴 3—连杆 4—活塞
5—进气阀 6—排气阀 7—推杆
8—凸轮 9、10—齿轮

内燃机的工作原理：当高压燃气推动活塞 4 往下运动时，驱动连杆 3 使曲轴 2 作连续转动，从而将燃气的高压能转换成曲轴转动的机械能。为了保证曲轴的连续转动，通过飞轮、齿轮、凸轮、推杆和弹簧等的作用，按一定的运动规律起闭进气门和排气门，以吸入空气和排除燃烧的废气。

通过对内燃机的分析，可以发现它主要由以下三种机构组成：

1）由机架、曲轴、连杆和活塞组成的曲柄滑块机构，它将活塞的往复运动转化为曲轴的连续转动。

2）由机架、凸轮和气门推杆构成的凸轮机构，它将凸轮的连续转动转变为推杆的往复运动。

3）由机架、齿轮构成的齿轮机构，其作用是改变转速的大小和方向。

原动机的功能是用于接受外部能源，为机械系统提供动力输入（多数情况下是旋转运动），例如电动机将电能转换为机械能，发电机将机械能转换为电能，内燃机将化学能转换为机械能等。

传动部分由原动机驱动，用于将原动机的运动形式及动力参数（如转速、转矩等）进行变换，改变为工作机所需的运转形式，从而使工作机实现预期的生产职能。

2. 机器的特征

通常机器一般都具有以下三个共同特征：

1）机器是由各种材料制成的零件，经装配而成的组合体。

2）各相对运动单元体之间具有确定的相对运动。

3）工作时能进行能量转换。

简单地讲，机器能用于能量转换，以代替和减轻人的体力和脑力劳动。

3. 几个基本概念

对本课程的学习，需要弄清楚如下的几个基本概念：

1）机械。机械是机器与机构的总称。

2）机构。机构是实现传递运动和动力或改变机械运动形式的构件组合体。如工程机械上常见的齿轮传动机构、螺旋传动机构、带传动和链传动机构、平面铰链机构、间歇传动机构等。

3）部件。组成机械相对运动的单元体称为部件。部件可以是一个零件，也可以是由几个零件组成的刚性结构，如图 0-4 所示的内燃机连杆。

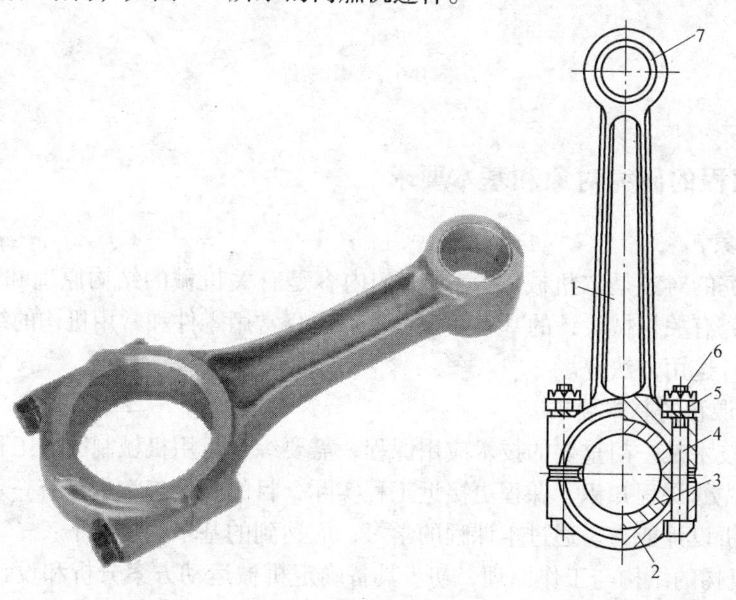

图 0-4 内燃机连杆

1—连杆体 2—连杆盖 3—轴瓦 4—螺栓 5—槽形螺母 6—开口销 7—轴套

4）零件。零件是制造的单元体。部件与零件的根本区别在于，部件是运动的单元体；零件是制造的单元体，是不能再拆开的整体。

5）通用零件。在各种机械中普遍使用的零件称为通用零件。如齿轮、螺钉、销轴等，如图 0-5 所示。

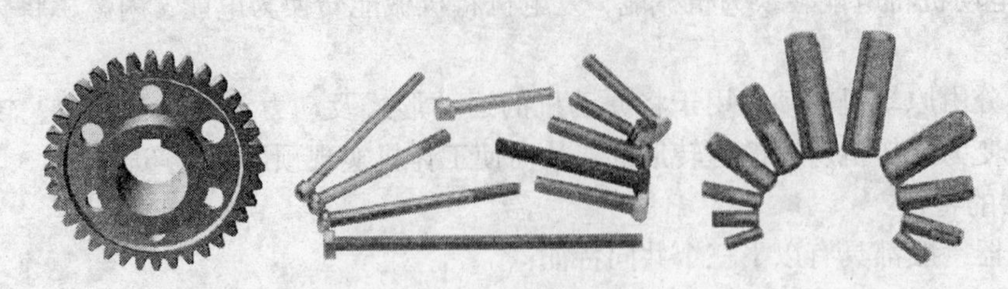

图 0-5 通用零件

6）专用零件。专用零件是指只在某种机器上使用的零件。如活塞、曲轴、叶片等，如图 0-6 所示。

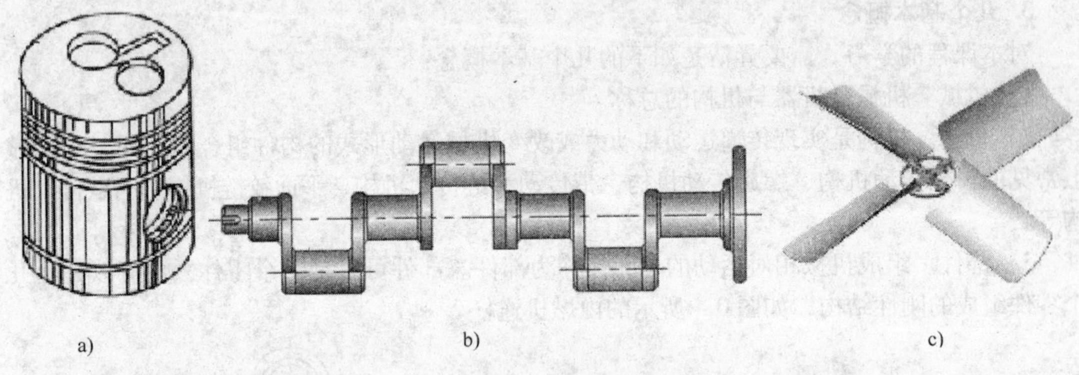

a) b) c)

图 0-6 专用零件

二、本课程的研究对象和基本要求

1. 研究对象

本课程研究的对象是“机械”，而研究的内容是有关机械的结构原理和设计方法问题。本课程主要研究有关机械设计的基本知识，重点研究常用零件和常用机构的结构组成、工作原理，以及设计选用方法等。

2. 学习本课程的基本要求

机械设计技术是一门重要的技术应用课程，需要综合运用机械制图、工程力学、金属材料与热处理等先修课程知识，课程更接近工程实际，目的是培养学生具有一定常用机构及通用零部件的分析设计能力。通过本课程的学习，应达到的基本要求如下：

1）了解机构的结构与工作原理，初步具备确定机械运动方案分析和设计基本机构的能力。

2）掌握通用机械的工作原理、特点，具备设计一般简单机械的能力。

3）具备会查阅相关标准、规范、手册、图册等，灵活运用有关技术资料的能力。

学习本课程时要多注意观察各种机械设备，各种机构的基本原理和零部件的结构组成。

本课程涉及的知识面很广，重在应用，所以需要学生能够综合应用先修课程的知识，重视基本技能的训练，注意分析问题和解决问题的方法，注意实际应用时的范围和条件。

思考与练习题

0-1　机器与机构有何不同?

0-2　零件与构件有何区别?

0-3　学习本课程应达到哪些基本要求?

0-4　试说明如图 0-7 所示部件各序号的名称?

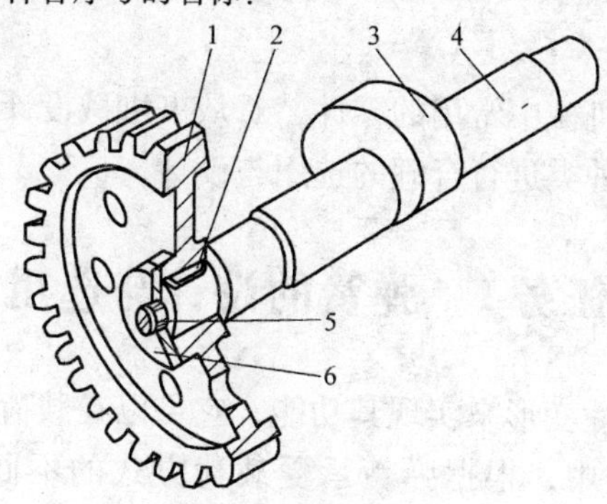

图 0-7　题 0-4 图

模块1 机械常用零件的设计

弹簧、螺钉、轴与键是机械中常用的零件，对从事机械设计方面的工作者而言，主要是根据机器的工作条件和载荷种类进行合理的选用与设计。

任务1 弹簧的设计与选用

弹簧是弹性元件，靠弹性变形来实现其功能，它可以在载荷的作用下产生较大的弹性变形，在机械设备和仪器仪表中，根据弹簧承受载荷方式的不同，弹簧的结构类型有很多种。

一、弹簧的功能

弹簧在各类机械中的应用十分广泛，其主要功能有缓冲吸振、控制运动、储存和释放能量、测量力和力矩的大小。

1. 缓冲吸振

如汽车中的缓冲弹簧、铁路机车车辆的缓冲器等。这类弹簧具有较大的弹性变形，以便吸收较多的冲击能量。

2. 控制运动

如内燃机的阀门弹簧，制动器和凸轮机构中的弹簧等。这类弹簧常在规定的变形范围内变化，以满足工作的要求。

3. 储存和释放能量

如自动机床的刀架自动返回装置中的弹簧，经常开闭容器中的弹簧，钟表中的发条等。这类弹簧既要求有较大的弹性，又要求有稳定的作用力。

4. 测量力和力矩的大小

如测力器、弹簧秤中的弹簧等，这类弹簧要求有稳定的载荷。

二、弹簧的类型及特性曲线

按照弹簧所能承受载荷的不同，弹簧可以分为拉伸弹簧、压缩弹簧、扭转弹簧和弯曲弹簧四种。按照弹簧的形状不同又可以分为螺旋弹簧、环形弹簧、碟形弹簧、板簧和平面涡卷弹簧等。

弹簧的载荷与变形曲线之间的关系曲线称为弹簧特性曲线，特性曲线的形式与弹簧的结构有关。

1. 等节距圆柱螺旋弹簧

等节距圆柱螺旋弹簧的特性曲线呈线性，刚度稳定，应用最为广泛，如图1-1所示。主要用于承受压力。

2. 圆柱螺旋扭转弹簧

圆柱螺旋扭转弹簧主要用于各种装置中的压紧和控制，如图 1-2 所示。用于自行车的闸、各种夹子。

3. 圆锥螺旋弹簧

圆锥螺旋弹簧结构紧凑、稳定性好、多用于承受较大载荷和减振的场合，其防共振能力比圆柱螺旋弹簧好，如图 1-3 所示。

4. 碟形弹簧

碟形弹簧缓冲及减振能力强。采用不同的弹簧种类组合可得到不同的特性曲线，如图 1-4 所示。常用于重型机械的缓冲及减振装置。

5. 环形弹簧

环形弹簧具有很高的消振能力，是强力缓冲弹簧，如图 1-5 所示。常用在铁路车辆、飞机着陆的缓冲装置中。

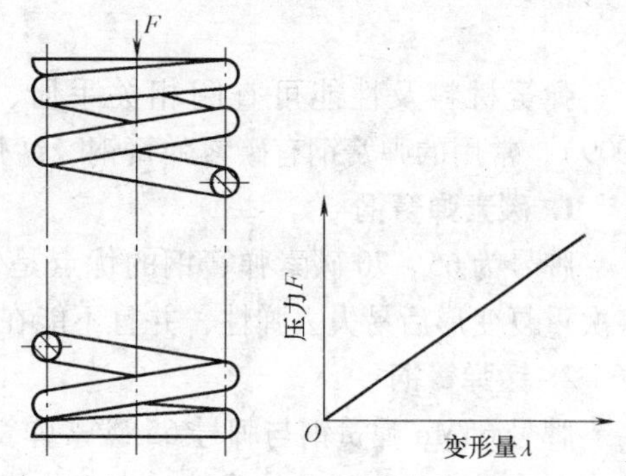

图 1-1　圆柱螺旋弹簧

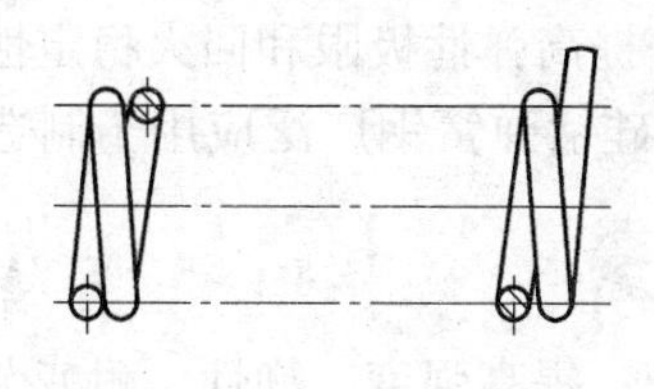
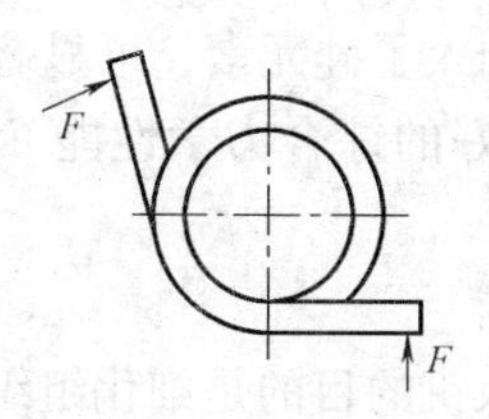

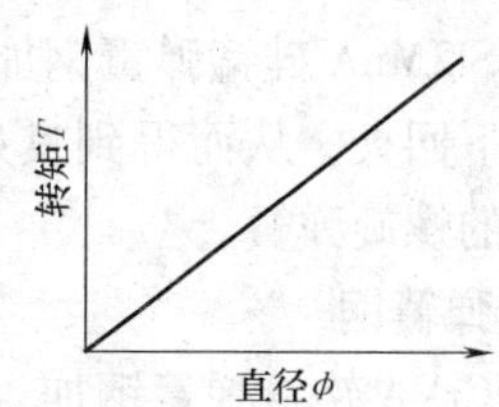

图 1-2　圆柱螺旋扭转弹簧

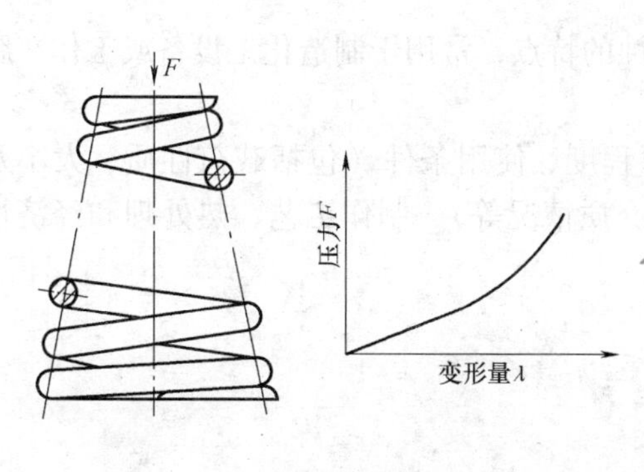

图 1-3　圆锥螺旋弹簧

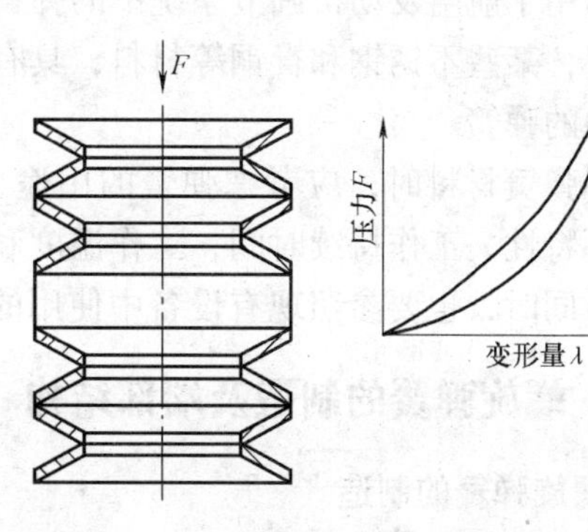

图 1-4　碟形弹簧

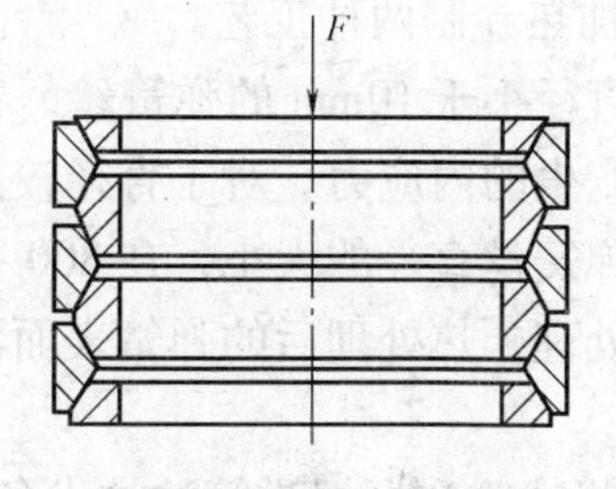

图 1-5　环形弹簧

三、弹簧的材料

弹簧在工作时常受到变载荷或冲击载荷的作用，为了保证弹簧能够持久可靠地工作，其材料必须具有高的弹性极限和疲劳极限，同时应具有足够的韧性和塑性，以及良好的热处理性。

弹簧材料及性能可查阅相关手册、规范和标准（GB/T 23935—2009，GB/T 4357—2009），常用的弹簧钢有碳素弹簧钢、锰弹簧钢、铬钒弹簧钢、硅锰弹簧钢等。

1. 碳素弹簧钢

牌号为65、70碳素弹簧钢的优点是价格便宜，原材料来源方便；缺点是弹性极限低，多次重复变形后易失去弹性，并且不能在130℃以上的温度下正常工作。

2. 锰弹簧钢

牌号65Mn弹簧钢与牌号65碳素弹簧钢相比，优点是淬透性较好和强度较高；缺点是淬火后容易产生裂纹及热脆性。由于价格较便宜，常用于一般机械上尺寸较小的弹簧，如离合器弹簧等。

3. 硅锰弹簧钢

牌号60Si2MnA硅锰弹簧钢加入了硅元素，可显著提高弹性极限和回火稳定性，可以在较高的温度下回火，从而得到良好的综合力学性能。硅锰弹簧钢广泛应用于制造火车、汽车、拖拉机的螺旋弹簧。

4. 铬钒弹簧钢

牌号50CrVA铬钒弹簧钢加入钒的目的是细化组织，提高强度、韧性、耐疲劳性和抗冲击性，并能在（-40~+210℃）的温度下可靠工作，但价格较贵，多用于要求较高的重要场合，如用于航空发动机调节系统中的弹簧。

此外，某些不锈钢和青铜等材料，具有耐腐蚀的特点，常用于制造化工设备或工作在腐蚀介质中的弹簧。

选择弹簧材料时，应考虑弹簧的用途、重要程度、使用条件（包括载荷性质、大小及应力循环特性，工作持续时间，工作温度和周围介质情况等）、制作工艺、热处理和经济性等因素。同时，也要参照现有设备中使用的弹簧。

四、螺旋弹簧的制造及端部结构

1. 螺旋弹簧的制造

螺旋弹簧的制造工艺过程包括：卷制、热处理、工艺试验及强化处理。

（1）卷制　弹簧的卷制分为常温卷制和加热卷制两种工艺。

常温卷制常用于经预先热处理后拉成的直径小于10mm的弹簧丝，卷成弹簧后不再进行淬火处理，只进行回火处理以消除在卷制时产生的内应力。对于直径较大的弹簧丝制作的弹簧则用加热卷制法，加热卷制时的温度依据弹簧丝直径的大小，在800~1 000℃的范围内选择，卷制完成后需要再进行淬火和中温回火处理，热处理后的弹簧表面不应该出现显著的脱碳层。

（2）检验　弹簧制作好后，还须进行工艺试验和根据弹簧的技术条件进行强度、冲击、疲劳等试验，以检验弹簧是否符合技术要求。弹簧的持久强度和抗冲击强度取决于弹簧丝的

弹簧为例进行分析。

（1）弹簧中的应力　图 1-11a 所示为圆柱螺旋压缩弹簧，其中径为 D_2。

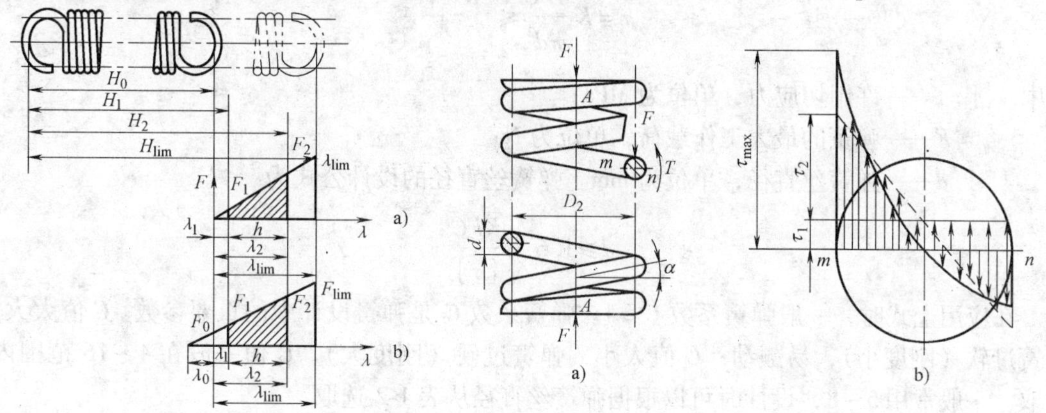

图 1-10　圆柱螺旋拉伸弹簧的特性曲线　　图 1-11　圆柱螺旋压缩弹簧丝中的内力及应力

在通过其轴线的剖面上，直径为 d 的弹簧丝剖面是椭圆形的。由于弹簧螺纹升角很小（$\alpha \leqslant 9°$），可以近似看作圆剖面。把弹簧的轴向载荷 F 移到这个剖面，剖面上作用有转矩 T 和剪切力 F。剪切力 F 所引起的切应力 τ_1 和转矩 T 所引起的最大切应力 τ_2 分别为

$$\tau_1 = \frac{4F}{\pi d^2} \text{和} \tau_2 = \frac{T}{W_P} = \frac{8FD_2}{\pi d^3}$$

$$T = \frac{FD_2}{2}$$

所以，弹簧丝剖面上的最大切应力为

$$\tau = \frac{8FD_2}{\pi d^3}\left(1 + \frac{d}{2D_2}\right)$$

令 $C = \dfrac{D_2}{d}$，C 称为弹簧系数

所以

$$\tau = \frac{8FD_2}{\pi d^3}\left(1 + \frac{0.5}{C}\right)$$

最大切应力发生在弹簧丝的内侧处，如图 1-11b 所示。

如果考虑弹簧螺纹升角和弹簧丝曲率等方面的影响，通过对上式进行修正，得到比较精确的计算公式为

$$\tau = K\frac{8FC}{\pi d^2}$$

式中　K——应力修正系数，其值为

$$K = \frac{4C-1}{4C-4} + \frac{0.615}{C}$$

（2）强度条件　弹簧的强度条件为

$$\tau = K\frac{8FC}{\pi d^2} \leqslant [\tau]$$

式中　$[\tau]$——许用切应力，单位为 MPa；

F——弹簧的最大工作载荷，单位为 N；

d——弹簧丝直径，单位为 mm。弹簧丝直径的设计公式为

$$d \geqslant 1.6\sqrt{\frac{KFC}{[\tau]}}$$

在应用上式时，一般弹簧系数 $C \geqslant 4$。弹簧系数 C 是弹簧设计中的重要参数。C 值太大，弹簧过软（刚度小），易颤动；C 值太小，弹簧过硬（刚度大）。C 值一般在 4 ~ 16 范围内选取，一般常用 5 ~ 8，设计时可以根据弹簧丝直径从表 1-2 选取。

表 1-2　弹簧系数

弹簧丝直径/mm	0.2 ~ 0.4	0.5 ~ 1	1.1 ~ 2.2	2.5 ~ 6	7 ~ 16	18 ~ 42
C	7 ~ 14	5 ~ 12	5 ~ 10	4 ~ 10	4 ~ 8	4 ~ 6

弹簧系数 C、许用切应力 $[\tau]$ 均与弹簧丝直径 d 有关，必须通过试算才能选到合适的弹簧丝直径。

（3）刚度条件　根据工程力学中的有关公式求得圆柱螺旋压缩（或拉伸）弹簧的轴向变形 λ 为

$$\lambda = \frac{8FC^3 n}{Gd}$$

式中　n——弹簧的工作圈数；

G——弹簧材料的剪切弹性模量（钢的 $G = 8 \times 10^4$ MPa，铜的 $G = 4 \times 10^4$ MPa）。

弹簧刚度 k 是弹簧的主要参数之一，设计计算式为

$$k = \frac{F}{\lambda} = \frac{Gd}{8C^3 n}$$

从公式看出，刚度越大，需要的力越大，弹簧的弹力也就越大。

弹簧有效圈数计算式为

$$n = \frac{\lambda Gd}{8FC^3} = \frac{Gd}{8C^3 k}$$

对于拉伸弹簧总圈数大于 20 圈时，一般圆整为整圈数，小于 20 圈时可以圆整为 0.5 圈。对于压缩弹簧，总圈数的尾数宜取 0.25、0.5 或整数。有效圈数通常圆整为 0.5 的整数倍，并且大于 2 才能保证弹簧具有稳定的性能。若计算的圈数 n 与 0.5 的倍数相差较大时，应在圆整后，再计算弹簧丝的实际长度。

4. 弹簧的设计步骤

设计弹簧时，通常是根据弹簧的最大工作载荷、最小工作载荷及其相应的变形，结构和工作条件等，确定弹簧丝的直径、工作圈数、弹簧中径等尺寸，步骤为如下：

1）根据工作条件，选择弹簧材料，并查出其力学性能数据。

2）参照刚度要求，选择弹簧系数 C，根据结构尺寸的要求初定弹簧中径，估取弹簧丝直径，查出许用应力。

3）按强度条件计算，选取所需弹簧丝直径。

4）按刚度条件确定弹簧工作圈数。

5）计算弹簧的其他尺寸。

6）验算压缩弹簧的稳定性。

若压缩弹簧高度过大，受力后可能失稳而发生侧弯现象，如图1-12a所示。为了保证压缩弹簧的稳定性，弹簧的高径比应小于其许用值。

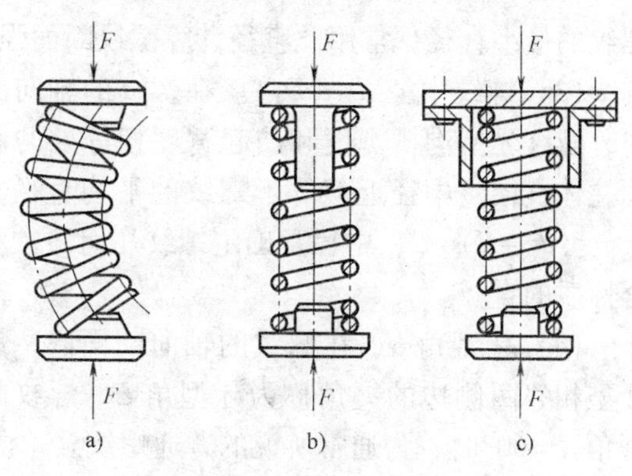

图1-12 弹簧的失稳现象与使其保持稳定的装置

弹簧的高径比许用值分别为：两端固定的弹簧是5.3；一端固定另一端铰支的弹簧是3.7。当弹簧的高径比大于许用值时，应在弹簧内侧加导向杆，如图1-12b所示，或在弹簧外侧加导向套，如图1-12c所示。

任务2 螺 纹 连 接

螺纹连接组件是一种广泛使用的可拆卸连接,具有结构简单、连接可靠、装拆方便等优点。按螺纹形成的表面不同,螺纹有外螺纹和内螺纹之分。外螺纹是螺纹制作在圆柱体的外侧表面上;内螺纹是把螺纹制作在孔的内壁。外螺纹、内螺纹二者共同组成螺纹副用于连接。

一、螺纹的旋向与单位制

1. 旋向

根据螺纹螺旋线旋绕方向的不同，螺纹分为右旋螺纹和左旋螺纹。

旋向判定按螺纹的轴线垂直于水平面放置时，螺旋线向右上方倾斜，为右旋螺纹，右旋螺纹顺时针方向转动为拧紧，逆时针方向转动为放松；螺旋线向右下方倾斜，为左旋螺纹，左旋螺纹逆时针方向转动为拧紧，顺时针方向转动为放松。机械连接中大多采用右旋螺纹，螺纹的旋向如图1-13所示。

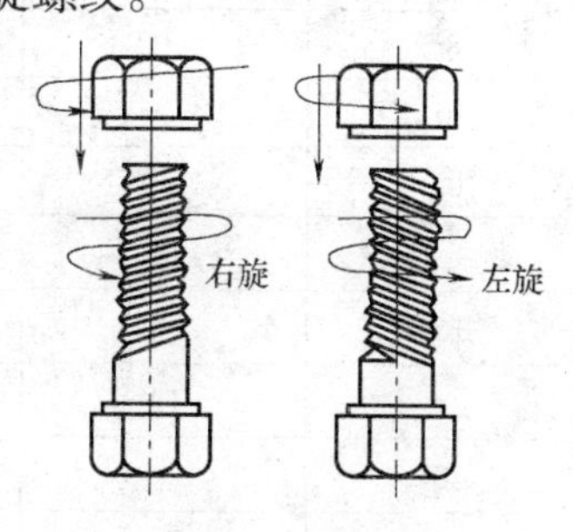

图1-13 螺纹的旋向

2. 单位制

螺纹有米制（毫米单位制）和寸制（英寸单位制）两种。寸制螺纹与米制螺纹的换算关系为

$$1\text{in} = 25.4\text{mm}$$

我国除管螺纹外大都采用米制螺纹。

二、螺纹的主要参数

通常以广泛使用的普通圆柱螺纹为例来说明螺纹的主要几何参数，如图1-14所示。

（1）螺纹大径 d（D） 与外螺纹牙顶或内螺纹牙底相重合的假想圆柱体的直径，是螺纹的最大直径。在标准中规定它为螺纹的公称直径。

（2）螺纹小径 d_1（D_1）。与外螺纹牙底或内螺纹牙顶相重合的假想圆柱体的直径，是螺纹的最小直径，常用此直径计算螺纹断面强度。

（3）螺纹中径 d_2（D_2）。在螺纹的轴向剖面内，螺纹牙型沟槽宽度和凸起宽度相等处的假想圆柱体直径，中径近似等于螺纹的平均直径，即 $d_2 \approx (d_1 + d)/2$，中径是确定螺纹几何参数和配合性质的直径。

（4）牙型角 α。在螺纹的轴向剖面内，螺纹牙型相邻两侧边的夹角称为牙型角 α。螺纹的牙型角 $\alpha = 60°$时，为通常所说的普通螺纹。

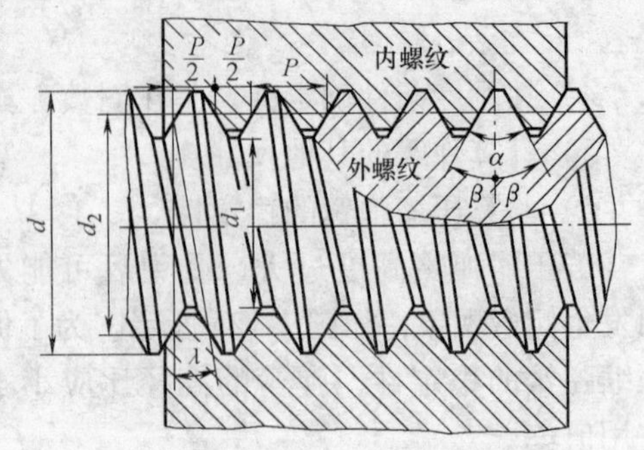

图 1-14 螺纹的几何参数

（5）牙型半角 β。牙型侧边与螺纹轴线垂线间的夹角称为牙型半角 β，对称牙型的 $\beta = \dfrac{\alpha}{2}$。

（6）螺距 P。螺纹相邻两牙在中径线上对应两点的轴向距离称为螺距 P。螺纹几何尺寸和螺距参见表 1-3。

表 1-3 普通螺纹的直径与螺距 （单位：mm）

公称直径 D、d		螺距 P		粗牙中径	粗牙小径
1 系列	2 系列	粗牙	细牙	D_2、d_2	D_1、d_1
3		0.5	0.35	2.675	2.459
	3.5	(0.6)		3.110	2.850
4		0.7	0.50	3.545	3.242
	4.5	(0.75)		4.013	3.688
5		0.8		4.480	4.134
6		1	0.75	5.350	4.917
8		1.25	1、0.75	7.188	6.647
10		1.5	1.25、1、0.75	9.026	8.376
12		1.75	1.25、1	10.863	10.106
	14	2	1.5、(1.25)*、1	12.701	11.835
16			1.5、1	14.701	13.835
	18	2.5	2、1.5、1	16.376	15.294
20				18.376	17.294
	22			20.376	19.294
24		3		22.051	20.752
	27			25.051	23.752
30		3.5	(3)、2、1.5、1	27.727	26.211
	33		(3)、2、1.5	30.727	29.211
36		4	3、2、1.5	33.402	31.670
	39			36.402	34.670

（续）

公称直径 D、d		螺距 P		粗牙中径	粗牙小径
1系列	2系列	粗牙	细牙	D_2、d_2	D_1、d_1
42		4.5	4、3、2、1.5	39.007	37.129
	45			42.007	40.129
48		5		44.752	42.587
	52			48.752	46.587
56		5.5		52.428	50.046
	60			56.428	54.046
64		6		60.103	57.505
	68			64.103	61.505

注：1. 尽量不采用括号内的螺距。

2. 带“*”的螺距仅用于发动机的火花塞。

（7）螺纹升角 λ。在中径圆柱面上螺旋线的切线与垂直于螺纹轴线的平面间的夹角称为螺纹升角 λ。

通常螺纹升角 λ 比螺杆和螺母配合材料的当量摩擦角小，当螺杆（或螺母）受到轴向力作用时，螺母（或螺杆）不会自行松退，称为螺纹的自锁效应。

三、普通螺纹的特点与连接类型

1. 特点

同一公称直径，按螺距大小不同，把螺纹分为粗牙和细牙两种。若无特殊要求一般连接通常采用粗牙螺纹，粗牙螺纹不标螺距。

细牙螺纹螺距小、螺纹升角变小、自锁性能更好；但螺牙的强度低、耐磨性变差、易滑扣。细牙螺纹常用于薄壁零件或受冲击、振动及变载荷的连接中。

管螺纹是寸制螺纹，牙型角 $\alpha=55°$，牙顶有较大圆角，内外螺纹旋合后无径向间隙，密封性好。管螺纹分为55°非密封管螺纹和55°密封管螺纹。55°非密封管螺纹用于低压场合；55°密封管螺纹用于高温、高压或密封性要求高的连接。

2. 连接的基本类型

螺纹连接的结构形式很多，可归纳为以下四种基本类型。

（1）螺栓连接　螺栓连接是将螺栓穿过被连接零件的光孔并用螺母锁紧，其结构形式如图1-15所示。

螺栓连接结构简单、装拆方便、损坏后容易更换，故应用广泛。装拆时被连接零件的两端都需要有足够的扳手空间。

螺栓连接根据受力情况不同，分为普通螺栓连接和铰制孔螺栓连接两种。

采用普通螺栓连接时，螺栓与被连接零件孔壁之间有间隙，被连接零件孔的直径一般是螺栓直径的1.1倍，装拆方便，如图1-15a所示。

采用铰制孔螺栓连接时，被连接零件孔和螺栓光杆部分选择基孔制过渡配合（H7/m6或H7/n6），螺栓承受横向载荷，同时还兼起定位作用，如图1-15b所示。

（2）双头螺柱连接　螺柱的一端旋紧在一被连接零件的螺纹孔中，另一端则穿过另一被连接零件的光孔。这种连接用于被连接零件之一较厚，且不宜制成通孔，并需经常拆卸的场合，如图 1-16 所示。

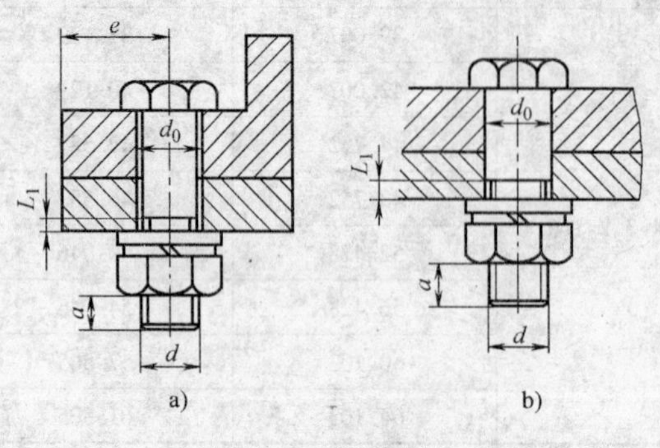

图 1-15 螺栓连接

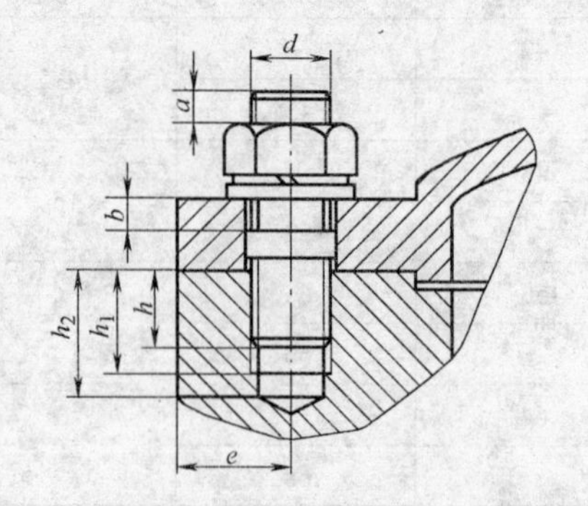

图 1-16 双头螺柱连接

拆卸时，只需拧下螺母而不必从螺纹孔中拧出螺柱，即可将两被连接零件分开。

（3）螺钉连接 螺钉连接不需要螺母，适用于一个被连接零件较厚，材料较软，且受力不大，又不便制成通孔，不需要经常拆卸的场合，如图 1-17 所示。

（4）紧定螺钉连接 紧定螺钉连接是将螺钉旋入被连接零件的螺纹孔中，其末端顶住另一被连接零件的表面或顶入该零件的凹坑中，这种连接通常不受轴向外载荷，只能传递很小的力或转矩，用来固定两个零件的相对位置，如图 1-18 所示。紧定螺钉的头部有平端、锥端和圆柱端等多种形状。

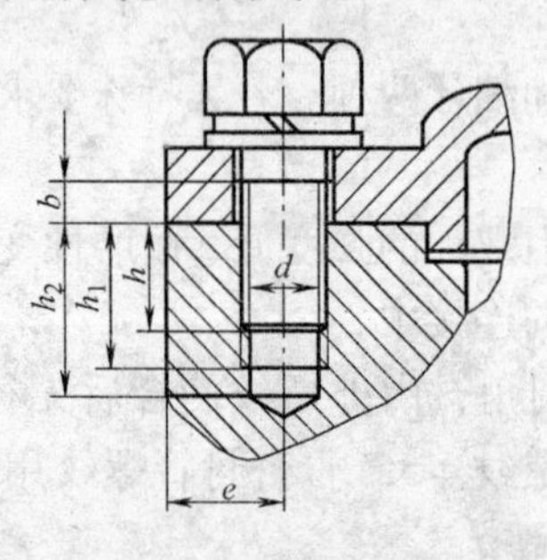

图 1-17 螺钉连接

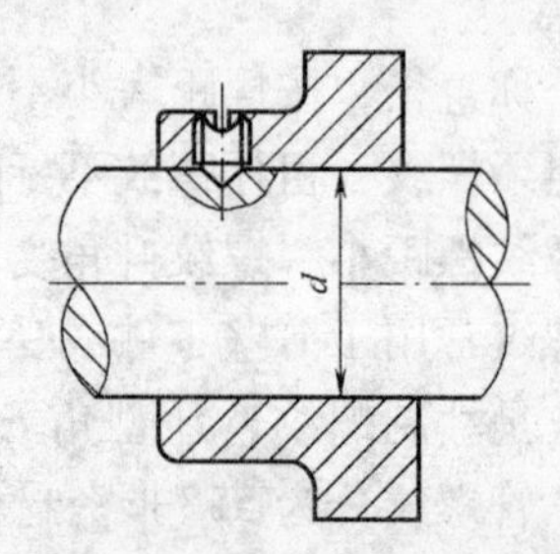

图 1-18 紧定螺钉连接

螺纹连接的种类很多，这些零件的结构大多都已标准化，常用的螺纹连接可查机械设计手册选用。表 1-4 列出了标准螺纹连接件的图例、结构特点及应用。

表 1-4 标准螺纹连接件的图例、结构特点及应用

名称	图 例	结构特点及应用
螺栓	L, L_0, d 六角头 L, L_0, d 小六角头	螺栓由螺栓头和螺杆构成。螺栓头一般为六角形，其杆部可制成全螺纹或部分螺纹。六角头又分标准头、小头两种。小六角头螺栓尺寸小，重量轻，但不宜用于拆装频繁、被连接件抗压强度较低或易锈蚀的场合

（续）

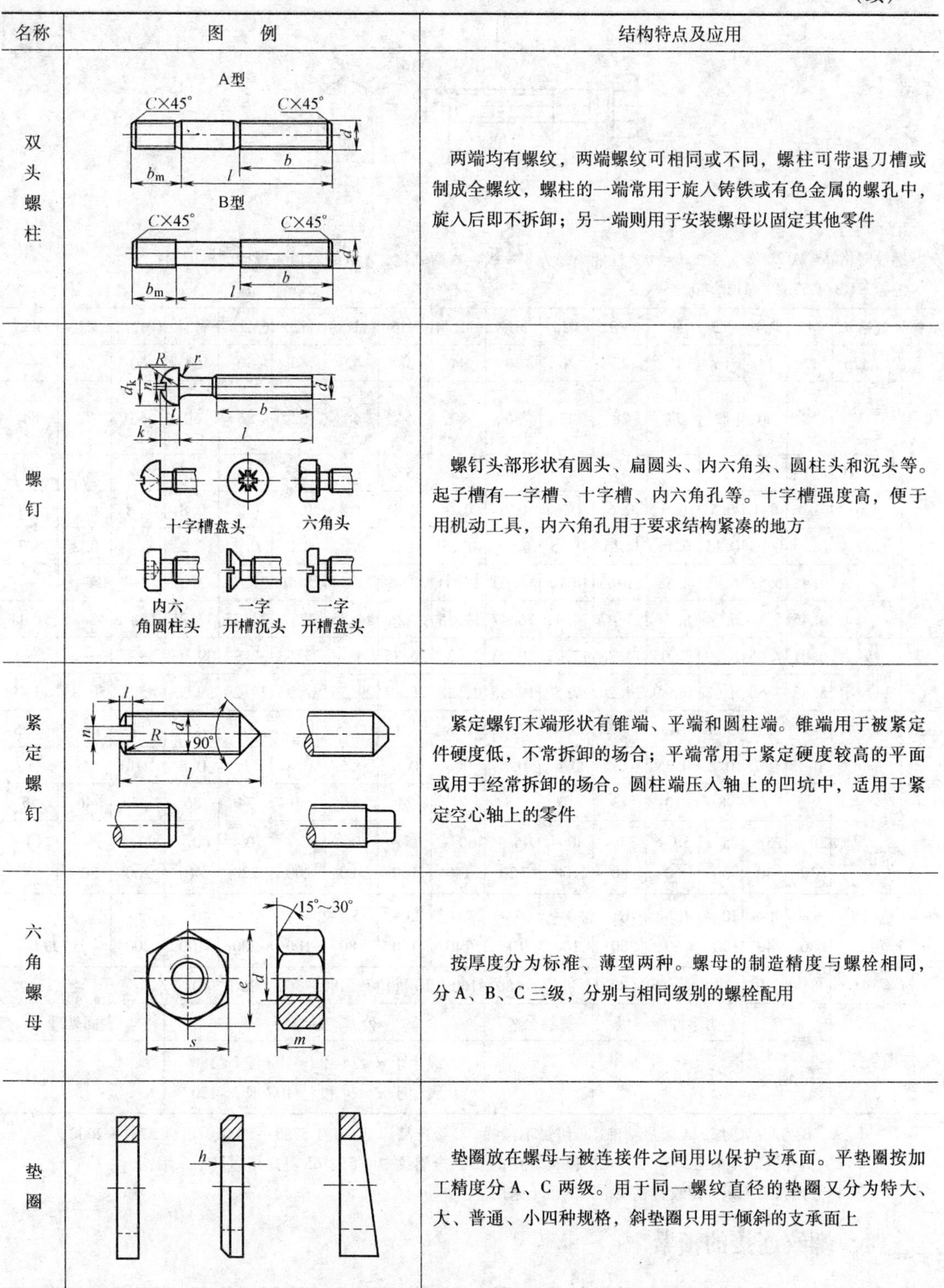

名称	图例	结构特点及应用
双头螺柱	A型 C×45° C×45° d b_m l b B型 C×45° C×45° d b_m l b	两端均有螺纹，两端螺纹可相同或不同，螺柱可带退刀槽或制成全螺纹，螺柱的一端常用于旋入铸铁或有色金属的螺孔中，旋入后即不拆卸；另一端则用于安装螺母以固定其他零件
螺钉	R r d_k n d t b k l 十字槽盘头 六角头 内六角圆柱头 一字开槽沉头 一字开槽盘头	螺钉头部形状有圆头、扁圆头、内六角头、圆柱头和沉头等。起子槽有一字槽、十字槽、内六角孔等。十字槽强度高，便于用机动工具，内六角孔用于要求结构紧凑的地方
紧定螺钉	l n R d 90° l	紧定螺钉末端形状有锥端、平端和圆柱端。锥端用于被紧定件硬度低，不常拆卸的场合；平端常用于紧定硬度较高的平面或用于经常拆卸的场合。圆柱端压入轴上的凹坑中，适用于紧定空心轴上的零件
六角螺母	15°～30° d e s m	按厚度分为标准、薄型两种。螺母的制造精度与螺栓相同，分A、B、C三级，分别与相同级别的螺栓配用
垫圈	h	垫圈放在螺母与被连接件之间用以保护支承面。平垫圈按加工精度分A、C两级。用于同一螺纹直径的垫圈又分为特大、大、普通、小四种规格，斜垫圈只用于倾斜的支承面上

机械连接中用的最多的是六角头螺栓，常用六角头螺栓分A级和B级，结构尺寸参看表1-5。

表 1-5 六角头螺栓 A 级和 B 级（摘自 GB/T 5782—2000） （单位：mm）

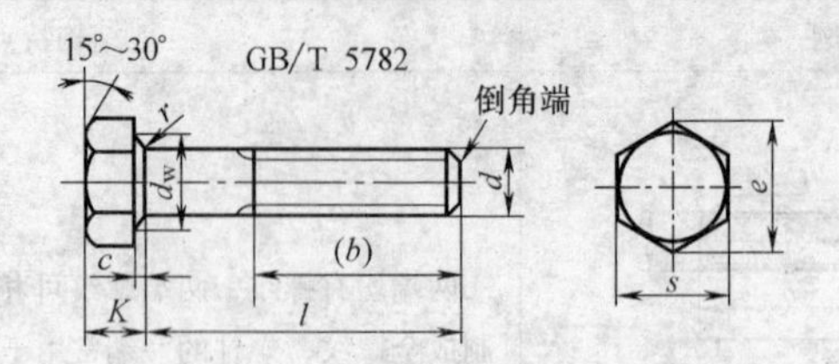

标记示例

螺纹规格 d = M12、公称长度 l = 80、性能等级为 8.8 级、表面氧化、A 级的六角头螺栓的标记为：

螺栓 GB/T 5782 M12 × 80

螺纹规格 d			M3	M4	M5	M6	M8	M10	M12	(M14)	M16	(M18)	M20	(M22)	M24	(M27)	M30	M36
b（参考）	l≤125		12	14	16	18	22	26	30	34	38	42	46	50	54	60	66	—
	125 < l ≤200		18	20	22	24	28	32	36	40	44	48	52	56	60	66	72	84
	l > 200		31	33	35	37	41	45	49	53	57	61	65	69	73	79	85	97
c	max		0.4	0.4	0.5	0.5	0.6	0.6	0.6	0.6	0.8	0.8	0.8	0.8	0.8	0.8	0.8	0.8
	min		0.15	0.15	0.15	0.15	0.15	0.15	0.15	0.15	0.2	0.2	0.2	0.2	0.2	0.2	0.2	0.2
d_w	min	A	4.57	5.88	6.88	8.88	11.63	14.63	16.63	19.64	22.49	25.34	28.19	31.71	33.61	—	—	—
		B	4.45	5.74	6.74	8.74	11.47	14.47	16.47	19.15	22	24.85	27.7	31.35	33.25	38	42.75	51.11
e	min	A	6.01	7.66	8.79	11.05	14.38	17.77	20.03	23.35	26.75	30.14	33.53	37.72	39.98	—	—	—
		B	5.88	7.50	8.63	10.89	14.20	17.59	19.85	22.78	26.17	29.56	32.95	37.29	39.55	45.2	50.85	60.79
K	公称		2	2.8	3.5	4	5.3	6.4	7.5	8.8	10	11.5	12.5	14	15	17	18.7	22.5
r	min		0.1	0.2	0.2	0.25	0.4	0.4	0.6	0.6	0.6	0.6	0.8	1	0.8	1	1	1
s	公称		5.5	7	8	10	13	16	18	21	24	27	30	34	36	41	46	55
l 范围			20 ~ 30	25 ~ 40	25 ~ 50	30 ~ 60	35 ~ 80	40 ~ 100	45 ~ 120	60 ~ 140	55 ~ 160	60 ~ 180	65 ~ 200	70 ~ 220	80 ~ 240	90 ~ 260	90 ~ 300	110 ~ 360
l 范围（全螺线）			6 ~ 30	8 ~ 40	10 ~ 50	12 ~ 60	16 ~ 80	20 ~ 100	25 ~ 100	30 ~ 140	35 ~ 100	35 ~ 180	40 ~ 100	45 ~ 200	40 ~ 100	55 ~ 200	40 ~ 100	
l 系列			6、8、10、12、16、20 ~ 70（5 进位）、80 ~ 160（10 进位）、180 ~ 360（20 进位）															

技术条件	材料	力学性能等级	螺纹公差	公差产品等级	表面处理
	钢	8.8	6g	A 级用于 d≤24 和 l≤10d 或 l≤150 B 级用于 d > 24 和 l > 10d 或 l > 150	氧化或镀锌钝化

注：1. A、B 为产品等级，A 级最精确、C 级最不精确 C 级产品详见 GB/T 5780—2000、GB/T 5781—2000；

2. l 系列中，M14 中的 55、65、M18 和 M20 中的 65、全螺纹中的 55、65 等规格尽量不采用；

3. 括号内为第二系列螺纹直径规格，尽量不采用。

四、螺纹连接的预紧

实际使用中绝大多数的螺纹连接都必须在进行机械装配时将螺母拧紧，以增强连接的可靠性、紧密性和防止螺杆与螺母发生松脱。螺纹连接件在承受工作载荷之前就加上的作用力称为预紧力。

螺纹连接的预紧力要进行控制，预紧力过大，会使连接螺栓过载甚至有被拉断的危险；预紧力不足，则有可能导致被连接零件连接不牢靠。对于一般的螺纹连接，可凭经验来控制预紧力的大小，但对于重要的螺纹连接需要严格控制其预紧力，生产中常用力矩扳手来控制拧紧力的大小。测力矩扳手如图 1-19a 所示；定力矩扳手如图 1-19b 所示。

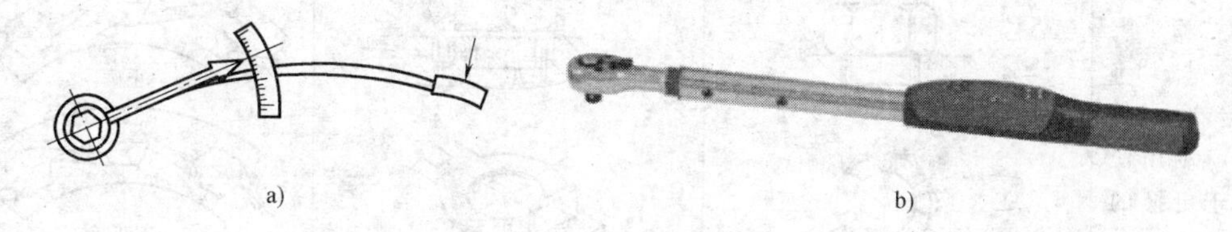

图 1-19　力矩扳手

a）测力矩扳手　b）定力矩扳手

五、螺纹连接的防松

螺纹连接防松的实质就是防止螺杆与螺母的相对转动。机械连接中常用的螺纹为单线螺纹，在静载荷作用下螺杆与螺母通常不会自行松脱。然而当螺纹连接处在周期性的冲击，振动或变载荷工作情况下，或者工作温度变化较大时，螺纹连接就会发生松动甚至松脱，松脱就有可能导致发生事故，所以在进行螺纹连接的设计时必须首先考虑螺纹的防松问题。

螺纹连接的防松方法和防松装置很多，按其工作原理的不同，防松方法分为摩擦防松、机械防松、永久防松等。螺纹连接常用的防松方法见表 1-6。

表 1-6　螺纹连接常用的防松方法与装置

名称	防松原理	防松装置及特点		
摩擦防松	摩擦力不随连接的外载荷波动而变化，保持较大的防松摩擦力矩	弹簧垫圈	对顶螺母	弹性锁紧螺母
		弹簧垫圈材料为弹簧钢，装配后垫圈被压平，其反弹力能使螺纹间保持压紧力和摩擦力，且垫圈切口处的尖角也能阻止螺母转动松脱	利用两螺母的对顶作用使螺栓始终受到附加拉力和附加摩擦力的作用。结构简单，可用于低速重载场合	在螺母的上部做成有槽的弹性结构，装配前这一部分的内螺纹尺寸略小于螺栓的外螺纹。装配时利用弹性使螺母稍有扩张，螺纹之间得到紧密的配合，保持表面摩擦力

（续）

名称	防松原理	防松装置及特点		
机械防松	利用便于更换的金属元件约束使之不能相对转动	开口销与开槽螺母	止动垫圈	正确 不正确 串联钢丝
		槽形螺母拧紧后，用开口销穿过螺栓尾部小孔和螺母槽，也可以用普通螺母拧紧后再配钻开口销孔	将止动垫圈的一边弯起紧贴在螺母的侧面上，另一边弯下贴在被连接件的侧壁上，避免螺母转动而松脱	将钢丝依次穿过相邻螺栓头的横孔，两端拉紧打结。由于钢丝的穿连方向使得螺栓的松脱与钢丝拉紧方向相一致，致使连接不能松动
永久防松	将螺旋副转变为非运动副防止松动	侧面焊死	冲点 端面冲点	涂粘合剂 粘合法

六、螺栓组连接结构布置

1. 几何形状尽量成对称的简单几何形状

为了便于钻孔时在圆周上分度和画线，方便加工制造，使每个螺栓受力大小相等，分布在同一圆周上的螺栓数目应取 2、3、4、…、8、10 等，如图 1-20 所示。

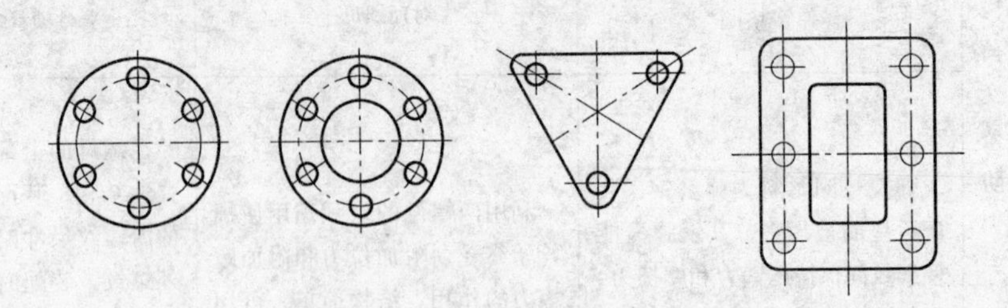

图 1-20　螺栓组连接接合面的形状

对紧密性要求高的压力容器连接，螺栓间距 t 不得大于表 1-7 所推荐的数值。

表 1-7　有紧密性要求的螺栓间距 t

	工作压力/MPa					
	≤1.6	1.6~4	4~10	10~16	16~20	20~30
	t/mm					
d 为螺纹公称直径	$7d$	$4.5d$	$4.5d$	$4d$	$3.5d$	$3d$

2. 受力合理

使螺栓组的对称中心和连接接合面的形心重合，保证接合面的受力比较均匀，当螺栓组连接承受弯矩或转矩时，应使螺栓布置在靠近接合面的边缘，以减小螺栓的受力，如图 1-21 所示。

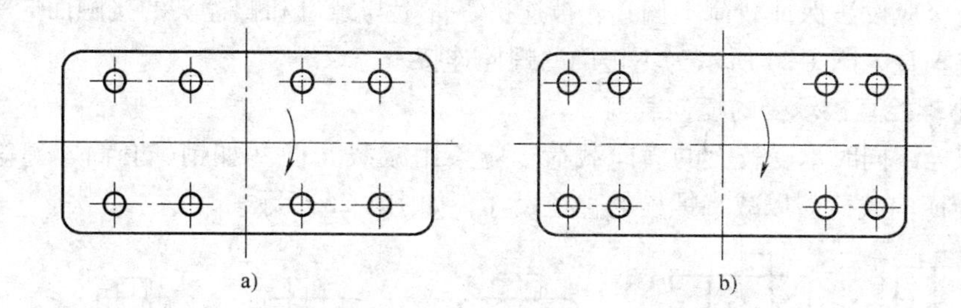

图 1-21　接合面受弯矩或转矩时螺栓的布置

a）不合理　b）合理

3. 合理的间距与边距

考虑螺栓连接装拆的需要，布置螺栓时，螺栓之间及螺栓与箱体侧壁之间应留有足够的扳手活动空间，如图 1-22 所示。扳手空间尺寸可查阅机械设计手册。

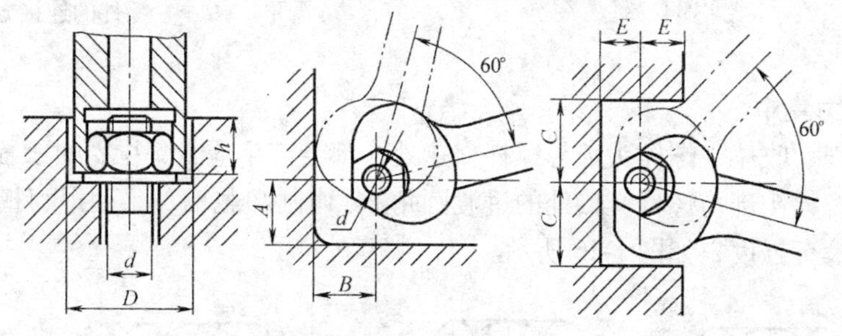

图 1-22　扳手空间尺寸

4. 同一螺栓组中螺栓的直径、长度和材料均应相同

同一螺栓组连接的螺栓直径、长度和材料均应相同，是因为螺栓连接组件一般都是标准件，这样便于采购和方便安装。

七、提高螺纹连接强度的措施

正确分析螺纹连接的受力情况，是保证其强度的重要因素。此外，螺纹连接的结构、制造和装配工艺、螺纹牙受力分配、附加应力、应力集中、应力幅大小等因素都将影响螺纹连接强度。从各方面采取提高螺纹强度的措施，是螺纹连接设计和正确应用所必须考虑的。

1. 避免螺栓承受偏心附加载荷

由于制造和装配误差以及被连接零件的变形，或由于支承面不平，都将在螺栓中引起附加应力，严重降低螺栓的强度。因此在设计时应从工艺和结构上采取措施，必须注意支承面的平整。具体措施：在铸、锻件粗糙表面处应加工成平的凸台或沉头座；当支承面为倾斜面时，应采用斜垫圈，如图1-23所示。

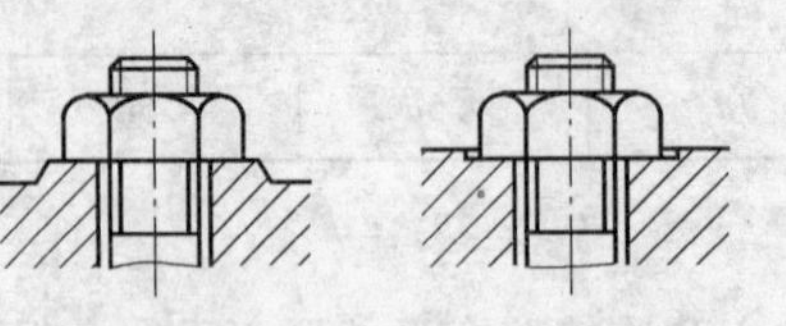

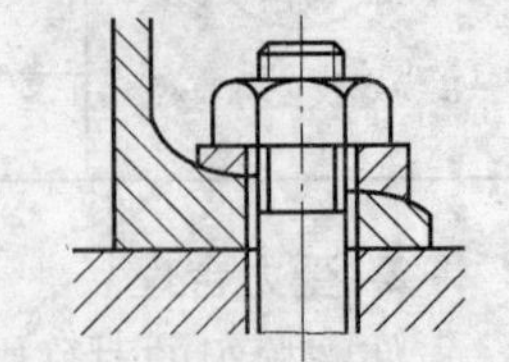

图1-23　支承面的结构

螺栓连接应设法保证载荷不偏心，被连接零件上与螺母和螺栓头的接触面应平整，并应与螺栓轴线垂直，图1-24所示为不正确的螺栓连接。

2. 减小螺栓直接承受的横向载荷

如果螺栓组同时承受较大的横向载荷，应采用减载元件（如销、套筒、键等抗剪切零件）来承受横向载荷，以减小螺栓的直径尺寸，如图1-25所示。

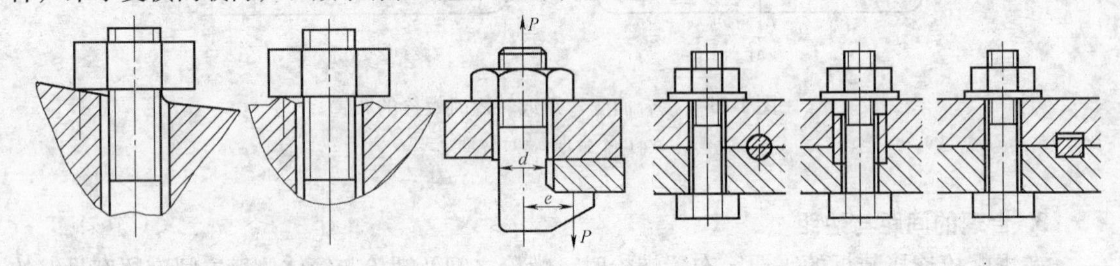

图1-24　不正确的螺栓连接——螺栓承受偏心载荷

图1-25　横向载荷采用抗剪切零件的连接方法

3. 减小应力集中

螺纹的牙根、收尾、螺栓头部与螺杆交接处，都会产生应力集中，对螺栓的强度影响很大。适当加大螺栓头部与螺杆交接处的过渡圆角 r，切制卸载槽，采用退刀槽等均可缓和应力集中，提高疲劳强度，如图1-26所示。

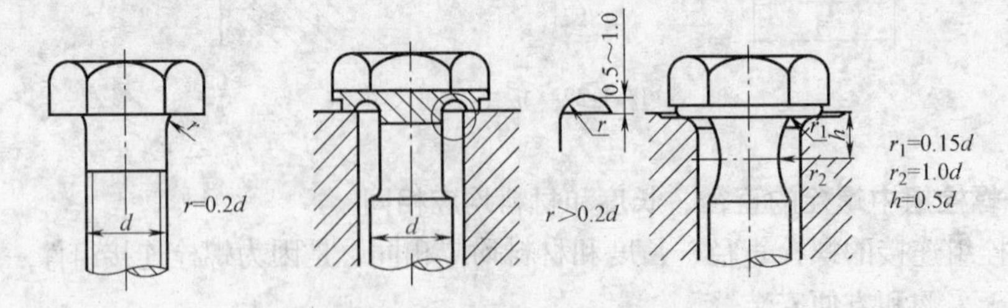

图1-26　减小应力集中的结构

4. 改善螺纹牙间的载荷分配

螺栓的轴向载荷在旋合螺纹各圈间的分配是不均匀的，从螺母支承面算起的第一圈处所受的力最大，自下而上急剧减到零。实验证明第8～10圈以后的螺纹，几乎不承受载荷，圈数过多的厚螺母并不能提高连接的强度。为改善受力分布不均的情况，可采用如图1-27所示结构。

（1）悬置螺母　图1-27a所示的结构使螺母与螺栓均受拉，减小二者的刚度差，使其变形趋于协调。

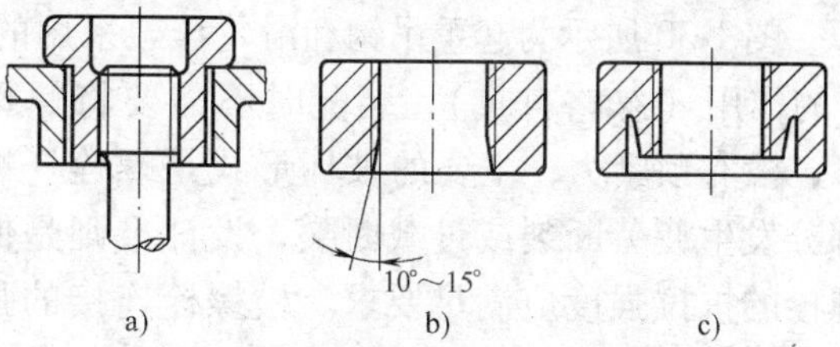

（2）内斜螺母　图1-27b所示的结构使螺母有10°～15°的内斜角，可减少原受力大的螺纹牙的刚度，从而把力分流到原受力小的螺纹牙上，使其螺纹牙间的载荷分配趋于均匀。

图1-27　改善螺纹牙间载荷分布的结构

（3）环槽螺母　图1-27c所示的结构为在螺母上制出环形槽。

5. 减小螺栓的应力变化幅度

螺栓的最大应力一定时，应力变化幅度越小，螺栓越不容易发生疲劳破坏。减小螺栓刚度或增大被连接件刚度，均可使应力变化幅度减小。

为减小螺栓刚度，可适当增加螺栓长度、减小螺栓杆直径，做成空心螺杆或在螺母下安装弹性元件等，如图1-28所示。

对有紧密性要求的连接，可采用密封环结构，如图1-29所示。

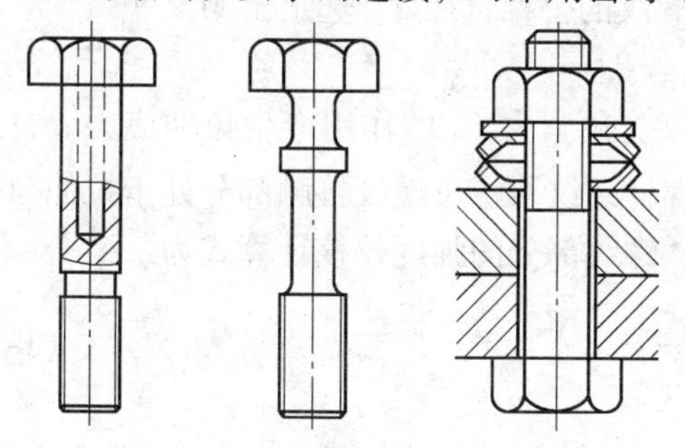

图1-28　减小螺栓刚度的结构

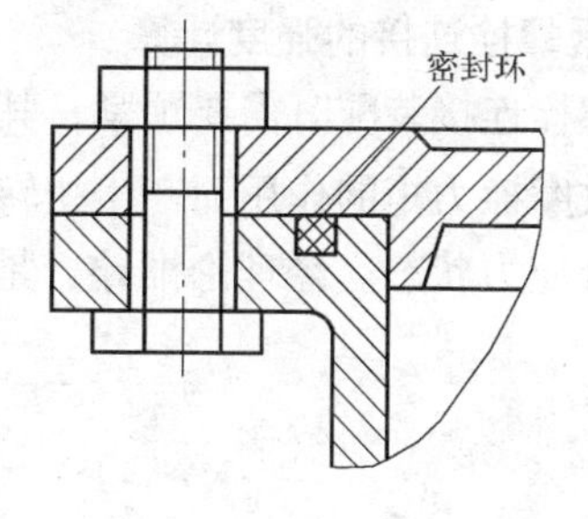

图1-29　气缸密封环的结构

八、单个螺栓连接的强度计算

螺栓连接所受载荷性质不同，其失效形式也不同。承受静载荷作用的螺栓失效形式，多为螺纹部分的塑性变形或螺栓被拉断；受变载荷作用的螺栓失效形式，多为螺栓的疲劳断裂；如果螺纹硬度较低或经常装拆，则多会发生滑扣现象。

由于螺纹小径处截面面积最小，并常伴有应力集中，所以螺纹零件通常都以该部位断裂损坏居多。因此，螺栓连接的计算，主要是确定螺纹小径 d_1，然后再按表1-3选定螺纹公称直径 d，以及螺母、垫圈等连接件的尺寸。

螺栓连接设计计算，按其装配时是否需要预紧，分为松螺栓连接和紧螺栓连接。

松螺栓连接装配时不需拧紧，在承受外载荷前，螺栓不受力，这种螺栓连接应用范围有限。紧螺栓连接装配时必须拧紧，在承受外载荷之前，螺栓已经受到预紧力的作用，这种连接应用很广泛。

1. 松螺栓连接的强度计算

图 1-30 所示为起重吊钩和滑轮挂架采用的松螺栓连接情况。螺栓工作时只受轴向载荷 F 的作用（忽略自重），装配时不需要将螺母拧紧，没有预紧力，主要的破坏形式是螺栓杆螺纹部分发生疲劳断裂或过载断裂，设计准则是保证螺栓的抗拉强度应满足要求。松螺栓连接的强度条件式为

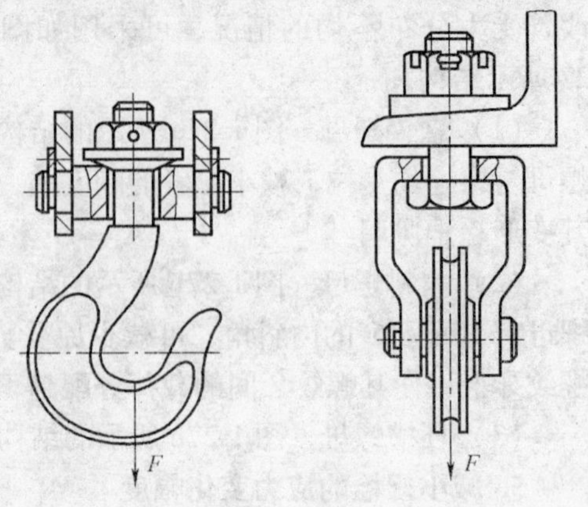

图 1-30 松螺栓连接

$$\sigma=\frac{F}{A}=\frac{4F}{\pi d_1^2}\leqslant[\sigma] \tag{1-1}$$

松螺栓连接的设计计算公式为

$$d_1\geqslant\sqrt{\frac{4F}{\pi[\sigma]}} \tag{1-2}$$

式中 F——作用载荷，单位为 N；

d_1——螺纹小径，单位为 mm；

A——螺栓危险截面面积，单位为 mm^2；

$[\sigma]$——螺栓的许用拉应力，单位为 MPa。

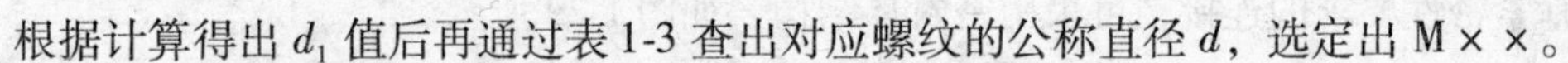

根据计算得出 d_1 值后再通过表 1-3 查出对应螺纹的公称直径 d，选定出 M××。

2. 紧螺栓连接的强度计算

紧螺栓连接装配时需要预紧，其螺纹部分不仅受预紧力 F_0 的作用产生拉伸应力 σ，还因受螺纹摩擦力矩的作用而产生扭转切应力，使螺杆螺纹与螺母螺纹接触部分处于拉伸与扭转的复合应力状态。经理论推导，紧螺栓连接时，螺纹部分的强度校核计算式为

$$\frac{1.3F_0}{\frac{\pi d_1^2}{4}}\leqslant[\sigma] \tag{1-3}$$

紧螺栓连接螺纹部分的设计公式为

$$d_1\geqslant\sqrt{\frac{4\times1.3F_0}{\pi[\sigma]}} \tag{1-4}$$

式中 F_0——预紧力，单位为 N；

$[\sigma]$——紧螺栓连接的许用拉应力，单位为 MPa。

该强度条件表明紧螺栓连接的强度也可按纯拉伸计算，但考虑螺纹摩擦力矩的影响，需将预紧力增大 30%。

3. 承受横向载荷的紧螺栓连接

图 1-31 所示的普通螺栓连接，被连接零件承受垂直于螺栓轴线的横向工作载荷 F。

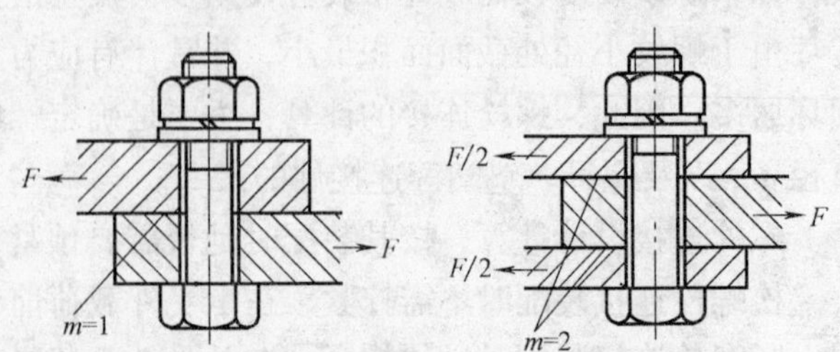

图 1-31 普通螺栓连接承受横向载荷的情况

图中螺栓与被连接件的孔之间有间隙，便于螺栓安装。工作时，要求接合面内的摩擦力应足够大，必须保证被连

接件之间不会发生相对滑动，因此螺栓所受的预紧力 F_0 需满足

$$fF_0m \geqslant K_fF \tag{1-5}$$

则有

$$F_0 \geqslant \frac{K_fF}{fm} \tag{1-6}$$

式中 F——工作时的横向外载荷，单位为 N；

F_0——预紧力，单位为 N；

f——被连接零件接合面间材料的摩擦因数，对于钢及铸铁经过加工的干燥表面 $f=0.1\sim0.2$，通常取 $f=0.15$；

m——被连接零件接合面的面数；

K_f——连接可靠性系数，取 $K_f=1.1\sim1.3$。

在求出预紧力 F_0 值后，可按式（1-4）校核计算螺栓强度。

当 $f=0.15$、$K_f=1.1$、$m=1$ 时，代入式（1-6）得到

$$F_0 \geqslant \frac{1.1F}{0.15\times1} \approx 7F$$

从上式可见，当承受横向外载荷 F 时，要使被连接零件之间不发生滑移，螺栓至少要承受 7 倍于横向外载荷的预紧力，所以螺栓连接靠摩擦力来承担横向载荷时，其直径必须做得很大。

为避免上述缺点，常用销、套筒或键等抗剪切零件来承受横向工作载荷，如图 1-25 所示，以减小螺栓的直径。

这些减载装置中的销、套筒、键可按受剪切和受挤压进行强度校核。

对于要求精度较高的螺纹连接，可采用螺杆与被连接零件的孔之间没有间隙的铰制孔螺栓来承受横向载荷，如图 1-32 所示。

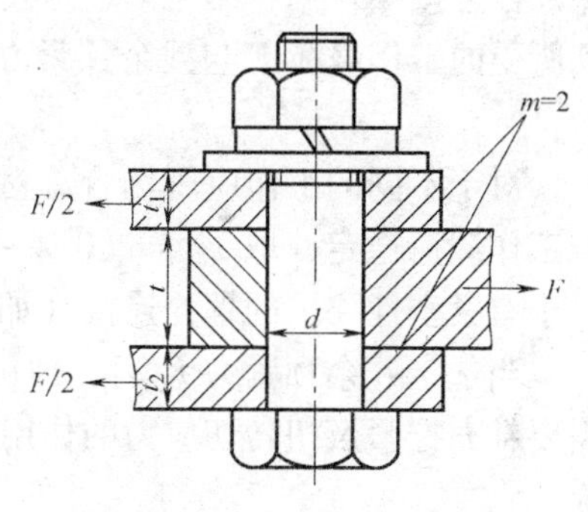

图 1-32 铰制孔用螺栓连接

这时孔需要进行铰孔，孔和螺栓采用基孔制过渡配合 H8/js7 或 H8/js8。

4. 承受轴向工作载荷的紧螺栓连接

图 1-33 所示为气缸端盖的螺栓组连接。

这种受力形式的紧螺栓连接也是最重要的一种螺栓连接形式。其每个螺栓承受的平均轴向工作载荷为

$$F=\frac{p\pi D^2}{4z} \tag{1-7}$$

式中 F——每个螺栓承受的工作载荷，单位为 N；

p——缸内压强，单位为 MPa；

D——缸的内径，单位为 mm；

z——螺栓的分布个数。

图 1-34 所示为气缸端盖螺栓组中单个螺栓和被连接件受载前后的受力与变形情况。

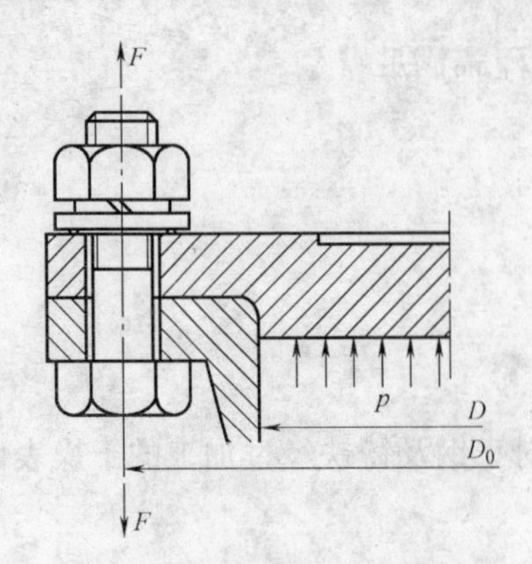

图 1-33　气缸端盖的螺栓组连接

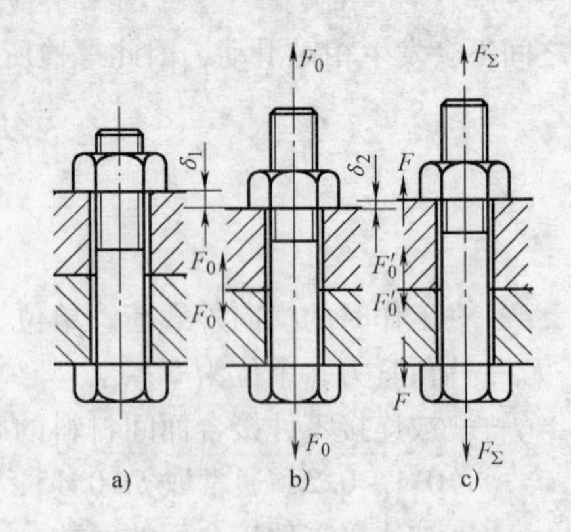

图 1-34　气缸端盖螺栓组中单个螺栓的受力与变形

图 1-34a 所示为螺栓刚好被拧紧，螺栓与被连接件均不受力时的情况；图 1-34b 所示为螺栓被拧紧后，螺栓受预紧力 F_0 作用而产生伸长 δ_1，被连接零件被压缩产生压缩变形 δ_1 的情况；图 1-34c 所示为螺栓被拧紧后，螺栓受到轴向外载荷 F（由气缸内压强而引起的）作用时的情况，螺栓被拉伸，变形增量为 δ_2，根据变形协调条件，δ_2 即等于被连接零件压缩变形的减少量。此时被连接零件受到的压紧力将减少为 F_0'，称为残余预紧力。显然，为了保证被连接零件间密封可靠，应使 $F_0'>0$，即 $\delta_1>\delta_2$。此时螺栓所受的轴向总拉力 F_Σ 应为其所受的工作载荷 F 与残余预紧力 F_0'之和，即

$$F_\Sigma = F + F_0' \tag{1-8}$$

对于不同的工作应用场合，对残余预紧力 F_0'有着不同的要求。对于一般的螺栓连接，若工作载荷稳定，取 $F_0'=(0.2\sim0.3)F$；若工作载荷不稳定，取 $F_0'=(0.6\sim1.0)F$；对于有紧密性要求的螺栓连接（如气缸、压力容器等），取 $F_0'=(1.5\sim1.8)F$。

当选定残余预紧力 F_0'后，即可按式（1-8）求出螺栓所受的总拉力 F_Σ，同时考虑可能需要补充拧紧及扭转切应力的作用，将 F_Σ 增加 30%，则螺栓危险截面的抗拉强度校核公式为

$$\sigma = \frac{1.3F_\Sigma}{\pi d_1^2/4} \leqslant [\sigma] \tag{1-9}$$

螺栓的设计计算公式为

$$d_1 \geqslant \sqrt{\frac{5.2F_\Sigma}{\pi[\sigma]}} \tag{1-10}$$

5. 螺栓的许用应力与安全系数

螺栓连接的许用应力［σ］和安全系数 S 见表 1-8 和表 1-9。

表 1-8　螺栓连接的许用应力和安全系数

连接情况	受载情况	许用应力[σ] 安全系数 S
松连接	轴向静载荷	$[\sigma]=\frac{\sigma_s}{S}$, $S=1.2\sim1.7$（未淬火钢取小值）

（续）

连接情况	受载情况	许用应力$[\sigma]$ 安全系数S
紧连接	轴向静载荷 横向静载荷	$[\sigma]=\dfrac{\sigma_s}{S}$ 控制预紧力时$S=1.2\sim1.5$；不控制预紧力时S查表1-9
铰制孔 螺栓连接	横向静载荷	$[\tau]=\dfrac{\sigma_s}{2.5}$ 被连接件为钢时$[\tau]=\sigma_s/1.25$ 被连接件为铸铁时$[\sigma_p]=\sigma_b/(2\sim2.5)$
	横向变载荷	$[\tau]=R_m/(3.5\sim5)$ $[\sigma_p]$按静载荷的$[\sigma_p]$值降低20%～30%计算

表1-9　紧螺栓连接的安全系数S（不控制预紧力时）

材料	静载荷			变载荷	
	M6～M16	M16～M30	M30～M60	M6～M16	M16～M30
碳素钢	4～3	3～2	2～1.3	10～6.5	6.5
合金钢	5～4	4～2.5	2.5	7.5～5	5

九、螺栓组连接的受力分析

螺栓组连接所受载荷可视为横向载荷、轴向载荷、扭转等基本载荷的共同组合。对螺栓组连接进行受力分析，为了简化计算，分析时通常做如下假设：

1）被连接件是刚体，受载后接合面仍为平面。

2）各个螺栓的拉伸刚度或剪切刚度（即螺栓的材质、直径及长度）及预紧力都相同。

3）各个螺栓的变形在弹性范围内。

1. 受轴向载荷的螺栓组连接

对承受轴向工作载荷的螺栓组连接，应该采用普通螺栓连接。图1-35所示为气缸端盖螺栓组连接，其载荷F_N的作用线平行于螺栓轴线并通过螺栓组的对称中心。

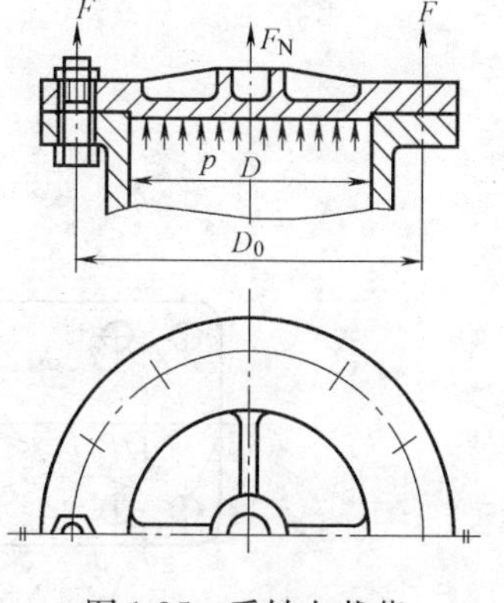

图1-35　受轴向载荷的螺栓组连接

假定各螺栓平均受载，则每个螺栓所受的轴向工作载荷为

$$F=\frac{F_N}{z} \tag{1-11}$$

式中　z——连接螺栓的个数。

2. 受横向载荷的螺栓组连接

（1）普通螺栓连接　在安装时给螺栓施加一定的预紧力将接合面压紧，工作时产生的摩擦力抵抗横向外载荷，如图1-36所示。

可根据式（1-6）分析得出每个螺栓上受的预紧力 F_0 为

$$F_0 \geqslant \frac{K_f F}{fzm} \tag{1-12}$$

式中 z——连接螺栓的个数，其他符号的意义与前述相同。

（2）铰制孔螺栓连接 利用螺栓光杆部分与被连接零件（孔壁）受剪切及挤压来抵抗横向载荷 F，如图 1-37 所示。

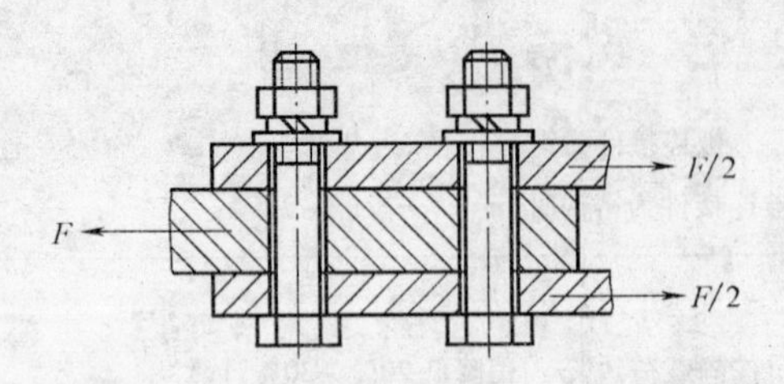

图 1-36 受横向载荷的普通螺栓组连接

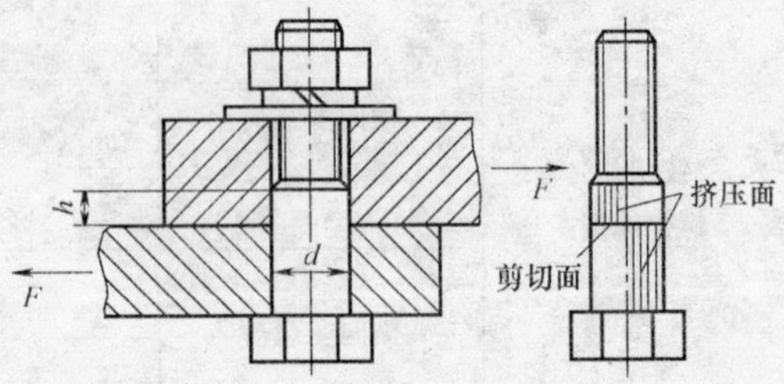

图 1-37 受横向载荷的铰制孔螺栓组连接

该种结构螺栓安装入孔时需要进行敲击，但螺栓装上后不必对其施加很大的预紧力，因此在强度计算时不必考虑预紧力的作用。设被连接零件为刚体，则每个螺栓所受的横向工作载荷 F_z 为

$$F_z = \frac{F}{z} \tag{1-13}$$

3. 受平行于底座力偶作用的螺栓组连接

图 1-38 所示为机座的螺栓组连接，在力偶矩 T 作用下，被连接零件的底板有绕螺栓组几何中心轴线 O-O 旋转的趋势。

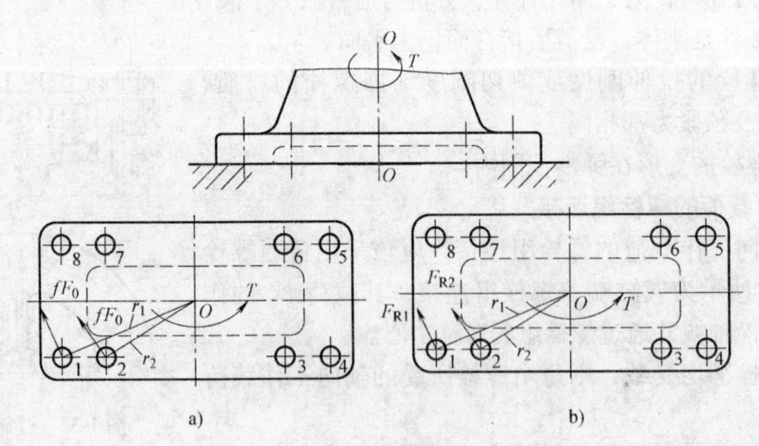

图 1-38 受转矩的螺栓组连接

a）普通螺栓 b）铰制孔螺栓

对于这种承受力偶作用的螺栓组连接既可用普通螺栓连接，也可采用铰制孔螺栓连接。

（1）普通螺栓连接 用普通螺栓连接时（图 1-38a），靠预紧力作用在底座接合面上的摩擦力对形心力矩之和来平衡所受力偶矩 T，此时螺栓只受预紧力的作用。假设摩擦力作用在各螺栓连接的中心处，因其方向为阻止运动趋势的方向，根据机座的力偶矩平衡条件，可得

$$fF_0r_1+fF_0r_2+\cdots+fF_0r_n\geqslant K_fT$$

于是有

$$F_0\geqslant\frac{K_fT}{f(r_1+r_2+\cdots+r_n)}\tag{1-14}$$

式中　f——接合面两构件之间的摩擦因数；

r_1、r_2、…、r_n——各螺栓轴线至底板中心 O 的距离；

K_f——连接可靠性系数，取1.1～1.5。

（2）铰制孔螺栓连接　用铰制孔螺栓连接时，靠螺栓所受剪切力对底板旋转中心的力偶矩之和来平衡外加力偶矩 T，如图1-38b所示，各螺栓所受剪切力 F_{Rn} 的方向垂直于螺栓中心到底板旋转中心的连线。根据底板的力偶矩平衡条件得

$$T\leqslant F_{R1}r_1+F_{R2}r_2+\cdots+F_{Rn}r_n\tag{1-15}$$

假定底板与基座体均为刚体，则各螺栓的剪切变形量与其至底板旋转中心 O-O 的距离 r_n 成正比。因螺栓相同，螺栓所受剪切力也与此距离成正比，即

$$\frac{F_{R1}}{r_1}=\frac{F_{R2}}{r_2}=\cdots=\frac{F_{Rn}}{r_n}=\frac{F_{Rmax}}{r_{max}}\tag{1-16}$$

联立式（1-15）和式（1-16），可得距离旋转中心 O 最远处的螺栓所受的最大工作剪切力为

$$F_{Rmax}\geqslant\frac{Tr_{max}}{r_1^2+r_2^2+\cdots+r_n^2}\tag{1-17}$$

4. 受翻转力矩作用的螺栓组连接

图1-39所示为受翻转力矩 M 作用的螺栓组连接。设力矩作用在过 x-x 轴并垂直于底板接合面的对称面内。机座用普通螺栓连接在底板上，螺栓组预紧后在翻转力矩 M 的作用下机座有绕接合面对称轴 O-O 向右翻转的趋势，使 O-O 轴左侧螺栓组受拉伸，右侧螺栓组被放松，以至预紧力 F_0 减小。

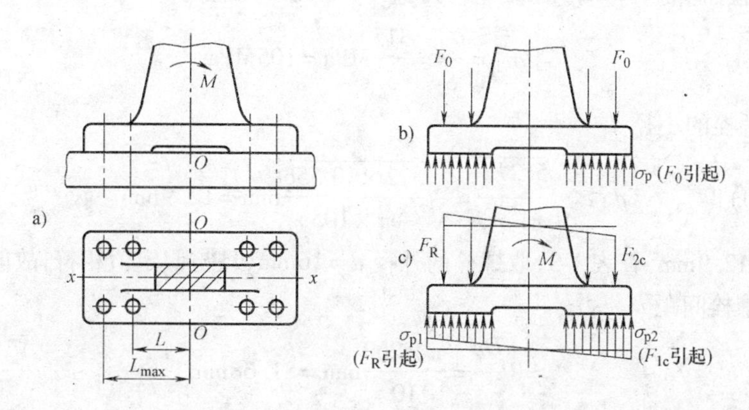

图1-39　受翻转力矩作用的螺栓组

由底板的力矩平衡条件得

$$M \leqslant F_1 L_1 + F_2 L_2 + \cdots + F_n L_n \tag{1-18}$$

因各螺栓相同，则螺栓的轴向工作拉力与其到底板翻转轴线的距离成正比，即

$$\frac{F_1}{L_1} = \frac{F_2}{L_2} = \cdots = \frac{F_n}{L_n} = \frac{F_{\max}}{L_{\max}} \tag{1-19}$$

联立式（1-18）和式（1-19）可得，在接合面有离开趋势一侧，距翻转轴线最远的螺栓组所受的最大工作拉力 $F_{\max}$ 为

$$F_{\max} \geqslant \frac{M L_{\max}}{L_1^2 + L_2^2 + \cdots + L_n^2} \tag{1-20}$$

在实际使用中，螺栓的受载荷情况可能是以上 4 种简单受力状态的不同组合。无论实际螺栓组受力状态如何复杂，只要分别计算出螺栓组在这些简单受力状态下每个螺栓的工作载荷，然后将它们以向量形式叠加，即可得到每个螺栓的总工作载荷。确定了受到载荷最大的螺栓后，就可进行螺栓组连接的强度计算。

例 1-1 图 1-35 所示为气缸与气缸盖的螺栓连接，已知气缸内径 $D=200\text{mm}$，气缸内气体的工作压力 $P=1.2\text{MPa}$，气缸盖与气缸体之间采用橡胶垫圈密封。若螺栓数目 $z=10$，螺栓分布圆直径 $D_0=260\text{mm}$，试确定螺栓直径，并检查螺栓间距 t 及扳手空间是否符合要求。

解：

（1）确定每个螺栓所受的轴向工作载荷 F

$$F = \frac{\pi D^2 P}{4z} = \frac{\pi \times 200^2 \times 1.2}{4 \times 10}\text{N} = 3\ 770\text{N}$$

（2）计算每个螺栓的总拉力 F_Σ

根据气缸盖螺栓连接的紧密性要求，取残余预紧力 $F_0' = 1.8F$，由式（1-8）计算螺栓的总拉力

$$F_\Sigma = F + F_0' = F + 1.8F = 2.8F = 2.8 \times 3\ 770\text{N} = 10\ 556\text{N}$$

（3）确定螺栓的公称直径 d

1）螺栓材料选用 35 钢，由表 1-10 得 $\sigma_s = 315\text{MPa}$，若装配时不控制预紧力，则螺栓的许用应力与其直径有关，故应采用试算法。可凭经验先假定螺栓的直径，再进行验算。

假定螺栓直径 $d=16\text{mm}$，由表 1-9 查得 $S=3$，则许用应力

$$[\sigma] = \frac{\sigma_s}{S} = \frac{315}{3}\text{MPa} = 105\text{MPa}$$

2）计算螺栓的小径 d_1

由式(1-10)得 $$d_1 \geqslant \sqrt{\frac{5.2F_\Sigma}{\pi[\sigma]}} = \sqrt{\frac{5.2 \times 10\ 556}{\pi \times 105}}\text{mm} = 12.9\text{mm}$$

根据 $d_1=12.9\text{mm}$，查表 1-3，取螺栓的外径 $d=16\text{mm}$，且与假定值相符，故能适用。

（4）检查螺栓间距 t

$$t = \frac{\pi D_0}{z} = \frac{\pi \times 260}{10}\text{mm} = 81.68\text{mm}$$

查表 1-7，当 $P \leqslant 1.6\text{MPa}$ 时，压力容器螺栓间距 $t < 7d = 7 \times 16\text{mm} = 112\text{mm}$，故上述螺

栓间距的计算结果能满足紧密性要求。

查有关设计手册，M16螺栓需要的扳手空间 $A=48\text{mm}$，故本题中的 $t>A$，能满足扳手空间要求。

若螺栓间距 t 或扳手空间不符合要求，则应重新选取螺栓数目 z。再按上述步骤重新计算直到满足要求为止。

任务3　轴的设计

轴是机械中的重要零件，轴的主要功用是支承转动零件（如齿轮和带轮等）实现运动和动力传递，并使转动零件具有确定的工作位置。

一、轴的分类

1. 根据轴线形状分类

按轴的轴线情况不同，轴分为直轴、曲轴和挠性钢丝轴。

（1）直轴　直轴有光轴、阶梯轴和空心轴，如图1-40所示。

光轴形状简单，易加工，但轴上零件不易装配和定位。

阶梯轴的各个轴段，截面直径不同，主要是为了便于轴上零件的安装和固定，因此在机械中广泛应用。

多数情况下的轴一般都是实心的，但为了减轻重量或满足工作要求（如需要在轴中心穿过其他零件），则采用空心轴。

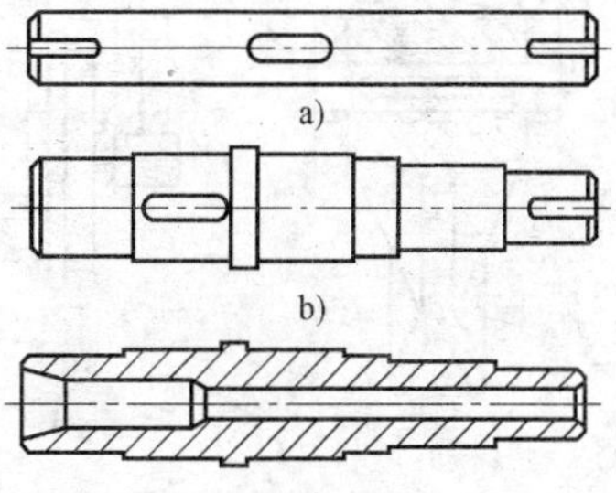

a)

b)

c)

图1-40　直轴

a）光轴　b）阶梯轴　c）空心轴

（2）曲轴　曲轴的轴线彼此平行，但不在一条直线上，曲轴广泛应用于内燃机上，如图1-41所示。

（3）挠性钢丝轴　挠性钢丝轴可不受限制地把回转运动传到任何空间位置，常用于机械式远距离控制机构及手持电动小型机具等，如图1-42所示。

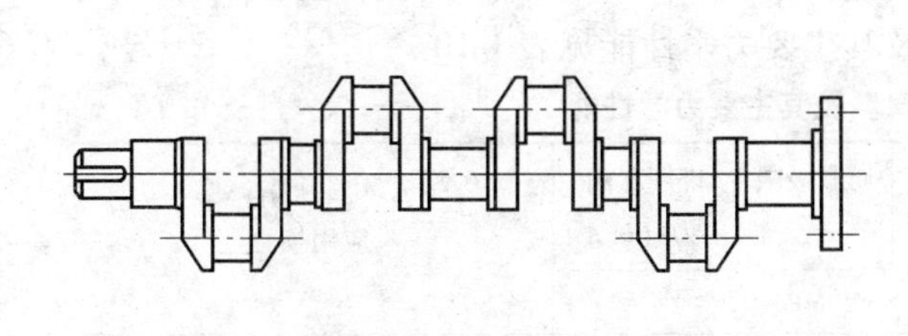

图1-41　曲轴

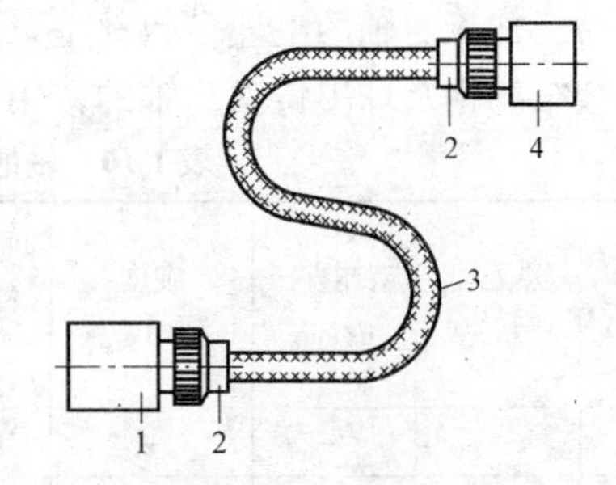

图1-42　挠性钢丝轴

1—动力机　2—接头　3—钢丝软轴（外层有保护套）　4—被驱动装置

2. 按承载性质分类

按承受载荷性质的不同，通常把轴分为传动轴、心轴和转轴三种。

（1）传动轴　传动轴是仅传递转矩的轴，即工作时只受转矩作用而不受弯矩作用或弯矩作用很小，如图1-43所示的汽车主传动轴。

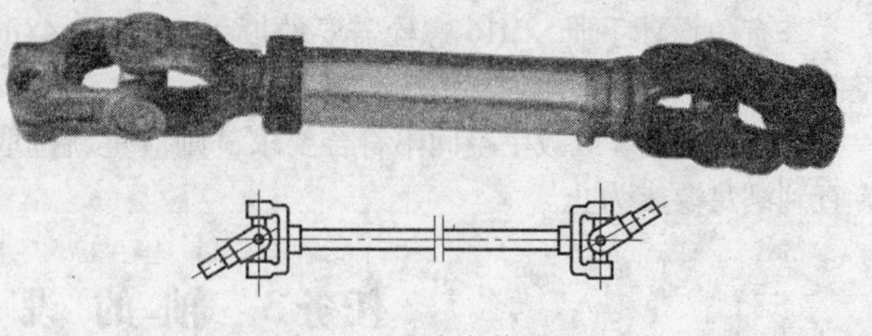

图1-43　汽车主传动轴

（2）心轴　只承受弯矩而不传递转矩的轴，称为心轴。如图1-44a所示的滑轮轴，图1-44b所示的火车车轮轴。

工程上通常又把主要承受弯矩的构件称为梁。

（3）转轴　转轴是同时承受弯矩和转矩两种内力作用的轴，如图1-45所示的减速器齿轮轴。

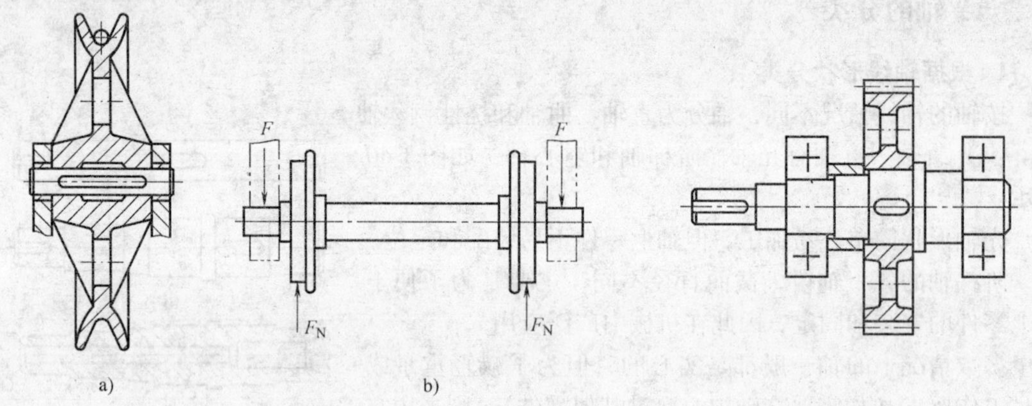

图1-44　滑轮轴和火车车轮轴

图1-45　减速器齿轮轴

二、轴的材料及其选择

轴在工作时往往承受交变载荷，轴的材料应有较高的疲劳强度，对应力集中的敏感性要小，要易于加工。轴的毛坯多数都是采用轧制的圆钢或锻件。轴的常用材料是优质碳素结构钢、合金结构钢及球墨铸铁。轴的常用材料及其主要力学性能见表1-10。

表1-10　轴的常用材料及其主要力学性能

材料牌号	热处理方式	毛坯直径 d/mm	硬度 HBW	抗拉强度 R_m	屈服极限 σ_s	许用弯曲应力 $[\sigma_{-1}]$	应用场合
				MPa			
Q235A	—	—	—	440	235	40	不重要或载荷不大的轴
35	正火	—	143～187	530	315	45	一般轴
45	正火	≤100	170～217	600	355	55	较重要的轴，应用最为广泛
20Cr	渗碳淬火低温回火	≤60	表面硬度 56～62HRC	835	540	60	要求强度、韧性及耐磨性均较好的轴
40Cr	调质	≤100	241～286	980	785	70	载荷较大，而无很大冲击的轴
35SiMn	调质	≤100	229～286	885	735	70	中、小型轴（性能接近40Cr）

1. 碳素结构钢

优质中碳结构钢35、40、45、50具有较高的综合力学性能，成本低，其中以优质中碳结构钢45应用最广，通过调质或正火等热处理方法可以改善和提高其力学性能。

普通碳素结构钢Q235、Q275等可用于不太重要或承载较小的轴。

2. 合金结构钢

合金结构钢具有高的综合力学性能和很好的热处理性能。对承受复杂交变载荷，要求减轻重量，减小尺寸，需要提高轴的耐磨性，以及在冲击载荷作用下工作的重要轴，常采用优质低碳或中碳合金结构钢，如20CrMnTi、40Cr等。采用合金结构钢制造轴时要注意到合金结构钢的以下特点：

1）各种热处理、化学处理及表面强化处理（如喷丸、滚压等）可显著提高轴的疲劳强度或耐磨性。

2）合金结构钢对应力集中敏感性较强，且价格较高。

3）在一般温度下，碳素结构钢和合金结构钢的弹性模量E相差不多，用合金结构钢代替碳素结构钢不能达到提高轴刚度的目的。

3. 球墨铸铁

球墨铸铁适用于制造形状复杂的轴，如曲轴、凸轮轴等。球墨铸铁具有价廉、强度较高、良好的耐磨性、吸振性、易切削性以及对应力集中的敏感性低等优点；但铸件品质不易控制，可靠性差。

三、轴的结构

轴的结构受多方面因素的影响，通常没有标准形式，其结构随工作条件与定位要求的不同而不同。

1. 轴各部分名称

图1-46所示为减速器轴上零件的安装布置实例，由图可清楚看出各零件与轴安装的结构情况。

（1）轴颈　轴颈为安装轴承的轴段。轴颈的公差配合和表面粗糙度，应符合轴承的技术要求；轴颈采用基孔制过盈配合或过渡配合，配合通常采用m6～r6，表面粗糙度通常为Ra0.8～1.6μm。滑动轴承的轴颈采用间隙配合。

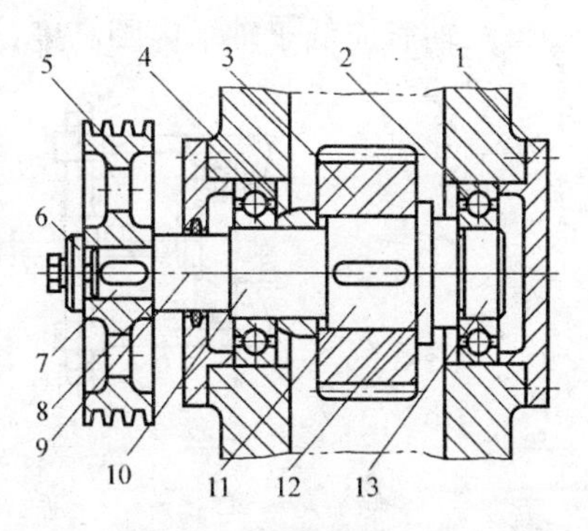

图1-46　减速器轴上零件与轴各部名称

1—轴承盖　2—滚动轴承　3—齿轮　4—套筒　5—带轮　6—轴端挡圈　7、11—轴头　8—轴肩　9—轴身　10、13—轴颈　12—轴环

（2）轴头　轴头为安装转动零件的轴段。轴头与轴上零件的配合性质、公差等级和表面粗糙度，应由传动系统对轴上零件的技术要求来确定，轴头与轮毂孔通常采用过渡配合连接。

（3）轴肩与轴环　轴肩由定位台阶端面和内圆角或倒角组成，如图1-47所示。

轴肩的高度一般取$h=R$（或C）+（0.5～2）mm，轴环的宽度$b\approx1.4h$。非定位轴肩是为了加工或装配方便而设置的，其高度没有规定。

为了保证零件的端面能紧靠轴的定位端面，轴肩的内圆角半径 r 应小于轴上被安装零件的外圆角半径 R 或倒角 C。R 和 C 的推荐值见表 1-11。

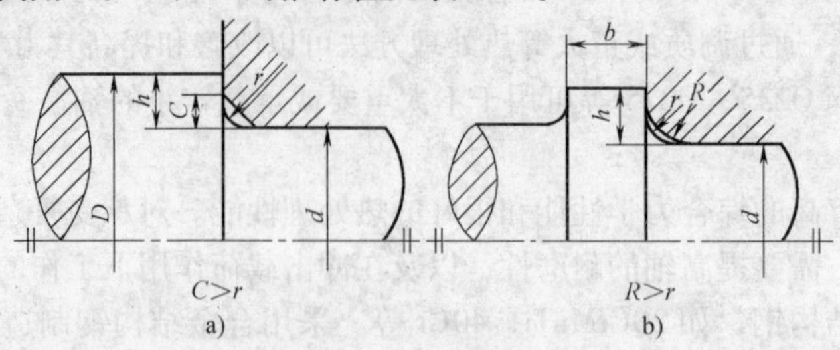

图 1-47 轴肩定位

表 1-11 零件倒角 C 与外圆角 R 的推荐值 （单位：mm）

零件直径 d	>6~10	>10~18	>18~30	>30~50	>50~80	>80~120	>120~180
C 或 R	0.5	0.8	1.0	1.5	2.0	2.5	3.0

2. 装拆要求

装拆要求是预定出轴上主要零件的装配方向、顺序和相互位置关系。

1）为了便于轴上零件的装配，使轴上零件能顺利通过相邻轴段，轴采用中间直径大的阶梯结构。

图 1-48 所示的减速器输出轴上的零件装配顺序是：从轴的左端向轴的中间逐一安装键、齿轮、套筒、左端轴承、左端轴承盖、平键、带轮；从轴的右端向轴的中间安装右端轴承、右端轴承盖。

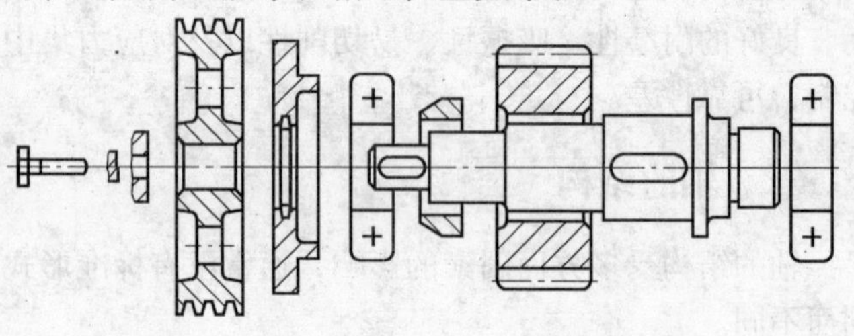

图 1-48 减速器输出轴上零件的安装顺序

2）为了便于轴上零件的安装，轴的直径变化处不应为尖角，应倒角或倒圆弧。

3）轴肩应低于轴承内圈高度，以便于用轴承专用拆卸工具拆卸轴承，如图 1-49 所示。

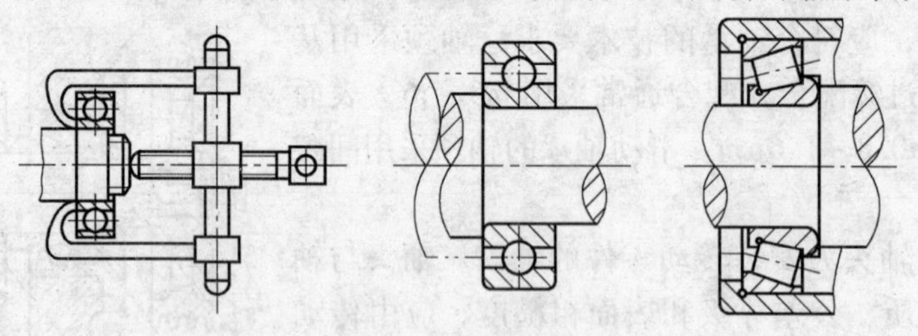

图 1-49 拆卸轴承

3. 加工要求

1）为了能选用合适的圆钢作为轴的毛坯，轴的直径变化应尽可能小，并应尽量限制轴的最大直径与各轴段的直径差，这样既能节约材料又能减少加工量。

2）当轴段要进行磨削加工或车制螺纹时，要设计出砂轮越程槽或螺纹退刀槽，如图 1-50 所示。

3）当轴上要加工多个键槽时，应将键槽开在同一素线上，如图1-51所示。

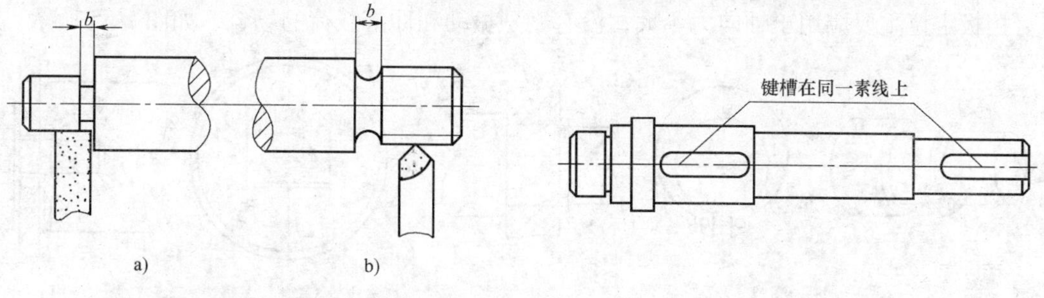

图1-50　砂轮越程槽和螺纹退刀槽
a）砂轮越程槽　b）螺纹退刀槽

图1-51　键槽布置

4）轴上各处的圆角、倒角、键槽、砂轮越程槽、螺纹退刀槽及中心孔等尺寸应尽量相同，并符合标准要求，以方便加工和检验。

四、轴上零件的定位

转动零件在轴上的定位分为轴向定位和周向定位两个方面。转动零件在轴上必须要有牢靠的轴向固定和周向固定，用以防止机器工作时轴上零件发生相对轴向窜动和周向转动。

1. 轴向定位

为了防止轴上零件的轴向窜动，轴上零件轴向定位的结构形式有轴肩、套筒、圆螺母与止退垫圈、弹性挡圈、轴端挡板、销和圆锥面等。

（1）轴肩定位　轴肩定位是一种最常用的轴上零件定位方法，结构简单，定位可靠，能承受很大的轴向力，如图1-47所示。轴肩定位常用于齿轮、带轮、轴承和联轴器等转动零件的轴向固定。

（2）套筒定位　套筒定位结构简单、定位可靠、装拆方便，可避免在轴上开槽、切螺纹、钻孔而削弱轴的强度，如图1-52所示。套筒可采用铸铁材料，套筒定位一般用于相邻两零件轴向间距较小的场合。

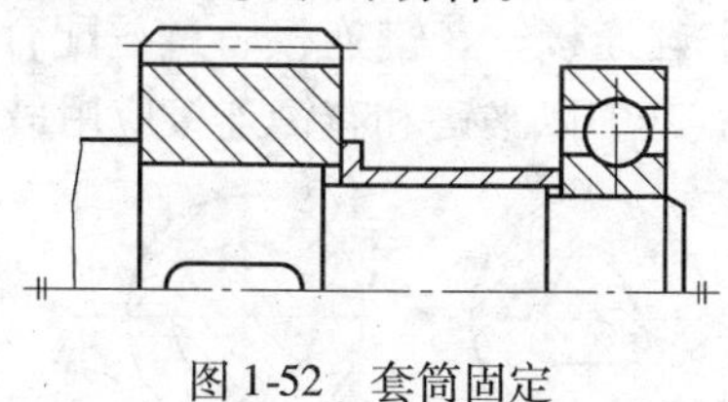

图1-52　套筒固定

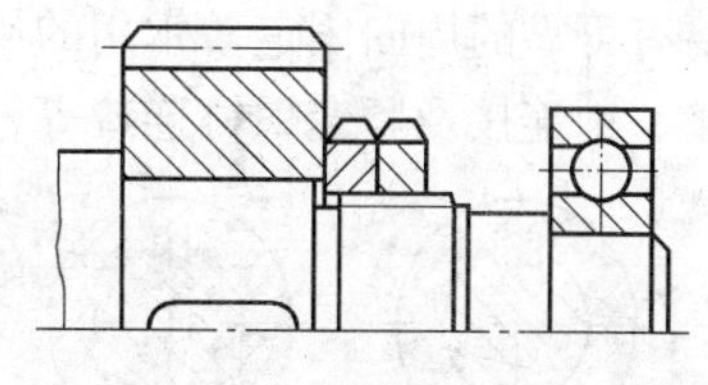

图1-53　圆螺母定位

（3）圆螺母定位　圆螺母定位采用圆螺母对轴上零件进行轴向定位，具有定位可靠，装拆方便，能承受较大轴向力等优点；但需在轴上切制螺纹，对轴的疲劳强度削弱较大，如图1-53所示。

（4）弹性挡环定位　弹性挡环定位结构简单，拆装方便，但不能承受轴向力，而且要求切槽的尺寸保持一定的精度，以免出现弹性挡环与被固定零件之间存在间隙或弹性挡环不能装入切槽的现象，如图1-54所示。

（5）轴端挡板定位　当转动零件位于轴的端部时，可用挡板与螺钉、销钉共同来进行定位。

挡板定位主要应用于轴向力不大，没有剧烈振动和冲击载荷的场合，如图 1-55 所示。

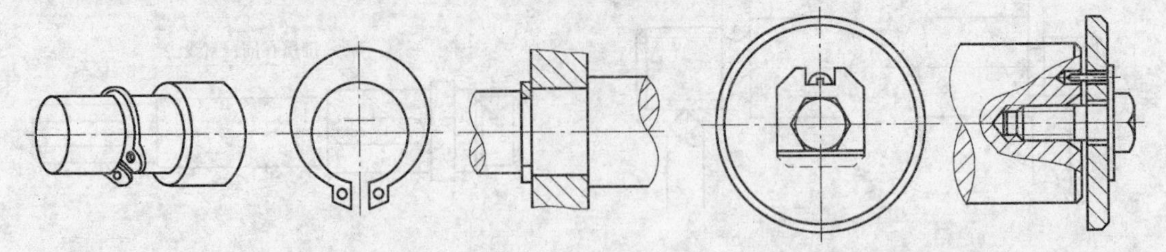

图 1-54 弹性挡环定位　　图 1-55 轴端挡板定位

（6）圆锥面定位　圆锥面定位常用于轴端，这种定位有较高的定心精度，但锥面加工比圆柱面困难，如图 1-56 所示为圆锥面和轴端挡板共同定位。

（7）紧定螺钉定位　紧定螺钉定位仅应用于轴向力极小的场合，紧定螺钉也可以对轴上零件进行周向定位，如图 1-57 所示。

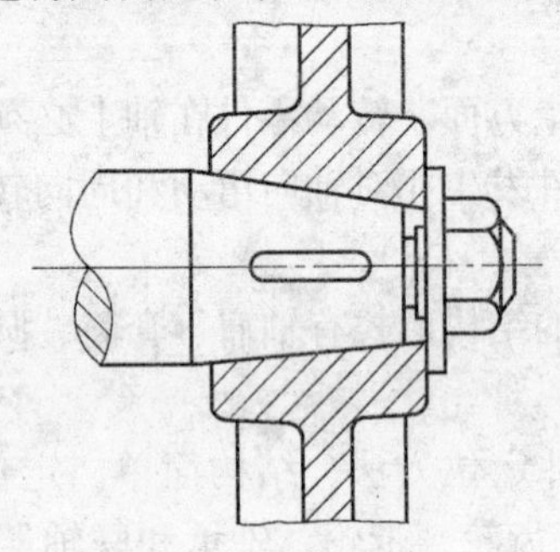

图 1-56 圆锥面定位

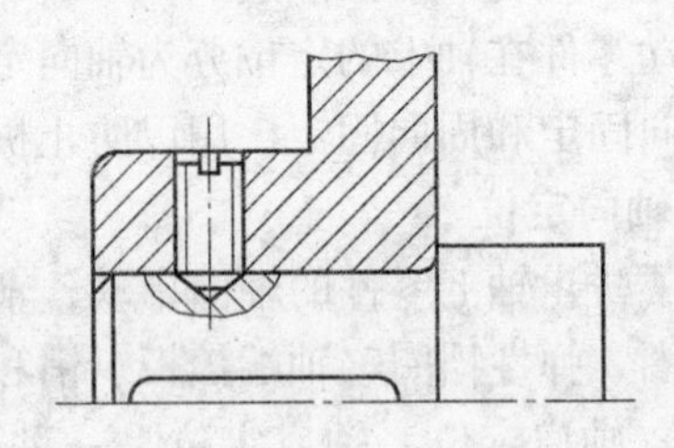

图 1-57 紧定螺钉定位

2. 周向定位

为了传递轴上转动零件的运动和转矩，防止轴上转动零件与轴作相对转动，轴和轴上零件必须要有可靠的周向固定。常用的周向定位方法有平键连接、花键连接、过盈配合连接、形面连接、销连接及紧定螺钉连接等，如图 1-58 所示。其中以平键和花键连接应用最广。

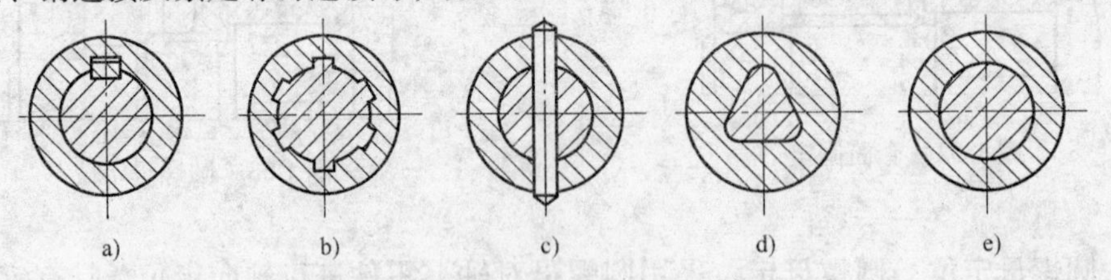

图 1-58 轴上零件周向定位方法

a）平键连接　b）花键连接　c）圆锥销连接　d）形面连接　e）过盈配合连接

（1）键定位　用普通平键周向定位，结构简单、制造容易、装拆方便、对中性好。平键连接时，轴上的键槽宽和键槽深应根据轴的直径选定，键长由轮毂宽度而定，并应取标准值。

用花键周向定位，具有较高的承载能力，对中性和导向性好，但制造成本高。

（2）过盈配合定位　过盈配合定位结构简单、对中性好、能承受大的载荷和冲击。但对配合表面的精度要求高，表面粗糙度值也小，一般应用于重要的不拆卸连接。过盈量越大，连接越牢固，能传递的转矩也越大。

五、减小轴的应力集中，提高疲劳强度

轴和轴上零件的结构、工艺以及轴上零件的安装布置等，对于轴的疲劳强度有很大影响，所以要在这些方面进行充分考虑，以提高轴的承载能力。

1. 合理布置轴上零件

改变轴上零件的布置位置，可以减小轴的内力。如图1-59所示为轴上零件两种不同的载荷布置方式，当轴传递相同动力时，所受最大转矩由 T_1+T_2 降为 T_1（假设 $T_1>T_2$），因此，图1-59b所示的布置方式合理。

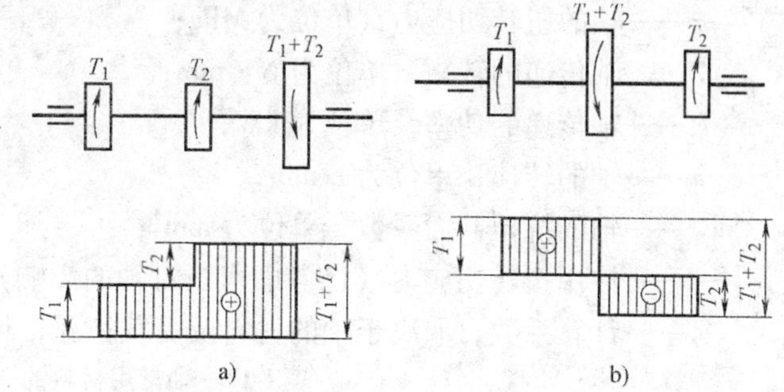

图1-59　轴上零件的合理布置

2. 改进轴的结构

轴通常是在交变应力作用下工作的，结构设计时应尽量考虑减小局部应力集中的影响，以提高轴的疲劳强度。阶梯轴各轴段的截面尺寸是变化的，在各段轴的过渡处存在应力集中，应在轴肩处采用尽可能大的过渡圆角半径 r，必要时可以采用减载环 b、中间环或凹切圆角等，并应尽量避免在轴上开槽或打孔，如图1-60所示。

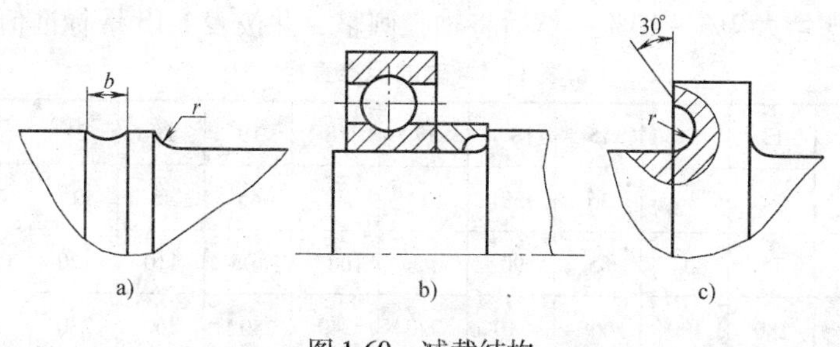

图1-60　减载结构

3. 改进轴的表面质量

降低轴的表面粗糙度值，对轴的表面采用滚压、喷丸或渗碳、渗氮等方法进行强化处理，可以显著提高轴的疲劳强度。

六、轴的强度校核计算

1. 按扭转强度计算

传动轴只承受转矩，可以直接按扭转强度进行计算。对于转轴，一般是先按所传递的转矩估算出轴的最小直径，并以此作为基本参考尺寸进行轴的结构设计。由工程力学可知，对于圆截面实心轴，其扭转强度条件计算式为

$$\tau=\frac{T}{W_{\mathrm{T}}}=\frac{9.55\times10^{6}\dfrac{P}{n}}{0.2d^{3}}\leqslant[\tau] \tag{1-21}$$

轴的基本直径的估算式为

$$d\geqslant A\cdot\sqrt[3]{\frac{P}{n}} \tag{1-22}$$

式中 d——轴的估算基本直径，单位为 mm；

τ——轴的扭转切应力，单位为 MPa；

T——轴传递的转矩，单位为 N · mm；

P——轴传递的功率，单位为 kW；

n——轴的转速，单位为 r/min；

W_{T}——轴的抗扭截面系数，单位为 mm^3；

$[\tau]$——许用扭转切应力（已考虑弯矩对轴的影响），单位为 MPa，见表 1-12；

A——计算系数，取决于轴的材料及受载情况，见表 1-12。

表 1-12 轴常用材料的 A 值

轴的材料	Q235、20	35	45	40Cr、35SiMn、38SiMnMo
A	135～160	118～135	107～118	98～107
$[\tau]$ /MPa	12～20	20～30	30～40	40～52

注：当轴所受弯矩较小或只受转矩时，A 取较小值，否则取较大值。

另外，当轴上开有键槽时，用式（1-22）求得直径后，应适当增大轴径。单键槽增大 3%～7%，双键槽增大 7%～10%。然后将轴径圆整，并按表 1-13 取标准值。

表 1-13 轴的标准直径 （单位：mm）

10*	11	12*	13	14	15	16*	17	18	19	20	21	22	24	25*
26	28	30	32*	34	36	38	40*	42	45	48	50*	53	56	60
63*	67	71	75	80*	85	90	95	100*	105	110	120	125*	130	140
150	160*	170	180	190	200*	210	220	240	250*	260	280	300	320	350

注：带 * 为优先选用。

2. 按弯扭合成计算

根据转矩估算求出轴的最小直径后，结合轴上零件的布置和装拆需要，依次完成轴的结构设计。结合轴上载荷的大小、零件位置，以及轴承支点等的确定。这样就可以按弯扭合成的理论对轴的危险截面进行强度校核计算。对一般用途的轴可按弯矩和转矩联合作用的当量弯矩法校核其强度，对重要机械的轴需用许用安全系数法校核其疲劳强度，安全系数的校核可查阅有关书籍。

（1）载荷与弯矩图 在进行轴的强度计算时，通常将轴简化成简支梁，支承力取在轴承宽度的中点，具体步骤如下：

1）画出轴的空间受力图，为简化计算，一般将空间受力图投影到相互垂直的三个平面，运用静力平衡方程求出各支座反力。

2）画出水平面受力图和弯矩图。

3）画出铅垂面受力图和弯矩图。

4）画出合成弯矩图。

5）画出转矩图。

（2）按当量弯矩校核轴的强度

1）确定危险截面。根据画出的合成弯矩图、转矩分布图，选出一个或几个危险截面。

2）求出危险截面上的当量弯矩。

（3）强度校核　对于实心圆轴危险截面应满足的强度条件为

$$\sigma_e = \frac{M_e}{W} = \frac{M_e}{0.1d^3} \leqslant [\sigma_{-1}] \tag{1-23}$$

式中　M_e——当量弯矩，单位为 N · mm；

W——危险截面的抗弯截面系数，单位为 mm^3；

d——危险截面轴的直径，单位为 mm；

σ_e——第三强度理论的当量应力，单位为 MPa；

$[\sigma_{-1}]$——材料在对称循环状态下的许用应力，单位为 MPa，见表 1-14。

应当指出，如危险截面强度不足，需对轴的结构作局部修改并重新计算，直到合格为止。

表 1-14　轴的许用弯曲应力　　（单位：MPa）

	R_m	$[\sigma_{+1}]$	$[\sigma_0]$	$[\sigma_{-1}]$
碳素钢	400	130	70	40
	500	170	75	45
	600	200	95	55
	700	230	110	65
合金钢	800	270	130	75
	900	300	140	80
	1 000	330	150	90
铸铁	400	100	50	30
	500	120	70	40

七、轴的刚度计算

轴受载后将产生弹性变形，若轴的刚度不够，将会影响轴上零件的正常工作。如机床的主轴变形太大时，将影响机床的加工精度；电动机转子轴变形太大时，将使转子和定子的间隙改变而影响电动机的性能；装有齿轮的轴，如果变形过大则会使啮合状态恶化。

轴的刚度主要是指弯曲刚度和扭转刚度两种。以弯曲变形为主的轴用挠度 y 和偏转角 θ 来度量，如图 1-61 所示；传动轴用扭转角 φ 来度量，如图 1-62 所示。

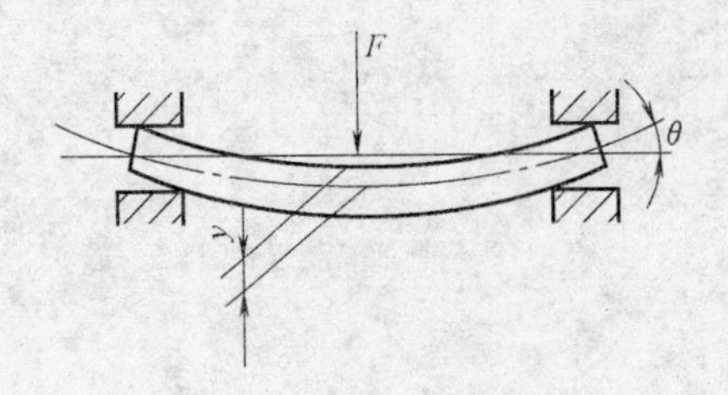

图 1-61　轴的挠度和偏转角

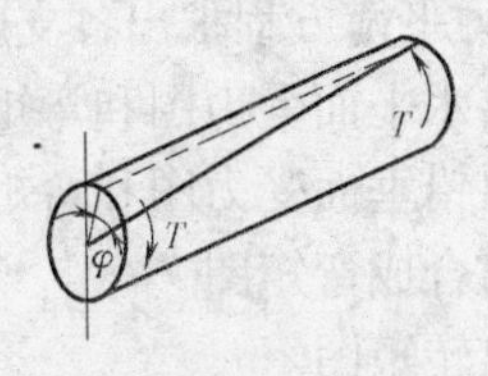

图 1-62　轴的扭转角

对于有刚度要求的轴，应进行弯曲刚度或扭转刚度计算，刚度计算按工程力学中的公式进行，并满足如下刚度要求

$$y \leqslant [y];\ \theta \leqslant [\theta];\ \varphi \leqslant [\varphi]$$

一般机械中轴的许用挠度 $[y]$、许用偏转角 $[\theta]$ 和许用扭转角 $[\varphi]$ 按表 1-15 选取。

表 1-15　轴的许用挠度、许用偏转角和许用扭转角

适用范围	$[y]$ /mm	适用范围	$[\theta]$ /rad
一般用途的轴	(0.000 3～0.000 5) L	滑动轴承	0.001
刚度要求较高的轴	0.000 2L	深沟球轴承	0.005
电动机轴	0.1Δ	调心球轴承	0.05
安装齿轮的轴	(0.01～0.05) m_n	圆柱滚子轴承	0.002 5
安装蜗轮的轴	(0.02～0.05) m_t	圆锥滚子轴承	0.001 6
		安装齿轮处	0.001～0.002
		适用范围	$[\varphi]$ / (°/m)
		一般传动	0.5～1
		较精密的传动	0.25～0.5
		重要传动	<0.25

L—轴的跨距，单位为 mm；
Δ—电动机定子与转子间的间隙，单位为 mm；
m_n—齿轮法向模数，单位为 mm；
m_t—蜗轮端面模数，单位为 mm。

任务 4　键的类型与选用

键是用于实现轴和轴上零件之间的周向定位，并用于传递运动和动力，有些还可以实现轴上零件的轴向移动。

一、键连接的类型及特点

键的种类很多，常用的有平键、半圆键、楔键、花键等类型，其中普通平键最常见。

1. 平键连接

平键按用途分为普通平键、导向键和滑键三种。平键的两侧面是工作面，上、下面为非工作面。

（1）普通平键连接　普通平键按其端部形状，分为圆头（A型）、平头（B型）、单圆头（C型）三种，如图1-63所示。

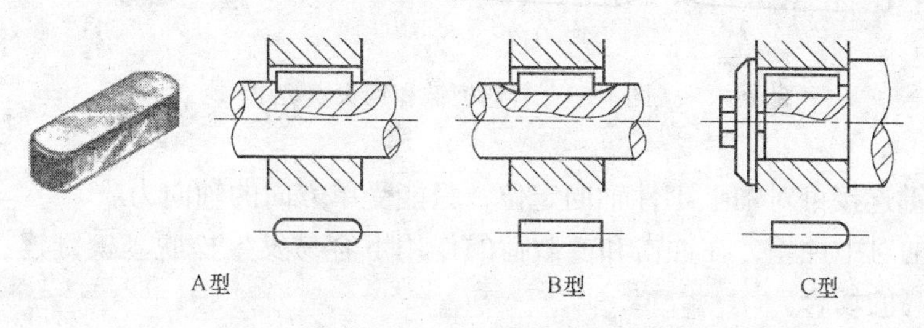

图1-63　普通平键形状

A型键连接的轴槽两端具有与键相同的形状，故键在键槽中放置稳固，但槽两端会产生较大的应力集中；B型键连接的键槽用盘状铣刀加工，轴的应力集中较小；C型键连接一般用于轴的端部。以A型键连接应用最为广泛，A型键与C型键连接的轴槽用圆柱状铣刀加工。普通平键连接适用于高速、对中性要求高的场合。

（2）导向平键和滑键连接　导向键和滑键一般用于轴与轮毂之间有相对轴向移动的场合。

导向键用螺钉固定在轴槽中，轴上零件可沿键作轴向滑动，为了方便把键取出，在键上制作有起键用的螺纹孔，如图1-64所示。

当轮毂需要沿轴向滑动的距离较大时，宜采用滑键，如图1-65所示。

滑键固定在轮毂上，与轴上的键槽为间隙配合，键和轮毂可同时在轴的键槽中作轴向滑动。

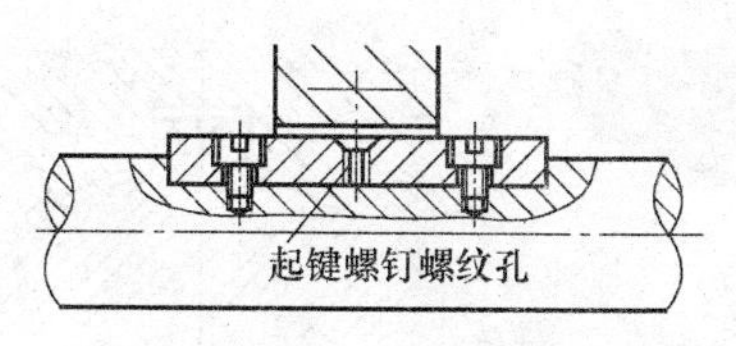

图1-64　导向平键连接

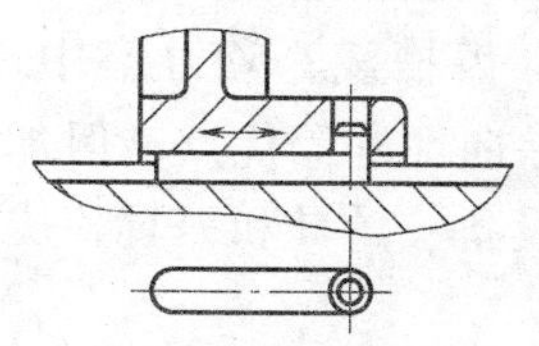

图1-65　滑键连接

2. 半圆键连接

半圆键的两侧面为圆弧状，如图1-66所示。由于键在轴的键槽中能绕槽底圆弧的曲率中心摆动，因而能自动适应轮毂键槽的倾斜。半圆键安装方便，用于锥形轴与轮毂连接。但键槽较深，对轴的强度削弱较大，一般用于轻载场合。

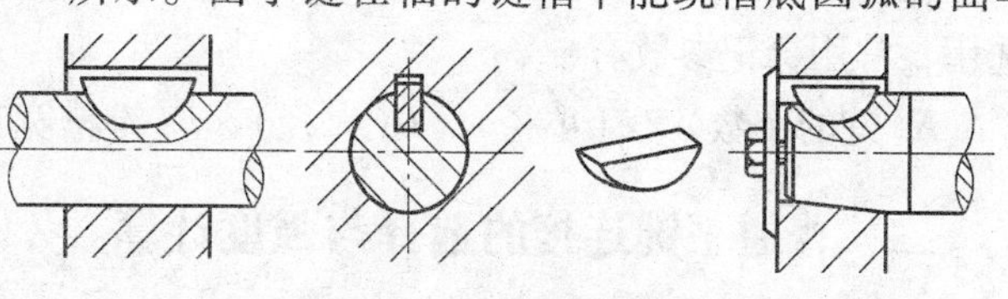

图1-66　半圆键连接

3. 楔键连接和切向键连接

（1）楔键连接　楔键分为普通楔键和钩头楔键两种，如图1-67所示。楔键的上、下两面是工作面，并制成1∶100的斜度。

楔键靠上、下两面挤压产生的摩擦力来传递动力，键与键槽两侧面为非工作面，如图

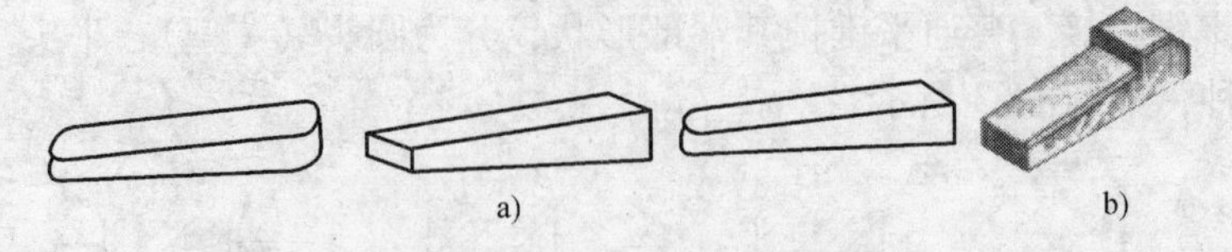

图 1-67　普通楔键和钩头楔键

1-68 所示。楔键连接可对轴上零件轴向定位，只能受单方向的轴向力。

楔键连接的对中性差，在冲击和变载荷的作用下容易发生松脱。楔键连接适用于低速、对中性要求不高的场合。

（2）切向键连接　图 1-69 所示为切向键连接。它由两个斜度为 1∶100 的楔键组成，工作面为平行于轴线的平面，使工作面上压力沿轴的切向作用。

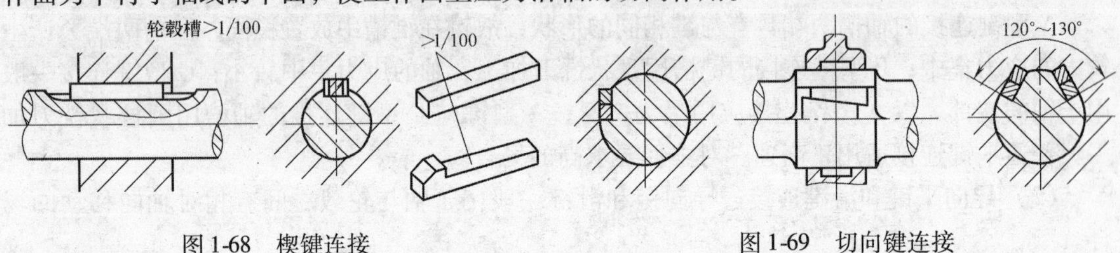

图 1-68　楔键连接

图 1-69　切向键连接

当传递双向转矩时，需用两个切向键。切向键主要用于轴径大于 100mm、对中性要求不高而载荷很大的重型机械中。

4. 花键连接

花键连接是由带若干个键齿的花键轴和开有多个键槽的内花键构成的。花键连接具有承载能力高、齿槽浅、应力集中小、定心好和导向性好等优点；但加工需要专用设备、量具和刃具，成本较高。

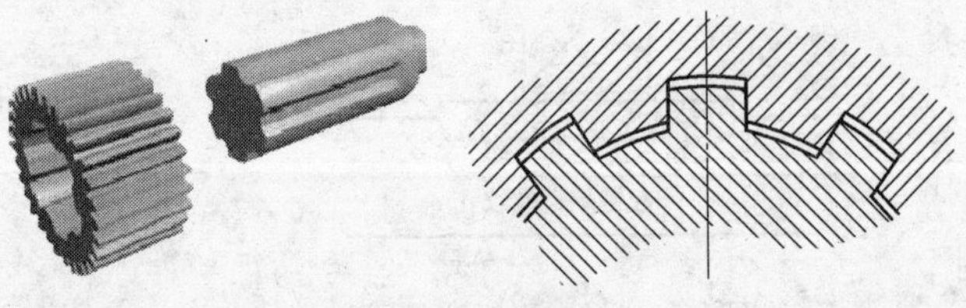

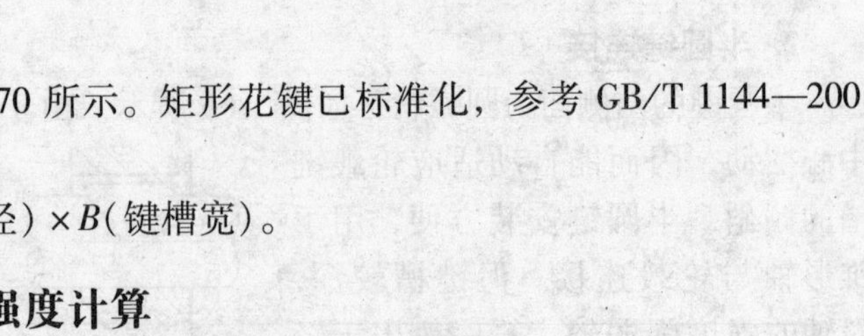

图 1-70　花键连接

花键连接常用于重载、变载、定心精度要求高，轴上零件可作轴向移动的场合。

花键的齿形通常为矩形，如图 1-70 所示。矩形花键已标准化，参考 GB/T 1144—2001 选用，常用标记参数有

N(键的个数) × d(小径) × D(大径) × B(键槽宽)。

二、普通平键连接的选择与强度计算

键是标准件，普通平键参见 GB/T 1096—2003 选用。在设计键连接时，先要根据轴直径和轮毂宽度尺寸按标准选取相应键的尺寸，然后进行必要的强度验算。

1. 普通平键尺寸和键槽的尺寸

普通平键的主要尺寸是宽度 b、高度 h 和长度 L，设计时根据轴直径选择键的宽度 b、高度 h，键的长度 L 一般略短于轮毂宽度，键尺寸和键槽的尺寸参照表 1-16 选取。

表1-16 平键连接的剖面和键槽尺寸（摘自 GB/T 1095—2003、GB/T 1096—2003）

（单位：mm）

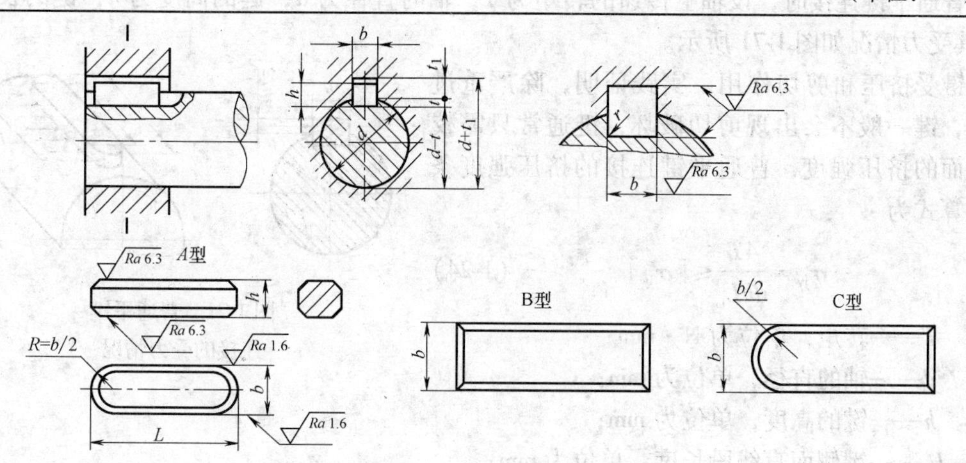

标记示例

GB/T 1096 键 16×10×100［圆头普通平键（A 型）、$b=16$mm、$h=10$mm、$L=100$mm］

GB/T 1096 键 B16×10×100［平头普通平键（B 型）、$b=16$mm、$h=10$mm、$L=100$mm］

GB/T 1096 键 C16×10×100［单圆头普通平键（C 型）、$b=16$mm、$h=10$mm、$L=100$mm］

轴	键	键槽											
公称直径 d	公称尺寸 $b\times h$	宽度						深度				半径 r	
		公称尺寸 b	极限偏差					轴 t		毂 t_1			
			较松键连接		一般键连接		较紧键连接						
			轴 H9	毂 D10	轴 N9	毂 JS9	轴和毂 P9	公称尺寸	极限偏差	公称尺寸	极限偏差	最小	最大
自6~8	2×2	2	+0.025 0	+0.060 +0.020	−0.004 −0.029	±0.0125	−0.006 −0.031	1.2	+0.1 0	1	+0.1 0	0.08	0.16
>8~10	3×3	3						1.8		1.4			
>10~12	4×4	4	+0.030 0	+0.078 +0.030	0 −0.030	±0.015	−0.012 −0.042	2.5		1.8			
>12~17	5×5	5						3.0		2.3		0.16	0.25
>17~22	6×6	6						3.5		2.8			
>22~30	8×7	8	+0.036 0	+0.098 +0.040	0 −0.036	±0.018	−0.015 −0.051	4.0	+0.2 0	3.3	+0.2 0		
>30~38	10×8	10						5.0		3.3		0.25	0.40
>38~44	12×8	12	+0.043 0	+0.120 +0.050	0 −0.043	±0.0215	−0.018 −0.061	5.0		3.3			
>44~50	14×9	14						5.5		3.8			
>50~58	16×10	16						6.0		4.3			
>58~65	18×11	18						7.0		4.4			
>65~75	20×12	20	+0.052 0	+0.149 +0.065	0 −0.052	±0.026	−0.022 −0.074	7.5		4.9		0.40	0.60
>75~85	22×14	22						9.0		5.4			
>85~95	25×14	25						9.0		5.4			
>95~110	28×16	28						10.0		6.4			
键的长度系列	6、8、10、12、14、16、18、20、22、25、28、32、36、40、45、50、56、63、70、80、90、100、110、125、140、160、180、200、220、250、280、320、360												

注：在齿轮工作图中，轴槽深用 $d-t$ 标注，毂槽深用 $d+t_1$ 标注。

2. 强度验算

普通平键连接时，设轴上传递的转矩为 T，轴的直径为 d，键的高度为 h，键的长度为 L，其受力情况如图 1-71 所示。

键受挤压和剪切作用，实践证明，除严重过载外，键一般不会出现剪切破坏，键通常只需校核侧面的挤压强度，普通平键连接的挤压强度条件计算式为

$$\sigma_{jy}=\frac{4T}{dhL_1}\leqslant[\sigma_{jy}] \qquad (1\text{-}24)$$

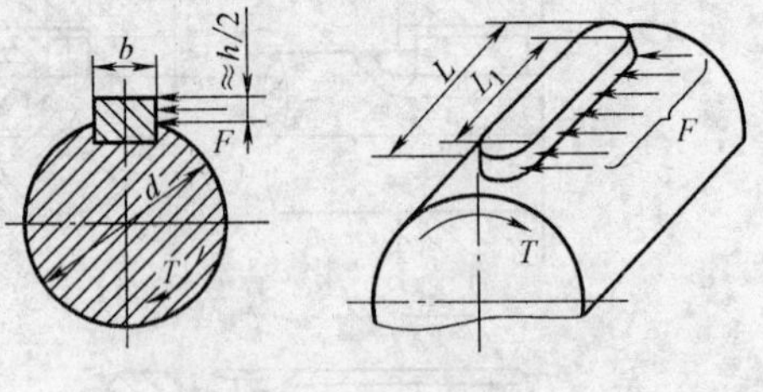

图 1-71　普通平键连接的受力情况

式中　T——转矩，单位为 N·mm；

d——轴的直径，单位为 mm；

h——键的高度，单位为 mm；

L_1——键侧面直线段长度，单位为 mm；

σ_{jy}——键的工作挤压应力，单位为 MPa；

$[\sigma_{jy}]$——键连接中最弱材料的许用挤压应力，单位为 MPa，参见表 1-17 选取。

表 1-17　普通平键连接的许用挤压应力　　（单位：MPa）

零件材料	许用挤压应力 $[\sigma_{jy}]$		
	静载	轻微冲击	冲击
钢	125 ~ 150	100 ~ 120	60 ~ 90
铸铁	70 ~ 80	50 ~ 60	30 ~ 45

若键的强度不够，相差不大时可增加键的长度，但键的长度不能超过 $2.5d$。若加长后强度仍不够或设计条件不允许加大键长度时，则采用双键，并使双键相隔 180°布置。考虑到双键承受载荷的不均匀性，强度计算时双键只能按 1.5 个键计算。

例 1-2　轴与齿轮用平键连接，如图 1-71 所示。已知轴传递的转矩 $T=600\text{N}\cdot\text{m}$，轴和齿轮的材料均为 45 钢，轻微冲击，轴的直径 $d=75\text{mm}$，若轮毂宽度为 $B=80\text{mm}$，试设计该平键连接。

解：

1）选择平键的尺寸。

根据连接情况和轴的直径 $d=75\text{mm}$ 按表 1-16 选择 A 型普通平键。

键的宽度 $b=20\text{mm}$，键的高度 $h=12\text{mm}$；根据轮毂宽度 $B=80\text{mm}$，键的长度取 $L=70\text{mm}$。

2）强度校核。

由表 1-17，轻微冲击，取 $[\sigma_{jy}]=100\text{MPa}$，则 $L_1=L-b=70\text{mm}-20\text{mm}=50\text{mm}$。

由式（1-24）挤压强度条件有

$$\sigma_{jy}=\frac{4T}{dhL_1}=\frac{4\times600\times10^3}{75\times12\times50}\text{MPa}=53.3\text{MPa}\leqslant[\sigma_{jy}]=100\text{MPa}$$

故选用普通 A 型平键 $b\times h\times L=20\times12\times70$ 的强度足够。

思考与练习题

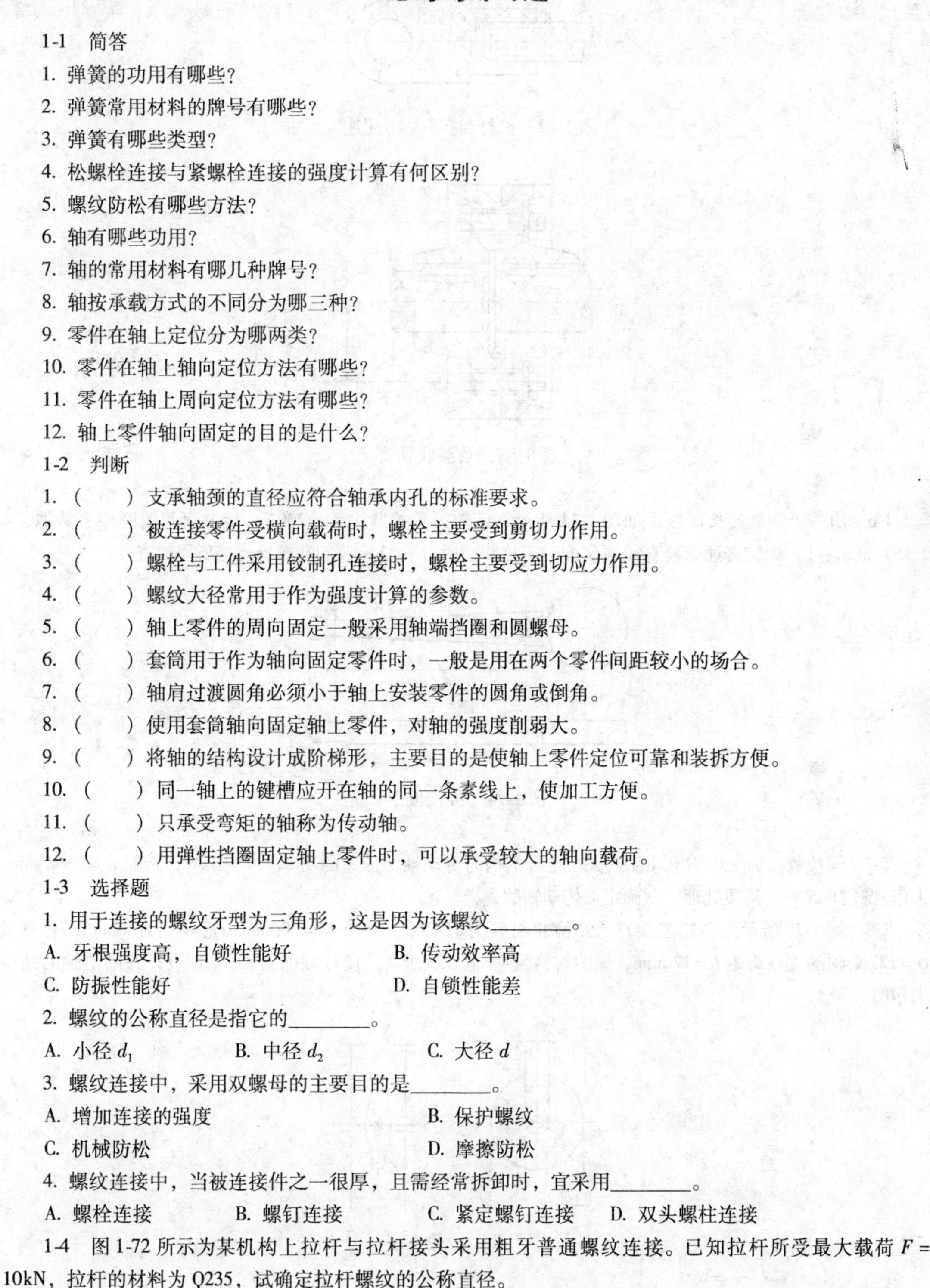

1-1　简答

1. 弹簧的功用有哪些？
2. 弹簧常用材料的牌号有哪些？
3. 弹簧有哪些类型？
4. 松螺栓连接与紧螺栓连接的强度计算有何区别？
5. 螺纹防松有哪些方法？
6. 轴有哪些功用？
7. 轴的常用材料有哪几种牌号？
8. 轴按承载方式的不同分为哪三种？
9. 零件在轴上定位分为哪两类？
10. 零件在轴上轴向定位方法有哪些？
11. 零件在轴上周向定位方法有哪些？
12. 轴上零件轴向固定的目的是什么？

1-2　判断

1. （　）支承轴颈的直径应符合轴承内孔的标准要求。
2. （　）被连接零件受横向载荷时，螺栓主要受到剪切力作用。
3. （　）螺栓与工件采用铰制孔连接时，螺栓主要受到切应力作用。
4. （　）螺纹大径常用于作为强度计算的参数。
5. （　）轴上零件的周向固定一般采用轴端挡圈和圆螺母。
6. （　）套筒用于作为轴向固定零件时，一般是用在两个零件间距较小的场合。
7. （　）轴肩过渡圆角必须小于轴上安装零件的圆角或倒角。
8. （　）使用套筒轴向固定轴上零件，对轴的强度削弱大。
9. （　）将轴的结构设计成阶梯形，主要目的是使轴上零件定位可靠和装拆方便。
10. （　）同一轴上的键槽应开在轴的同一条素线上，使加工方便。
11. （　）只承受弯矩的轴称为传动轴。
12. （　）用弹性挡圈固定轴上零件时，可以承受较大的轴向载荷。

1-3　选择题

1. 用于连接的螺纹牙型为三角形，这是因为该螺纹________。

A. 牙根强度高，自锁性能好　　B. 传动效率高

C. 防振性能好　　D. 自锁性能差

2. 螺纹的公称直径是指它的________。

A. 小径 d_1　　B. 中径 d_2　　C. 大径 d

3. 螺纹连接中，采用双螺母的主要目的是________。

A. 增加连接的强度　　B. 保护螺纹

C. 机械防松　　D. 摩擦防松

4. 螺纹连接中，当被连接件之一很厚，且需经常拆卸时，宜采用________。

A. 螺栓连接　　B. 螺钉连接　　C. 紧定螺钉连接　　D. 双头螺柱连接

1-4　图1-72所示为某机构上拉杆与拉杆接头采用粗牙普通螺纹连接。已知拉杆所受最大载荷 $F=10\text{kN}$，拉杆的材料为Q235，试确定拉杆螺纹的公称直径。

1-5　带式输送机的凸缘联轴器，如图1-73所示，用6个螺栓连接，$D_0=125\text{mm}$，传递转矩 $T=400\text{N}\cdot\text{m}$，试求：1）采用普通螺栓连接，两个半联轴器接合面上的摩擦系数 $f=0.15$，不控制预紧力，求该螺栓

所需的公称直径。2）若改用铰制孔螺栓连接，所用螺栓的直径。

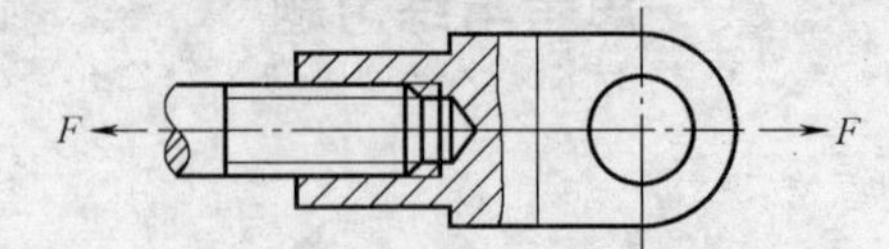

图 1-72 拉杆与拉杆接头连接

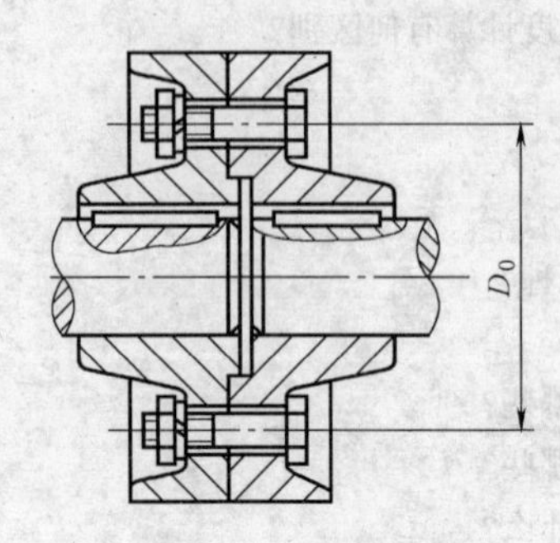

图 1-73 凸缘联轴器

1-6 有一个钢制接长柄扳手如图 1-74 所示，已知扳手拧紧力 $F=200\text{N}$，接合面间的摩擦系数取 $f=0.15$。试求：1）确定普通螺栓直径（装配时不控制预紧力）。2）铰制孔螺栓连接所需的直径。

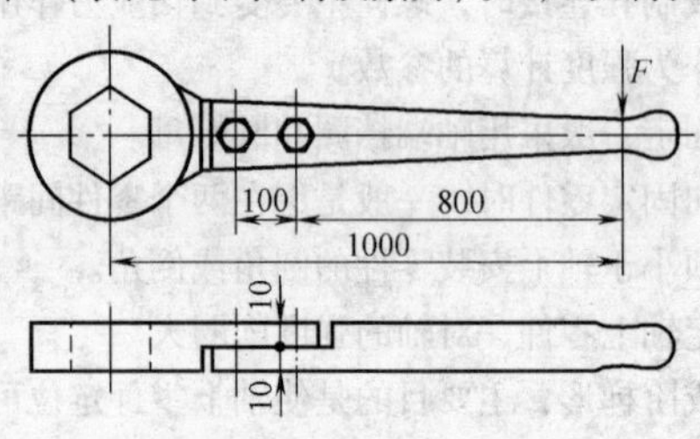

图 1-74 接长扳手

1-7 学校数控加工中心电动葫芦大车走行机构的传动轴，传递的功率为 $P=3\text{kW}$，转速 $n=260\text{r/min}$，采用材料为 45 钢，调质处理，试确定该传动轴的直径。

1-8 图 1-75 所示为滑轮连接，已知滑轮材料为 HT200，直径 $D=300\text{mm}$，轮毂宽为 80mm，起重量 $Q=12\text{kN}$，轴的支点跨距 $L=120\text{mm}$，轴的材料为 45 钢。试求 1）设计轴的直径。2）设计并画出轴的结构工作图。

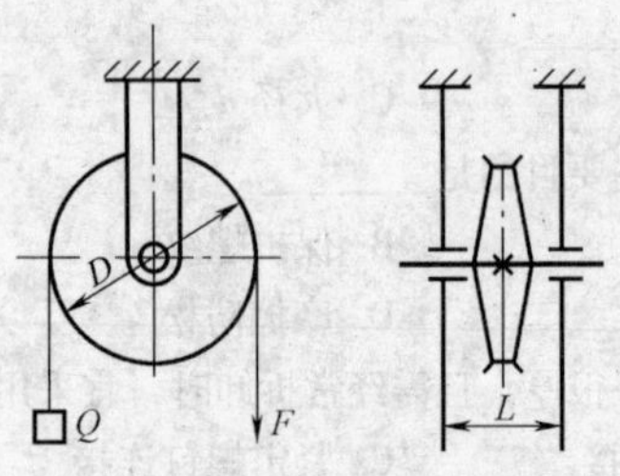

图 1-75 滑轮连接

1-9 绘制如图 1-76 所示阶梯轴的工作图，指明轴各段的名称，查出对应的公差值配合代号标在图上。

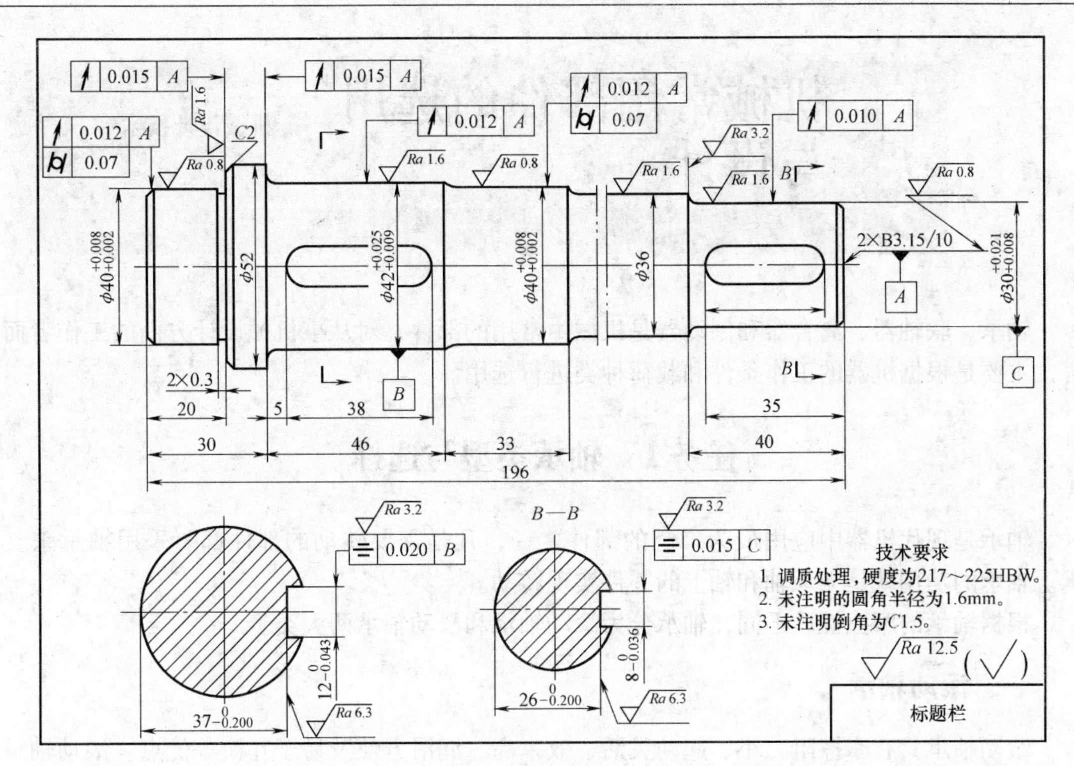

图 1-76　题 1-9 图

1-10　图 1-30 所示的松螺栓连接，已知滑轮钢丝绳上的重物为 $F=50\text{kN}$，螺栓穿过 10 槽钢，螺栓采用 35 钢，设计该六角头螺栓，画出该螺栓的工作图。

模块2 机械常用部件的选用与设计

机械设计技术

轴承、联轴器、离合器和制动器是机械中常用的部件，对从事机械设计方面的工作者而言，主要是根据机器的工作条件和载荷种类进行选用。

任务1　轴承类型与选择

轴承是现代机器中应用最为广泛的部件之一，凡是需要转动的部件都要采用轴承来支承。轴承的功用就是支承轴和轴上的零件实现转动。

根据轴承的摩擦性质不同，轴承分为滚动轴承和滑动轴承两大类。

一、滚动轴承

滚动轴承具有摩擦阻力小、起动灵活、效率高、润滑方便及易于互换等优点。滚动轴承为滚动摩擦，摩擦损失小，是一种精密的机械部件。滚动轴承用量大，由专业厂家生产，基本上已经标准化。按 JB/T 8570—2008 选用。

对机械设计而言，主要是根据机器所受的载荷性质、载荷大小选用滚动轴承的型号，以及轴承的安装方式、润滑和密封方法等。

1. 结构组成、材料与分类

（1）结构组成　滚动轴承的结构组成如图 2-1 所示，由外圈、内圈、滚动体和保持架等组成。

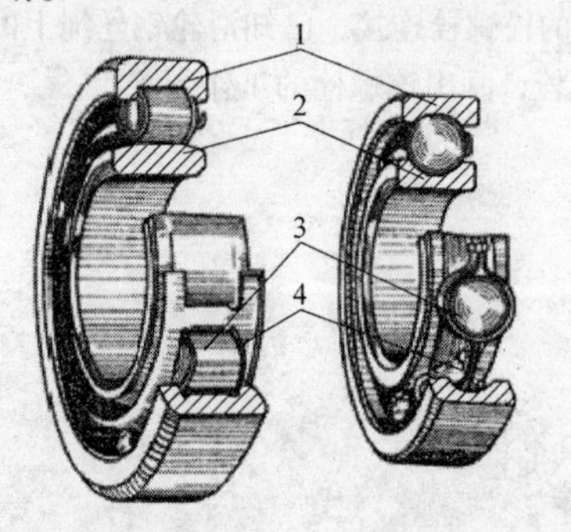

图 2-1　滚动轴承的组成

1—外圈　2—内圈　3—滚动体　4—保持架

滚动轴承的内圈安装在轴颈上，内圈随轴一起转动，通常采用基孔制过盈配合或过渡配合。外圈装在轴承座孔内起支承作用，通常外圈与轴承座孔采用基轴制间隙配合或过渡配合。滚动体位于内圈、外圈的滚道之间，相对内圈、外圈滚动。保持架的作用是将滚动体在滚道上均匀隔开，防止滚动体之间相互碰撞堆挤。

滚动体常见的形状有球形滚子、短圆柱形滚子、长圆柱形滚子、圆锥形滚子、球面鼓形滚子和滚针滚子等，如图 2-2 所示。

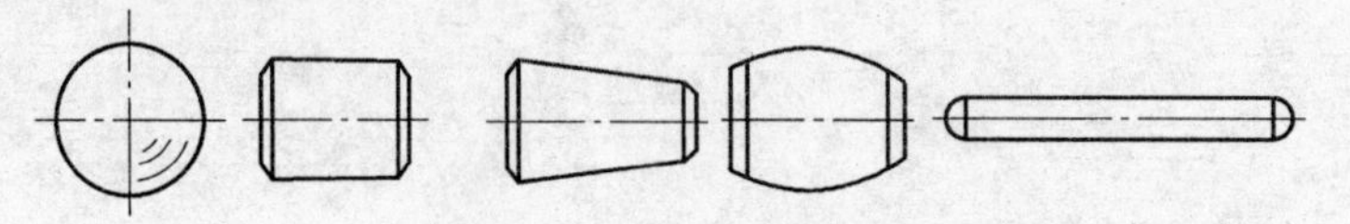

图 2-2　滚动体的种类

（2）材料　滚动轴承的内圈、外圈和滚动体一般用含铬量较高的滚动轴承钢制造，牌号常用 GCr9、GCr15、GCr15SiMn，经热处理后硬度一般为 60HRC 以上。

保持架一般用 08 钢、铜合金或者复合材料制成。

（3）分类

1）按承受的载荷方向分类。滚动轴承分为向心轴承，如图 2-3a 所示；推力轴承，如图 2-3b 所示；向心推力轴承，如图 2-3c 所示。

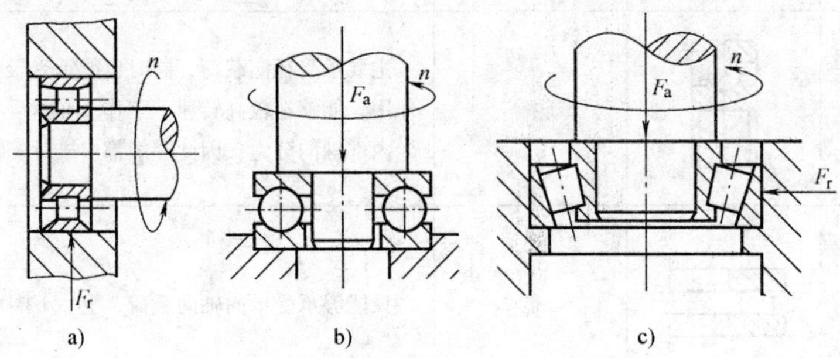

图 2-3　不同载荷方向的轴承

2）按滚动体形状分。滚动轴承分为球轴承和滚子轴承。

3）按滚动体列数分。滚动轴承分为单列、双列和多列。

滚动轴承的名称、代号、结构、主要特点及应用见表 2-1。

表 2-1　滚动轴承的基本类型及主要特点和应用

轴承名称与代号	结构简图	极限转速	主要特点及应用
调心球轴承 10000		中	主要承受径向载荷，也能承受较小的轴向载荷。由于外圈滚道表面是以轴承中点为中心的球面，所以能够调心
调心滚子轴承 20000		低	能承受较大的径向载荷，也能承受较小的轴向载荷。承载能力大，同时具有调心性能
圆锥滚子轴承 30000		中	能够承受比较大的径向载荷和单向的轴向载荷，内、外圈可分离，游隙可调整。适用于转速不高的场合，且应成对使用
双列深沟球轴承 40000		中	主要承受径向载荷，也能够承受一定的轴向载荷
推力球轴承 50000		低	只承受轴向载荷，且载荷线必须与轴线相重合

（续）

轴承名称与代号	结构简图	极限转速	主要特点及应用
深沟球轴承 60000		高	摩擦系数小，转速高，主要承受径向载荷，也可承受一定的轴向载荷。但承受冲击载荷能力差
角接触球轴承 70000		较高	主要承受径向载荷，同时也能承受较大的轴向载荷联合作用，能够在较高转速下工作。在承受径向载荷时，将产生内部轴向分力，因此一般都应成对安装使用
推力圆柱滚子轴承 8000		低	只能够承受单向轴向载荷，上、下圈可分离
圆柱滚子轴承 N0000		较高	只能承受纯径向载荷，内、外圈可分离，安装方便。承载能力较大，极限转速较高
滚针轴承 NA0000		低	径向尺寸紧凑，极限转速低，不允许有角偏差

2. 滚动轴承的代号

为了便于组织生产和选用，GB/T 272—1993 规定了滚动轴承代号及其表示方法。滚动轴承代号由基本代号、前置代号和后置代号构成，用字母和数字等表示，轴承代号的构成见表 2-2。

表 2-2　滚动轴承代号的组成

<table>
<tr><td>前置代号</td><td colspan="5">基本代号</td><td colspan="8">后置代号</td></tr>
<tr><td rowspan="3">分部件代号</td><td>五</td><td>四</td><td>三</td><td>二</td><td>一</td><td rowspan="3">内部结构代号</td><td rowspan="3">密封与防尘结构代号</td><td rowspan="3">保持架及其材料代号</td><td rowspan="3">轴承材料代号</td><td rowspan="3">公差等级代号</td><td rowspan="3">游隙代号</td><td rowspan="3">配置代号</td><td rowspan="3">其他代号</td></tr>
<tr><td rowspan="2">类型代号</td><td colspan="2">尺寸系列代号</td><td colspan="2" rowspan="2">内径代号</td></tr>
<tr><td>宽度系列代号</td><td>直径系列代号</td></tr>
</table>

（1）基本代号　滚动轴承的基本代号由类型代号、尺寸系列代号和内径代号三部分组成，一般用五位（大写英文字母或数字）表示。

1）轴承内径。用基本代号右起第一、第二两位数字表示，具体表示方法见表 2-3。

表 2-3　轴承内径代号

轴承公称内径/mm		内径代号	示例
0.6～10（非整数）		直接用公称内径毫米表示 在它与尺寸系列代号之间用“/”分开	轴承 618/2.5，内径 $d=2.5$ mm
1～9（整数）		直接用公称内径毫米表示 对深沟球轴承及角接触轴承 7、8、9 直径系列 内径与尺寸系列代号之间用“/”分开	轴承 618/5，内径 $d=5$ mm
10～17	10	00	轴承 6201，内径 $d=12$mm
	12	01	
	15	02	
	17	03	
04～95 （22、28、32 除外）		轴承内径代号乘以 5 即是内径（mm）	轴承 23209　内径 $d=45$ mm
内径为 22、28、 32 及大于 495mm		直接用公称内径毫米表示 并在与尺寸系列代号之间用“/”分开	轴承 230/500 内径 $d=500$mm 轴承 62/28 内径 $d=28$mm

2）尺寸系列代号。由轴承的宽（高）系列代号和直径系列代号组合而成，见表 2-4。

表 2-4　向心轴承、推力轴承尺寸系列代号

直径系列代号	向心轴承（宽度系列代号）							推力轴承（高度系列代号）			
	窄 0	正常 1	宽 2	特宽 3	特宽 4	特宽 5	特宽 6	特低 7	低 9	正常 1	正常 2
超特轻 7	—	17	—	37	—	—	—	—	—	—	—
超轻 8	08	18	28	38	48	58	68	—	—	—	—
超轻 9	09	19	29	39	49	59	69	—	—	—	—
特轻 0	00	10	20	30	40	50	60	70	90	10	—
特轻 1	01	11	21	31	41	51	61	71	91	11	—
轻 2	02	12	22	32	42	52	62	72	92	12	22
中 3	03	13	23	33	—	—	63	73	93	13	23
重 4	04	—	24	—	—	—	—	74	94	14	24

注：1. 直径系列代号。用右起第三位数字表示，代表轴承结构、内径相同时，在外径方面的变化系列。
2. 宽度系列代号。用右起第四位数字 0、1、…、9 表示，数字越大，轴承宽度越宽。

3）类型代号。用数字或大写英文字母表示，参见表 2-1。

（2）前置代号　用于表示轴承的分部件，用字母表示。具体参看轴承手册。

（3）后置代号　轴承的后置代号用字母或数字表示，包括内部结构、密封防尘、外部形状、保持架结构、材料、公差等级及游隙等，内部结构见表 2-5。

公差等级代号见表 2-6，共有 6 个精度级别，P2 级精度最高，P0 级精度最低，P0 级为普通级，通常不标注。

表 2-5 后置代号的内部结构代号及含义

代 号	含 义	示 例
A、B、C、D、E	1）表示内部结构改变 2）表示标准设计，其含义随轴承的不同类型结构而异	B：角接触球轴承，公称接触角 $\alpha=40°$，如 7210B C：角接触球轴承，公称接触角 $\alpha=15°$，如 7005C
AC D ZW	角接触球轴承，公称接触角 $\alpha=25°$ 剖分式轴承 滚针保持架组件，双列	7210 AC K50×55×20D K20×25×40ZW

表 2-6 后置代号中公差等级代号及含义

代号	含 义	示 例
/P0	公差等级符合标准规定的 0 级，在代号中省略而不表示（普通级）	6203
/P6	公差等级符合标准规定的 6 级	6203/P6
/P6x	公差等级符合标准规定的 6x 级	30210/P6x
/P5	公差等级符合标准规定的 5 级	6203/P5
/P4	公差等级符合标准规定的 4 级	6203/P4
/P2	公差等级符合标准规定的 2 级	6203/P2

例 2-1 试说明代号为 6204 、71908/P5 这两个滚动轴承代号所代表的含义。

解：

1）对于 6204 代号的含义为

6—轴承型号为单列深沟球轴承；

(0) 2—尺寸系列代号，宽度系列代号为 0（省略），2 为直径系列代号；

04—内径代号，内径 $d=5\times4\text{mm}=20\text{mm}$；

公差等级为普通级（公差等级代号/P0 省略）。

2）对于 71908/P5 代号的含义为

7—轴承类型为单列角接触球轴承；

19—尺寸系列代号，1 为宽度系列代号，9 为直径系列代号；

08—内径代号，内径 $d=5\times8\text{mm}=40\text{mm}$；

P5—公差等级为 5 级精度。

3. 滚动轴承的工作情况分析及寿命计算

(1) 轴承载荷及应力分析　图 2-4 所示为深沟球轴承工作时的受力情况图。

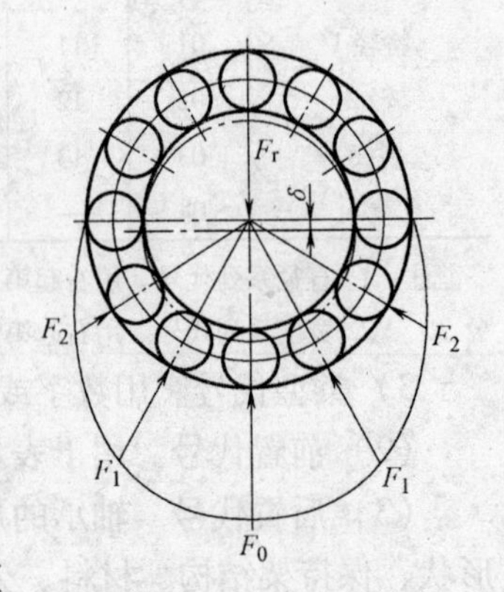

图 2-4　深沟球轴承工作时的受力情况

当径向载荷 F_r 通过轴颈作用于内圈时，由于各滚动体存在弹性变形，使内圈沿 F_r 方向下移一个距离 δ。沿 F_r 作用线上的那个滚动体受载最大，远离的各滚动体受载逐渐减少（$F_0>F_1$

$>F_2$）。随着轴承内圈相对于外圈的转动，滚动体也随之转动。轴承元件所受的载荷呈周期性变化，所以轴承各元件是在交变应力下工作的。

（2）轴承的失效形式和设计准则

1）失效形式。滚动轴承的失效形式主要有疲劳点蚀、塑性变形、磨损和胶合。

①疲劳点蚀。滚动轴承工作时，滚动体与内、外圈滚道的接触应力是周期性循环变应力，经过一定次数的应力循环后，轴承各元件表面会产生疲劳点蚀。点蚀使轴承在运转中产生振动和噪声，使回转精度降低，工作温度升高，最终使轴承丧失正常的工作能力。

②塑性变形。对于转速较低或仅作缓慢转动的滚动轴承，由于其应力循环次数少，一般不会出现疲劳点蚀。但在过大的静载荷或冲击载荷作用下，滚动体和内、外圈滚道接触处会产生塑性变形，使滚道上出现凹坑，引起振动和噪声，也会使轴承丧失正常的工作能力。

③磨损和胶合。轴承在密封不可靠或多尘环境下工作时，滚动体或内、外圈滚道易产生磨粒磨损。当轴承在高速重载及润滑不良时还会产生胶合失效。此外，由于轴承的安装或拆卸不当，也会使轴承元件破裂，造成轴承失效。

2）设计准则。对于一般转速的轴承，疲劳点蚀是轴承在正常工作条件下的主要失效形式，所以应以疲劳强度为依据进行轴承的寿命计算。

对于转速较低或重载、大冲击条件下工作的轴承，塑性变形是它的主要失效形式，应进行以不发生塑性变形为准则的静强度计算。

对于高速、密封不良或使用环境较差的轴承，均会引起轴承过度磨损，为了防止和减轻磨损，应限制工作转速，加强润滑和密封。

4. 滚动轴承的寿命计算

滚动轴承寿命计算目的是防止轴承在预期工作时间内产生疲劳点蚀破坏。

（1）基本额定寿命和基本额定动载荷

1）轴承寿命。轴承寿命是指轴承中任一个滚动体和内、外圈滚道上出现疲劳点蚀所经历的总转数，或轴承在一定转速下工作的小时数。

2）基本额定寿命。基本额定寿命是指一批同型号的轴承在相同条件下运转时，90%的轴承没有发生疲劳点蚀前运转的总转数，或在一定转速下运转的总小时数，分别用 L_{10} 和 L_{10h} 表示。同一类型、同一公称尺寸的轴承，即使在相同的条件下运转，由于材料、热处理、加工、装配等不可能完全一样，故轴承的寿命并不相同，有时相差很多。

3）基本额定动载荷。基本额定动载荷是指基本额定寿命为 $L=10^6$ 转时轴承能承受的最大载荷，用符号 C 表示。基本额定动载荷的大小能够反映出轴承抵抗点蚀破坏的承载能力，如果轴承的基本额定动载荷大，则其抵抗点蚀破坏的承载能力就强。

基本额定动载荷对于向心轴承而言是指径向载荷，称为径向基本额定动载荷，用符号 C_r 表示。对于推力轴承而言是指轴向载荷，称为轴向基本额定动载荷，用符号 C_a 表示。各种型号的轴承基本额定动载荷可在轴承标准中查得。

（2）当量动载荷　基本额定动载荷 C 对向心轴承是指纯径向载荷，对推力轴承是指纯轴向载荷，而滚动轴承在实际工作时，常承受轴向载荷和径向载荷共同作用。因此在轴承寿命计算时把实际载荷折算成与基本额定动载荷等效的当量动载荷 P，当量动载荷 P 的计算式为

$$P = XF_r + YF_a \tag{2-1}$$

式中 F_r——滚动轴承承受的径向载荷；

F_a——滚动轴承承受的轴向载荷；

X——径向载荷系数；

Y——轴向载荷系数。

径向载荷系数和轴向载荷系数的值按表2-7查取。

表2-7 当量动载荷的径向 X、轴向 Y 系数

滚动轴承类型		相对轴向载荷	系数 e	单列轴承				双列轴承或同一支点成对安装单列轴承			
				$F_a/F_r \leqslant e$		$F_a/F_r > e$		$F_a/F_r \leqslant e$		$F_a/F_r > e$	
				X	Y	X	Y	X	Y	X	Y
深沟球轴承		0.014	0.19				2.30				2.30
		0.028	0.22				1.99				1.99
		0.056	0.26				1.71				1.71
		0.084	0.28				1.55				1.55
		0.11	0.30	1	0	0.56	1.45	1	0	0.56	1.45
		0.17	0.34				1.31				1.31
		0.28	0.38				1.15				1.15
		0.42	0.42				1.04				1.04
		0.56	0.44				1.00				1.00
调心球轴承		—	1.5tanα	1	0	0.40	0.40cotα	1	0.42cotα	0.65	0.65cotα
调心滚子轴承		—	1.5tanα	1	0	0.40	0.40cotα	1	0.45cotα	0.67	0.67cotα
角接触球轴承	α=15° 70000C	0.015	0.38				1.47		1.65		2.39
		0.029	0.40				1.40		1.57		2.28
		0.058	0.43				1.30		1.46		2.11
		0.087	0.46				1.23		1.38		2.00
		0.12	0.47	1	0	0.44	1.19	1	1.34	0.72	1.93
		0.17	0.50				1.12		1.26		1.82
		0.29	0.55				1.02		1.14		1.66
		0.44	0.56				1.00		1.12		1.63
		0.58	0.56				1.00		1.12		1.63
	α=25° 70000AC	—	0.68	1	0	0.41	0.87	1	0.92	0.67	1.41
圆锥滚子轴承		—	1.5tanα	1	0	0.40	0.40cotα	1	0.45cotα	0.67	0.67cotα

在实际工作中，考虑到机器受振动、冲击等因素的影响，实际承受的动载荷比这还要大，因此要将以修正，修正后的当量动载荷为

$$P = f_p (XF_r + YF_a) \tag{2-2}$$

式中 f_p——动载荷修正系数，见表2-8。

表 2-8　动载荷修正系数 f_p

冲击强度	f_p	举　例
无冲击或轻微冲击	1.0~1.2	电动机、汽轮机、通风机、水泵等
中等冲击	1.2~1.8	车辆、动力机械、起重机、造纸机、冶金机械、选矿机械、卷扬机、机床等
强烈冲击	1.8~3.0	破碎机、轧钢机、钻探机、振动筛等

对于只承受纯径向载荷的向心轴承，其当量动载荷为

$$P = f_p F_r \tag{2-3}$$

对于只承受纯轴向载荷的推力轴承，其当量动载荷为

$$P = f_p F_a \tag{2-4}$$

（3）滚动轴承的寿命计算　滚动轴承的寿命 L 与轴承所受的载荷 P 密切相关，大量的试验表明它们之间的关系如图 2-5 所示。把曲线图称为滚动轴承的寿命曲线。

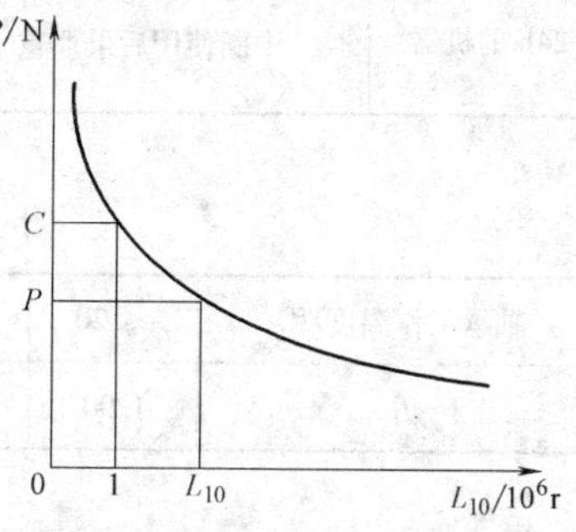

图 2-5　滚动轴承寿命曲线

寿命 L 与载荷两者之间的表达式为

$$P^{\varepsilon} L_{10} = \text{常数} \tag{2-5}$$

式中　P——当量动载荷，单位为 N；

L_{10}——基本额定寿命，单位为 10^6r；

ε——寿命系数，对于球轴承，$\varepsilon=3$；对于滚子轴承，$\varepsilon=\dfrac{10}{3}$。

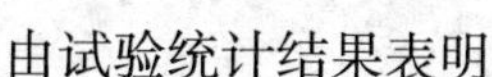

由试验统计结果表明

$$P^{\varepsilon} L_{10} = C^{\varepsilon} \tag{2-6}$$

滚动轴承的寿命计算基本公式为

$$L_{10} = \left(\frac{C}{P}\right)^{\varepsilon} \tag{2-7}$$

如用给定转速下的工作小时数来表示，则有

$$L_{10h} = \frac{10^6}{60n}\left(\frac{C}{P}\right)^{\varepsilon} \tag{2-8}$$

考虑到轴承在高于100℃的情况下工作，其额定动载荷 C 的值将降低，引入温度系数 f_t 进行修正，用基本额定动载荷 C 表示，则可得

$$L_{10h} = \frac{10^6}{60n}\left(\frac{f_t C}{P}\right)^{\varepsilon} \geqslant [L_h]$$

$$C \geqslant \frac{P}{f_t}\left(\frac{60n\,[L_h]}{10^6}\right)^{\frac{1}{\varepsilon}} \tag{2-9}$$

式中　n——轴承的工作转速，单位为 r/min；

$[L_h]$——轴承的预期寿命，单位为 h，参考表 2-9；

f_t——温度系数，参考表 2-10。

表 2-9 轴承的预期寿命 $[L_h]$ 参考值

机器类型		举例	预期寿命$[L_h]$/h
不经常使用的仪器或设备		—	500
航空发动机		—	500 ~ 2 000
间断使用的机器	中断使用不引起严重后果	手动操作机械、农业机械	4 000 ~ 8 000
	中断使用引起严重后果	发电站辅助设备、流水作业线、自动传送设备、升降机、吊车	8000 ~ 12 000
每天使用8h的机器	利用率不高	一般的齿轮传动	12 000 ~ 20 000
	利用率较高	机床、连续使用的起重机	20 000 ~ 30 000
每天连续使用24h的机器	一般使用	矿山用升降机、空气压缩机、水泵	50 000 ~ 60 000
	中断使用后果严重	电站主要设备、船舶螺旋桨轴、造纸机械、排水装置	>100 000

表 2-10 温度系数 f_t

轴承工作温度/℃	<120	125	150	175	200	225	250	300
f_t	1.00	0.95	0.90	0.85	0.80	0.75	0.70	0.60

式(2-9)是滚动轴承计算中常用的计算公式。

选用深沟球轴承可查表 2-11；若选用圆锥滚子轴承可查表 2-12 确定型号。

表 2-11 深沟球轴承

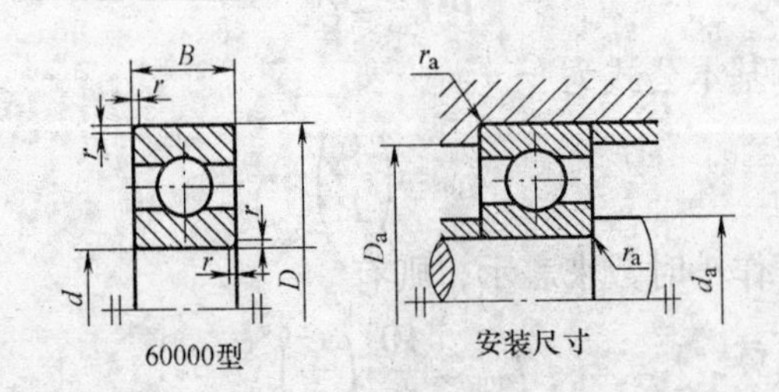

轴承代号	基本尺寸①/mm				安装尺寸/mm			基本额定动载荷 C_r	基本额定静载荷 C_{0r}	极限转速/r·min^{-1}	
	d	D	B	r_s min	d_a min	D_a max	r_{as} max	kN		脂润滑	油润滑
(1) 0尺寸系列											
6000	10	26	8	0.3	12.4	23.6	0.3	4.58	1.98	20 000	30 000
6001	12	28	8	0.3	14.4	25.6	0.3	5.10	2.38	19 000	26 000
6002	15	32	9	0.3	17.4	29.6	0.3	5.58	2.85	18 000	24 000
6003	17	35	10	0.3	19.4	32.6	0.3	6.00	3.25	17 000	22 000
6004	20	42	12	0.6	25	37	0.6	9.38	5.02	15 000	19 000
6005	25	47	12	0.6	30	42	0.6	10.0	5.85	13 000	17 000

（续）

轴承代号	基本尺寸①/mm				安装尺寸/mm			基本额定动载荷 C_r	基本额定静载荷 C_{0r}	极限转速 /r·min^{-1}	
	d	D	B	r_s min	d_a min	D_a max	r_{as} max	kN		脂润滑	油润滑
6006	30	55	13	1	36	49	1	13.2	8.30	10 000	14 000
6007	35	62	14	1	41	56	1	16.2	10.5	9 000	12 000
6008	40	68	15	1	46	62	1	17.0	11.8	8 500	11 000
6009	45	75	16	1	51	69	1	21.0	14.8	8 000	10 000
6010	50	80	16	1	56	74	1	22.0	16.2	7 000	9 000
6011	55	90	18	1.1	62	83	1	30.2	21.8	6 300	8 000
6012	60	95	18	1.1	67	88	1	31.5	24.2	6 000	7 500
6013	65	100	18	1.1	72	93	1	32.0	24.8	5 600	7 000
6014	70	110	20	1.1	77	103	1	38.5	30.5	5 300	6 700
6015	75	115	20	1.1	82	108	1	40.2	33.2	5 000	6 300
6016	80	125	22	1.1	87	118	1	47.5	39.8	4 800	6 000
6017	85	130	22	1.1	92	123	1	50.8	42.8	4 500	5 600
6018	90	140	24	1.5	99	131	1.5	58.0	49.8	4 300	5 300
6019	95	145	24	1.5	104	136	1.5	59.8	50.0	4 000	5 000
6020	100	150	24	1.5	109	141	1.5	64.5	56.2	3 800	4 800
(0) 2 尺寸系列											
6200	10	30	9	0.6	15	25	0.6	5.10	2.38	19 000	26 000
6201	12	32	10	0.6	17	27	0.6	6.82	3.05	18 000	24 000
6202	15	35	11	0.6	20	30	0.6	7.65	3.72	17 000	22 000
6203	17	40	12	0.6	22	35	0.6	9.58	4.78	16 000	20 000
6204	20	47	14	1	26	41	1	12.8	6.65	14 000	18 000
6205	25	52	15	1	31	46	1	14.0	7.88	12 000	16 000
6206	30	62	16	1	36	56	1	19.5	11.5	9 500	13 000
6207	35	72	17	1.1	42	65	1	25.5	15.2	8 500	11 000
6208	40	80	18	1.1	47	73	1	29.5	18.0	8 000	10 000
6209	45	85	19	1.1	52	78	1	31.5	20.5	7 000	9 000
6210	50	90	20	1.1	57	83	1	35.0	23.2	6 700	8 500
6211	55	100	21	1.5	64	91	1.5	43.2	29.2	6 000	7 500
6212	60	110	22	1.5	69	101	1.5	47.8	32.8	5 600	7 000
6213	65	120	23	1.5	74	111	1.5	57.2	40.0	5 000	6 300
6214	70	125	24	1.5	79	116	1.5	60.8	45.0	4 800	6 000
6215	75	130	25	1.5	84	121	1.5	66.0	49.5	4 500	5 600
6216	80	140	26	2	90	130	2	71.5	54.2	4 300	5 300
6217	85	150	28	2	95	140	2	83.2	63.8	4 000	5 000
6218	90	160	30	2	100	150	2	95.8	71.5	3 800	4 800
6219	95	170	32	2.1	107	158	2.1	110	82.8	3 600	4 500
6220	100	180	34	2.1	112	168	2.1	122	92.8	3 400	4 300

（续）

轴承代号	基本尺寸①/mm				安装尺寸/mm			基本额定动载荷 C_r	基本额定静载荷 C_{0r}	极限转速 /r·min^{-1}	
	d	D	B	r_s min	d_a min	D_a max	r_{as} max	kN		脂润滑	油润滑
(0) 3 尺寸系列											
6300	10	35	11	0.6	15	30	0.6	7.65	3.48	18 000	24 000
6301	12	37	12	1	18	31	1	9.72	5.08	17 000	22 000
6302	15	42	13	1	21	36	1	11.5	5.42	16 000	20 000
6303	17	47	14	1	23	41	1	13.5	6.58	15 000	19 000
6304	20	52	15	1.1	27	45	1	15.8	7.88	13 000	17 000
6305	25	62	17	1.1	32	55	1	22.2	11.5	10 000	14 000
6306	30	72	19	1.1	37	65	1	27.0	15.2	9 000	12 000
6307	35	80	21	1.5	44	71	1.5	33.2	19.2	8 000	10 000
6308	40	90	23	1.5	49	81	1.5	40.8	24.0	7 000	9 000
6309	45	100	25	1.5	54	91	1.5	52.8	31.8	6 300	8 000
6310	50	110	27	2	60	100	2	61.8	38.0	6 000	7 500
6311	55	120	29	2	65	110	2	71.5	44.8	5 300	6 700
6312	60	130	31	2.1	72	118	2.1	81.8	51.8	5 000	6 300
6313	65	140	33	2.1	77	128	2.1	93.8	60.5	4 500	5 600
6314	70	150	35	2.1	82	138	2.1	105	68.0	4 300	5 300
6315	75	160	37	2.1	87	148	2.1	112	76.8	4 000	5 000
6316	80	170	39	2.1	92	158	2.1	122	86.5	3 800	4 800
6317	85	180	41	3	99	166	2.5	132	96.5	3 600	4 500
6318	90	190	43	3	104	176	2.5	145	108	3 400	4 300
6319	95	200	45	3	109	186	2.5	155	122	3 200	4 000
6320	100	215	47	3	114	201	2.5	172	140	2 800	3 600
(0) 4 尺寸系列											
6403	17	62	17	1.1	24	55	1	22.5	10.8	11 000	15 000
6404	20	72	19	1.1	27	65	1	31.0	15.2	9 500	13 000
6405	25	80	21	1.5	34	71	1.5	38.2	19.2	8 500	11 000
6406	30	90	23	1.5	39	81	1.5	47.5	24.5	8 000	10 000
6407	35	100	25	1.5	44	91	1.5	56.8	29.5	6 700	8 500
6408	40	110	27	2	50	100	2	65.5	37.5	6 300	8 000
6409	45	120	29	2	55	110	2	77.5	45.5	5 600	7 000
6410	50	130	31	2.1	62	118	2.1	92.2	55.2	5 300	6 700
6411	55	140	33	2.1	67	128	2.1	100	62.5	4 800	6 000
6412	60	150	35	2.1	72	138	2.1	108	70.0	4 500	5 600

① GB/T 1800.1—2009 已将“基本尺寸”改为“公称尺寸”，由于国家标准修订不同步，GB/T 1800.1—2009 实施前的相关标准多采用“基本尺寸”一词。

表 2-12　圆锥滚子轴承

径向当量动载荷	当 $\frac{F_a}{F_r} \leqslant e, P_r = F_r$ 当 $\frac{F_a}{F_r} > e, P_r = 0.4F_r + YF_a$
径向当量静载荷	若 $P_{0r} < F_r$ 取 $P_{0r} = F_r$ $P_{0r} = 0.5F_r + Y_0F_a$ 取上列两式计算结果的较大值

标记示例：滚动轴承 30310 GB/T 297—1994

轴承代号	尺寸/mm								安装尺寸/mm									计算系数			基本额定		极限转速 /r · min^{-1}	
	d	D	T	B	C	r_s min	r_{1s} min	a ≈	d_a min	d_b max	D_a min	D_a max	D_b min	a_1 min	a_2 min	r_{as} max	r_{ba} max	e	Y	Y_0	动载荷 C_r	静载荷 C_{0r}	脂润滑	油润滑
																					kN			
02 尺寸系列																								
30203	17	40	13.25	12	11	1	1	9.9	23	23	34	34	37	2	2.5	1	1	0.35	1.7	1	20.8	21.8	9 000	12 000
30204	20	47	15.25	14	12	1	1	11.2	26	27	40	41	43	2	3.5	1	1	0.35	1.7	1	28.2	30.5	8 000	10 000
30205	25	52	16.25	15	13	1	1	12.5	31	31	44	46	48	2	3.5	1	1	0.37	1.6	0.9	32.2	37.0	7 000	9 000
30206	30	62	17.25	16	14	1	1	13.8	36	37	53	56	58	2	3.5	1	1	0.37	1.6	0.9	43.2	50.5	6 000	7 500
30207	35	72	18.25	17	15	1.5	1.5	15.3	42	44	62	65	67	3	3.5	1.5	1.5	0.37	1.6	0.9	54.2	63.5	5 300	6 700
30208	40	80	19.75	18	16	1.5	1.5	16.9	47	49	69	73	75	3	4	1.5	1.5	0.37	1.6	0.9	63.0	74.0	5 000	6 300
30209	45	85	20.75	19	16	1.5	1.5	18.6	52	53	74	78	80	3	5	1.5	1.5	0.4	1.5	0.8	67.8	83.5	4 500	5 600
30210	50	90	21.75	20	17	1.5	1.5	20	57	58	79	83	86	3	5	1.5	1.5	0.42	1.4	0.8	73.2	92.0	4 300	5 300
30211	55	100	22.75	21	18	2	1.5	21	64	64	88	91	95	4	5	2	1.5	0.4	1.5	0.8	90.8	115	3 800	4 800
30212	60	110	23.75	22	19	2	1.5	22.3	69	69	96	101	103	4	5	2	1.5	0.4	1.5	0.8	102	130	3 600	4 500
30213	65	120	24.75	23	20	2	1.5	23.8	74	77	106	111	114	4	5	2	1.5	0.4	1.5	0.8	120	152	3 200	4 000
30214	70	125	26.25	24	21	2	1.5	25.8	79	81	110	116	119	4	5.5	2	1.5	0.42	1.4	0.8	132	175	3 000	3 800

（续）

轴承代号	尺寸/mm								安装尺寸/mm									计算系数			基本额定		极限转速 /r·min^{-1}	
	d	D	T	B	C	r_s min	r_{1s} min	a ≈	d_a min	d_b max	D_a min	D_a max	D_b min	a_1 min	a_2 min	r_{as} max	r_{ba} max	e	Y	Y_0	动载荷 C_r	静载荷 C_{0r}	脂润滑	油润滑
																					kN			
30215	75	130	27.25	25	22	2	1.5	27.4	84	85	115	121	125	4	5.5	2	1.5	0.44	1.4	0.8	138	185	2 800	3 600
30216	80	140	28.25	26	22	2.5	2	28.1	90	90	124	130	133	4	6	2.1	2	0.42	1.4	0.8	160	212	2 600	3 400
30217	85	150	30.5	28	24	2.5	2	30.3	95	96	132	140	142	5	6.5	2.1	2	0.42	1.4	0.8	178	238	2 400	3 200
30218	90	160	32.5	30	26	2.5	2	32.3	100	102	140	150	151	5	6.5	2.1	2	0.42	1.4	0.8	200	270	2 200	3 000
30219	95	170	34.5	32	27	3	2.5	34.2	107	108	149	158	160	5	7.5	2.5	2.1	0.42	1.4	0.8	228	308	2 000	2 800
30220	100	180	37	34	29	3	2.5	36.4	112	114	157	168	169	5	8	2.5	2.1	0.42	1.4	0.8	255	350	1 900	2 600
03 尺寸系列																								
30302	15	42	14.25	13	11	1	1	9.6	21	22	36	36	38	2	3.5	1	1	0.29	2.1	1.2	22.8	21.5	9 000	12 000
30303	17	47	15.25	14	12	1	1	10.4	23	25	40	41	43	3	3.5	1	1	0.29	2.1	1.2	28.2	27.2	8 500	11 000
30304	20	52	16.25	15	13	1.5	1.5	11.1	27	28	44	45	48	3	3.5	1.5	1.5	0.3	2	1.1	33.0	33.2	7 500	9 500
30305	25	62	18.25	17	15	1.5	1.5	13	32	34	54	55	58	3	3.5	1.5	1.5	0.3	2	1.1	46.8	48.0	6 300	8 000
30306	30	72	20.75	19	16	1.5	1.5	15.3	37	40	62	65	66	3	5	1.5	1.5	0.31	1.9	1.1	59.0	63.0	5 600	7 000
30307	35	80	22.75	21	18	2	1.5	16.8	44	45	70	71	74	3	5	2	1.5	0.31	1.9	1.1	75.2	82.5	5 000	6 300
30308	40	90	25.25	23	20	2	1.5	19.5	49	52	77	81	84	3	5.5	2	1.5	0.35	1.7	1	90.8	108	4 500	5 600
30309	45	100	27.25	25	22	2	1.5	21.3	54	59	86	91	94	3	5.5	2	1.5	0.35	1.7	1	108	130	4 000	5 000
30310	50	110	29.25	27	23	2.5	2	23	60	65	95	100	103	4	6.5	2	2	0.35	1.7	1	130	158	3 800	4 800
30311	55	120	31.5	29	25	2.5	2	24.9	65	70	104	110	112	4	6.5	2.5	2	0.35	1.7	1	152	188	3 400	4 300
30312	60	130	33.5	31	26	3	2.5	26.6	72	76	112	118	121	5	7.5	2.5	2.1	0.35	1.7	1	170	210	3 200	4 000
30313	65	140	36	33	28	3	2.5	28.7	77	83	122	128	131	5	8	2.5	2.1	0.35	1.7	1	195	242	2 800	3 600
30314	70	150	38	35	30	3	2.5	30.7	82	89	130	138	141	5	8	2.5	2.1	0.35	1.7	1	218	272	2 600	3 400
30315	75	160	40	37	31	3	2.5	32	87	95	139	148	150	5	9	2.5	2.1	0.35	1.7	1	252	318	2 400	3 200
30316	80	170	42.5	39	33	3	2.5	34.4	92	102	148	158	160	5	9.5	2.5	2.1	0.35	1.7	1	278	352	2 200	3 000

（续）

轴承代号	尺寸/mm								安装尺寸/mm									计算系数			基本额定		极限转速/r·min^{-1}	
	d	D	T	B	C	r_s min	r_{1s} min	a ≈	d_a min	d_b max	D_a min	D_a max	D_b min	a_1 min	a_2 min	r_{as} max	r_{ba} max	e	Y	Y_0	动载荷 C_r	静载荷 C_{0r}	脂润滑	油润滑
																					kN			
30317	85	180	44.5	41	34	4	3	35.9	99	107	156	166	168	6	10.5	3	2.5	0.35	1.7	1	305	388	2 000	2 800
30318	90	190	46.5	43	36	4	3	37.5	104	113	165	176	178	6	10.5	3	2.5	0.35	1.7	1	342	440	1 900	2 600
30319	95	200	49.5	45	38	4	3	40.1	109	118	172	186	185	6	11.5	3	2.5	0.35	1.7	1	370	478	1 800	2 400
30320	100	215	51.5	47	39	4	3	42.2	114	127	184	201	199	6	12.5	3	2.5	0.35	1.7	1	405	525	1 600	2 000
22尺寸系列																								
32206	30	62	21.25	20	17	1	1	15.6	36	36	52	56	58	3	4.5	1	1	0.37	1.6	0.9	51.8	63.8	6 000	7 500
32207	35	72	24.25	23	19	1.5	1.5	17.9	42	42	61	65	68	3	5.5	1.5	1.5	0.37	1.6	0.9	70.5	89.5	5 300	6 700
32208	40	80	24.75	23	19	1.5	1.5	18.9	47	48	68	73	75	3	6	1.5	1.5	0.37	1.6	0.9	77.8	97.2	5 000	6 300
32209	45	85	24.75	23	19	1.5	1.5	20.1	52	53	73	78	81	3	6	1.5	1.5	0.4	1.5	0.8	80.8	105	4 500	5 600
32210	50	90	24.75	23	19	1.5	1.5	21	57	57	78	83	86	3	6	1.5	1.5	0.42	1.4	0.8	82.8	108	4 300	5 300
32211	55	100	26.75	25	21	2	1.5	22.8	64	62	87	91	96	4	6	2	1.5	0.4	1.5	0.8	108	142	3 800	4 800
32212	60	110	29.75	28	24	2	1.5	25	69	68	95	101	105	4	6	2	1.5	0.4	1.5	0.8	132	180	3 600	4 500
32213	65	120	32.75	31	27	2	1.5	27.3	74	75	104	111	115	4	6	2	1.5	0.4	1.5	0.8	160	222	3 200	4 000
32214	70	125	33.25	31	27	2	1.5	28.8	79	79	108	116	120	4	6.5	2	1.5	0.42	1.4	0.8	168	238	3 000	3 800
32215	75	130	33.25	31	27	2	1.5	30	84	84	115	121	126	4	6.5	2	1.5	0.44	1.4	0.8	170	242	2 800	3 600
32216	80	140	35.25	33	28	2.5	2	31.4	90	89	122	130	135	5	7.5	2.1	2	0.42	1.4	0.8	198	278	2 600	3 400
32217	85	150	38.5	36	30	2.5	2	33.9	95	95	130	140	143	5	8.5	2.1	2	0.42	1.4	0.8	228	325	2 400	3 200
32218	90	160	42.5	40	34	2.5	2	36.8	100	101	138	150	153	5	8.5	2.1	2	0.42	1.4	0.8	270	395	2 200	3 000
32219	95	170	45.5	43	37	3	2.5	39.2	107	106	145	158	163	5	8.5	2.5	2.1	0.42	1.4	0.8	302	448	2 000	2 800
32220	100	180	49	46	39	3	2.5	41.9	112	113	154	168	172	5	10	2.5	2.1	0.42	1.4	0.8	340	512	1 900	2 600

（续）

轴承代号	尺寸/mm								安装尺寸/mm										计算系数			基本额定		极限转速 /r · min^{-1}	
	d	D	T	B	C	r_s min	r_{1s} min	a ≈	d_a min	d_b max	D_a min	D_a max	D_b min	a_1 min	a_2 min	r_{as} max	r_{ba} max	e	Y	Y_0	动载荷 C_r (kN)	静载荷 C_{0r} (kN)	脂润滑	油润滑
23 尺寸系列																									
32303	17	47	20.25	19	16	1	1	12.3	23	24	39	41	43	3	4.5	1	1	0.29	2.1	1.2	35.2	36.2	8 500	11 000
32304	20	52	22.25	21	18	1.5	1.5	13.6	27	26	43	45	48	3	4.5	1.5	1.5	0.3	2	1.1	42.8	46.2	7 500	9 500
32305	25	62	25.25	24	20	1.5	1.5	15.9	32	32	52	55	58	3	5.5	1.5	1.5	0.3	2	1.1	61.5	68.8	6 300	8 000
32306	30	72	28.75	27	23	1.5	1.5	18.9	37	38	59	65	66	4	6	1.5	1.5	0.31	1.9	1.1	81.5	96.5	5 600	7 000
32307	35	80	32.75	31	25	2	1.5	20.4	44	43	66	71	74	4	8.5	2	1.5	0.31	1.9	1.1	99.0	118	5 000	6 300
32308	40	90	35.25	33	27	2	1.5	23.3	49	49	73	81	83	4	8.5	2	1.5	0.35	1.7	1	115	148	4 500	5 600
32309	45	100	38.25	36	30	2	1.5	25.6	54	56	82	91	93	4	8.5	2	1.5	0.35	1.7	1	145	188	4 000	5 000
32310	50	110	42.25	40	33	2.5	2	28.2	60	61	90	100	102	5	9.5	2	2	0.35	1.7	1	178	235	3 800	4 800
32311	55	120	45.5	43	35	2.5	2	30.4	65	66	99	110	111	5	10	2.5	2	0.35	1.7	1	202	270	3 400	4 300
32312	60	130	48.5	46	37	3	2.5	32	72	72	107	118	122	6	11.5	2.5	2.1	0.35	1.7	1	228	302	3 200	4 000
32313	65	140	51	48	39	3	2.5	34.3	77	79	117	128	131	6	12	2.5	2.1	0.35	1.7	1	260	350	2 800	3 600
32314	70	150	54	51	42	3	2.5	36.5	82	84	125	138	141	6	12	2.5	2.1	0.35	1.7	1	298	408	2 600	3 400
32315	75	160	58	55	45	3	2.5	39.4	87	91	133	148	150	7	13	2.5	2.1	0.35	1.7	1	348	482	2 400	3 200
32316	80	170	61.5	58	48	3	2.5	42.1	92	97	142	158	160	7	13.5	2.5	2.1	0.35	1.7	1	388	542	2 200	3 000
32317	85	180	63.5	60	49	4	3	43.5	99	102	150	166	168	8	14.5	3	2.5	0.35	1.7	1	422	592	2 000	2 800
32318	90	190	67.5	64	53	4	3	46.2	104	107	157	176	178	8	14.5	3	2.5	0.35	1.7	1	478	682	1 900	2 600
32319	95	200	71.5	67	55	4	3	49	109	114	166	186	187	8	16.5	3	2.5	0.35	1.7	1	515	738	1 800	2 400
32320	100	215	77.5	73	60	4	3	52.9	114	122	177	201	201	8	17.5	3	2.5	0.35	1.7	1	600	872	1 600	2 000

（4）角接触轴承的轴向载荷

1）角接触轴承的派生轴向力 F_S。角接触轴承存在着接触角 α，轴承在受纯径向载荷 F_r 作用的同时，会派生出一个内部轴向力 F_S，如图 2-6 所示。

当轴承受径向载荷 F_r 时，作用在承载区内滚动体上的法向力 F 可分解为径向分力 F_r 和轴向分力 F_S，各滚动体上所受的轴向分力之和为轴承的内部轴向力 F_S，其值可按表 2-13 所列的近似公式计算而得。

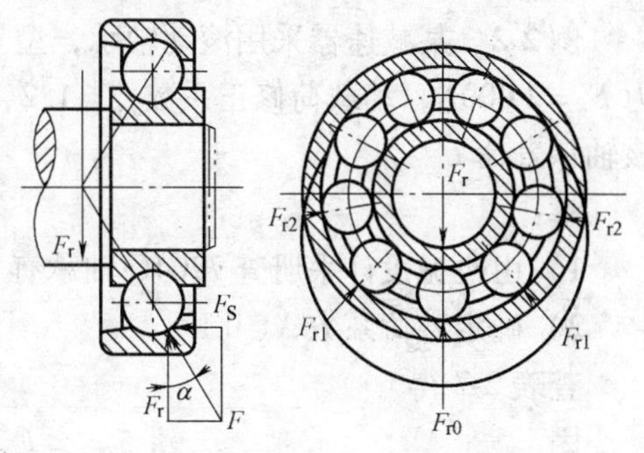

图 2-6　径向载荷产生的派生轴向力

2）角接触轴承和圆锥滚子轴承的轴向力计算。在实际应用中，为了抵消角接触轴承中的内部轴向力，使用角接触轴承和圆锥滚子轴承时一般成对正向安装，如图 2-7a 所示；或成对反向安装，如图 2-7b 所示。

表 2-13　角接触轴承的派生轴向力 F_S

轴承类型	角接触球轴承			圆锥滚子轴承
	$\alpha=15°$	$\alpha=25°$	$\alpha=40°$	
F_S	eF_r	$0.68F_r$	$1.14F_r$	$\dfrac{F_r}{2Y}$

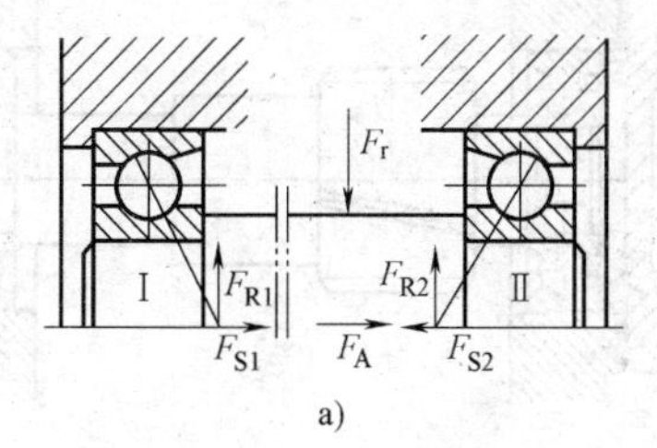

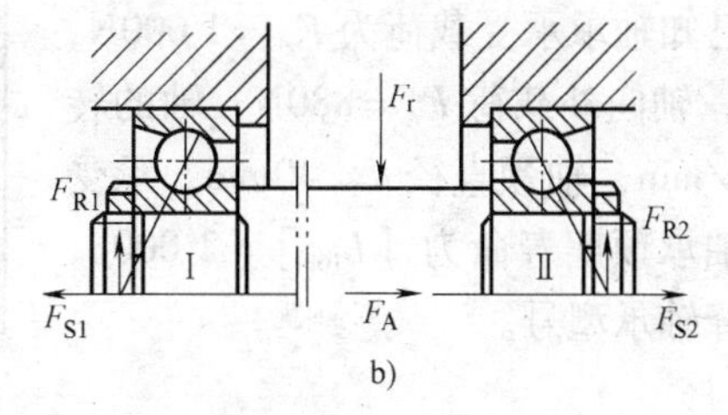

图 2-7　角接触轴承安装示意图

a）正向安装　b）反向安装

轴承在工作时所承受的轴向力 F_a 不仅与轴上传动件作用的轴向力 F_A 有关，还与轴承本身因径向力作用而产生的内部轴向力 F_S 有关。

如图 2-7a 所示，如果把轴与轴承内圈视为一体，那么 F_{S1} 和 F_{S2} 分别是轴承Ⅰ和轴承Ⅱ的派生轴向力，当它们达到平衡时，角接触轴承轴向载荷的计算方法有下面两种情况。

①若 $F_A+F_{S1}>F_{S2}$，则轴有右移动趋势，轴承Ⅱ被压紧，轴承Ⅰ被放松，此时轴承Ⅱ承受的轴向载荷为

$$F_{a2}=F_A+F_{S1}$$

轴承Ⅰ因被放松，轴承Ⅰ所承受的轴向载荷 F_{a1} 只有其派生轴向力，则

$$F_{a1}=F_{S1}$$

②若 $F_A+F_{S1}<F_{S2}$，则轴有向左移动趋势，轴承Ⅰ被压紧，轴承Ⅱ被放松，此时轴承Ⅰ承受的轴向载荷为

$$F_{a1}=F_{S2}-F_A$$

轴承Ⅱ因被放松，轴承Ⅱ所承受的轴向载荷 F_{a2} 只有其派生轴向力，则

$$F_{a2}=F_{S2}$$

例 2-2 某减速器采用滚动轴承，型号为7204C，该轴承承受的轴向力 $F_a=800\text{N}$，径向力 $F_r=2\,000\text{N}$，动载荷修正系数 $f_p=1.2$，工作温度正常，$f_t=1$，工作转速 $n=700\text{r/min}$。求该轴承寿命 L_{10h}。

解:

1）由机械设计手册查7204C轴承有 $C_r=14\,500\text{N}$，$C_{0r}=8\,220\text{N}$。

2）确定载荷系数 X、Y

查表2-7得

因 $F_a/F_r=0.4<e$

取 $e=0.46$

查表2-7得 $X=1$，$Y=0$。

3）计算当量动载荷

$$P=XF_r+YF_a=(1\times 2\,000+0\times 800)\text{N}=2\,000\text{N}$$

4）计算轴承寿命 L_{10h}

$$L_{10h}=\frac{10^6}{60n}\left(\frac{f_tC}{P}\right)^{\varepsilon}=\frac{10^6}{60\times 700}\left(\frac{1\times 14\,500}{1.2\times 2\,000}\right)^3\text{h}=5\,142\text{h}$$

例 2-3 图2-8所示为圆柱斜齿轮减速器的组装图，已知轴承承受载荷为 $F_{r1}=1\,000\text{N}$，$F_{r2}=2\,060\text{N}$，轴向外载荷 $F_A=880\text{N}$，轴的转速 $n=5\,000\text{r/min}$，轴颈直径 $d=40\text{mm}$，承受中等冲击，轴承预期寿命为 $[L_{10h}]=2\,000\text{h}$，试设计并选择轴承型号。

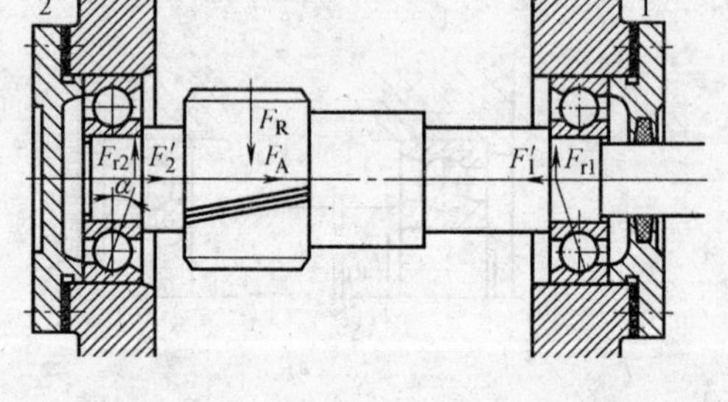

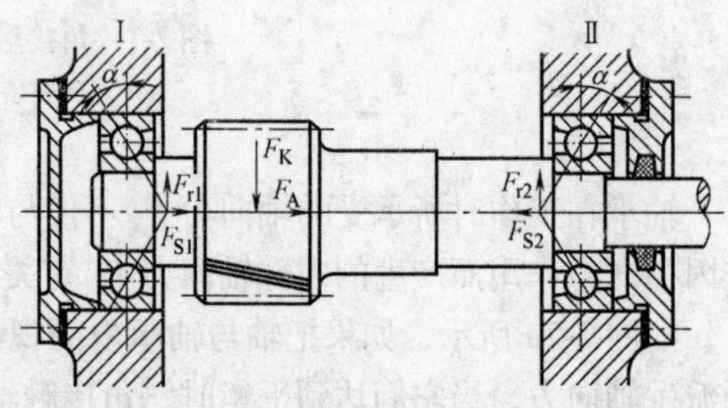

图2-8 轴承安装与受力

解:

1）分别计算轴承Ⅰ、轴承Ⅱ的派生轴向力。

采用试算法，初选角接触球轴承的接触角 $\alpha=25°$，查表2-13得派生轴向力为

$F_{S1}=0.68F_{r1}=0.68\times 1\,000\text{N}=680\text{N}$，方向如图2-8所示

$F_{S2}=0.68F_{r2}=0.68\times 2\,060\text{N}\approx 1\,400\text{N}$，方向如图2-8所示

又因 $F_{S2}+F_A=(1\,400+800)\text{N}=2\,280\text{N}>F_{S1}$，所以采用如下计算式计算

$$F_{a1}=F_A+F_{S2}=2\,280\text{N}$$

$$F_{a2}=F_{S2}=1\,400\text{N}$$

2）分别计算轴承Ⅰ、轴承Ⅱ的当量动载荷。

查表2-7得 $e=0.68$

且
$$\frac{F_{a1}}{F_{r1}}=\frac{2\ 280}{1\ 000}=2.28>e$$
$$\frac{F_{a2}}{F_{r2}}=\frac{1\ 400}{2\ 060}=0.68=e$$

则 $X_1=0.41$，$Y_1=0.87$，$X_2=1$，$Y_2=0$。

当量动载荷为

$$P_1=0.41F_{r1}+0.87F_{a1}=(0.41\times1\ 000+0.87\times2\ 280)\text{N}=2\ 394\text{N}$$
$$P_2=1\times F_{r2}+0\times F_{a2}=(1\times2\ 060+0\times1\ 400)\text{N}=2\ 060\text{N}$$

3）计算所需基本额定动载荷 C。

根据轴承受中等冲击，查表2-8，取 $f_p=1.5$；

工作温度正常，查表2-10，取 $f_t=1$；

基本额定动载荷为

$$C\geqslant\frac{P}{f_t}\left(\frac{60n\ [L_h]}{10^6}\right)^{\frac{1}{\varepsilon}}=\frac{1.5\times2\ 394}{1}\left(\frac{60\times5\ 000}{10^6}\times2\ 000\right)^{\frac{1}{3}}\text{N}=30\ 290\text{N}$$

则额定动载荷 $C=30\ 290\text{N}$。

4）确定轴承型号。

根据轴直径 $d=40\text{mm}$ 及 $C=30\ 290\text{N}$，由机械设计手册选择轴承型号为7208AC，得 $C_r=35\ 200\text{N}>30\ 290\text{N}$，所以选择合适。

（5）滚动轴承的静载荷计算　对于转速低或者基本上不转动的轴承，其失效形式为塑性变形，应按静载荷选择轴承尺寸。另外，对于工作时有较大冲击的轴承，还需按静载荷进行验算。

为防止滚动轴承发生过大的塑性变形，对每一个型号的轴承规定了一个不允许超过的外载荷界限。国标规定：当承载最大的滚动体与较弱的圈套滚道接触处产生的塑性变形量之和为滚动体直径万分之一时的轴承载荷称为基本额定静载荷，用 C_0 表示。按静载荷选择和验算轴承的计算公式为

$$C_0\geqslant S_0P_0 \tag{2-10}$$

式中　S_0——安全系数；

P_0——当量静载荷，单位为N。

当量静载荷是一个假想的静载荷，其计算公式为

$$P_0=X_0F_r+Y_0F_a \tag{2-11}$$

式中　X_0——静径向载荷系数；

Y_0——静轴向载荷系数。

S_0、X_0、Y_0 的值均可从设计手册中查得。

5. 滚动轴承的组合设计

为了保证滚动轴承的正常工作，除了合理选择轴承的类型和尺寸外，还必须合理地进行轴承的组合设计，滚动轴承的组合设计内容包括轴承的布置，间隙调整，内、外圈配合，内、外圈定位等。

（1）轴套的轴向固定　轴承必须在轴和轴承座上轴向固定，这样才能承受轴向载荷，

定位分为内圈固定和外圈固定两种情况。

1）内圈固定。图2-9所示为轴承内圈轴向定位的常用方法，轴承一端用轴肩定位，如图2-9a所示。轴承一端用轴肩定位，另一端采用弹簧挡环定位，如图2-9b所示。轴承一端用轴肩定位，另一端用轴端挡板定位，如图2-9c所示。轴承一端用轴肩定位，另一端用圆螺母外加止退垫片定位，如图2-9d所示。

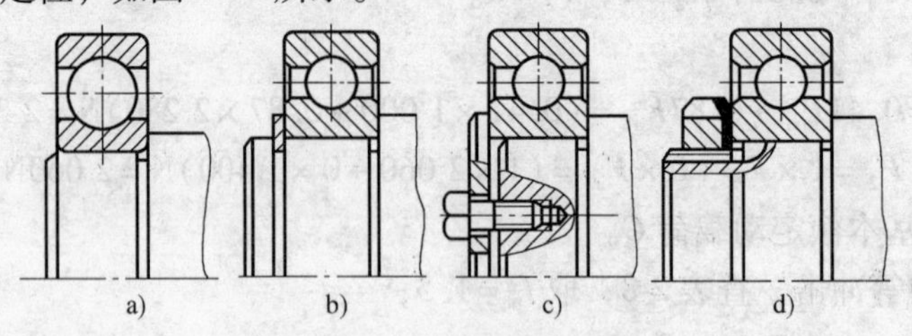

图2-9 轴承内圈轴向固定的常用方法

2）外圈固定。图2-10所示为轴承外圈轴向定位的常用方法，外圈在轴承座孔中的轴向位置常用台肩定位，如图2-10a所示。轴承端盖定位，如图2-10b所示。孔用弹性挡环定位，如图2-10c所示。套杯肩环定位，如图2-10d所示。

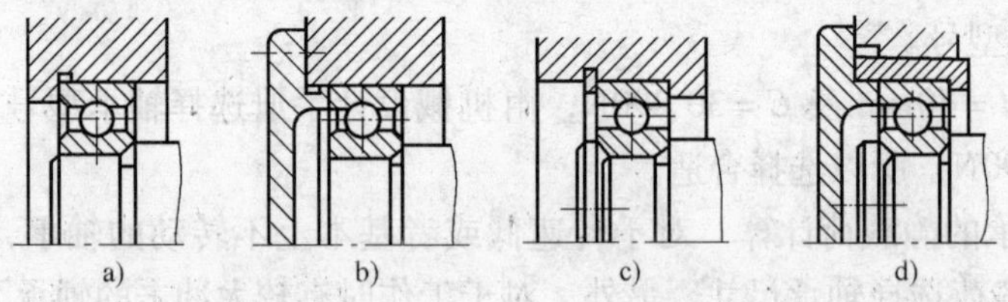

图2-10 轴承外圈轴向固定的常用方法

（2）轴的支承结构形式 机器中的轴通常需要两个支点支承，支承结构必须满足轴组件轴向定位可靠、准确，并防止轴向窜动及轴受热伸长后能够得到补偿。采用向心轴承和角接触轴承的支承结构分为两端固定式，一端固定、一端游动式和两端游动式三种情况。

1）两端固定式。图2-11a所示为采用一对深沟球轴承的安装结构。图2-11b所示为采用一对角接触球轴承或圆锥滚子轴承正向安装结构，每个轴承都被限制了轴向移动。两端固定式允许轴的伸长量很小。适用于工作温度变化小、轴较短的场合。

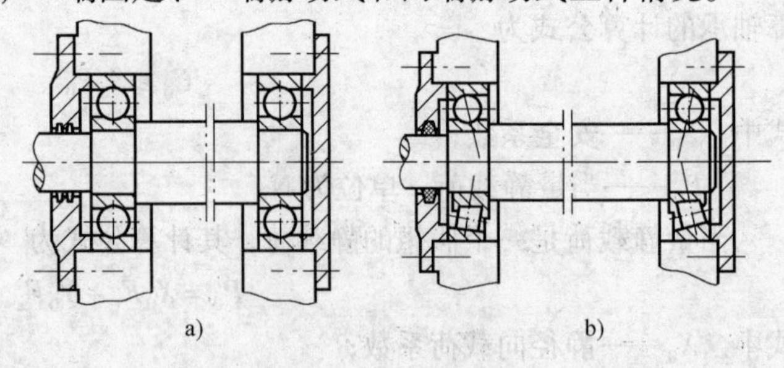

图2-11 两端固定式

2）一端固定、一端游动式。图2-12所示为轴承外圈与轴承座孔之间为间隙配合，左端外圈没被固定，可以自由移动，以保证轴在伸长或缩短时能在轴承座孔内自由移动。适用于轴较长或工作温度较高，热膨胀量较大的情况。

3）两端游动式。这种结构只有在特殊情况下才选用，内圈和外圈均用弹性挡环定位，两端都可作少量游动。如人字齿轮传动中主动轴的支承，如图2-13所示。

（3）滚动轴承组合调整

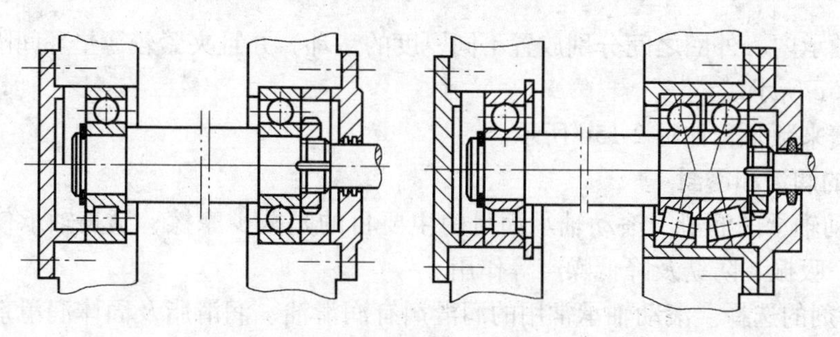

图 2-12　一端固定、一端游动式

1）轴承间隙的调整。为了使轴承能够正常运转，轴承在装配时一般要留有适当的间隙。常用的间隙调整方法有：加减轴承盖与轴承座之间的垫片厚度进行调整，如图 2-10 所示；调节压盖，用紧定螺钉 1 调节可调压盖的轴向位置，如图 2-14 所示。

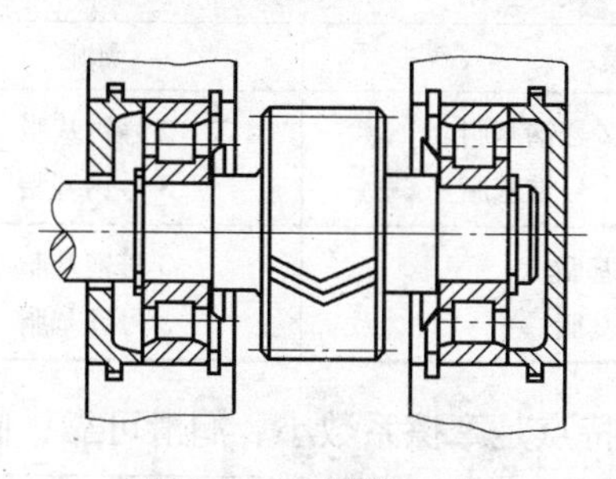

图 2-13　两端游动式

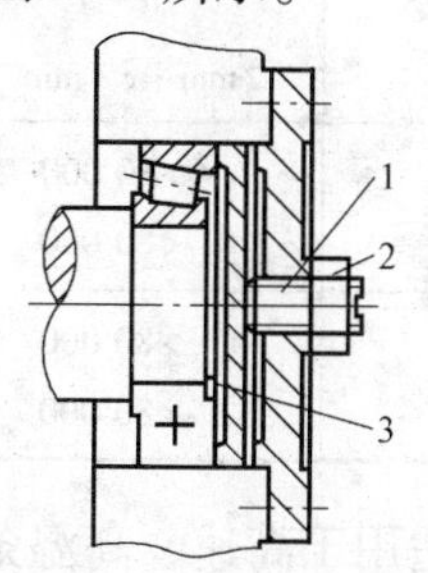

图 2-14　调节压盖

1—紧定螺钉　2—防松螺母　3—调节压盖

2）轴承的预紧。预紧的目的是提高轴承的刚度和旋转精度，减少振动。预紧是在安装轴承时先给轴承加上一定的轴向压力，以消除其间隙，并使滚动体和内、外圈接触处产生弹性预变形。常用预紧方法的结构形式，如图 2-15 所示。

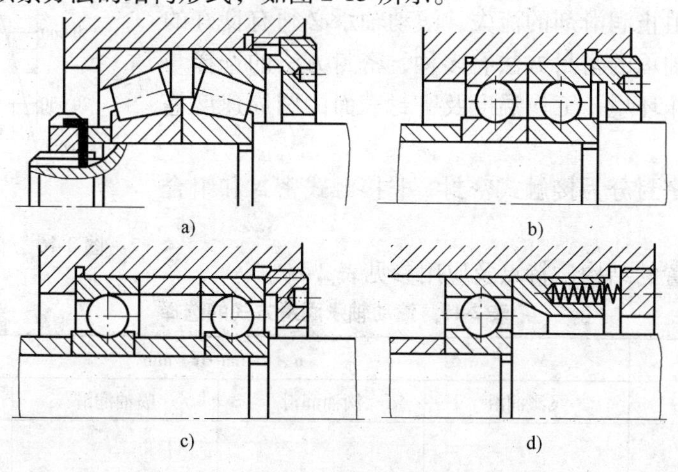

图 2-15　轴承的预紧

①圆锥滚子轴承面对面安装，并夹紧外圈来预紧，如图 2-15a 所示。

②修磨内圈或外圈，并夹紧窄圈来预紧，如图 2-15b 所示。

③在两轴承内、外圈之间分别放置不同厚度的垫环，并且夹紧较薄垫环间隔的套圈来预紧，如图 2-15c 所示。

④靠弹簧来预紧，如图 2-15d 所示。

6. 轴承的润滑和密封

（1）滚动轴承的润滑　滚动轴承润滑的主要目的是减少摩擦，延长轴承使用寿命，同时起到冷却、吸振、防锈及降低噪声等作用。

1）润滑剂的选择。滚动轴承常用的润滑剂有润滑油、润滑脂及固体润滑剂。润滑剂的选择可根据滚动轴承转速与直径的乘积 $d \cdot n$ 值来确定。

一般润滑脂适用于 $d \cdot n$ 值较小的场合，其特点是油脂不易流失、易于密封、油膜强度高、承载能力强，具体选择参见表 2-14。

表 2-14　滚动轴承润滑脂的选择

轴承工作温度 /℃	$d \cdot n$ /mm · r · min^{-1}	使用环境	
		干燥	潮湿
0 ~ 40	>80 000	2 号钙基脂、2 号钠基脂	2 号钙基脂
	<80 000	3 号钙基脂、3 号钠基脂	3 号钙基脂
40 ~ 80	>80 000	2 号钠基脂	3 号钡基脂
	<80 000	3 号钠基脂	3 号锂基脂

润滑油适用于高速、高温条件下工作的轴承，其特点是摩擦系数小、润滑可靠，同时具有冷却散热作用，润滑油的选择方法是先按图 2-16 选择粘度值，再根据粘度值从机械设计手册中查取润滑油的牌号。

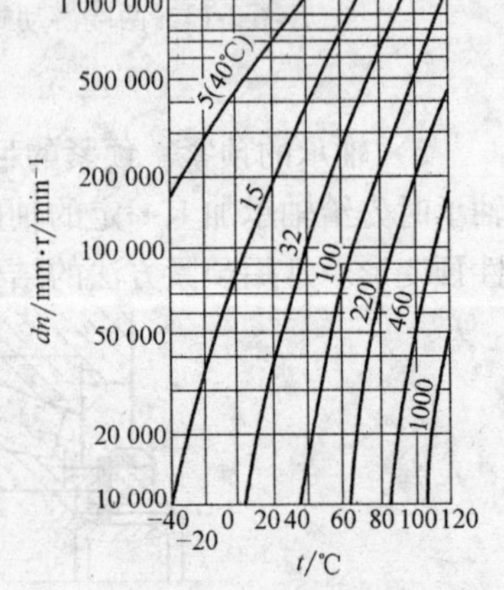

图 2-16　润滑油粘度曲线

3）润滑方式。常见的润滑方式有以下四种，它也可按轴承类型及 $d \cdot n$ 来确定，具体参见表 2-15。

（2）滚动轴承的密封　为了防止灰尘、杂物及水分等侵入轴承内部，并阻止润滑剂的流失，滚动轴承必须有良好的密封装置。滚动轴承的密封方法有多种，密封方法的选择与润滑的种类、工作环境、工作温度及密封表面的圆周速度等有关。

滚动轴承的密封分为接触式密封、非接触式密封和组合式密封等。

各种密封装置的结构、特点及应用参见表 2-16。

表 2-15　滚动轴承润滑方式的选择

轴承类型	$d \cdot n$/mm · r · min^{-1}			
	飞溅润滑	滴油润滑	喷油润滑	油雾润滑
深沟球轴承 角接触球轴承 圆柱滚子轴承	2.5×10^5	4×10^5	6×10^5	$>6 \times 10^5$
圆锥滚子轴承	1.6×10^5	2.3×10^5	3×10^5	—
推力球轴承	0.6×10^5	1.2×10^5	1.5×10^5	—

表 2-16　常见滚动轴承的密封形式

密封类型		图　例	特　点	应用范围
接触式	毡圈密封	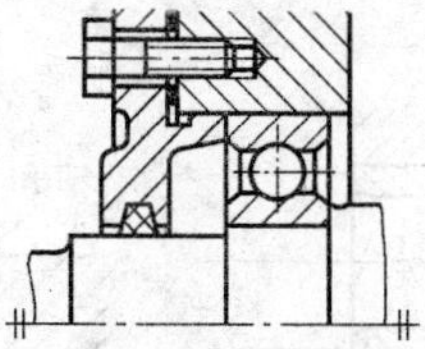	结构简单，但磨损较快	用于转速不高、环境比较清洁或脂润滑的场合
	唇形密封圈密封	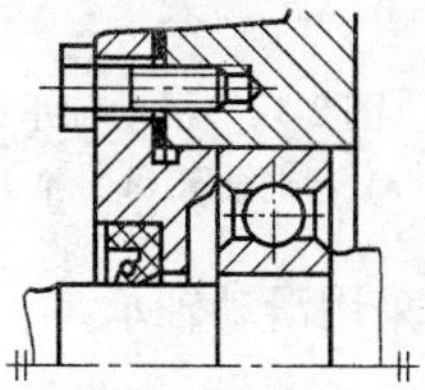	安装方便，使用可靠	用于密封处线速度 $v<7m/s$，工作环境有尘或轴承用润滑油润滑的场合
非接触式	间隙密封	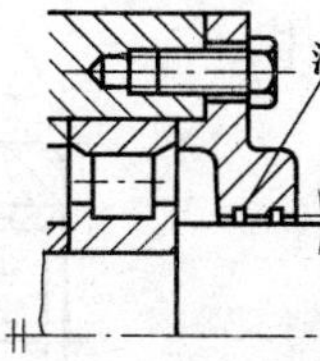 油沟 0.1～0.3mm	在轴承盖通孔表面与轴表面之间留有狭小的间隙，并在通孔内制出螺旋形沟槽，在槽内填充润滑脂，增强了密封效果	在干净清洁的环境下，用油脂润滑
	迷宫式密封	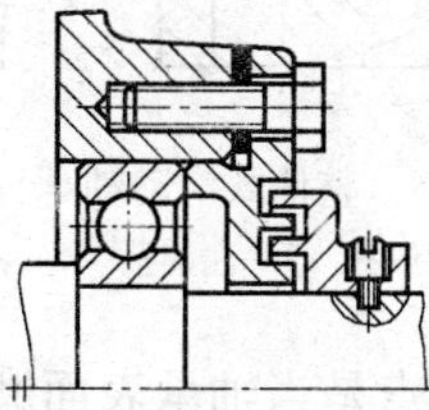	旋转零件与静止零件之间的间隙做成曲路形式，并在间隙内填充润滑油或润滑脂，以加强润滑效果	对工作环境要求不高，采用润滑油或润滑脂均可
组合式	毛毡加迷宫密封	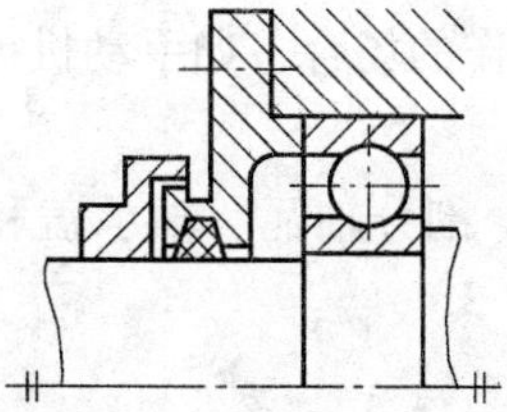	本组合采用了毛毡加迷宫形式，充分发挥了各自的优点，提高了密封效果	采用油脂或润滑油情况下均可

二、滑动轴承

在机械中虽然广泛采用滚动轴承，但在有些情况下又必须采用滑动轴承，这是因为滑动轴承有其独特的优点，是滚动轴承不能代替的。

1. 滑动轴承的类型、特点与应用

（1）类型　按照滑动轴承承受载荷的方式分为径向滑动轴承和推力滑动轴承。

径向滑动轴承，主要承受径向载荷 F_r，如图 2-17a 所示。推力滑动轴承，主要承受轴向

载荷 F_a，如图 2-17b 所示。滑动轴承已部分标准化。

（2）特点　滑动轴承的运动形式是以轴颈与轴瓦相对滑动为主要特征，即摩擦性质为滑动摩擦。

1）优点。结构简单，制造、加工、拆装方便，具有良好的耐冲击性和良好的吸振性能，运转平稳，旋转精度高。

2）缺点。维护复杂，对润滑条件要求较高，低精度时摩擦损耗大。

（3）应用　滑动轴承广泛应用于大型汽轮机、发电机、压缩机、轧钢机及高速磨床。此外，在低速、重载或带有冲击载荷的机器中，如水泥搅拌器、滚筒清砂机、破碎机等冲压机械也多采用滑动轴承。

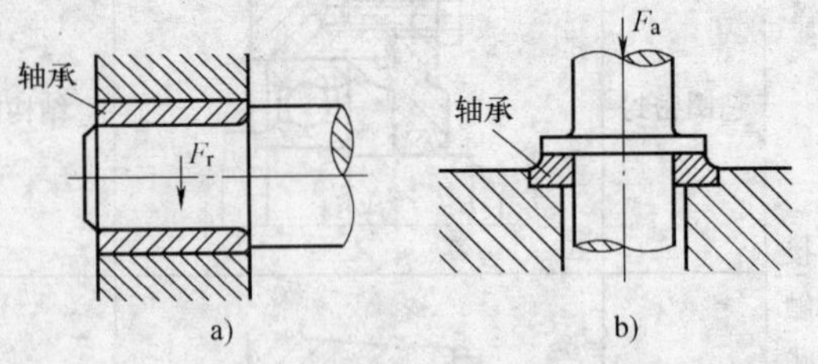

图 2-17　滑动轴承结构
a）径向轴承　b）推力轴承

2. 滑动轴承的结构

（1）径向滑动轴承　常用的径向滑动轴承，分为整体式和剖分式两类。对于径向滑动轴承我国已经制定了标准，通常情况下可以根据工作条件进行选用。

1）整体式径向滑动轴承。整体式滑动轴承采用 JB/T 2560—2007 标准，其结构由轴承座和轴承套（轴瓦）组成，如图 2-18 所示。

轴瓦压装在轴承座孔中，采用 H8/k7 基孔制过渡配合。轴承座用螺栓与机架连接，顶部设有安装注油用的油杯螺纹孔，轴瓦上开有油沟，以便存储和输送润滑油。

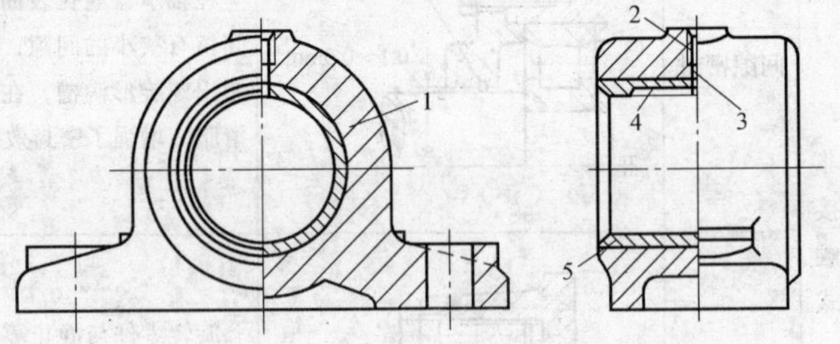

图 2-18　整体式滑动轴承
1—轴承座　2—油杯螺纹孔　3—注油孔　4—油沟　5—轴套

整体式滑动轴承的优点是结构简单、制造成本低。缺点是当轴承表面磨损后无法修复，装拆时轴承座需要轴向移动，安装维修很不方便，对于重量大的轴承座和曲轴就无法装拆。

通常整体式滑动轴承多用于低速、轻载和间歇性工作的场合，如手动机械、农业机械中采用的较多。

2）剖分式滑动轴承。剖分式滑动轴承是由轴承座、剖分轴瓦、轴承盖和螺栓组件等组成，如图 2-19 所示。

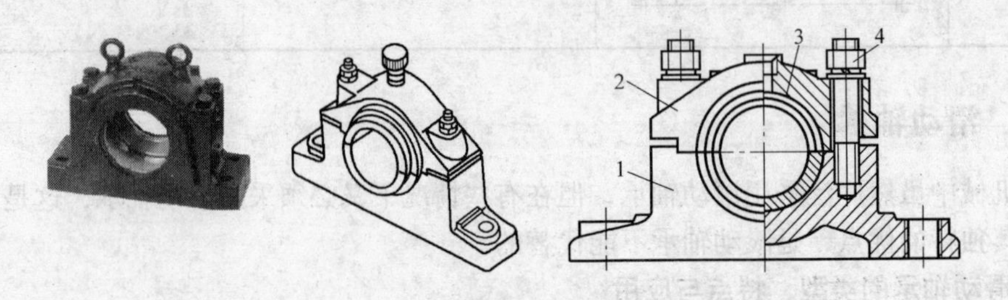

图 2-19　剖分式滑动轴承结构组成
1—轴承座　2—轴承盖　3—上轴瓦　4—螺栓组件

轴承座水平剖分为轴承座和轴承盖两部分，并用2或4个双头螺柱连接。为了防止轴承盖和轴承座横向错动和便于装配时对中，轴承盖和轴承座的剖分面通常都做成阶梯状。

剖分式滑动轴承在装拆时，轴承座不需要轴向移动，装拆方便。另外，适当增减轴瓦剖分面间的调整垫片，可以调节轴颈与轴瓦之间的间隙。为使润滑油能均匀地分布在整个工作表面上，一般在不承受载荷的轴瓦内表面开油沟。

（2）推力滑动轴承　推力滑动轴承由轴承座、套筒、径向轴瓦、止推轴瓦等组成，如图2-20所示。

推力滑动轴承用于承受轴向载荷。为了便于对中，止推轴瓦底部制成球面形式，并用销钉来防止它随轴颈转动。

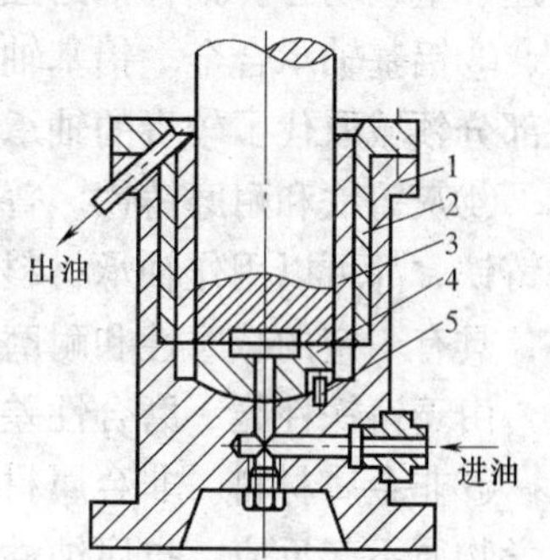

图2-20　推力滑动轴承的组成
1—轴承座　2—套筒　3—径向轴瓦　4—止推轴瓦　5—销钉

3. 滑动轴承的失效形式及材料

（1）滑动轴承的失效形式　滑动轴承的失效形式通常由多种原因引起，失效的形式有很多种，有时几种失效形式并存。

1）磨粒磨损。进入轴承间隙的硬颗粒物嵌入轴承表面，有的游离于间隙中并随着轴一起转动，它们都将对轴颈和轴承表面起研磨作用，在机器起动、停车或轴颈与轴承发生边缘接触时，都将加剧轴承磨损，导致几何形状改变，轴承间隙加大，精度丧失，使轴承性能在预期寿命前急剧恶化。

2）刮伤。进入轴承间隙的硬颗粒或轴颈表面粗糙的轮廓峰顶，会对轴承划出线状伤痕，导致轴承因刮伤而失效。

3）胶合（也称为烧瓦）。当轴承温升过高，载荷过大，油膜破裂时，或在润滑油供应不足的条件下，轴颈和轴承的相对运动表面材料会发生粘附和迁移，从而造成轴承损坏，有时甚至可能导致相对运动的中止。

4）腐蚀。润滑剂在使用中不断氧化，所生成的酸性物质对轴承材料有腐蚀性，特别是铜铝合金中的铅，易受腐蚀而形成点状剥落。

（2）滑动轴承的材料　针对以上所述的失效形式，滑动轴承材料应着重满足以下要求。

1）良好的减摩性、耐磨性和抗胶合性。

2）良好的摩擦顺应性、嵌入性和磨合性。

3）足够的强度和抗腐蚀能力。

4）良好的导热性、工艺性、经济性等。

应该指出的是，没有一种材料能全面具备上述性能要求，因而必须针对具体情况，进行认真分析、比较选用。

滑动轴承常用材料有轴承合金、铜合金、铝基轴承合金、灰铸铁和耐磨铸铁及非金属材料等。

①轴承合金（通称巴氏合金或白合金）。轴承合金是锡、铅、锑、铜的合金。轴承合金的弹性模量和弹性极限都较低，在所有金属材料中，它的嵌入性及摩擦顺应性最好，很容易和轴颈磨合，也不易与轴颈发生胶合。由于轴承合金的强度低，不能单独制作轴瓦，只能粘附在青铜、钢或铸铁轴瓦上作轴承衬。

轴承合金适用于重载、中高速场合，价格较贵。

②铜合金。铜合金具有较高的强度，较好的减摩性和耐磨性。由于青铜的减摩性和耐磨性比黄铜好，故青铜是最常用的材料，青铜有锡青铜、铅青铜和铝青铜等。

锡青铜的减摩性和耐磨性最好，适用于重载及中速场合。铅青铜抗胶合能力强，适用于高速、重载场合。铝青铜的强度及硬度较高，抗胶合能力较差，适用于低速重载场合。

③铝基轴承合金。铝基轴承合金有相当好的耐蚀性和较高的疲劳强度，耐磨性也较好，在部分领域取代了较贵的轴承合金和青铜。

④灰铸铁和耐磨铸铁。普通灰铸铁或加有镍、铬、钛等合金成分的耐磨灰铸铁，或者球墨铸铁，都可以用作轴承材料。铸铁中的片状或球状石墨，可以形成一层起润滑作用的石墨层，具有一定的减摩性和耐磨性。

由于铸铁性脆、磨合性差，故只适用于轻载、低速和不受冲击载荷的场合。

⑤非金属材料。非金属材料有酚醛树脂、尼龙、聚四氟乙烯等。聚合物的特性是与许多化学物质不起反应，抗腐蚀性好，例如聚四氟乙烯能抗强酸和弱碱，具有一定的自润滑性，可以在无润滑条件下工作，在高温条件下具有一定的润滑能力，具有包容异物的能力（嵌入性好），不易擦伤配合零件表面，减摩性及耐磨性比较好。

任务2　联轴器类型与选择

图2-21所示为卷扬机传动原理示意图，卷扬机是由联轴器、离合器和制动器等连接组成。

联轴器和离合器是用于连接主动轴和被动轴一起回转并传递转矩。

联轴器连接的两轴在工作时不能分离，必须停车以后才能分离，如图2-21所示的电动机与减速器之间用联轴器连接。

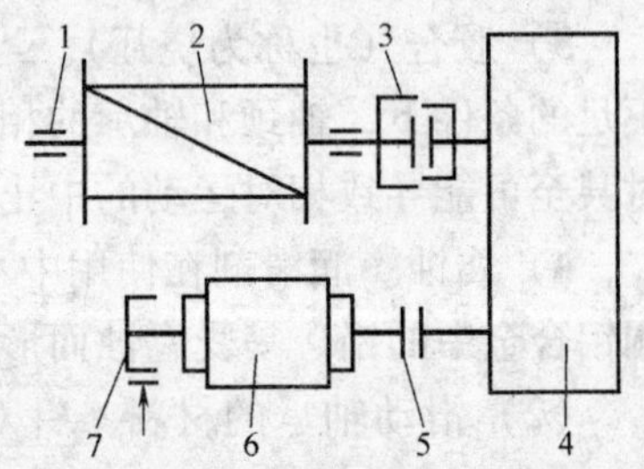

图2-21　卷扬机传动原理示意图
1—轴承　2—卷筒　3—离合器　4—减速器　5—联轴器　6—电动机　7—制动器

一、联轴器的类型与特点

1. 类型

根据原动力的形式，联轴器有三种类型，机械式联轴器、液力联轴器和电磁式联轴器。其中以机械式联轴器最为常用。机械式联轴器已标准化，按GB/T 12458—2003选用。

2. 机械式联轴器的特点

联轴器连接的两轴，由于制造和安装误差，运转时零件的变形和轴承磨损等原因，可能发生如图2-22所示位移或偏斜的位置变化。

机械式联轴器分为刚性联轴器和弹性联轴器两大类，根据被联接两轴的相对位置关系，刚性联轴器可分为固定式和可移式两类。

固定式联轴器用于两轴能严格对中，工作时不发生相对位移的场合；可移式联轴器则用于两轴有偏斜或工作中有相对位移的场合；弹性联轴器用于转速高的场合。

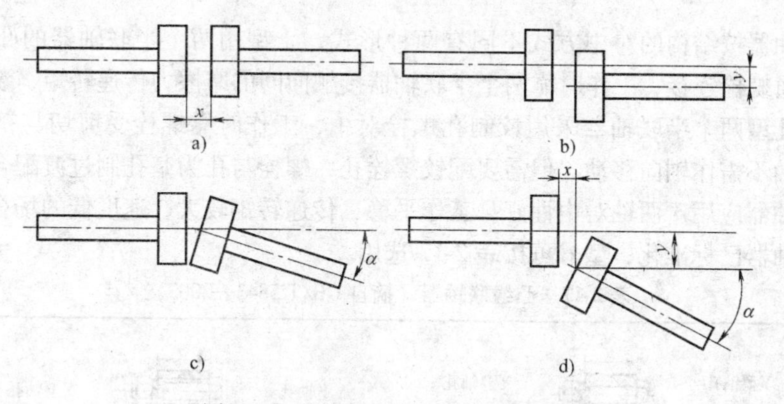

图 2-22　联轴器连接两轴的偏移形式

a）轴向位移　b）径向位移　c）角位移　d）综合位移

二、联轴器的结构与应用

1. 刚性联轴器

（1）套筒式联轴器　套筒式联轴器如图 2-23 所示，由一个套筒、键或销钉组成。

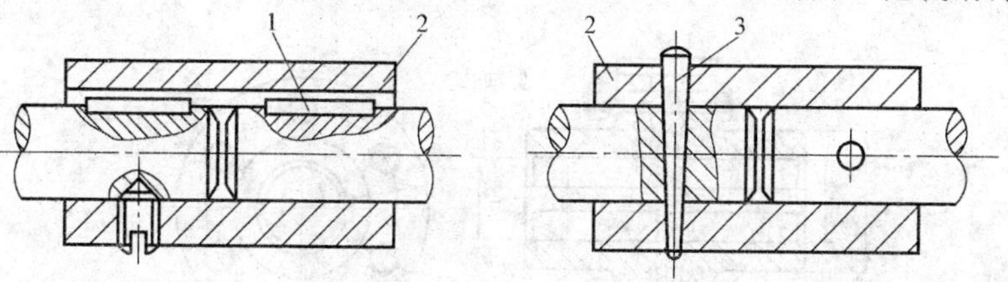

图 2-23　套筒式联轴器

1—键　2—套筒　3—销

套筒式联轴器的优点是结构简单，径向尺寸小；缺点是对两轴的轴线偏移无补偿作用，安装不方便。

套筒式联轴器通常用于被连接两轴对中性好，低速、轻载的场合。

当用圆锥销作为连接件时，若按过载时圆锥销剪断进行设计，则可用作为安全联轴器，此种联轴器通常需要自行设计。

（2）凸缘联轴器　凸缘联轴器由两个带凸缘的半联轴器组成，分别用键与两轴连接，再用螺栓将两个半联轴器凸缘连成一体，如图 2-24 所示。

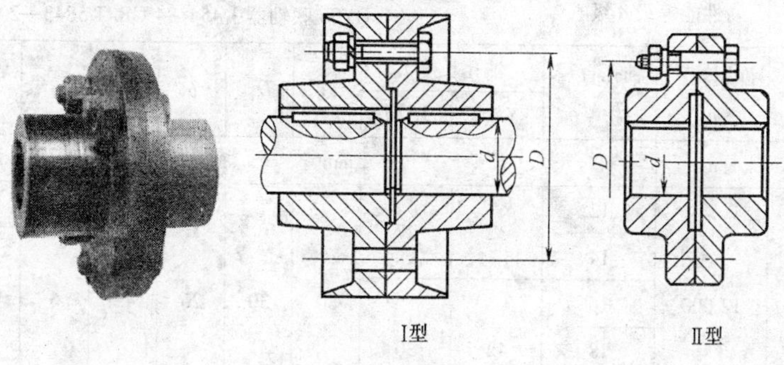

图 2-24　凸缘联轴器

凸缘联轴器按结构的对中方式不同有两种形式，Ⅰ型用两个半联轴器的凸肩和凹槽对中，采用普通螺栓连接，工作时靠两个半联轴器接触面间的摩擦力传递转矩，装拆时轴需作轴向移动；Ⅱ型两个半联轴器采用铰制孔螺栓对中，工作时靠螺栓受剪切与挤压来传递转矩，装拆时轴不需作轴向移动，但需要配铰螺栓孔，螺栓与孔为基孔制过渡配合。

凸缘联轴器应用于两轴对中性好，工作平稳，传递转矩较大，速度低的场合。

凸缘联轴器已标准化，型号可按表 2-17 选用。

表 2-17 凸缘联轴器（摘自 GB/T 5843—2003）

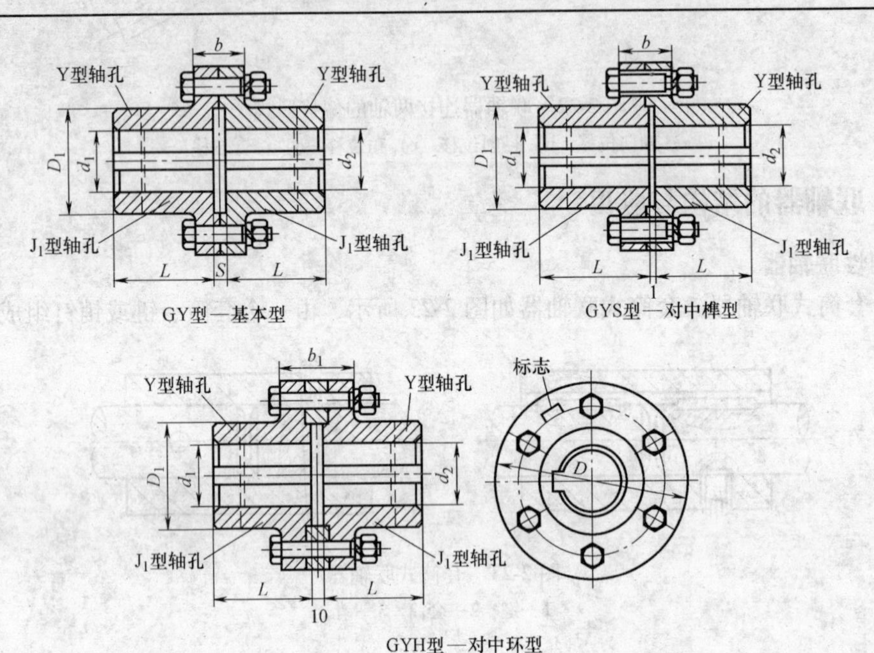

GY型—基本型　GYS型—对中榫型

GYH型—对中环型

零件名称	材　料
半联轴器	35
对中环	35
螺栓	性能等级 8.8 级
螺母	性能等级 8 级

标记示例

GY5 凸缘联轴器

主动端：Y 型轴孔、A 型键槽，$d=30$mm，$L=82$mm；

从动端：J_1 型轴孔、A 型键槽，$d=30$mm，$L=60$mm。标记为

$$\text{GY5 联轴器}\frac{30\times82}{J_1 30\times60}\text{ GB/T 5843—2003}$$

GYS6 凸缘联轴器

主动端：J_1 型轴孔、A 型键槽，$d=45$mm，$L=84$mm；

从动端：J_1 型轴孔、A 型键槽，$d=45$mm，$L=84$mm。标记为

GYS6 联轴器 $J_1 45\times84$ GB/T 5843—2003

型号	公称转矩 T_n	许用转速 $[n]$	轴孔直径 d_1、d_2	轴孔长度 L		D	D_1	b	b_1	S	转动惯量 I	质量 m
				Y 型	J_1 型							
	N·m	r/min		mm							kg·m^2	kg
GY1 GYS1 GYH1	25	12 000	12	32	27	80	30	26	42	6	0.000 8	1.16
			14									
			16	42	30							
			18									
			19									

（续）

型号	公称转矩 T_n	许用转速 [n]	轴孔直径 d_1、d_2	轴孔长度 L		D	D_1	b	b_1	S	转动惯量 I	质量 m
				Y 型	J_1 型							
	N · m	r/min	mm								kg · m^2	kg
GY2 GYS2 GYH2	63	10 000	16	42	30	90	40	28	44	6	0. 001 5	1. 72
			18									
			19									
			20	52	38							
			22									
			24									
			25	62	44							
GY3 GYS3 GYH3	112	9 500	20	52	38	100	45	30	46	6	0. 002 5	2. 38
			22									
			24									
			25	62	44							
			28									
GY4 GYS4 GYH4	224	9 000	25	62	44	105	55	32	48	6	0. 003	3. 15
			28									
			30	82	60							
			32									
			35									
GY5 GYS5 GYH5	400	8 000	30	82	60	120	68	36	52	8	0. 007	5. 43
			32									
			35									
			38									
			40	112	84							
			42									
GY6 GYS6 GYH6	900	6 800	38	82	60	140	80	40	56	8	0. 015	7. 59
			40	112	84							
			42									
			45									
			48									
			50									
GY7 GYS7 GYH7	1 600	6 000	48	112	84	160	100	40	56	8	0. 031	13. 1
			50									
			55									
			56									
			60	142	107							
			63									

（续）

型号	公称转矩 T_n	许用转速 $[n]$	轴孔直径 d_1、d_2	轴孔长度 L		D	D_1	b	b_1	S	转动惯量 I	质量 m
				Y 型	J_1 型							
	N·m	r/min	mm								kg·m^2	kg
GY8 GYS8 GYH8	3 150	4 800	60	142	107	200	130	50	68	10	0.103	27.5
			63									
			65									
			70									
			71									
			75									
			80	172	132							
GY9 GYS9 GYH9	6 300	3 600	75	142	107	260	160	66	84	10	0.319	47.8
			80	172	132							
			85									
			90									
			95									
			100	212	167							
GY10 GYS10 GYH10	10 000	3 200	90	172	132	300	200	72	90	10	0.720	82.0
			95									
			100	212	167							
			110									
			120									
			125									
GY11 GYS11 GYH11	25 000	2 500	120	212	167	380	260	80	98	10	2.278	162.2
			125									
			130	252	202							
			140									
			150									
			160	302	242							
GY12 GYS12 GYH12	50 000	2 000	150	252	202	460	320	92	112	12	5.923	285.6
			160	302	242							
			170									
			180									
			190	352	282							
			200									
GY13 GYS13 GYH13	100 000	1 600	190	352	282	590	400	110	130	12	19.978	611.9
			200									
			220									
			240	410	330							
			250									

2. 挠性联轴器

（1）十字滑块联轴器　十字滑块联轴器由两个端面带槽的套筒半联轴器和两侧面各具有垂直凸块的十字滑块组成，如图 2-25 所示。

十字滑块两侧的凸块分别嵌装在两个半联轴器的凹槽中，工作时十字滑块在凹槽中滑动，允许两轴的径向位移 $y \leq 0.04d$（d 为轴径）。

十字滑块的材料采用优质中碳钢 45，工作表面须经热处理以提高其耐磨性。轻载低速时也可用 Q235 钢，不进行热处理。

为了减少摩擦及磨损，设计时应在十字滑块上制作出注油孔以进行润滑。

该联轴器的优点是结构简单、安装方便；缺点是当转速较高时，因十字滑块作偏心圆周运动，产生的离心力较大，产生附加动载荷，使机器发生振动。

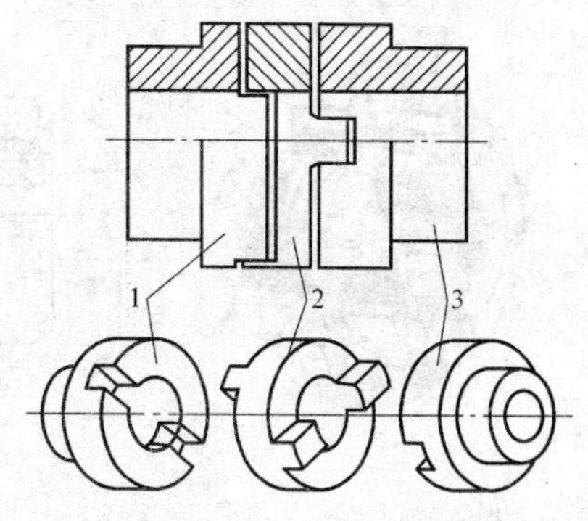

图 2-25　十字滑块联轴器
1—左半联轴器　2—十字滑块
3—右半联轴器

十字滑块联轴器适用于径向位移较大，转矩较大，中、低速场合。选用时应注意其工作转速 $n < 250\text{r/min}$。

（2）浮动块联轴器　当传递的转矩较小时，十字滑块可改用浮动块，浮动块可用夹布塑胶或尼龙制成方形块状的形式，如图 2-26 所示。

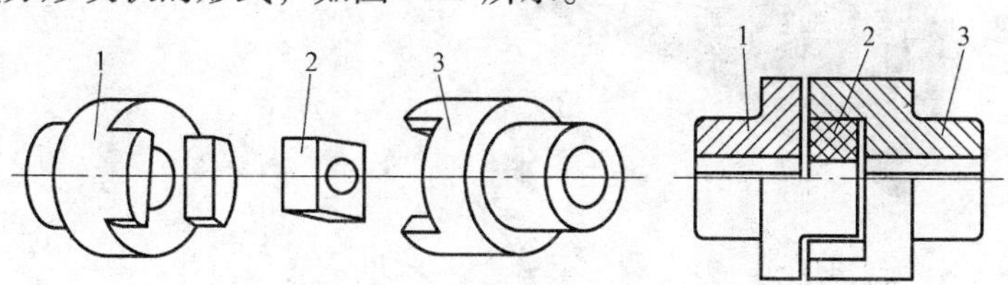

图 2-26　浮动块夹布塑胶联轴器
1—左半联轴器　2—浮动块　3—右半联轴器

由于浮动块材料的质量小、惯性小，适应于较高转速，尤其是尼龙浮动块耐磨性好，不需润滑，使用方便。

浮动块联轴器适用于传递功率不大、转速较高的场合。

（3）齿式联轴器　齿式联轴器如图 2-27 所示。由两个带外齿环的套筒和两个带内齿轮的凸缘齿圈和若干个螺栓组件组成。

为能补偿两轴的位移，齿式联轴器将两个外齿轮的轮齿齿顶做成鼓形齿，齿顶做成中心在轴线上的球面，外齿轮齿顶与内齿轮齿根之间留有较大的间隙。

齿式联轴器允许两轴有较大的综合位移。联轴器上安装有注油螺塞、密封圈起着封闭注油孔和防止润滑剂外泄的作用。

齿式联轴器承载能力大，可靠性高，通常用在高速、重载的机械中。

齿式联轴器已标准化，按 JB/T 8821—1998 选用。

（4）万向联轴器　万向联轴器如图 2-28a 所示。它由分别装在两轴端的叉形半联轴器 Ⅰ 和 Ⅱ，与十字轴连接而成。十字轴的中心与两个半联轴器的轴线交于一点，两轴线所夹的锐

角为 α。

由于两个半联轴器可以分别绕十字轴的轴线Ⅰ-Ⅰ、Ⅱ-Ⅱ转动，因此这种联轴器可以在较大的偏斜角下工作，一般偏斜角 $\alpha \leqslant 45°$。

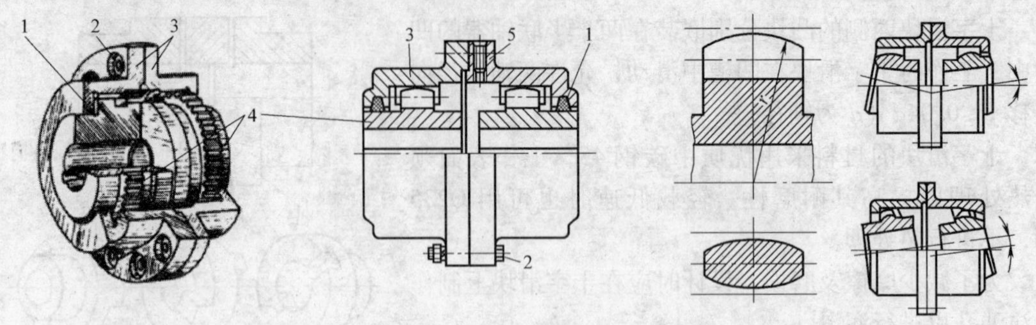

图 2-27 齿式联轴器

1—密封圈 2—螺栓组件 3—内齿轮套筒 4—外齿轮套筒 5—注油螺塞

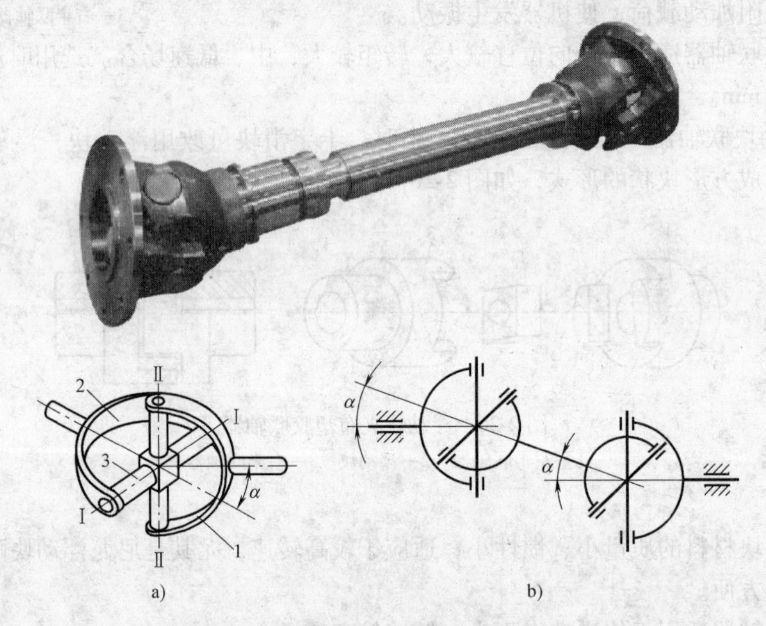

图 2-28 万向联轴器

1—右半叉形联轴器 2—左半叉形联轴器 3—十字轴

由于 α 角的存在，当主动轴角速度 ω_1 为常数时，从动轴的角速度 ω_2 并不是常数，因而在传动中会引起附加动载荷，偏斜角越大，产生的动载荷也越大，这是万向联轴器的运动特点。为避免这种情况，通常将两个万向联轴器连在一起成对使用，如图 2-28b 所示。

十字轴式万向联轴器已标准化，可按 GB/T 26660—2011 选用。由于万向联轴器可在两轴具有很大综合位移的情况下工作，所以在汽车、拖拉机和轧钢机等机械中得到广泛应用。

3. 弹性联轴器

弹性联轴器的弹性元件材料有非金属和金属两种。非金属材料有橡胶、尼龙和塑料等。弹性元件减振能力强，可以补偿两轴的相对位移，适用于频繁起动、经常正反转、变载荷及高速运转的场合；金属材料制造的弹性元件，主要是各种弹簧。以非金属弹性元件用的较为广泛。

（1）弹性套柱销联轴器　弹性套柱销联轴器的结构与凸缘联轴器很近似，在每个连接螺栓上装有几个弹性套以补偿两轴线的径向位移和角位移，并且有缓冲和吸振作用，如图 2-29 所示。

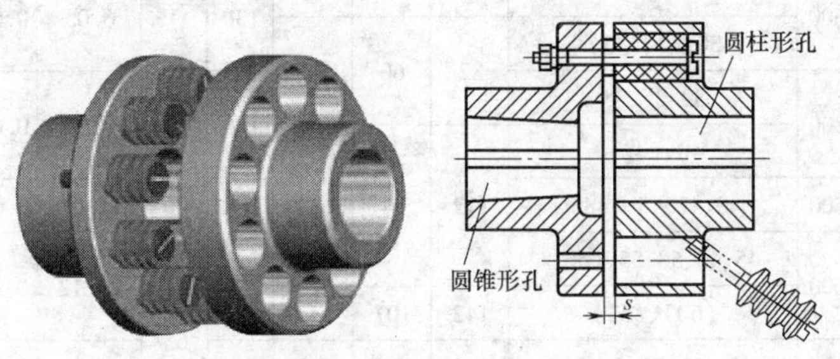

图 2-29　弹性套柱销联轴器

弹性套柱销联轴器适用于经常正反转、起动频繁、载荷平稳的高速传动，如电动机与减速器之间就常用该联轴器。

弹性套柱销联轴器已标准化，型号可根据传递的转矩按表 2-18 选用。

表 2-18　弹性套柱销联轴器（摘自 GB/T 4323—2002）

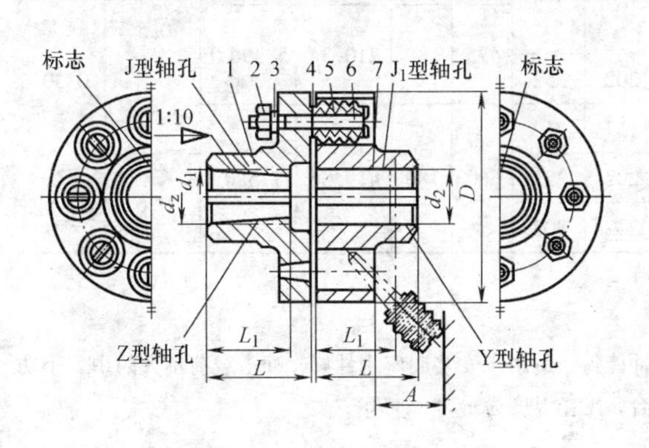

1、7—半联轴器
2—螺母
3—弹簧垫圈
4—挡圈
5—弹性套
6—柱销
标记示例

TL3 联轴器 $\frac{ZC16\times30}{JB18\times42}$ GB/T 4323—2002

主动端：Z 型轴孔，C 型键槽，$d=16$mm，$L=30$mm

从动端：J 型轴孔，B 型键槽，$d=18$mm，$L=42$mm

型号	公称转矩/N·m	许用转速/(r/min)		轴孔直径 d_1、d_2、d_z	轴孔长度/mm			D	A	质量/kg	转动惯量/(kg·m²)	许用补偿量	
					Y 型	J、J₁、Z 型						径向	角向
		铸铁	钢	mm	L	L_1	L	mm				ΔY/mm	Δα
TL1	6.3	6 600	8 800	9	20	14	—	71	18	0.82	0.000 5	0.2	1°30′
				10、11	25	17							
				12、(14)	32	20							
TL2	16	5 500	7 600	12、14				80		1.20	0.000 8		
				16、(18)、(19)	42	30	42						
TL3	31.5	4 700	6 300	16、18、19				95		2.20	0.002 3		
				20、(22)	52	38	52		35				
TL4	63	4 200	5 700	20、22、24				106		2.84	0.003 7		
				(25)、(28)	62	44	62						

（续）

<table>
<tr><th rowspan="3">型号</th><th rowspan="3">公称转矩/N·m</th><th colspan="2" rowspan="2">许用转速/(r/min)</th><th rowspan="2">轴孔直径 d_1、d_2、d_z</th><th colspan="3">轴孔长度/mm</th><th rowspan="2">D</th><th rowspan="2">A</th><th rowspan="3">质量/kg</th><th rowspan="3">转动惯量/(kg·m²)</th><th colspan="2">许用补偿量</th></tr>
<tr><th>Y型</th><th colspan="2">J、J_1、Z型</th><th>径向</th><th>角向</th></tr>
<tr><th>铸铁</th><th>钢</th><th>mm</th><th>L</th><th>L_1</th><th>L</th><th colspan="2">mm</th><th>ΔY/mm</th><th>$\Delta\alpha$</th></tr>
<tr><td rowspan="2">TL5</td><td rowspan="2">125</td><td rowspan="2">3 600</td><td rowspan="2">4 600</td><td>25、28</td><td>62</td><td>44</td><td>62</td><td rowspan="2">130</td><td rowspan="5">45</td><td rowspan="2">6.05</td><td rowspan="2">0.012 0</td><td rowspan="5">0.3</td><td rowspan="2">1°30′</td></tr>
<tr><td>30、32、(35)</td><td rowspan="2">82</td><td rowspan="2">60</td><td rowspan="2">82</td></tr>
<tr><td rowspan="2">TL6</td><td rowspan="2">250</td><td rowspan="2">3 300</td><td rowspan="2">3 800</td><td>32、35、38</td><td rowspan="2">160</td><td rowspan="2">9.57</td><td rowspan="2">0.028 0</td><td rowspan="9">1°</td></tr>
<tr><td>40、(42)</td><td rowspan="3">112</td><td rowspan="3">84</td><td rowspan="3">112</td></tr>
<tr><td>TL7</td><td>500</td><td>2 800</td><td>3 600</td><td>40、42、45、(48)</td><td>190</td><td>14.01</td><td>0.055 0</td></tr>
<tr><td rowspan="2">TL8</td><td rowspan="2">710</td><td rowspan="2">2 400</td><td rowspan="2">3 000</td><td>45、48、50、55、(56)</td><td rowspan="2">224</td><td rowspan="4">65</td><td rowspan="2">23.12</td><td rowspan="2">0.134 0</td><td rowspan="6">0.4</td></tr>
<tr><td>(60)、(63)</td><td>142</td><td>107</td><td>142</td></tr>
<tr><td rowspan="2">TL9</td><td rowspan="2">1 000</td><td rowspan="2">2 100</td><td rowspan="2">2 850</td><td>50、55、56</td><td>112</td><td>84</td><td>112</td><td rowspan="2">250</td><td rowspan="2">30.69</td><td rowspan="2">0.213 0</td></tr>
<tr><td>60、63、(65)、(70)、(71)</td><td rowspan="2">142</td><td rowspan="2">107</td><td rowspan="2">142</td></tr>
<tr><td rowspan="2">TL10</td><td rowspan="2">2 000</td><td rowspan="2">1 700</td><td rowspan="2">2 300</td><td>63、65、70、71、75</td><td rowspan="2">315</td><td rowspan="2">80</td><td rowspan="2">61.40</td><td rowspan="2">0.660 0</td></tr>
<tr><td>80、85、(90)、(95)</td><td rowspan="2">172</td><td rowspan="2">132</td><td rowspan="2">172</td></tr>
<tr><td rowspan="2">TL11</td><td rowspan="2">4 000</td><td rowspan="2">1 350</td><td rowspan="2">1 800</td><td>80、85、90、95</td><td rowspan="2">400</td><td rowspan="2">100</td><td rowspan="2">120.70</td><td rowspan="2">2.122 0</td><td rowspan="5">0.5</td><td rowspan="7">0°30′</td></tr>
<tr><td>100、110</td><td rowspan="2">212</td><td rowspan="2">167</td><td rowspan="2">212</td></tr>
<tr><td rowspan="2">TL12</td><td rowspan="2">8 000</td><td rowspan="2">1 100</td><td rowspan="2">1 450</td><td>100、110、120、125</td><td rowspan="2">475</td><td rowspan="2">130</td><td rowspan="2">210.34</td><td rowspan="2">5.390 0</td></tr>
<tr><td>(130)</td><td>252</td><td>202</td><td>252</td></tr>
<tr><td rowspan="3">TL13</td><td rowspan="3">16 000</td><td rowspan="3">800</td><td rowspan="3">1 150</td><td>120、125</td><td>212</td><td>167</td><td>212</td><td rowspan="3">600</td><td rowspan="3">180</td><td rowspan="3">419.36</td><td rowspan="3">17.580 0</td></tr>
<tr><td>130、140、150</td><td>252</td><td>202</td><td>252</td><td rowspan="2">0.6</td></tr>
<tr><td>160、(170)</td><td>302</td><td>242</td><td>302</td></tr>
</table>

注：1. 括号内的值仅适用于钢制联轴器。

2. 短时过载不得超过公称转矩值的2倍。

3. 本联轴器具有一定补偿两轴线相对偏移和减振缓冲能力，适用于安装底座刚性好，冲击载荷不大的中、小功率轴系传动，可用于经常正反转、起动频繁的场合，工作温度为-20～+70℃。

（2）弹性柱销联轴器　弹性柱销联轴器是用若干个弹性柱销将两个凸缘半联轴器连接而成，如图2-30所示。

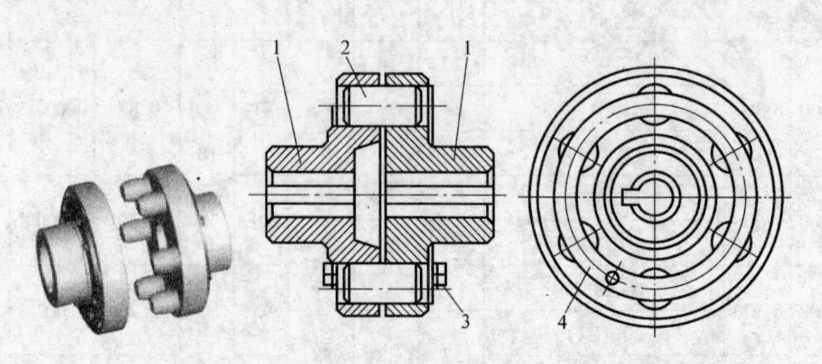

图2-30　弹性柱销联轴器

1—套筒　2—柱销　3—螺钉　4—挡板

为防止柱销滑出，两个凸缘半联轴器外侧面用环形挡板封堵。弹性柱销一般用尼龙材料制造。

弹性柱销联轴器两个半联轴器可以互换，加工容易，维修方便，强度比橡胶套高，耐磨性比橡胶套好，寿命长，结构尺寸紧凑；但尼龙柱销的弹性不如橡胶。

弹性柱销联轴器适用于冲击不大、经常正反转的轻载高速场合。

弹性柱销联轴器已标准化，型号可按表2-19选用。

表2-19 弹性柱销联轴器（摘自GB/T 5014—2003） （单位：mm）

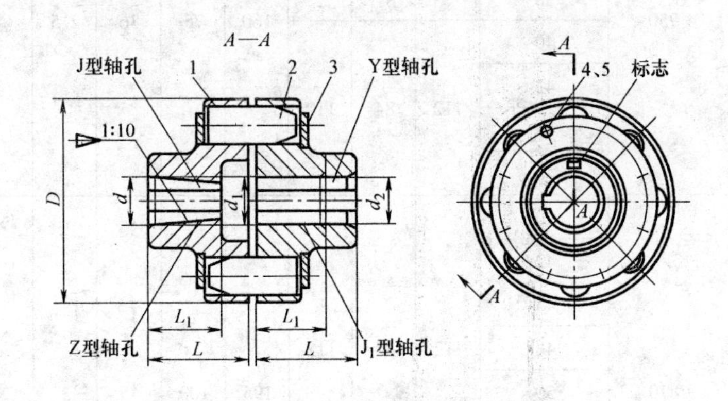

LX型弹性柱销联轴器

型号	公称转矩 T_n/(N·m)	许用转速 $[n]$/(r/min)	轴孔直径 d_1、d_2、d_3	轴孔长度			D	D_1	b	S	转动惯量 I/(kg·m^2)	质量 m/kg
				Y型	J、J_1、Z型							
				L	L	L_1						
LX1	250	8 500	12	32	27	—	90	40	20	2.5	0.002	2
			14									
			16	42	30	42						
			18									
			19									
			20	52	38	52						
			22									
			24									
LX2	560	6 300	20	52	38	52	120	55	28	2.5	0.009	5
			22									
			24									
			25	62	44	62						
			28									
			30	82	60	82						
			32									
			35									

（续）

型号	公称转矩 T_n/(N·m)	许用转速 $[n]$/(r/min)	轴孔直径 d_1、d_2、d_3	轴孔长度			D	D_1	b	S	转动惯量 I/(kg·m²)	质量 m/kg
				Y型 L	J、J_1、Z型 L	J、J_1、Z型 L_1						
LX3	1 250	4 750	30	82	60	82	160	75	36	2.5	0.026	8
			32									
			35									
			38									
			40	112	84	112						
			42									
			45									
			48									
LX4	2 500	3 870	40	112	84	112	195	100	45	3	0.109	22
			42									
			45									
			48									
			50									
			55									
			56									
			60	142	107	142						
			63									
LX5	3 150	3 450	50	112	84	112	220	120	45	3	0.191	30
			55									
			56									
			60	142	107	142						
			63									
			65									
			70									
			71									
			75									
LX6	6 300	2 720	60	142	107	142	280	140	56	4	0.543	53
			63									
			65									
			70									
			71									
			75									
			80	172	132	172						
			85									

（续）

型号	公称转矩 T_n/(N·m)	许用转速 $[n]$/(r/min)	轴孔直径 d_1、d_2、d_3	轴孔长度 Y型 L	轴孔长度 J、J_1、Z型 L	轴孔长度 J、J_1、Z型 L_1	D	D_1	b	S	转动惯量 I/(kg·m²)	质量 m/kg
LX7	11 200	2 360	70	142	107	142	320	170	56	4	1.314	98
			71									
			75									
			80	172	132	172						
			85									
			90									
			95									
			100	212	167	212						
			110									
LX8	16 000	2 120	80	172	132	172	360	200	56	5	2.023	119
			85									
			90									
			95									
			100	212	167	212						
			110									
			120									
			125									

注：质量，转动惯量是按 J/Y 轴孔组合型式和最小轴孔直径计算的。

（3）轮胎式联轴器　轮胎式联轴器如图 2-31 所示。它由轮胎状橡胶元件，两半联轴器与螺栓组件连接组成，轮胎环中的橡胶织物元件与低碳钢制成的骨架硫化粘结在一起，骨架上嵌有螺母，装配时用螺栓与两半联轴器的凸缘连接，依靠螺栓与轮胎环来传递转矩。

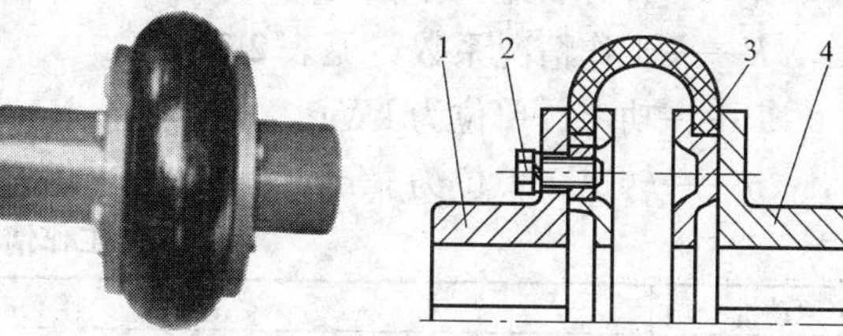

图 2-31　轮胎式联轴器

1—左半联轴器　2—螺栓　3—轮胎环　4—右半联轴器

轮胎式联轴器的优点是弹性大，补偿位移量大。其缺点是不宜高温，承载能力不高，外形尺寸较大。

轮胎式联轴器已标准化，按 GB/T 5844—2002 选用。

三、联轴器的选择步骤

在选择联轴器时应根据使用要求和工作条件，如承载能力、转速、相对位移、缓冲吸振以及装拆、维修更换等综合分析来确定。具体选择时可顺序考虑以下几方面。

1. 原动机和工作机的机械特性

原动机的类型不同，其输出功率和转速，有的是平稳恒定的，有的是波动变化的，而各种工作机的载荷性质差异更大，有的较为平稳，有的承受强烈冲击或振动。这些都将直接影响到联轴器类型的选择。对于载荷平稳，转速低的，可选用刚性联轴器，否则选用无弹性元件的挠性联轴器或弹性联轴器。

2. 联轴器连接的轴系及其运转情况

对于连接轴系的质量大、转动惯量大，而又经常启动、变速或反转的，则应考虑选用能承受较大瞬时过载并能缓冲吸振的弹性联轴器。

3. 联轴器的对中性

联轴器连接的两轴保持良好的对中是使运转正常的前提，联轴器的对中调整难易，除与联轴器本身结构有关外，还应与对中时采用措施相适应。选择联轴器时必须预计到能补偿两轴在运转中出现的相对位移的能力。

4. 联轴器的可靠性

对于要求运转可靠，不允许临时中断工作的传动，最好选用无非金属弹性元件的挠性联轴器。对于高温和有油、酸、碱及其他腐蚀性介质的场所，应尽量不用含有橡胶弹性元件的联轴器。

四、联轴器的型号选择

首先根据机器的工作条件和使用要求选择合适的类型，然后根据轴的直径、工作转矩和转速从机械设计手册中选定具体型号，必要时可对易损零件进行强度校核。

1. 计算转矩的确定

在计算联轴器所需传递的转矩 T 时，通常引入一个工作情况系数 K 来考虑机器起动时的动载荷和使用中可能出现的过载现象，计算式为

$$T_C = KT = K \cdot 9\,550\frac{P}{n} \tag{2-12}$$

式中 T_C——计算转矩，单位为 N·m；

K——工作情况系数，见表 2-20；

P——功率，单位为 kW；

n——转速，单位为 r/min。

表 2-20 工作情况系数 K

原动机	工 作 机	K
电动机	带式运输机、鼓风机、连续运转的金属切削机床	1.25~1.5
	链式运输机、刮板运输机、螺旋运输机、离心泵、木工机床	1.5~2.0
	往复运动的金属切削机床	1.5~2.5
	起重机、升降机、往复式泵、往复式压缩机、球磨机	2.0~3.0
	空气锤、轧钢机、破碎机、冲剪机	3.0~4.0
发动机	发电机	1.5~2.0
	往复式工作机（如压缩机、泵）	4~5

注：刚性联轴器选用较大的 K 值，弹性联轴器选用较小的 K 值。

2. 初选联轴器型号

根据计算转矩 T_C，初选联轴器型号

$$T_C \leqslant [T] \tag{2-13}$$

式中 $[T]$——许用转矩，单位为 N·m。

3. 校核最大转速

$$n \leqslant [n] \tag{2-14}$$

式中　n——转速，单位为 r/min；

$[n]$——许用转速，单位为 r/min。

4. 检查轴孔直径

每一型号的联轴器都有孔径范围，见表 2-21。

表 2-21　联轴器轴孔和键槽的形式、代号及系列尺寸（摘自 GB/T 3852—2008）

（单位：mm）

	长圆柱形轴孔（Y 型）	有沉孔的短圆柱形轴孔（J 型）	无沉孔的短圆柱形轴孔（J_1 型）	有沉孔的长圆锥形轴孔（Z 型）	无沉孔的长圆锥形轴孔（Z_1 型）
轴孔	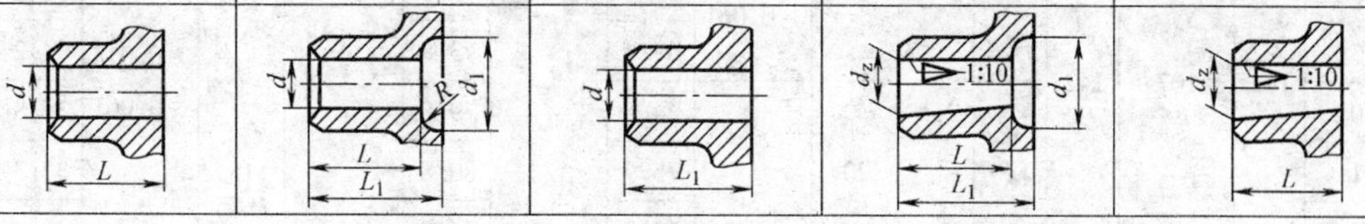 d, L	d, R, d_1, L, L_1	d, L_1	d_z, 1:10, d_1, L, L_1	d_z, 1:10, L
键槽	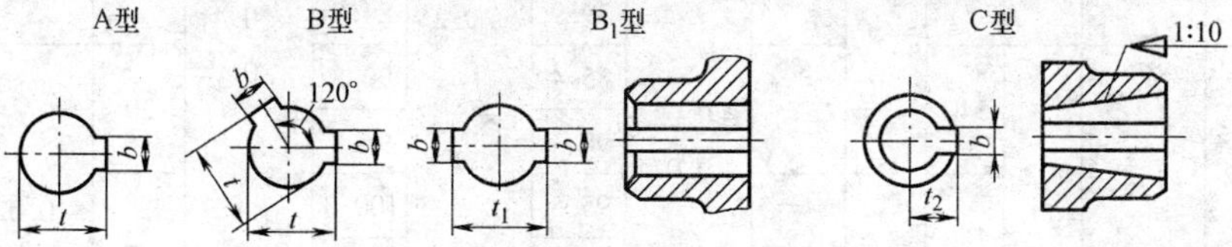 A型：b, t	B型：b, 120°, t	B_1型：b, t_1	C型：b, t_2, 1:10	

尺寸系列

轴孔直径 d(H7) d_2(JS10)	长度 L Y 型轴孔	长度 L J、J_1、Z、Z_1 型	L_1	沉孔 d_1	沉孔 R	A型、B型、B_1型键槽 b(P9) 公称尺寸	b(P9) 极限偏差	t 公称尺寸	t 极限偏差	t_1 公称尺寸	t_1 极限偏差	C 型键槽 b(P9) 公称尺寸	b(P9) 极限偏差	t_2 公称尺寸	t_2 极限偏差
16	42	30	42	38	1.5	5	−0.012 −0.042	18.3	+0.1 0	20.6	+0.2 0	3	−0.012 −0.042	8.7	±0.1
18						6		20.8		23.6		4		10.1	
19								21.8		24.6				10.6	
20	52	38	52					22.8		25.3				10.9	
22								24.8		27.6				11.9	
24	62	44	62	48		8	−0.015 −0.051	27.3	+0.4 0	30.6	+0.4 0	5		13.4	
25								28.3		31.6				13.7	
28								31.3		34.6				15.2	
30	82	60	82					33.3		36.6				15.8	
32				55	2	10		35.3		38.6		6		17.3	
35								38.3		41.6				18.3	
38								41.3		44.6				20.3	
40	112	84	112	65		12	−0.018 −0.061	43.3		46.6		10	−0.015 −0.051	21.2	±0.2
42								45.3		48.6				22.2	
45				80		14		48.8		52.6		12	−0.018 −0.061	23.7	
48								51.8		55.6				25.2	
50								53.8		57.6				26.2	
55				95	2.5	16		59.3		63.6		14		29.2	
56								60.3		64.4				29.7	

（续）

尺寸系列															
轴孔直径 d(H7) d_2(JS10)	长度			沉孔		A 型、B 型、B_1 型键槽						C 型键槽			
	L		L_1			b(P9)		t		t_1		b(P9)		t_2	
	Y 型轴孔	J、J_1、Z、Z_1 型		d_1	R	公称尺寸	极限偏差	公称尺寸	极限偏差	公称尺寸	极限偏差	公称尺寸	极限偏差	公称尺寸	极限偏差
60	142	107	142	105	2.5	18	-0.018 -0.061	64.4	+0.2 0	68.8	+0.4 0	16	-0.018 -0.061	31.7	±0.2
63								67.4		71.8				32.2	
65								69.4		73.8				34.2	
70				120		20	-0.022 -0.074	74.9		79.8		18		36.8	
71								75.9		80.8				37.3	
75								79.9		84.8				39.3	
80	172	132	172	140		22		85.4		90.8		20	-0.022 -0.074	41.6	
85					3			90.4		95.8				44.1	
90				160		25		95.5		100.8		22		47.1	
95								100.4		105.8				49.6	
100	212	167	212	180		28		106.4		112.8		25		51.3	
110								116.4		122.8				56.3	

注：1. 圆柱形轴孔与相配轴颈的配合：$d=10\sim30$ 时为 H7/j6；$d>30\sim50$ 时为 H7/k6；$d>50$ 时为 H7/m6。根据使用要求，也可选用 H7/r6 或 H7/n6 的配合。

2. 键槽宽度 b 的极限偏差也可采用 JS9 或 D10。

所选联轴器型号的孔径应考虑被连接的两轴端直径，否则应重选联轴器型号。联轴器型号选定后，应将其标记写出。

例 2-4 桥式起重机的起升机构采用电动机通过联轴器与减速器连接。已知电动机输出功率 $P=10\text{kW}$，转速 $n=960\text{r/min}$，输出轴直径为 42mm，输出轴长 120mm。试选择该联轴器的型号。

解：

1）选择联轴器的类型

因联轴器用于起重机的起升机构，考虑起动、制动频繁，并且经常正、反转，宜选用缓冲、吸振性能较好的弹性柱销联轴器。

2）计算转矩

$$T=9\,550\frac{P}{n}=9\,550\frac{10}{960}\text{N}\cdot\text{m}=99.5\text{N}\cdot\text{m}$$

计算名义转矩

$$T_C=KT$$

查表 2-20，取 $K=2.3$，则 $T_C=2.3\times99.5\text{N}\cdot\text{m}=229\text{N}\cdot\text{m}$

3）联轴器的型号选择

根据电动机输出轴的相关参数，半联轴器孔应安装在电动机输出轴上，由表 2-19，选联轴器型号为 LX3，其公称转矩 T_n = 1 250N · m，许用转速［n］= 4 750r/min，轴孔范围 d = 30 ~ 48mm，包括 d = 42mm 和 d = 45mm，可用。

任务 3　离合器与制动器的选用

一、离合器

1. 功用

离合器的功用是按需要随时分离和接合机器的两轴。如汽车临时制动时不必熄火，只要操纵离合器使变速箱的输入轴与汽车发动机输出轴分离即可。

2. 类型

离合器的种类较多，大部分已标准化，参看 GB/T 10043—2003 选用。表 2-22 为常用离合器分类表。

表 2-22　常用离合器分类

操纵离合器（机械、气动、液压、电磁）	啮合式	牙嵌离合器、齿轮离合器等
	摩擦式	圆盘离合器、圆锥离合器
自动离合器	定向离合器	啮合式、摩擦式
	离心离合器	摩擦式
	安全离合器	啮合式、摩擦式

（1）牙嵌离合器　牙嵌离合器由两个端面带牙的半离合器组成，如图 2-32 所示。

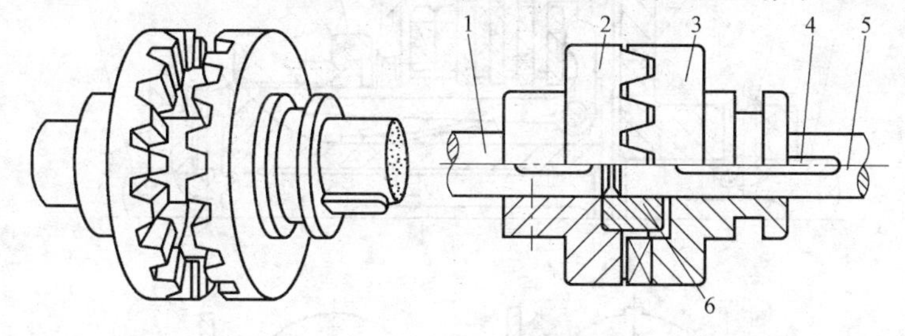

图 2-32　牙嵌离合器

1—主动轴　2—左半离合器　3—右半离合器　4—导向滑键　5—从动轴　6—对中环

主动轴 1、从动轴 5 为左、右两轴，左半离合器 2 通过普通 A 型平键与主动轴 1 连接，右半离合器 3 用导向滑键或花键与从动轴 5 连接。通过操纵手柄可使右半离合器 3 沿导向滑键 4 或花键作轴向移动，两轴靠两个半离合器端面上的牙相互嵌合来连接实现传动。为了方便两轴对中，在左半离合器 2 上装有对中环 6，右半离合器可以在对中环上自由转动。

牙嵌离合器常用的牙型有梯形、锯齿形。梯形牙的两侧面制成 $\alpha = 2° \sim 8°$ 的斜角，接合与分离比较容易，可补偿磨损产生的齿侧间隙，牙根强度较高，能传递较大的转矩。锯齿形牙只能单向工作。

（2）圆盘式摩擦离合器　利用主、从动半离合器接触表面之间的摩擦力来传递转矩的离合器，统称为摩擦离合器，是能在高速下进行离合的机械式离合器。

1）单圆盘式。单圆盘式是最简单的摩擦离合器，如图2-33所示。

主动盘1通过普通A型平键固连在主动轴上，从动盘3用导向滑键（或花键）与从动轴连接，可以沿轴向滑动。为了增加摩擦系数，在一个半离合器的端面上装有摩擦片2。工作时利用操纵机构4，在移动的另一个半离合器上施加轴向压力F（可由弹簧、液压缸或电磁吸力等产生），使两个半离合器的接合端面盘压紧，产生摩擦力来传递转矩。只有一对接合面的称为单圆盘摩擦离合器。

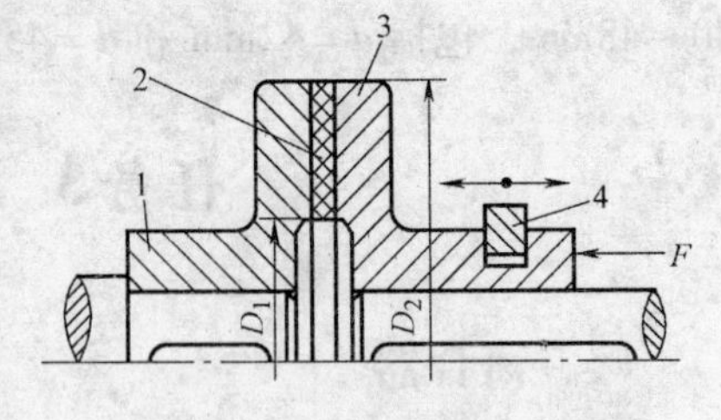

图2-33 单圆盘摩擦离合器

1—主动盘 2—摩擦片 3—从动盘 4—操纵机构

单圆盘摩擦离合器能传递的最大转矩计算式为

$$T_{\max}=\frac{Ffr}{1\,000} \tag{2-15}$$

式中 F——轴向压力，单位为N；

f——摩擦系数，可以查阅机械设计手册得到；

r——圆盘的平均摩擦半径，$r=\dfrac{D_1+D_2}{4}$，单位为mm。

2）多圆盘式。在传递大转矩的情况下，因受摩擦盘径向尺寸的限制不宜应用单圆盘摩擦离合器，这时要采用多圆盘摩擦离合器，用增加接合面的方法来增大传动能力，如图2-34a所示。

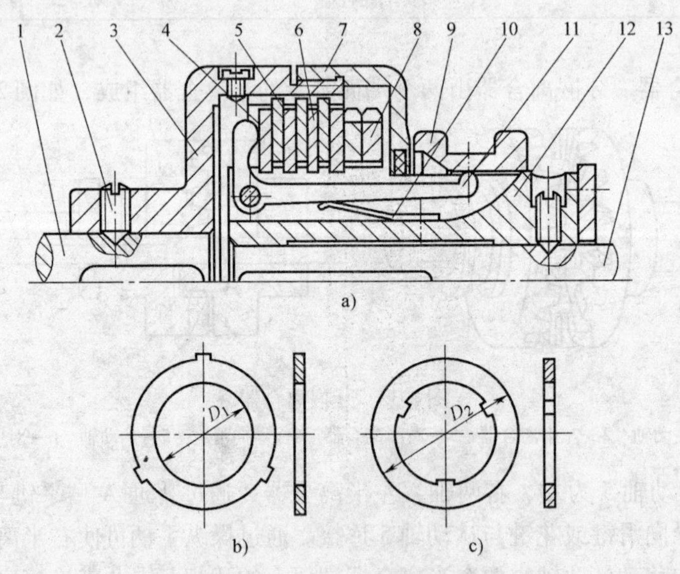

图2-34 多圆盘摩擦离合器

1—主动轴 2—螺钉 3—外壳 4—压板 5—外摩擦片 6—内摩擦片 7—螺旋封套 8—调整螺母 9—滑环 10—弹簧片 11—杠杆 12—套筒花键轴 13—从动轴

多圆盘摩擦离合器的主动轴与外壳相连接，从动轴与套筒相连接，外壳又通过花键与一组外摩擦片连接在一起（图2-34b），套筒也通过花键与另一组内摩擦片连接在一起（图2-34c）。工作时，向左推动滑环，通过杠杆、压板使内、外两组摩擦片压紧，离合器处于接合状态。若向右移动滑环时，内、外两组摩擦片松开，离合器实现分离。其所能传递的最大转矩和作用在摩擦接合面上的压强计算校核式为

$$T_{max}=\frac{z\cdot F_{A}\cdot f\cdot r_{f}}{1000}\geqslant K_{A}T \tag{2-16}$$

$$P=\frac{4F_{A}}{z\cdot\pi(D_{2}^{2}-D_{1}^{2})}\leqslant[P] \tag{2-17}$$

式中　z——摩擦接合面的数目；

D_1、D_2——分别为摩擦盘接合面的内径和外径，单位为mm；

P、$[P]$——分别为摩擦盘上的工作压强和许用压强，单位为MPa；

F_A——轴向压力，单位为N。

设计摩擦离合器时，可先选定摩擦片的材料，再根据结构要求初定摩擦盘尺寸D_1、D_2。对湿式摩擦离合器，取$D_1=(1.5\sim2)d$，$D_2=(1.5\sim2)D_1$；对干式摩擦离合器，取$D_1=(2\sim3)d$，$D_2=(1.5\sim2.5)D_1$。然后利用上面的公式求出轴向压力F_A，最后再求出接合面数z。摩擦离合器传递的转矩随z的增加成正比增加。但是，如果z取得过多，所传递的转矩并不会随之增加，而且还会影响离合器的灵活性。湿式摩擦离合器$z=5\sim15$；干式摩擦离合器$z=1\sim6$。内、外盘的总盘数小于15~20为宜。

摩擦离合器与牙嵌离合器相比，优点为能在任意转速下接合与分离，接合和分离过程平稳、冲击振动小，从动轴的加速时间和传递的最大转矩可以调节，过载时将发生打滑，避免使其他零件受到损坏。缺点是结构复杂、成本高，当产生滑动时不能保证被连接两轴间的同步转动，摩擦会产生发热，当温度过高时会引起摩擦系数的改变，严重的可能导致磨擦盘胶合和塑性变形。一般对钢制摩擦盘应限制其最高温度不超过300~400℃，整个离合器的平均温度不超过100~120℃。

二、制动器

制动器的功用是使机器在需要停机的位置迫使机器停止运转。制动器是保证机器安全、正常工作的重要部件。

1. 抱块式制动器

（1）结构组成　抱块式制动器由制动轮1、闸瓦块2、主弹簧3、制动臂4、推杆5、松闸器6等部件组成，如图2-35所示。

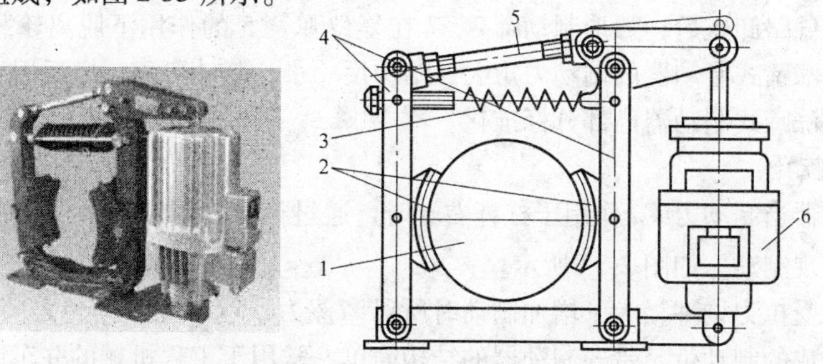

图2-35　抱块式制动器

1—制动轮　2—闸瓦块　3—主弹簧　4—制动臂　5—推杆　6—松闸器

（2）工作原理　当制动器的松闸器采用电磁铁结构时，电磁线圈（松闸器）6通电，制动闸瓦块2放开，制动轮1转动；当电磁线圈断电时，实现抱闸制动。

抱块式制动器已部分标准化，可从有关样本或机械设计手册中按JB/T 7021—2006选用。

2. 内涨蹄式制动器

（1）结构组成　内涨蹄式制动器主要由制动毂6、弧形制动蹄2和7、液压缸体（气缸）4、复位弹簧5、制动摩擦片3及圆柱销1、8组成，如图2-36所示。

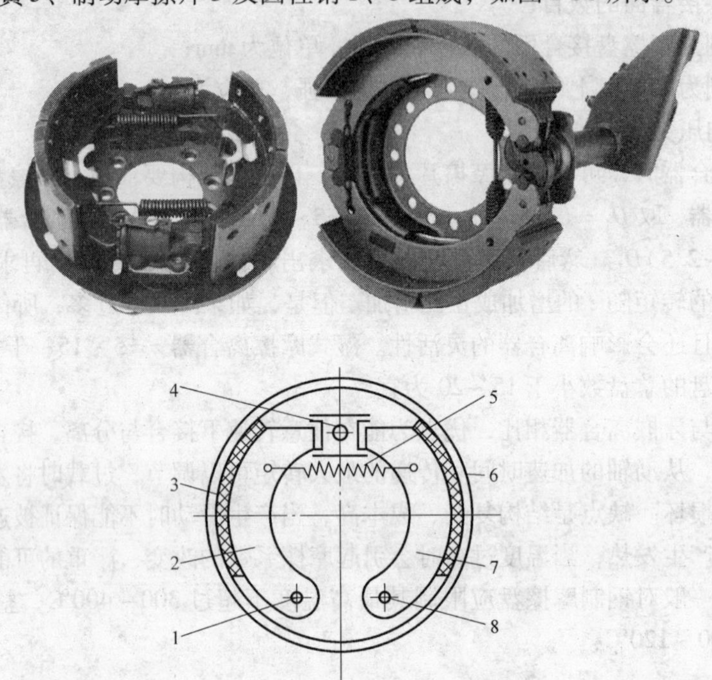

图2-36　内涨蹄式制动器

1、8—圆柱销　2、7—弧形制动蹄　3—制动摩擦片　4—液压缸体（气缸）　5—复位弹簧　6—制动毂

（2）工作原理　当液压油或高压气体进入液缸体（气缸）4后，两个弧形制动蹄2、7在左右两个活塞推力作用下，绕各自的圆柱销1、8分别向外摆动，从内部压向制动毂6，实现制动的目的。

当油路或气路卸压后，弧形制动蹄2、7在复位弹簧5的作用下脱离轮毂，制动器立即松闸，这种内涨蹄式制动器的制动力矩大，结构尺寸小，制动可靠，广泛用于汽车等移动机械的制动。内涨蹄式制动器已部分标准化。

3. 带式制动器

带式制动器当制动力F_Q作用于杠杆右端时，通过杠杆作用原理，拉动钢带便将制动轮抱紧，从而实现制动，如图2-37所示。

钢带为承受拉力构件，为了增加制动时所需摩擦力，钢带与制动轮之间有石棉、橡胶、帆布等材料制成的制动带。带式制动器的结构简单，常用于工程机械的驻车制动和卷扬机械上。带式制动器已部分标准化，参见QB/T 1891—2012选用。

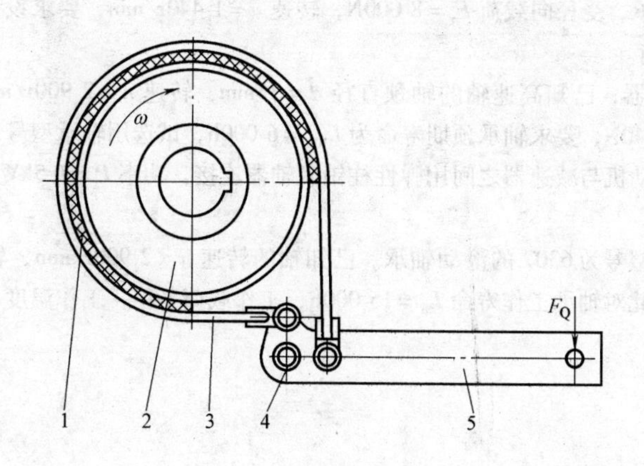

图 2-37　带式制动器

1—制动带　2—制动轮　3—钢带　4—销轴　5—杠杆

思考与练习题

2-1　简答题

1. 滚动轴承由哪几部分组成？
2. 滚动轴承的滚子有哪几种？
3. 滚动轴承的主要类型有哪几种？
4. 说明轴承代号 6206、5306、7306、30306 的含义。
5. 滚动轴承的内圈与轴、外圈与机座孔通常采用什么配合？
6. 联轴器两轴轴线的偏移形式有哪几种？
7. 联轴器与离合器的主要区别是什么？
8. 常用联轴器和离合器有哪些类型？
9. 弹性联轴器应用于哪些场合？
10. 刚性联轴器应用于哪些场合？

2-2　单项选择题

1. ____是只能承受径向载荷的轴承。

A. 深沟球轴承　B. 调心滚子轴承　C. 调心滚子轴承　D. 圆柱滚子轴承

2. ____是只能承受轴向载荷的轴承。

A. 圆锥滚子轴承　B. 推力球轴承　C. 滚针轴承　D. 调心球轴承

3. 下列四种轴承中____必须成对使用。

A. 深沟球轴承　B. 圆锥滚子轴承　C. 推力球轴承　D. 圆柱滚子轴承

4. 代号 6215 的轴承是____轴承，轴承的内径是____。

A. 深沟球轴承　B. 圆锥滚子轴承　C. 15mm　D. 75mm

5. 当有冲击、振动、轴的转速较高，一般选用____。

A. 刚性固定式联轴器　B. 刚性可移式联轴器

C. 弹性联轴器　D. 安全联轴器

6. 联轴器与离合器的主要作用是____。

A. 缓冲、减振　B. 传递运动和转矩

C. 防止机器发生过载　D. 补偿两轴的不同心或热膨胀

2-3 有一深沟球轴承，受径向载荷 $F_r=8\,000$N，转速 $n=1\,440$r/min，要求设计寿命 $L_{10h}=5\,000$h，试计算此轴承的额定动载荷。

2-4 圆柱齿轮减速器，已知高速轴的轴颈直径 $d=35$mm，转速 $n=2\,900$r/min，轴承径向载荷 $F_r=1\,810$N，轴向载荷 $F_a=740$N，要求轴承预期寿命为 $L_{10h}=6\,000$h，试选用轴承型号。

2-5 数控铣床的电动机与减速器之间用弹性柱销联轴器连接，功率 $P=7.5$kW，转速 $n=970$r/min，试选择联轴器的型号。

2-6 车床选用一对型号为6307的滚动轴承。已知轴的转速 $n=2\,900$r/min，轴承所受的径向力相等，$F_{r1}=F_{r2}=1\,810$N，要求此对轴承工作寿命 $L_h=15\,000$h，工作载荷平稳，工作温度小于120℃。校核此轴承是否能满足工作要求。

模块3 齿轮传动

机械设计技术

齿轮传动是现代机械设备中应用最广泛的一种机械传动，用于传递空间任意两轴的运动和动力。

任务1 齿轮传动类型、特点与几何参数

一、齿轮传动的类型

齿轮机构的类型很多，由一对齿轮组成的齿轮传动是最简单的齿轮传动。根据齿轮传动中两齿轮轴线的相对位置，可将齿轮传动分为平面齿轮传动和空间齿轮传动两大类，如图3-1所示。

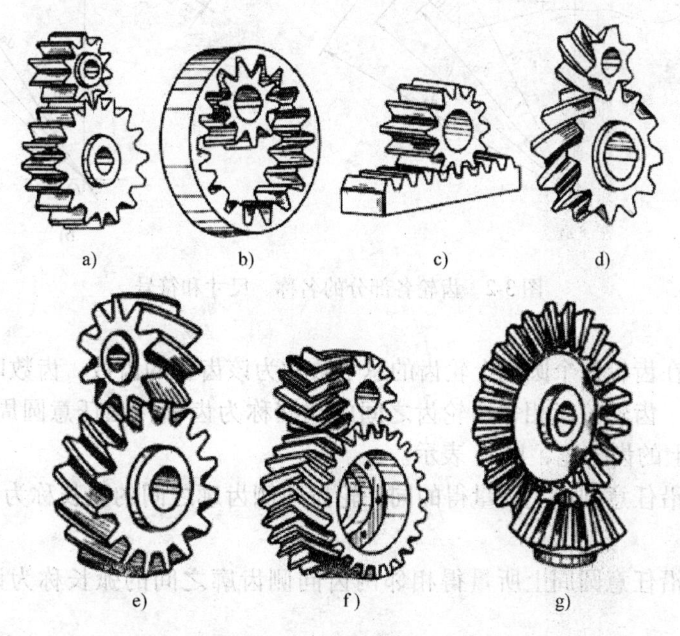

图3-1 齿轮机构类型

a）直齿外啮合 b）直齿内啮合 c）齿轮齿条啮合 d）斜齿轮外啮合
e）圆弧齿轮啮合 f）人字齿轮啮合 g）直齿锥齿轮啮合

二、齿轮传动的特点

1. 优点

1）传动比准确，$i=n_1/n_2=z_2/z_1$。

2）传递的功率和圆周速度范围大。

3）可以实现两轴平行、相交或交错的传动。

4）工作可靠、效率高、寿命长。

2. 缺点

1）制造和安装精度要求较高，制造成本较高。

2）不适用于远距离的传动。

3）低精度的齿轮会产生冲击、振动和噪声。

三、齿轮各部分的名称

齿轮分为外齿轮和内齿轮，图 3-2a 所示为标准直齿圆柱外齿轮的一部分；图 3-2b 所示为标准直齿圆柱内齿轮的一部分。齿轮几何尺寸参见 GB/T 3374. 1—2010 选用。下面以图 3-2a 所示标准直齿圆柱外齿轮为例来介绍齿轮各部分的名称。

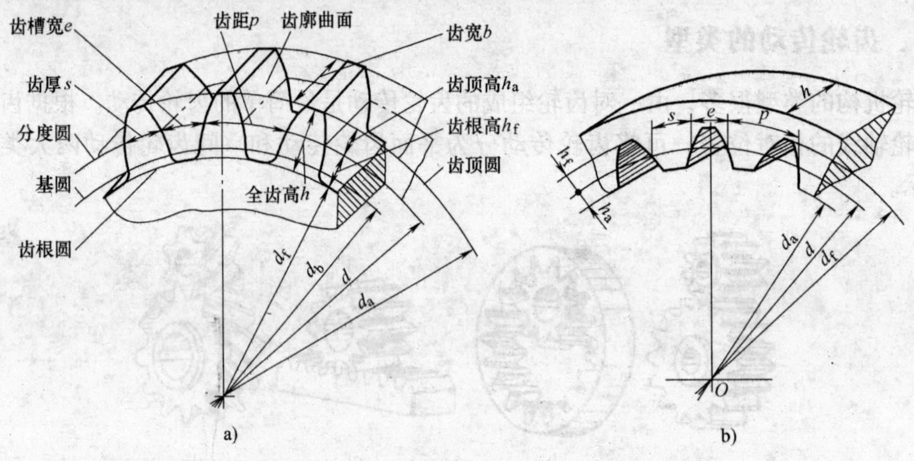

图 3-2　齿轮各部分的名称、尺寸和符号

（1）齿数　在齿轮整个圆周上轮齿的总个数称为该齿轮的齿数，齿数以 z 表示。

（2）齿槽宽　齿轮轮齿相邻两轮齿之间的空间称为齿槽，在任意圆周上所量得齿槽的弧长称为该圆周上的齿槽宽，以 e_k 表示。

（3）齿厚　沿任意圆周上所量得的同一轮齿两侧齿廓之间的弧长称为该圆周上的齿厚，以 s_k 表示。

（4）齿距　沿任意圆周上所量得相邻两齿同侧齿廓之间的弧长称为该圆周上的齿距，以 p_k 表示。

在同一圆周上的齿距等于齿厚与齿槽宽之和，即 $p_k = s_k + e_k$。

（5）齿顶圆　过齿轮所有齿顶端量得的圆称为齿顶圆，齿顶圆直径用 d_a 表示。

（6）齿根圆　过齿轮所有齿槽根部量得的圆称为齿根圆，齿根圆直径用 d_f 表示。

（7）分度圆　规定在齿顶圆和齿根圆之间，齿厚与齿槽宽相等的圆称为分度圆，分度圆直径用 d 表示。

（8）齿宽　齿轮有齿部位沿分度圆柱面母线方向量得的宽度称为齿宽，齿宽用 b 表示。

（9）齿顶高、齿根高和全齿高　轮齿被分度圆假想分为两部分，轮齿在分度圆和齿顶圆之间的部分称为齿顶，其径向高度称为齿顶高，用 h_a 表示；介于分度圆和齿根圆之间的部分称为齿根，其径向高度称为齿根高，用 h_f 表示；轮齿在齿顶圆和齿根圆之间的径向高度称为全齿高，用 h 表示。

四、基本参数的相互关系

齿轮传动时通常把分度圆上的参数作为计算齿轮各部分尺寸的基本参数。

在分度圆上的齿厚、齿槽宽和齿距，常称为齿轮的齿厚、齿槽宽和齿距，分别用 s、e 和 p 表示，不带下标。

1. 分度圆与模数

分度圆的大小是由齿距和齿数决定的，分度圆的周长计算式为

$$L = \pi d = pz$$

$$d = \frac{p}{\pi} z$$

工程上为了方便起见，将齿距 p 与圆周率 π 的比值规定成一个简单的有理数列，并把这个比值称为模数，以 m 表示，即

$$m = \frac{p}{\pi}$$

于是得

$$d = mz \text{ 或 } m = \frac{d}{z} \tag{3-1}$$

模数是齿轮重要的基本参数，可理解为每一个齿在分度圆直径上占有的长度，其单位为 mm。标准齿轮轮齿大小与模数 m 成正比，当齿轮的齿数一定时，齿轮的模数越大，齿轮越大，轮齿的尺寸越大，承受的载荷也越大。齿数相同，模数不同的齿轮大小形状，如图 3-3 所示。

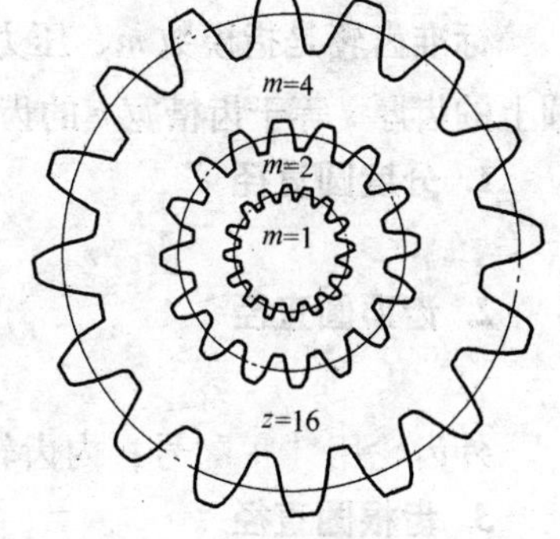

图 3-3 模数与轮齿的关系

齿轮的模数我国已经标准化，可参见 GB/T 1357—2008 选用，表 3-1 为我国规定的标准模数。

表 3-1 标准齿轮模数 （单位：mm）

第一系列	1、1.25、1.5、2、2.5、3、4、5、6、8、10、12、16、20、25、32、40、50
第二系列	1.125、1.375、1.75、2.25、2.75、3.5、4.5、5.5、(6.5)、7、9、11、14、18、22、28、35、45

注：1. 对斜齿轮是指法向模数。

2. 优先采用第一系列，括号内的模数尽可能不用。

2. 齿顶高、齿根高与全齿高

（1）齿顶高

$$h_a = h_a^* m$$

（2）齿根高

$$h_f = (h_a^* + C^*) m$$

（3）全齿高

$$h = h_a + h_f = (2h_a^* + C^*) m$$

式中　h_a^*——齿顶高系数；

C^*——顶隙系数。这两个系数我国已规定了标准值，见表3-2。

表3-2　圆柱齿轮齿顶高系数及顶隙系数

系　数	标准齿	短　齿
h_a^*	1	0.8
c^*	0.25	0.3

顶隙 $C=C^*m$，是指一对齿轮啮合时，一个齿轮的齿顶圆到另一个齿轮的齿根圆之间的径向距离，顶隙是用来保证齿轮安装和存储润滑油的。

3. 压力角

齿轮压力角通常是指齿轮分度圆上的压力角，分度圆上的压力角以 α 表示，国标规定标准齿轮分度圆上的压力角为标准值，$\alpha=20°$。

五、标准直齿圆柱齿轮几何尺寸的计算

标准齿轮是指模数 m、压力角 α、齿顶高系数 h_a^* 和顶隙系数 C^* 均为标准值，且其分度圆上的齿厚 s 等于齿槽宽 e 的齿轮。

1. 分度圆直径

$$d=mz \tag{3-2}$$

2. 齿顶圆直径

$$d_a=d\pm 2h_a \tag{3-3}$$

外齿轮用“+”号；内齿轮用“-”号。

3. 齿根圆直径

$$d_f=d\pm 2h_f \tag{3-4}$$

外齿轮用“-”号；内齿轮用“+”号。

4. 中心距

中心距是两个齿轮为标准安装时，两齿轮转动中心之间的距离，外啮合的齿轮传动如图3-4a所示；内啮合的齿轮传动如图3-4b所示。

$$a=r_2\pm r_1=\frac{d_2\pm d_1}{2}=\frac{m}{2}(z_2\pm z_1) \tag{3-5}$$

式中，“+”号用于一对外啮合的标准齿轮传动；“-”号用于一对内啮合的标准齿轮传动。

标准直齿圆柱齿轮几何尺寸的计算公式见表3-3。

5. 传动比计算

传动比为两齿轮的转速之比。传动比用 i 表示，即

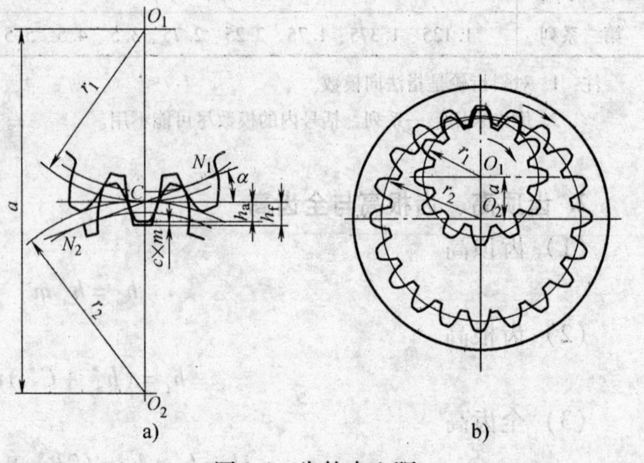

图3-4　齿轮中心距

$$i = \frac{n_1}{n_2} = \frac{z_2}{z_1}$$

例 3-1　一对标准直齿圆柱外啮合齿轮传动，已知：$m = 2\text{mm}$，$\alpha = 20°$，$z_1 = 25$，$z_2 = 50$。试求：1）小齿轮分度圆直径、齿顶圆直径、齿根圆直径；2）中心距；3）如果 $n_1 = 960\text{r/min}$，则 $n_2 =$ 多少？

表 3-3　标准直齿圆柱齿轮几何尺寸的计算公式

序号	名　称	符号	公　式
1	模数	m	根据轮齿承受载荷、结构条件等定出，选用标准值
2	分度圆直径	d	$d = mz$
3	齿顶高	h_a	$h_a = h_a^* m$
4	齿根高	h_f	$h_f = (h_a^* + c^*)m$
5	齿顶圆直径	d_a	$d_a = (z + 2h_a^*)m$
6	齿根圆直径	d_f	$d_f = (z - 2h_a^* - 2c^*)m$
7	齿距	p	$p = \pi m$
8	齿厚	s	$s = \pi m/2$
9	齿槽宽	e	$e = \pi m/2$

解：

1）求小齿轮分度圆直径、齿顶圆直径、齿根圆直径。

分度圆直径　$d_1 = mz_1 = 2\text{mm} \times 25 = 50\text{mm}$

齿顶圆直径　$d_{a1} = d_1 + 2h_a = 50\text{mm} + 2 \times 2\text{mm} = 54\text{mm}$

齿根圆直径　$d_{f1} = d_1 - 2h_f = 50\text{mm} - 2 \times (1 + 0.25)\text{mm} \times 2 = 45\text{mm}$

2）求中心距。

$$a = \frac{m}{2}(z_2 + z_1) = \frac{2}{2}(50 + 25)\text{mm} = 75\text{mm}$$

3）求大齿轮的转速。

因

$$i = \frac{n_1}{n_2} = \frac{z_2}{z_1}$$

则

$$n_2 = n_1 \cdot i = 960\frac{25}{50}\text{r/min} = 480\text{r/min}$$

六、齿轮的正确啮合条件

一对直齿圆柱齿轮正确啮合条件：两齿轮分度圆上的模数 m 和压力角 α 分别相等。

对于标准齿轮，由于模数和压力角都要取标准值，必须满足的条件式为

$$m_1 = m_2 = m$$

$$\alpha_1 = \alpha_2 = \alpha$$

七、齿轮传动的重合度

通常把齿轮连续传动条件称为齿轮传动的重合度，用符号 ε 表示。齿轮传动的重合度越大，表示齿轮同时参与啮合的轮齿的齿对数越多，轮齿所受载荷越小，因而相对地提高了齿轮的承载能力。

在实际应用中，根据不同的情况，应使齿轮工作时的重合度大于齿轮的许用重合度，即

$$\varepsilon \geqslant [\varepsilon] \tag{3-6}$$

根据齿轮传动的使用要求和制造精度不同，许用重合度［ε］可取不同的值。常用的［ε］值见表3-4。

表3-4 常用的许用重合度

使用场合	一般机械	汽车	金属切削车床
$[\varepsilon]$	1.1～1.2	1.2～1.3	1.3～1.4

任务2 齿轮的加工方法与轮齿的失效形式

齿轮轮齿的加工方法分为仿形法和展成法两类。

一、仿形法

仿形法加工齿轮是采用的刀具在其轴向剖面内，切削刃的形状和被切齿轮齿槽的形状相同。常用的刀具有盘状铣刀和柱状铣刀。

用盘状铣刀切制齿轮时，铣刀定轴转动，轮坯沿它的轴线方向移动，从而实现切削和进给运动，如图3-5所示。

盘状铣刀切出一个齿槽后，轮坯转过一个齿，每个齿占用的角度为360°/z，再继续加工第二个齿槽，直至整个齿轮加工完毕。

图3-6所示为用柱状铣刀切制齿轮的情况。

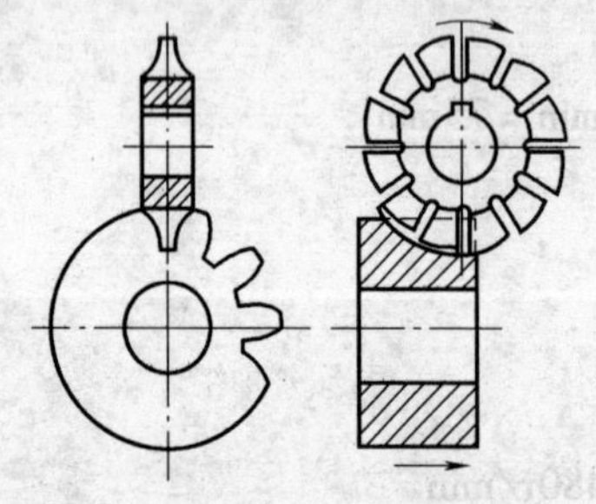

图3-5 用盘状齿轮铣刀切制齿轮

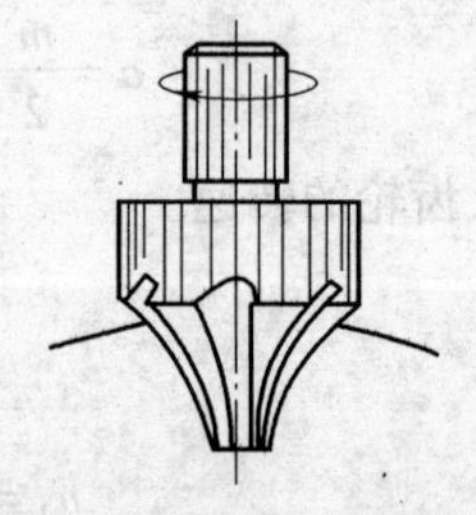

图3-6 用柱状齿轮铣刀切制齿轮的情况

加工方法与盘状铣刀相似，不过柱状铣刀常用于加工大模数（$m>20$mm）的齿轮，并用于切制人字齿轮。

仿形法加工要想切出完全正确的齿廓，则在加工模数m、压力角α相同，而齿数z不同的齿轮时，每一种齿数的齿轮就需要一把铣刀，显然这在实际生产中是很难做到的，所以在生产中加工模数m、压力角α相同的齿轮时，根据齿数不同，同样大小模数的齿轮一般只备一组刀具（8把或15把）来加工不同齿数的齿轮，不同刀号加工的齿数范围见表3-5。

表3-5 不同刀号加工的齿数范围

刀号	1	2	3	4	5	6	7	8
齿数范围	2～13	14～16	17～20	21～25	26～34	35～54	55～134	135以上

由于铣刀的号数有限，所以用这种方法加工出来的齿轮其齿廓曲线大多数是近似的，加之在分度时又存在一定的误差，因而加工出来的齿轮精度较低。同时由于加工不连续，生产率低，所以只适用于单件生产的维修企业。

二、展成法

插齿法和滚齿法是展成法加工齿轮的常用方法。

1. 插齿法

插齿法所用刀具有齿轮插刀，如图 3-7 所示；齿条插刀，如图 3-8 所示。

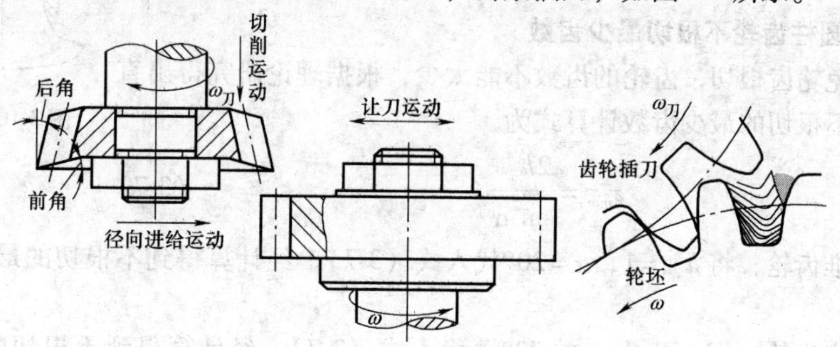

图 3-7　齿轮插刀切制齿轮

2. 滚齿法

滚齿法所用刀具为滚刀，如图 3-9 所示。

3. 特点

插齿加工工作是不连续的，滚齿法加工齿轮是利用一对齿轮啮合传动时齿廓互为包络线的原理，以一定的传动比传动，直至全部齿槽切削完毕，滚齿属于连续切削。

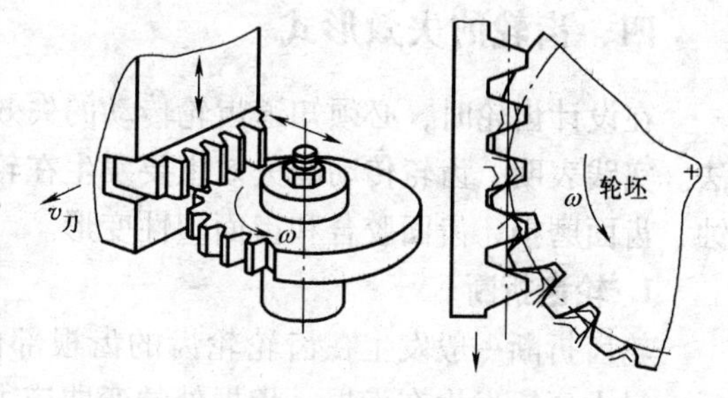

图 3-8　齿条插刀加工齿轮

滚齿时只要刀具和被加工齿轮的模数 m 和压力角 α 相同，则不管被加工齿轮的齿数多少，都可以用同一把滚刀来加工，生产率高。滚齿加工常用在批量生产中。

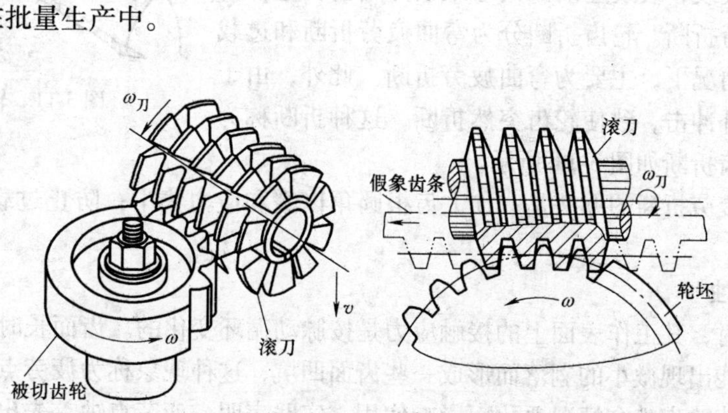

图 3-9　滚刀加工齿轮

三、轮齿根切

1. 轮齿根切的现象与危害

用展成法加工齿轮时，若刀具的顶部切入轮齿的根部，会将轮齿齿根的齿宽切去一部分，这种现象称为轮齿根切，如图3-10所示。

可以看出，根切的齿轮，轮齿根部的厚度变小，它一方面削弱了轮齿的齿根抗弯强度，另一方面将使齿轮的重合度降低，这对传动是十分不利的。因此加工齿轮时应力求避免齿轮的轮齿根切。

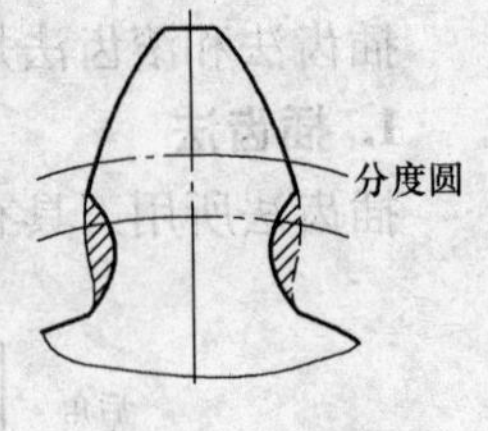

图3-10 轮齿根切

2. 直齿圆柱齿轮不根切最少齿数

为了避免轮齿根切，齿轮的齿数不能太少，根据理论研究得出直齿圆柱齿轮不根切的最少齿数计算式为

$$z_{\min} = \frac{2h_a^*}{\sin^2\alpha} \tag{3-7}$$

对于标准齿轮，将 $h_a^* = 1$，$\alpha = 20°$ 代入式（3-7），经计算得到不根切的最少齿数为 $z_{\min} = 17$；

对于短齿齿轮，$h_a^* = 0.8$，$\alpha = 20°$，代入式（3-7），经计算得到不根切的最少齿数为 $z_{\min} = 14$。

四、齿轮的失效形式

在设计齿轮时，必须知道齿轮传动的失效形式，根据失效原因，确定齿轮强度的计算方法。实践表明，齿轮传动的失效主要发生在轮齿部分，其失效形式主要是轮齿折断、齿面点蚀、齿面磨损、齿面胶合和齿面塑性变形。

1. 轮齿折断

轮齿折断一般发生在齿轮轮齿的齿根部位，轮齿受力可简化为悬臂梁，受到载荷作用后，最大弯矩发生在齿根，齿根处的弯曲应力最大，而在齿根又有应力集中存在。如果弯曲应力超过了弯曲疲劳极限，在多次重复载荷作用下，齿根处会产生疲劳裂纹，裂纹逐渐扩大导致疲劳断齿，这种折断称为弯曲疲劳折断。轮齿折断分为弯曲疲劳折断和过载折断，在正常情况下，主要为弯曲疲劳折断。此外，由于短时过载和意外冲击，致使轮齿突然折断，这种折断称为过载折断。轮齿折断如图3-11所示。

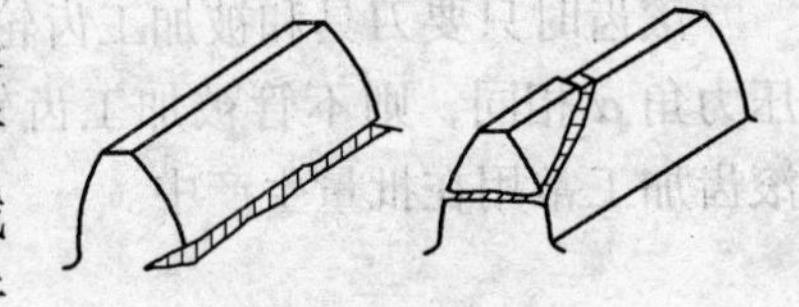
图3-11 轮齿折断

防止弯曲疲劳折断的办法是：加大齿根圆角以缓和应力集中；防止过载折断的办法是：禁止过载使用。

2. 齿面点蚀

轮齿工作时，其工作表面上的接触应力是按脉动循环变化的。齿面长时间在这种交变应力作用下，可能出现微小的剥落而形成一些齿面凹坑，这种现象称为疲劳点蚀。齿轮发生齿面点蚀后，将使轮齿啮合情况恶化而影响使用。实践表明，疲劳点蚀首先出现在分度圆靠近齿根表面，如图3-12所示。

在闭式传动中，对于软齿面（齿面硬度≤350HBW）的轮齿，会因齿面疲劳点蚀而破坏。

开式传动由于齿面磨损较快，点蚀还来不及出现或扩展即被磨掉，故一般看不到点蚀。

防止的办法是：限制齿面的接触应力，提高齿面硬度，降低齿面表面粗糙度的值，采用高粘度的润滑油及适宜的添加剂。

3. 齿面磨损

在齿轮传动中，当齿面间落入尘土、铁屑、砂粒等物质，齿面便被逐渐磨损，这种磨损称为齿面磨粒磨损，如图 3-13 所示。

图 3-12　齿面点蚀

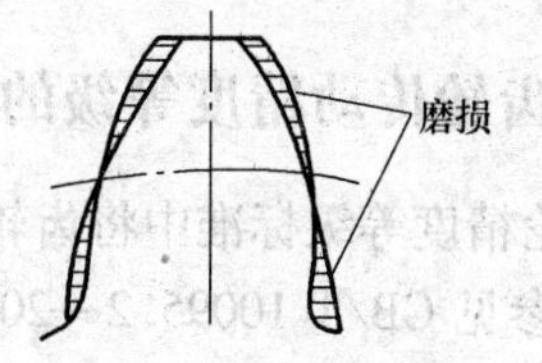

图 3-13　齿面磨损

磨粒磨损会破坏正确齿形，引起附加动载荷和噪声，致使轮齿失效，磨损使齿厚磨薄后会造成轮齿折断。

磨粒磨损是开式传动的主要失效形式。

防止磨粒磨损的办法是：采用闭式传动，保持良好清洁的润滑，提高齿面硬度。

4. 齿面胶合

在高速重载传动中，常因啮合区温度升高而引起润滑失效，致使两齿面金属直接接触并相互粘连撕裂，当两齿面相对滑动时，较软的齿面沿滑动方向被撕下而形成沟纹，这种现象称为齿面胶合，如图 3-14 所示。

在低速重载传动中，由于齿面间的润滑油膜不易形成也可能产生胶合破坏。

防止胶合的办法是：采用高粘度或有抗胶合添加剂的润滑油，提高齿面硬度、改善齿面表面粗糙度，配对齿轮采用不同的材料，对于高速重载传动还要加强散热措施。

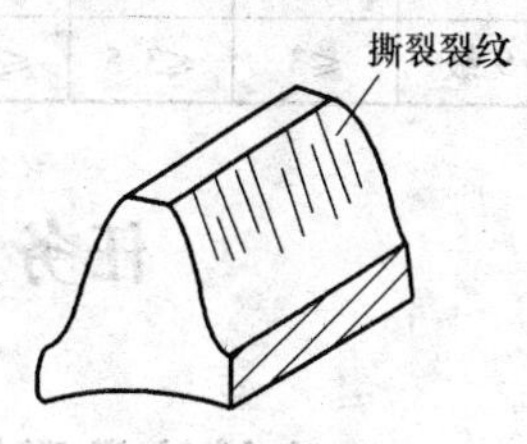

图 3-14　齿面胶合

5. 齿面塑性变形

在严重过载、起动频繁或重载传动中，较软齿面会发生塑性变形，破坏正确齿形。

防止齿面塑性变形的办法是：提高齿面硬度、降低工作应力，减少载荷集中等。

齿轮轮齿磨损和损伤术语参见 GB/T 3481—1997。

五、设计准则

设计齿轮传动时应根据齿轮传动的工作条件、失效情况等，合理地确定设计准则，以保证齿轮传动有足够的承载能力。

齿轮传动的工作条件不同、齿轮的材料不同，轮齿的失效形式也就不同，其设计准则、设计方法也不同。

对于闭式软齿面齿轮传动（齿面硬度≤350HBW），齿面点蚀是主要的失效形式，应先按齿面接触疲劳强度进行设计计算，确定齿轮的主要参数和尺寸，然后再按弯曲疲劳强度校核齿根的弯曲强度。对于闭式硬齿面齿轮传动（齿面硬度>350HBW），常因齿根折断而失效，故通常先按齿根弯曲疲劳强度进行设计计算，确定齿轮的模数和其他尺寸，然后再按齿面接触疲劳强度校核齿面的接触强度。

对于开式齿轮传动中的齿轮，齿面磨损为其主要失效形式，故通常按照齿根弯曲疲劳强度进行设计计算，确定齿轮的模数，考虑磨损因素，再将模数增大10%～20%，而无需校核接触强度。

六、齿轮传动精度等级的选择

在齿轮精度等级标准中将齿轮分为1～12个精度等级。1级最高，12级最低。常用的是6～9级。参见GB/T 10095.2—2008选用。齿轮传动常用精度等级及其应用举例见表3-6，可供设计时参考。

表3-6 齿轮传动常用精度等级及应用

精度等级	圆周速度 $v/m\cdot s^{-1}$			应用
	直齿圆柱齿轮	斜齿圆柱齿轮	直齿锥齿轮	
6级	≤15	≤25	≤9	高速重载的齿轮传动，如飞机、汽车和机床制造中的重要齿轮；分度机构的齿轮传动
7级	≤10	≤17	≤6	高速中载或中速重载的齿轮传动，如标准系列减速箱中的齿轮，汽车和机床制造中的齿轮
8级	≤5	≤10	≤3	机械制造中对精度无特殊要求的齿轮
9级	≤3	≤3.5	≤2.5	低速及对精度要求低的传动

任务3 齿轮的常用材料及许用应力的选择

一、齿轮的常用材料

适用于制造齿轮的材料很多，其常用材料有锻钢、铸钢和铸铁等。有些机器上也有使用有色金属，如铜合金和非金属材料。选择齿轮材料主要是根据齿轮承受的载荷大小和载荷性质，如有无冲击、速度高低等工作情况，以及结构、尺寸、重量和经济性等方面的要求。

1. 锻钢

碳素结构钢和合金结构钢是制造齿轮最常用的材料。钢的强度高、韧性好，并可用各种热处理方法改善和提高力学性能，以增强齿轮轮齿抗失效的能力。按齿轮热处理后齿面硬度的高低，钢制齿轮可分为软齿面（齿面硬度≤350HBW）和硬齿面（齿面硬度>350HBW）两类。

（1）软齿面齿轮　软齿面齿轮的热处理方法是调质或正火。

1）调质。调质是对齿轮淬火后再进行高温回火，通常用于45、40Cr、35SiMn等优质中碳钢或优质中碳合金钢制造的齿轮。调质后，材料的综合性能良好，硬度一般可达220～

260HBW，齿轮尺寸较小时可达280HBW以上。由于硬度不高，调质后可进行轮齿表面的精加工。

2）正火。正火用于消除齿轮内应力，细化晶粒，改善切削性能和力学性能。正火后硬度可达170～220HBW。对受设备限制而不适合调质的大齿轮或强度要求不高的中碳钢齿轮，可采用正火处理。

考虑到小齿轮的齿根较窄，抗弯强度较低，且啮合次数多，为使配对的大、小齿轮寿命相当，通常使小齿轮的齿面硬度比大齿轮的齿面硬度高出30～50HBW。

（2）硬齿面齿轮　这类齿轮齿面抗疲劳点蚀和抗胶合能力高、耐磨性好。但需要专用热处理设备和轮齿精加工设备，制造费用高，故常用于成批或大量生产的高速、重载或精密机械，以及要求尺寸小、重量轻的传动中。硬齿面齿轮常用的热处理方法有：

1）表面淬火。优质中碳钢及优质中碳合金钢，如45、40Cr、35SiMn等制造的齿轮，经表面淬火后齿面硬度可达40～55HRC，使齿轮轮齿的承载能力增大，耐磨性增强。同时，由于齿芯未被淬硬，仍有较好的韧性，故能承受一定的冲击载荷。

对于尺寸不大的齿轮常可采用高频感应表面淬火。由于淬火时加热层较薄，淬火后轮齿变形不大，因此对7级以下精度要求的齿轮，可不再修磨齿形。

机床行业中广泛使用由高频淬火获得的硬齿面齿轮。

2）表面渗碳淬火。对重载、受冲击载荷大的齿轮，采用韧性好的优质低碳合金钢，如20Cr、20CrMnTi等制造，并进行表面渗碳淬火。渗碳淬火后，齿面硬度可达56～62HRC，而轮齿芯部仍保持高的韧性，故可承受大的冲击载荷。渗碳淬火加热温度要达到900～920℃，渗碳淬火后，轮齿的变形较大，一般需经磨齿修整齿形。

3）渗氮。渗氮是一种化学热处理方法，常用的渗氮钢有38CrMoAlA、35CrAlA等。渗氮后，齿面硬度可达65HRC以上，提高了齿面的耐磨性。气体渗氮温度在550～700℃之间，渗氮处理温度不高，轮齿变形很小，渗氮后不需再磨齿，因而可降低制造费用。但渗氮处理的硬化层很薄，承受冲击载荷时硬化层容易碎裂，而且也不宜用于有剧烈磨损的场合。对难于磨削的齿轮，如内齿轮，为提高齿面硬度常采用渗氮处理。

2. 铸钢

对于直径较大，齿顶圆直径$d_a \geqslant 500$mm，结构形状较复杂而又不方便锻造的齿轮，常用铸钢制造，材料牌号有ZG310-570、ZG340-640等。铸钢齿轮的毛坯一般经正火处理。

3. 铸铁

灰铸铁具有较好的减摩性和加工性能，且价格低廉；但其强度较低、抗冲击能力较差。故灰铸铁只适用于低速、轻载和无冲击载荷的场合。

铸铁齿轮对润滑要求较低，因此多用于开式传动中。常用牌号有HT250、HT300等。

球墨铸铁有较好的力学性能，常用牌号有QT500-7、QT600-3等。

齿轮材料和热处理参见JB/T 10424—2004选用。齿轮常用材料见表3-7。

二、许用应力的选择

齿轮的许用应力［σ］是以实验齿轮在特定的条件下，经疲劳试验测得的试验齿轮的疲劳极限应力$\sigma_{\lim}$，并对其进行适当的修正得出的。修正时主要考虑应力循环次数的影响和可靠度。齿面接触疲劳许用应力计算式为

表 3-7 齿轮常用材料

材料牌号	热处理	强度极限	屈服强度	硬度	
		MPa		HBW	HRC
45	正火	580	290	170 ~ 220	—
	调质	650	370	220 ~ 260	—
	表面淬火	—	—	—	40 ~ 50
40Cr	调质	700	500	220 ~ 280	—
	表面淬火	—	—	—	48 ~ 55
35SiMn 42SiMn	调质	750	470	220 ~ 270	—
	表面淬火	—	—	—	45 ~ 55
40CrNiMo	调质	980	833	280 ~ 330	—
20Cr	渗碳淬火	637	392	—	56 ~ 62
20CrMnTi	渗碳淬火	1100	850	—	56 ~ 62
ZG310-570	正火	570	310	160 ~ 210	—
ZG340-640	正火	640	340	180 ~ 230	—
HT200	—	200	—	150 ~ 230	—
HT250	—	250	—	180 ~ 270	—
HT300	—	300	—	210 ~ 310	—
QT500-7	正火	500	320	180 ~ 230	—
QT600-3	正火	600	370	190 ~ 270	—
夹布胶木	—	100	—	25 ~ 35	—

$$[\sigma_H] = \frac{z_N \sigma_{Hlim}}{S_H} \tag{3-8}$$

齿根弯曲疲劳许用应力计算式为

$$[\sigma_F] = \frac{Y_N \sigma_{Flim}}{S_F} \tag{3-9}$$

式中，带 lim 下标的应力是试验齿轮在持久寿命期内失效概率为 1% 的疲劳极限应力。因为材料的成分、性能、热处理的结果和质量都不完全一样。在一般情况下，可取中间值。

按齿轮材料和齿面硬度，接触疲劳极限 σ_{Hlim} 查图 3-15。

弯曲疲劳极限 σ_{Flim} 查图 3-16，其值已计入应力集中的影响。

特别提示：

1）若硬度超出线图中范围，可近似地按外插法查取 σ_{lim} 值。

2）当轮齿承受对称循环应力时，对于弯曲应力将图 3-16 中的 σ_{Flim} 值乘以 0.7。

3）S_H、S_F 分别为齿面接触疲劳强度安全系数和齿根弯曲疲劳强度安全系数，可查表 3-8 选取。

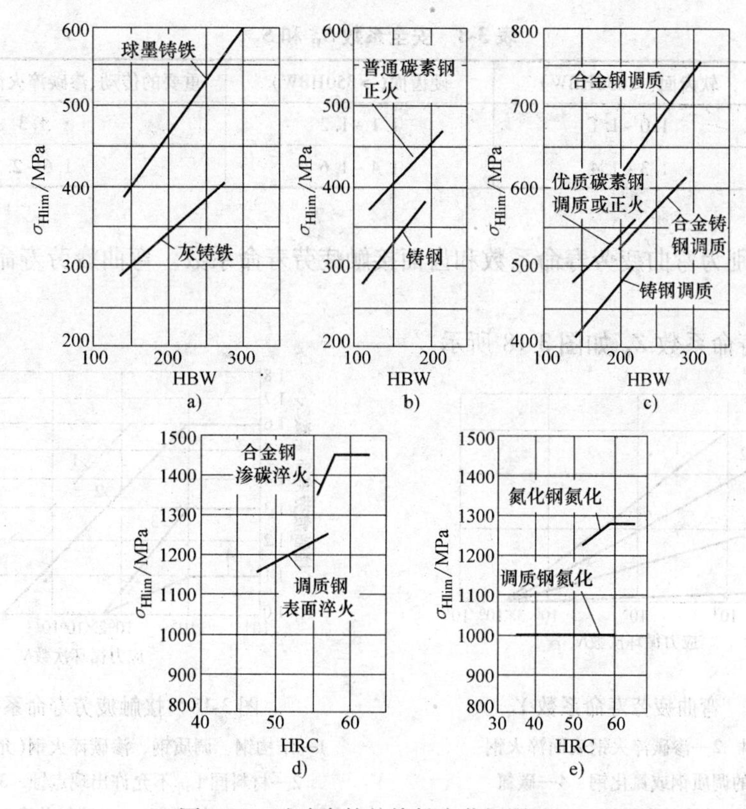

图 3-15 试验齿轮的接触疲劳极限 σ_{Hlim}

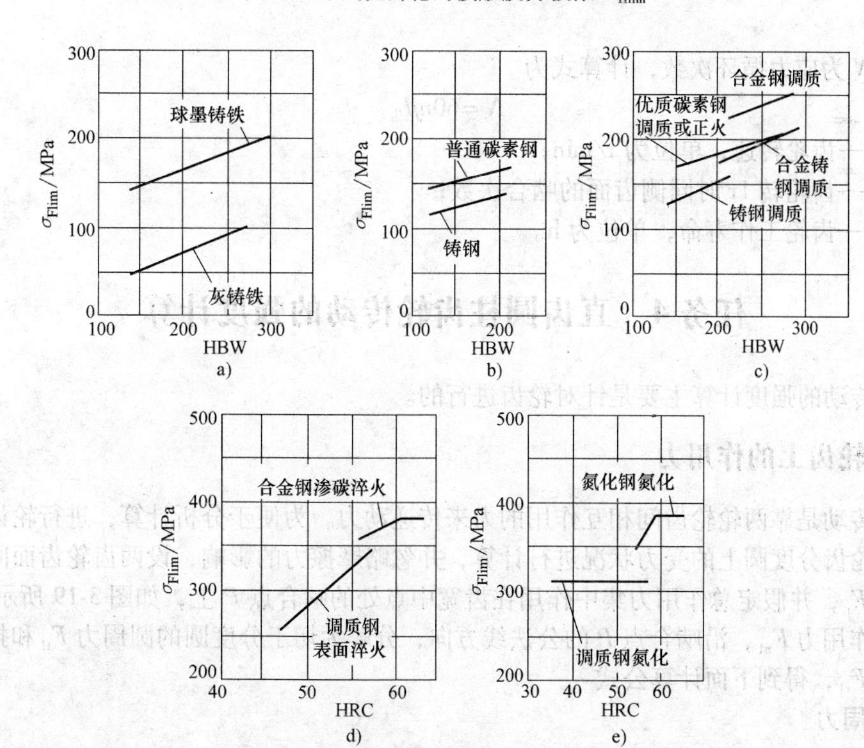

图 3-16 试验齿轮的弯曲疲劳极限 σ_{Flim}

表 3-8 安全系数 S_H 和 S_F

安全系数	软齿面(≤350HBW)	硬齿面(>350HBW)	重要的传动、渗碳淬火齿轮或铸造齿轮
S_H	1.0~1.1	1.1~1.2	1.3
S_F	1.3~1.4	1.4~1.6	1.6~2.2

Y_N、Z_N 分别为弯曲疲劳寿命系数和齿面接触疲劳寿命系数。弯曲疲劳寿命系数 Y_N 如图 3-17 所示。

接触疲劳寿命系数 Z_N 如图 3-18 所示。

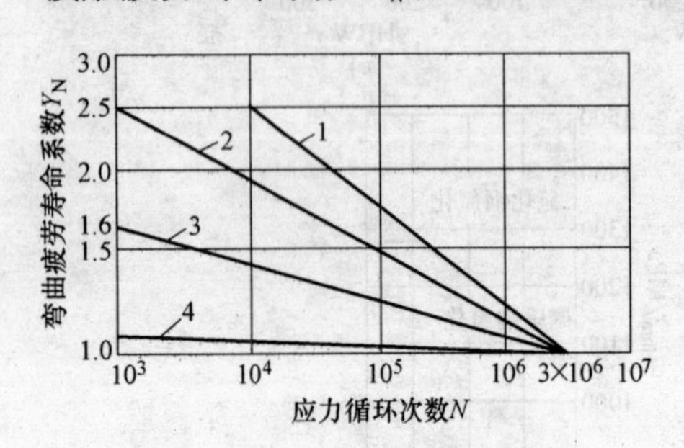

图 3-17 弯曲疲劳寿命系数 Y_N

1—调质钢 2—渗碳淬火钢表面淬火钢 3—氮化的调质钢或氮化钢 4—碳氮共渗的调质钢

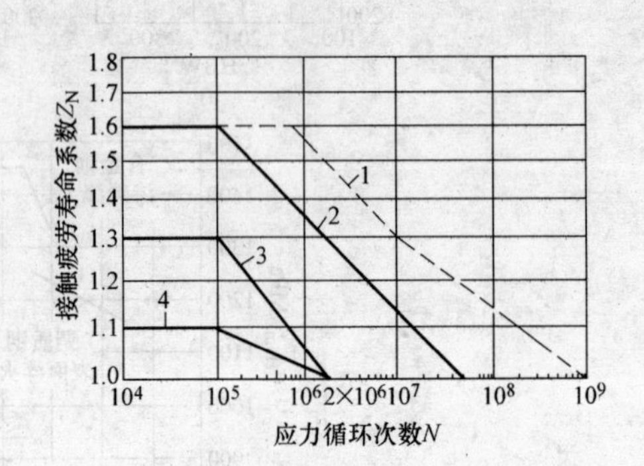

图 3-18 接触疲劳寿命系数 Z_N

1—结构钢、调质钢、渗碳淬火钢(允许一定点蚀) 2—材料同 1，不允许出现点蚀 3—灰铸铁、氮化钢 4—碳氮共渗钢

图中 N 为应力循环次数，计算式为

$$N = 60njL_h \tag{3-10}$$

式中 n——齿轮转速，单位为 r/min；

j——齿轮转 1r 时同侧齿面的啮合次数；

L_h——齿轮工作寿命，单位为 h。

任务4 直齿圆柱齿轮传动的强度计算

齿轮传动的强度计算主要是针对轮齿进行的。

一、轮齿上的作用力

齿轮传动是靠两轮轮齿间相互作用的力来传递动力。为便于分析计算，进行轮齿受力分析时，按轮齿分度圆上的受力状况进行计算，并忽略摩擦力的影响，设两齿轮齿面间相互总作用力为 F_n，并假定总作用力集中作用在齿宽中点处的啮合点 P 上，如图 3-19 所示。

将总作用力 F_{n1}，沿啮合点 P 的公法线方向，分解为切于分度圆的圆周力 F_{t1} 和指向轮心的径向力 F_{r1}，得到下面计算公式

1. 圆周力

$$F_{t1} = \frac{2T_1}{d_1} \tag{3-11}$$

2. 径向力

$$F_{r1} = F_{t1} \tan\alpha \tag{3-12}$$

3. 总作用力

$$F_{n1} = \frac{F_{t1}}{\cos\alpha} = \frac{2T_1}{d_1 \cos\alpha} \tag{3-13}$$

式中 T_1——主动轮传递的转矩，单位为 N · m；

d_1——主动轮分度圆直径，单位为 mm；

F_{t1}、F_{r1}——分别为主动轮的圆周力和径向力，单位为 N；

F_{n1}——总作用力，单位为 N；

α——分度圆上的压力角，$\alpha = 20°$。

各力的方向根据作用力与反作用力原理，作用在主动轮和从动轮上各对力的大小相等，方向相反。主动轮上的圆周力 F_{t1} 与齿轮转向相反，从动轮上的圆周力 F_{t2} 与齿轮转向相同，主动轮、从动轮的径向力 F_{r1}、F_{r2} 指向各自的轮心，如图 3-20 所示。

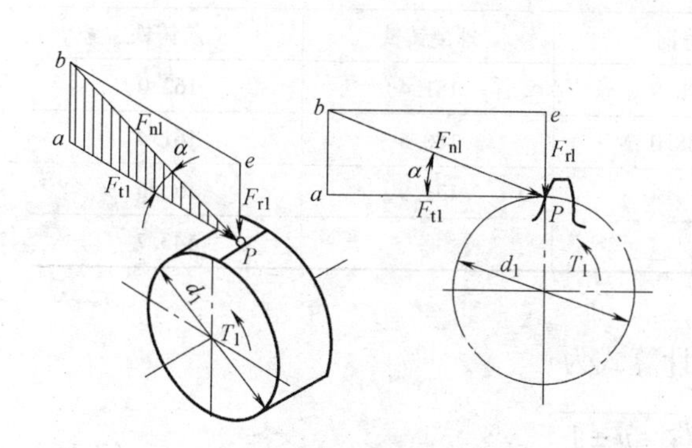

图 3-19 直齿圆柱齿轮受力分析

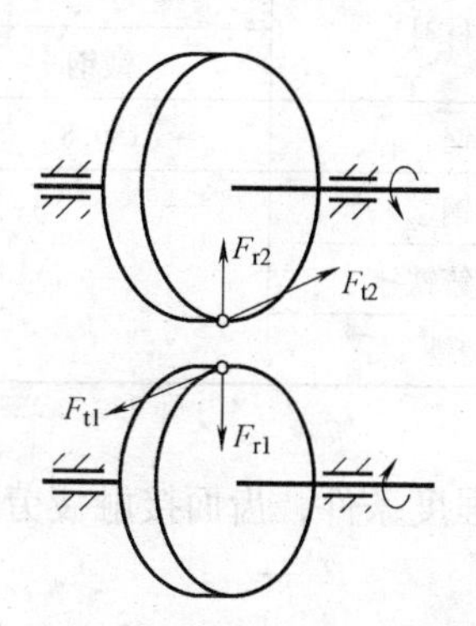

图 3-20 一对直齿圆柱齿轮受力分析

二、计算载荷

上述求得的总作用力 F_n 为理想状况下的名义载荷。实际上，由于齿轮、轴、支承等的制造、安装误差以及在载荷作用下的变形等诸多因素的影响，轮齿沿齿宽的作用力并非均匀分布的，而是存在着载荷局部集中现象。此外，由于原动机与工作机的载荷变化，以及由于齿轮的制造误差和变形所造成的啮合传动不平稳等，都将在齿轮传动中引起附加动载荷。因此，进行齿轮强度计算时，通常用考虑了各种影响因素的计算载荷 F_{nc} 代替总作用力 F_n。计算载荷按下式计算

$$F_{nc} = K \cdot F_n \tag{3-14}$$

式中 K——载荷系数，其值可由表 3-9 查取。

三、齿面接触疲劳强度的计算

齿面疲劳点蚀是闭式齿轮传动的主要失效形式，要想避免出现疲劳点蚀破坏，应限制齿面接触应力 σ_H 使其不超过许用值［σ_H］。齿面接触应力分布与计算很复杂，本书借用弹性力学的研究结果来计算 σ_H，齿面间接触应力的计算式为

$$\sigma_{\mathrm{H}} = 3.52 Z_{\mathrm{E}} \sqrt{\frac{KT_1}{bd_1^2} \cdot \frac{u \pm 1}{u}} \tag{3-15}$$

式中　Z_{E}——材料的弹性系数，其值见表3-10。

表3-9　载荷系数 K

原动机	工作机的载荷特性		
	均匀	中等冲击	强烈冲击
电动机	1 ~ 1.2	1.2 ~ 1.6	1.6 ~ 1.8
多缸内燃机	1.2 ~ 1.6	1.6 ~ 1.8	1.9 ~ 2.1
单缸内燃机	1.2 ~ 1.8	1.8 ~ 2.0	2.2 ~ 2.4

表3-10　弹性系数 Z_{E}　（单位：$\sqrt{\mathrm{MPa}}$）

齿轮材料	配对齿轮材料			
	锻钢	铸钢	球墨铸铁	灰铸铁
锻钢	189.8	188.9	181.4	162.0
铸钢	—	188.0	180.5	161.4
球墨铸铁	—	—	173.9	156.6
灰铸铁	—	—	—	143.7

根据强度条件，齿面接触疲劳强度的校核计算式为

$$\sigma_{\mathrm{H}} = 3.52 Z_{\mathrm{E}} \sqrt{\frac{KT_1}{bd_1^2} \cdot \frac{u \pm 1}{u}} \leqslant [\sigma_{\mathrm{H}}] \tag{3-16}$$

式中　K——载荷系数；

T_1——小齿轮上的转矩，单位为N·mm；

b——齿宽，单位为mm；

d_1——小齿轮分度圆直径，单位为mm；

u——大齿轮与小齿轮的齿数比，$u = \frac{z_2}{z_1}$；

σ_{H}——齿面接触工作应力，单位为MPa；

$[\sigma_{\mathrm{H}}]$——许用齿面接触疲劳应力，单位为MPa。

取齿宽系数 $\psi_{\mathrm{d}} = \frac{b}{d_1}$，见表3-11。

由齿面接触疲劳强度的校核公式可得齿面接触疲劳强度的设计计算式为

$$d_1 \geqslant \sqrt[3]{\left(\frac{3.52 Z_{\mathrm{E}}}{[\sigma_{\mathrm{H}}]}\right)^2 \cdot \frac{KT_1(u \pm 1)}{\psi_{\mathrm{d}} u}} \tag{3-17}$$

式中，“+”号用于外啮合，“-”号用于内啮合。

特别提示：

表 3-11 齿宽系数 ψ_d

齿轮相对于轴承的位置	齿面硬度	
	软齿面（大、小轮硬度）≤350HBW	硬齿面（大、小轮硬度）>350HBW
对称布置	0.8~1.4	0.4~0.9
非对称布置	0.6~1.2	0.3~0.6
悬臂布置	0.3~0.4	0.15~0.25

注：齿轮相对于轴承对称布置，齿宽较小时，取较小值；齿轮相对于轴承非对称布置或悬臂布置时取较大值；软齿面齿轮取小值，硬齿面齿轮取大值。

1）设计中应当注意，进行齿面接触疲劳强度计算时，两轮齿面上接触处的接触应力是相同的。

2）由于两齿轮的材料、齿面硬度不同。因此，其许用接触应力 $[\sigma_{H1}]$ 和 $[\sigma_{H2}]$ 不同，计算时应取两者中之较小值作为计算依据。

3）齿轮的齿面接触强度与齿轮的直径或中心距的大小有关，即与 m 与 z 的乘积有关，而与模数的大小无关。当一对齿轮的材料、齿宽系数、齿数比一定时，由齿面接触疲劳强度决定的承载能力仅与齿轮的直径或中心距有关。

四、齿根弯曲疲劳强度的计算

无论是开式齿轮传动还是闭式齿轮传动，轮齿均反复承受弯曲应力作用，在弯距最大的齿根处发生疲劳破坏，为此要计算齿根处的弯曲应力，使齿根的弯曲应力小于等于齿轮弯曲疲劳强度的许用应力，即 $\sigma_F \leqslant [\sigma_F]$。经理论推导，齿根弯曲应力的计算式为

$$\sigma_F = \frac{2KT_1}{bm^2 z_1} Y_{FS} \tag{3-18}$$

式中 Y_{FS}——复合齿形系数。

对齿廓基本参数已确定的标准齿轮而言，复合齿形系数 Y_{FS} 仅取决于齿数 z（z_v），而与模数大小无关，不同齿数的 Y_{FS} 可由表 3-12 查取。

表 3-12 标准外齿轮复合齿形系数

$z_1(z_v)$	17	18	19	20	21	22	23	24	25	26	27	28	29
Y_{FS}	4.51	4.45	4.41	4.36	4.33	4.30	4.27	4.24	4.21	4.19	4.17	4.15	4.13
$z_1(z_v)$	30	35	40	45	50	60	70	80	90	100	150	200	∞
Y_{FS}	4.12	4.06	4.04	4.02	4.01	4.00	3.99	3.98	3.97	3.96	4.00	4.03	4.06

齿根弯曲疲劳强度校核公式为

$$\sigma_F = \frac{2KT_1}{bd_1 m} Y_{FS} = \frac{2KT_1}{bm^2 z_1} Y_{FS} \leqslant [\sigma_F] \tag{3-19}$$

将 $\psi_d = \dfrac{b}{d_1}$，$d_1 = mz_1$ 代入式（3-19）得弯曲疲劳强度设计公式为

$$m \geqslant 1.26\sqrt[3]{\frac{KT_1Y_{FS}}{\psi_d z_1^2[\sigma_F]}} \tag{3-20}$$

特别提示：

1）两轮齿由于复合齿形系数 Y_{FS1} 与 Y_{FS2} 不等（齿数 z_1 与 z_2 不等），所以弯曲应力 σ_{F1} 和 σ_{F2} 不等。

2）由于两齿轮的材料不同，所以许用弯曲应力 $[\sigma_{F2}]$ 和 $[\sigma_{F1}]$ 一般也不相等，因此要分别验算两轮齿的弯曲强度。

$$\sigma_{F1} = \frac{2KT_1}{bm^2z_1}Y_{FS1} \leqslant [\sigma_{F1}]$$

$$\sigma_{F2} = \frac{2KT_1}{bm^2z_1}Y_{FS2} = \sigma_{F1}\frac{Y_{FS2}}{Y_{FS1}} \leqslant [\sigma_{F2}]$$

3）在对齿轮进行弯曲强度设计计算时，由于小齿轮的 $Y_{FS1}/[\sigma_{F1}]$ 和大齿轮的 $Y_{FS2}/[\sigma_{F2}]$ 值一般不相等，为了保证配对的大、小齿轮都安全起见，须将公式中的 $Y_{FS}/[\sigma_F]$ 应以 $Y_{FS1}/[\sigma_{F1}]$ 和 $Y_{FS2}/[\sigma_{F2}]$ 值中较大者代入。

4）计算所得的模数 m 应圆整成标准值。

5）在载荷、齿轮材料、传动比和齿宽一定的前提下，弯曲疲劳强度主要与齿轮的模数 m 有关。

任务5　斜齿圆柱齿轮传动

一、斜齿轮传动的啮合特点

图 3-21 所示为直齿圆柱齿轮和斜齿圆柱齿轮啮合传动时啮合线的啮合情况。

可以看出，直齿轮传动时，啮合线为沿整个齿宽接触或退出啮合；斜齿轮传动时，瞬时接触线为一斜线，两轮齿进入啮合时的啮合线由短变长，退出啮合时的啮合线由长变短。

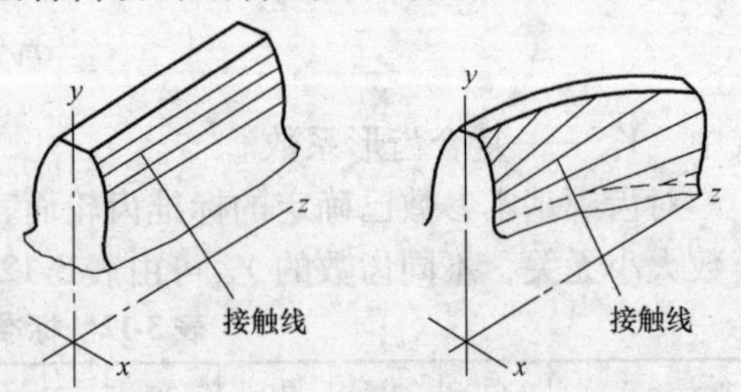

图 3-21　齿轮传动啮合线

由于斜齿轮传动其啮合过程是逐渐增加和逐渐减小进行的，所以克服了直齿轮传动时总是沿齿宽同时进入啮合，又同时退出啮合的缺点，减少了传动的冲击、振动和噪声，提高了传动的平稳性，故斜齿轮更适合于高速重载的传动。

二、斜齿轮几何尺寸计算

斜齿轮的几何参数有端面（即垂直于轴线的平面，下标以 t 表示）和法面（即垂直于分度圆柱面上螺旋线的切线的平面，下标以 n 表示）之分。由于斜齿轮通常是用滚刀或盘状铣刀加工，切削时刀具是沿齿轮的螺旋线方向进行，所以斜齿轮轮齿的法面参数（即法面模数和法面压力角与刀具的参数相同）是标准值。

但检测斜齿轮几何尺寸时，绝大部分的尺寸均须按端面检测，因此，必须建立斜齿轮法面参数与端面参数的换算关系，如图3-22所示。

1. 法面模数与端面模数的关系

$$m_n = m_t\cos\beta$$

2. 法向压力角与端面压力角的关系

$$\tan\alpha_n = \tan\alpha_t\cos\beta$$

3. 螺旋角

斜齿轮的螺旋角参数如图3-23所示。

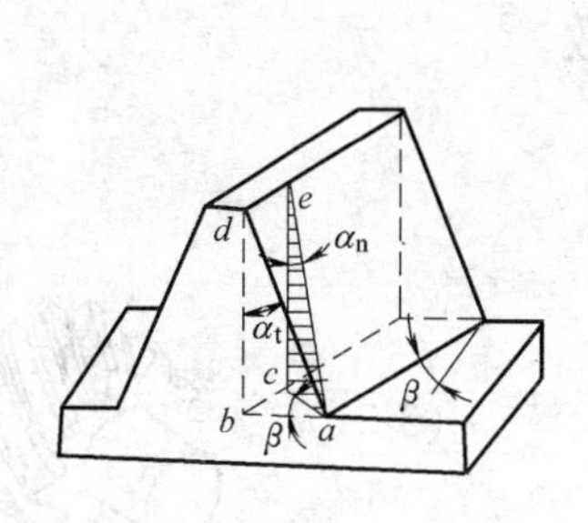

图3-22 端面压力角与法向压力

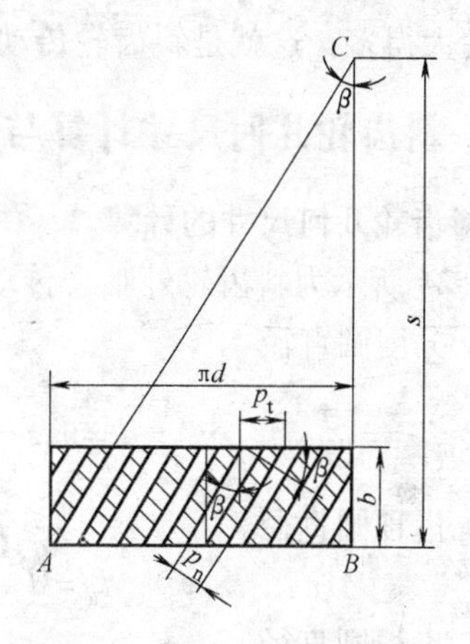

图3-23 斜齿轮分度圆柱展开

斜齿轮轮齿上的螺旋角计算式为

$$\beta = \arctan\frac{s}{\pi d}$$

由螺旋角的计算式看出，斜齿轮轮齿在各个直径圆柱上的螺旋角大小都不相等，齿顶圆上的螺旋角最小，齿根圆上的螺旋角最大。规定分度圆上的螺旋角为标准值，通常取$\beta = 8° \sim 20°$。

三、斜齿轮传动的正确啮合条件和重合度

1. 正确啮合条件

要使一对标准斜齿圆柱齿轮正确啮合传动，除了像直齿轮一样必须保证两齿轮分度圆上的模数和压力角相等外，还应当使两轮轮齿的螺旋角方向相协调。因此，一对标准斜齿圆柱齿轮传动正确啮合条件：两齿轮的法面模数和法面压力角要分别相等，且还需满足两轮轮齿的螺旋角大小也相等，即

$$\alpha_{n1} = \alpha_{n2}$$

$$m_{n1} = m_{n2}$$

$$\beta_1 = \pm\beta_2$$

式中，“-”用于外啮合传动；“+”用于内啮合传动。

2. 重合度

斜齿轮传动的重合度ε根据理论推导计算式为

$$\varepsilon = \varepsilon_t + \frac{b\tan\beta}{p}$$

式中　ε_t——端面重合度（直齿轮的重合度），无量纲；

b——齿轮轮齿宽度，单位为 mm；

p——齿距，单位为 mm；

β——螺旋角，单位为（°）。

由上式可知，斜齿轮的重合度 ε 随着齿宽 b 和螺旋角 β 的增大而增大，故斜齿轮重合度比直齿轮大得多，这就是斜齿轮传动平稳、承载能力高的主要原因。

四、斜齿轮几何尺寸计算与不根切的最少齿数

1. 斜齿轮几何尺寸的计算

图 3-24 所示为斜齿轮外啮合传动安装时的中心距。

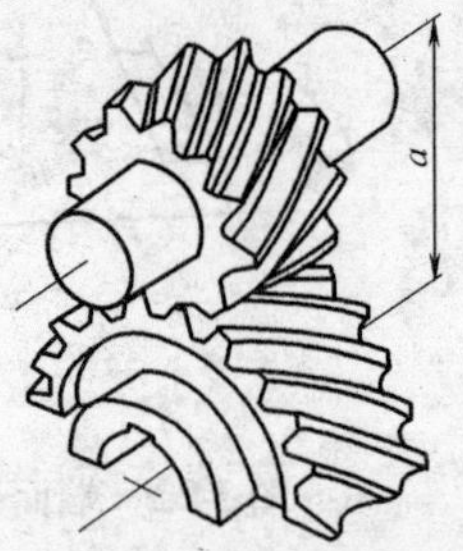

（1）分度圆直径

$$d = m_t z = \frac{m_n z}{\cos\beta} \tag{3-21}$$

（2）齿顶圆直径

$$d_a = d + 2h_a \tag{3-22}$$

（3）齿根圆直径

$$d_f = d - 2h_f \tag{3-23}$$

（4）中心距

$$a = r_2 \pm r_1 = \frac{d_2 \pm d_1}{2} = \frac{m_n(z_2 \pm z_1)}{2\cos\beta} \tag{3-24}$$

图 3-24　斜齿轮传动安装的中心距

式中，“+”用于外啮合传动；“-”用于内啮合传动。

2. 斜齿轮不根切的最少齿数

斜齿圆柱齿轮不发生根切的最少齿数计算式为

$$z_{min} = 17\cos^3\beta \tag{3-25}$$

由上式知，$\cos\beta < 1$，斜齿圆柱齿轮的最少齿数要比直齿圆柱齿轮的最少齿数少，螺旋角越大，不发生根切的齿数越少，所以斜齿轮传动比直齿轮传动的结构更紧凑。

如当 $\beta = 15°$ 时有 $z_{min} = 17\cos^3 15° = 15$ 个

3. 斜齿轮的当量齿数

图 3-25 所示为斜齿轮的当量齿数，过斜齿轮分度圆螺旋线上一点 P，作该轮齿螺旋线的法向剖面 n-n，该剖面与分度圆柱的交线为一椭圆，在此剖面上 P 点附近的齿形可以近似地看成为斜齿轮法向齿形。

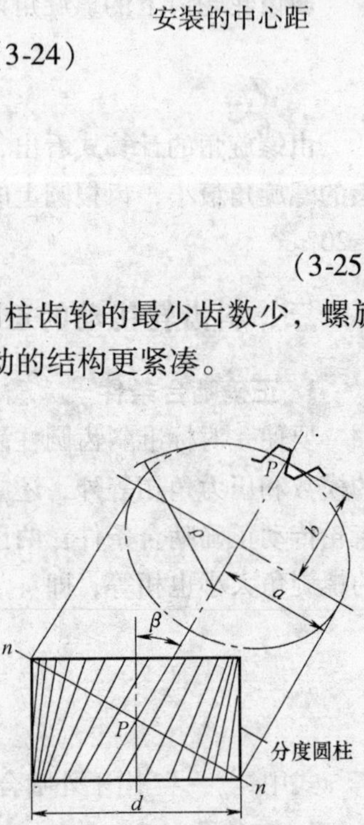

以 P 点的曲率半径 ρ 为半径作一虚拟圆，此虚拟圆上的轮齿数称为这个齿轮的当量齿数，以 z_v 表示，计算式为

$$z_v = \frac{z}{\cos^3\beta} \tag{3-26}$$

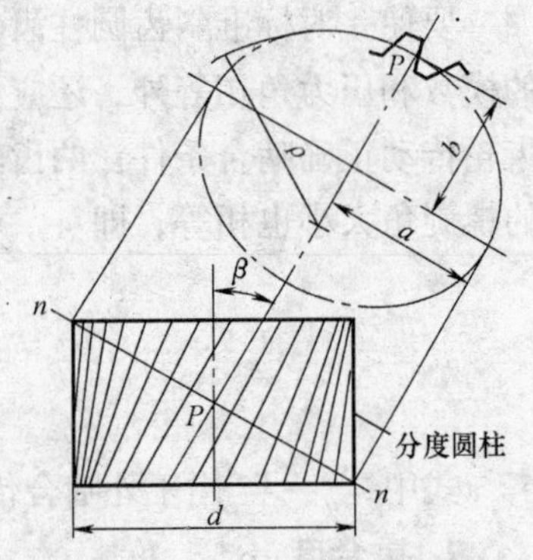

图 3-25　斜齿轮的当量齿数

由于当量齿数是虚拟齿轮所具有的齿数，故 z_v 不需圆整。

五、斜齿圆柱齿轮的强度计算

1. 受力分析

图3-26所示为一对标准斜齿轮啮合传动时主动轮1的受力图。

由图看出，总作用力 F_{n1} 作用在 $Pabc$ 法面上，将总作用力 F_{n1} 沿啮合公法线方向，分解为切于分度圆的圆周力 F_{t1}、指向轮心的径向力 F_{r1} 和沿齿轮轴线方向的轴向力 F_{a1}，得到下面计算公式

（1）圆周力　$$F_{t1}=\frac{2T_1}{d_1}$$

（2）径向力　$$F_{r1}=F_{t1}\frac{\tan\alpha_n}{\cos\beta}$$

（3）轴向力　$$F_{a1}=F_{t1}\tan\beta$$

（4）总作用力　$$F_{n1}=\frac{F_{t1}}{\cos\beta\cos\alpha_n}$$

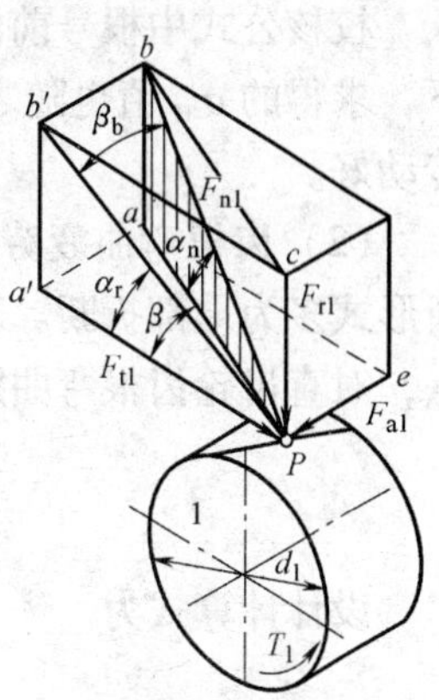

图3-26　斜齿圆柱齿轮受力图

式中　F_{t1}、F_{r1}、F_{a1}——分别为主动轮的圆周力、径向力和轴向力，单位为N；

F_{n1}——总作用力（法向力）单位为N；

α_n——法向压力角，$\alpha_n=20°$；

β——螺旋角。

特别提示：

1）圆周力与径向力的方向与直齿轮的相同。

2）主动轮上的轴向力 F_{a1} 方向的判断采用左、右手定则判定：右旋齿轮用右手，左旋齿轮用左手，四指弯曲方向代表主动轮的转动方向，则大拇指所指方向即为轴向力 F_{a1} 的方向。

3）根据作用力与反作用力原理，作用在主动轮和从动轮上各对力的大小相等，方向相反。

2. 轴向力的危害

斜齿轮传动时会产生轴向分力 F_a，如图3-27a所示。

当斜齿轮的总作用力 F 为一定值时，轴向分力 F_a 将随螺旋角的增大而增大，为了不使轴向分力过大，设计时，一般取螺旋角 $\beta=8°\sim20°$。

轴向分力 F_a 是有害分力，为了克服这一缺点，可将斜齿轮的轮齿制成左右对称的形状，这种齿轮称为人字齿轮，如图3-27b所示。因人字齿轮轮齿左右完全对称，故所产生的轴向分力能互相抵消。但人字齿轮制造比较麻烦，成本较高。

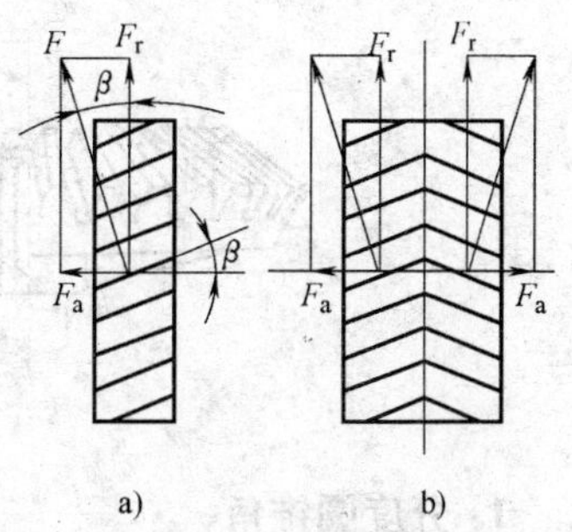

图3-27　斜齿轮上的轴向

3. 斜齿圆柱齿轮传动的强度计算

（1）齿面接触疲劳强度计算　斜齿轮传动时，载荷作用在啮合线的法面上，而法向齿形近似于当量齿轮的齿形，因此斜齿圆柱齿轮的强度计算可用当量圆柱齿轮的强度来代

替。校核计算式为

$$\sigma_{H}=3.17Z_{E}\sqrt{\frac{KT_{1}}{bd_{1}^{2}}\cdot\frac{(u\pm1)}{u}}\leqslant[\sigma_{H}] \tag{3-27}$$

设计计算式为

$$d_{1}\geqslant\sqrt[3]{\left(\frac{3.17Z_{E}}{[\sigma_{H}]}\right)^{2}\cdot\frac{KT_{1}(u\pm1)}{\psi_{d}u}} \tag{3-28}$$

校核公式中根号前的系数比直齿轮计算公式中的系数小，所以在受力条件相同的情况下，求得的 σ_H 值也随之减小，即接触应力减小。这说明斜齿轮传动的接触强度要比直齿轮传动好。

（2）齿根弯曲疲劳强度计算　斜齿轮传动时，齿面接触线为斜线，受载时，轮齿的折断形式多为局部折断。若按局部折断计算斜齿轮的弯曲应力较为困难，考虑斜齿轮传动的特点，对直齿轮齿根弯曲疲劳强度公式进行修正可得校核计算式为

$$\sigma_{F}=\frac{1.6KT_{1}}{bd_{1}m_{n}}Y_{FS}=\frac{1.6KT_{1}\cos\beta}{bm_{n}^{2}z_{1}}Y_{FS}\leqslant[\sigma_{F}] \tag{3-29}$$

设计计算式为

$$m_{n}\geqslant1.17\sqrt[3]{\frac{KT_{1}\cos^{2}\beta Y_{FS}}{\psi_{d}z_{1}^{2}[\sigma_{F}]}} \tag{3-30}$$

设计时应将 $Y_{FS1}/[\sigma_{F1}]$ 和 $Y_{FS2}/[\sigma_{F2}]$ 两比值中的较大值代入上式，并将计算所得的法面模数 m_n 按标准模数圆整。复合齿形系数 Y_{FS} 按斜齿轮的当量齿数 z_v 查表 3-12。

任务6　直齿锥齿轮传动

锥齿轮用于传递两相交轴之间的传动。

一、锥齿轮的参数

锥齿轮的轮齿均匀分布在截圆锥上，工作时相当于两个截圆锥绕分度圆做纯滚动，如图 3-28 所示。

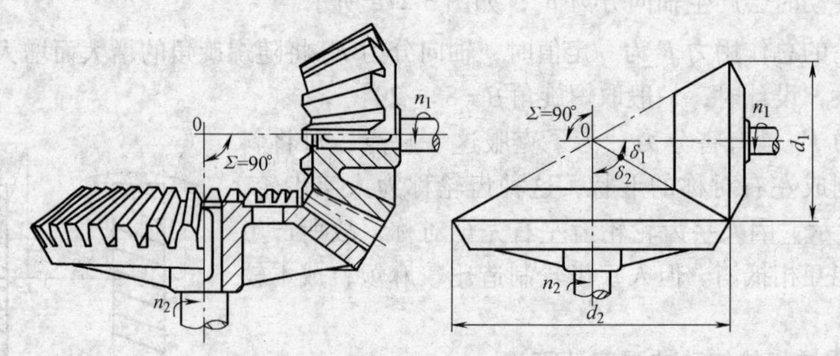

图 3-28　锥齿轮传动

1. 分度圆锥角

把齿轮的轴线与分度圆交线之间的夹角称为分度圆锥角，分度圆锥角用 δ 表示。

2. 轴交角

锥齿轮两轮轴线之间的夹角称为轴交角，轴交角用 Σ 表示。

机械传动中轴交角一般采用 $\Sigma=\delta_1+\delta_2=90°$。

锥齿轮的轮齿有直齿、斜齿和螺旋齿等，由于直齿锥齿轮制造和安装都比较简单方便，所以直齿锥齿轮应用最广。

二、直齿锥齿轮的几何尺寸计算

锥齿轮因大端的尺寸较大，计算和测量的相对误差较小，同时也便于确定齿轮机构的外廓尺寸，为了计算和测量方便，规定锥齿轮取大端的参数为标准值，分度圆上的压力角同样取 $\alpha=20°$。标准直齿锥齿轮几何尺寸，如图 3-29 所示。

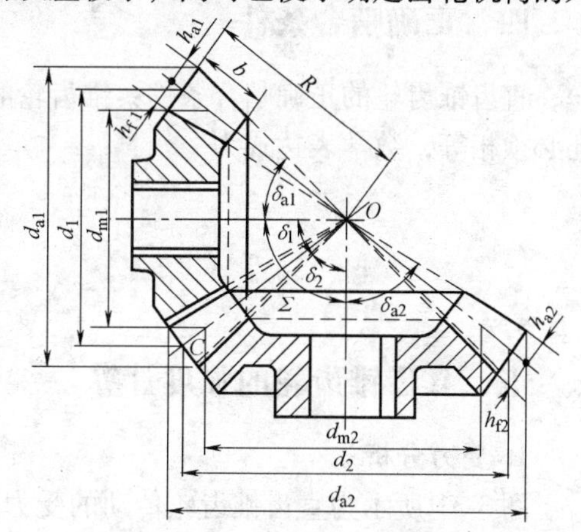

图 3-29　$\Sigma=90°$的标准直齿锥齿轮

锥齿轮的齿宽 b 不宜太大，最佳范围是 $(1/4\sim1/3)R$，R 为锥齿轮的锥距，齿宽过大引起工作时轮齿受力不均，锥齿轮主要参数有分度圆锥角、传动比、锥距和分度圆直径等。

（1）分度圆锥角

$$\delta_2=\arctan\frac{z_2}{z_1}\qquad\delta_1=90°-\delta_2\tag{3-31}$$

（2）分度圆直径

$$d_1=mz_1\qquad d_2=mz_2\tag{3-32}$$

（3）锥距

$$R=\sqrt{r_1^2+r_2^2}=\frac{m}{2}\sqrt{z_1^2+z_2^2}=\frac{d_1}{2\sin\delta_1}=\frac{d_2}{2\sin\delta_2}\tag{3-33}$$

（4）传动比

$$i=\frac{z_2}{z_1}=\tan\delta_2=\cot\delta_1\tag{3-34}$$

通常 $i<6\sim7$，其他几何尺寸计算参看机械设计手册相关资料。

三、直齿锥齿轮的当量齿数

一对直齿锥齿轮传动如图 3-30 所示，分布在锥齿轮上的齿数 z_1 及 z_2，可用展开成半径为当量锥距 R_{v1} 及 R_{v2} 的两扇形圆弧长上布置。锥齿轮的当量齿数就是半径为当量锥距 R_{v1} 及 R_{v2} 圆上的齿数。

$$z_{v1}=\frac{z_1}{\cos\delta_1}$$

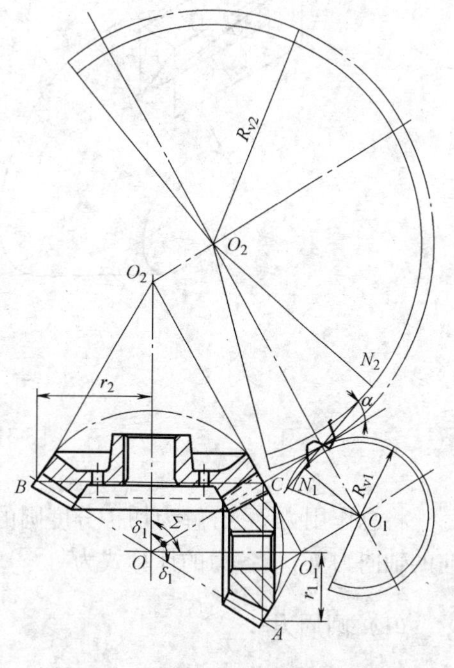

图 3-30　一对直齿锥齿轮的当量齿轮

$$z_{v2}=\frac{z_2}{\cos\delta_2} \tag{3-35}$$

直齿锥齿轮不发生根切的最少齿数计算式为

$$z_{min}=17\cos\delta \tag{3-36}$$

由上式可知，直齿锥齿轮的最少齿数比直齿圆柱齿轮的最少齿数少。

如当 $\delta_1=30°$时，$z_{min}=17\cos\delta=17\times\frac{\sqrt{3}}{2}=14.7$，即直齿锥齿轮传动的结构更紧凑。

四、正确啮合条件

直齿锥齿轮的正确啮合条件：锥齿轮的大端模数和压力角相等，除此以外，两轮的锥距还必须相等，数学表达式为

$$m_1=m_2=m$$
$$\alpha_1=\alpha_2=\alpha$$
$$R_1=R_2$$

五、直齿锥齿轮的强度计算

1. 受力分析

图 3-31 所示为直齿锥齿轮传动的受力情况，略去摩擦力，假定齿面间法向力集中作用在法截面分度圆锥齿宽中点 P 处。

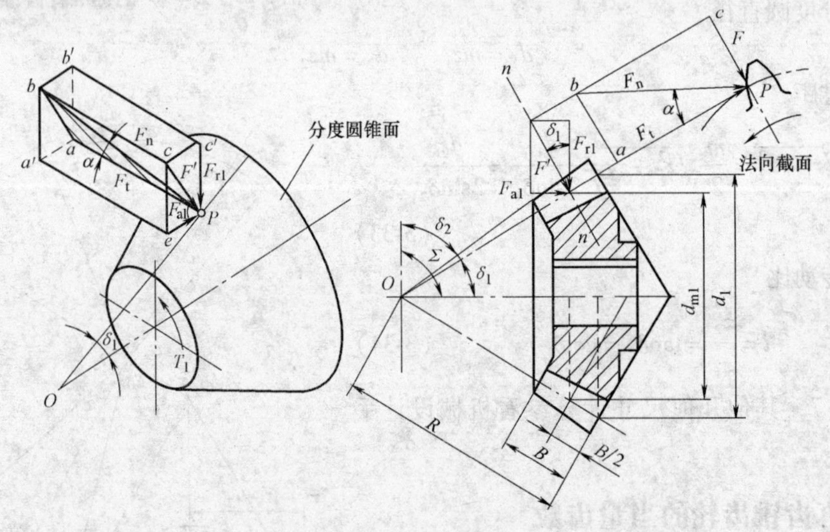

图 3-31 锥齿轮的受力分析

将总作用力 F_n 分解为切于分度圆的圆周力 F_{t1}，指向轮心的径向力 F_{r1} 和沿齿轮轴线方向的轴向力 F_{a1}，各力的计算式为

（1）圆周力 $$F_{t1}=\frac{2T_1}{d_{m1}}$$

（2）径向力 $$F_{r1}=F_{t1}\tan\alpha\cos\delta_1$$

（3）轴向力 $$F_{a1}=F_{t1}\tan\alpha\sin\delta_1$$

（4）总作用力 $$F_{n1}=\frac{F_{t1}}{\cos\alpha}$$

式中　d_{m1}——小锥齿轮平均分度圆直径，$d_{m1}=d_1\left(1-0.5\dfrac{b}{R}\right)=d_1(1-0.5\psi_R)$；

δ_1——小锥齿轮分度圆锥角。

特别提示：

1）圆周力与径向力方向的判断与圆柱齿轮相同。

2）轴向力的方向永远过力的作用点指向轮齿大端。

3）根据作用力与反作用力原理，作用在主动轮和从动轮上各对力的大小相等，方向相反。

2. 直齿锥齿轮传动的强度计算

（1）齿面接触疲劳强度计算　直齿锥齿轮传动的强度计算可按平均分度圆处的当量齿轮进行。

校核计算式为

$$\sigma_H=\frac{4.98Z_E}{1-0.5\psi_R}\sqrt{\frac{KT_1}{\psi_R d_1^3 u}}\leqslant[\sigma_H] \tag{3-37}$$

设计计算式为

$$d_1\geqslant\sqrt[3]{\frac{KT_1}{\psi_R u}\left(\frac{4.98Z_E}{(1-0.5\psi_R)[\sigma_H]}\right)^2} \tag{3-38}$$

式中　ψ_R——齿宽系数，$\psi_R=\dfrac{b}{R}$，一般取0.2～0.35，常取0.3。

（2）齿根弯曲疲劳强度计算

校核计算式为

$$\sigma_F=\frac{4KT_1}{\psi_R(1-0.5\psi_R)^2z_1^2m^3\sqrt{u^2+1}}Y_{FS}\leqslant[\sigma_F] \tag{3-39}$$

设计计算式为

$$m\geqslant\sqrt[3]{\frac{4KT_1}{\psi_R(1-0.5\psi_R)^2z_1^2\sqrt{u^2+1}}\cdot\frac{Y_{FS}}{[\sigma_F]}} \tag{3-40}$$

任务7　齿轮的结构、润滑及效率

一、齿轮的结构

通过齿轮强度计算和几何尺寸计算，已能确定齿轮的主要参数和尺寸，如模数、齿数、齿宽、分度圆和齿顶圆等。而齿轮的轮缘、轮辐和轮毂等的结构形状和尺寸，则需由结构设计确定。齿轮的结构形式与齿轮的尺寸大小、毛坯材料及加工方法等因素有关，一般先按齿轮的直径大小选定合适的结构形式，再根据经验公式，完成结构设计。

按照毛坯制造方法不同，齿轮结构分为锻造齿轮和铸造齿轮毛坯，通常齿轮小时采用锻造毛坯，齿轮大时采用铸造毛坯。

1. 锻造齿轮

齿顶圆直径 $d_a \leqslant 500\text{mm}$，一般用锻造齿轮。

（1）齿轮轴　当齿轮齿根圆直径与轴的直径相差较小时，通常将齿轮与轴制成一体，称为齿轮轴，如图 3-32 所示。

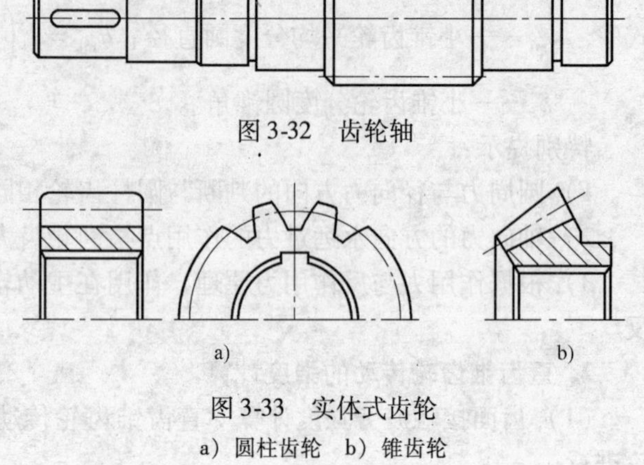

图 3-32　齿轮轴

图 3-33　实体式齿轮

a）圆柱齿轮　b）锥齿轮

（2）实体式齿轮　齿根圆直径比轴的直径大出两倍齿高，且齿顶圆直径 $d_a \leqslant 160\text{mm}$，一般可制成实体式齿轮，如图 3-33 所示。

（3）腹板式齿轮　齿根圆直径比轴的直径大出两倍全齿高，且齿顶圆直径 $160\text{mm} < d_a \leqslant 500\text{mm}$，一般可制成腹板式齿轮。为减轻重量，往往在腹板上开圆孔，如图 3-34 所示。

2. 铸造齿轮

当齿顶圆直径 $d_a > 500\text{mm}$ 时，宜采用铸钢或铸铁铸造毛坯，常用轮辐式齿轮，如图 3-35 所示。

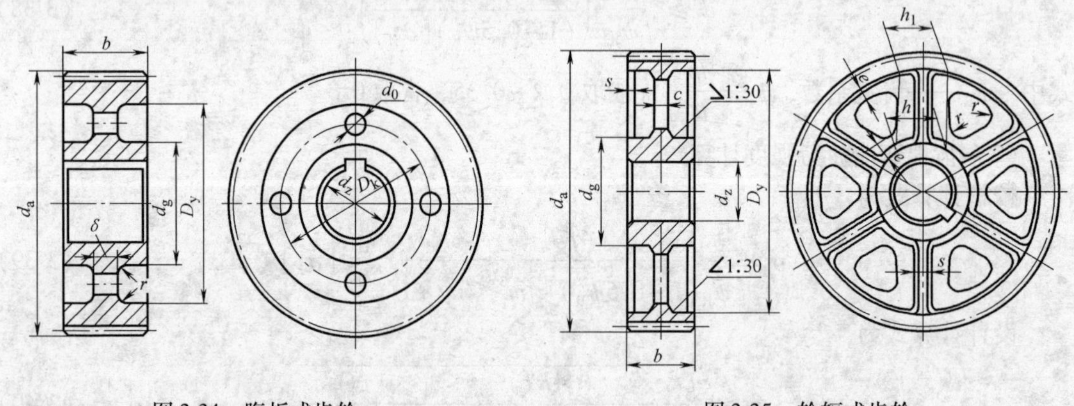

图 3-34　腹板式齿轮　　图 3-35　轮辐式齿轮

二、齿轮传动的润滑

齿轮传动良好的润滑，可以减轻轮齿表面磨损、减少摩擦损失、降低噪声、散热和防锈。

1. 润滑方式

闭式齿轮传动的润滑方式有浸油润滑和喷油润滑两种，主要根据齿轮圆周速度的大小来选择。

（1）浸油润滑　当齿轮圆周速度 $v < 12\text{m/s}$ 时，通常将大齿轮浸入油池中进行润滑，如图 3-36a 所示。大齿轮浸入油中的深度约为 1 个齿高，但不应小于 10mm。浸入油中过深会

增大齿轮运转阻力并使油温升高。在多级齿轮传动中，可以采用带油轮将油带到未浸入油池内的齿轮齿面上，如图3-36b所示。浸油齿轮可将油甩到齿轮箱壁上，有利于散热。

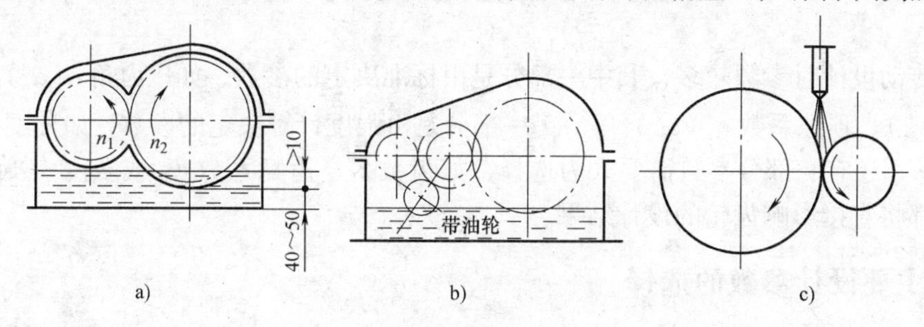

图3-36 齿轮润滑方法

（2）喷油润滑 当齿轮圆周速度 $v \geqslant 12$m/s 时，由于圆周速度大，齿轮搅油剧烈，且粘附在齿轮齿面上的油易被甩掉，因此不宜采用浸油润滑，而应采用喷油润滑。即用油泵将一定压力的润滑油喷到轮齿啮合的齿面上，如图3-36c所示。

对于开式齿轮传动，由于速度较低，通常采用人工定期加注润滑脂的润滑方式。

2. 润滑剂的选择

选择润滑油时，先根据齿轮的工作条件以及圆周速度，由表3-13查得润滑油运动粘度值，再根据选定的运动粘度确定润滑油的牌号。

表3-13 闭式传动齿轮用润滑油运动粘度的推荐值

齿轮材料	强度极限 R_m/MPa	圆周速度 v(m/s)						
		<0.5	0.5～1	1～2.5	2.5～5	5～12.5	12.5～25	>25
		运动粘度 $\nu_{50°C}(\nu_{100°C})$/mm^2·s^{-1}						
塑料、青铜、铸铁	—	180(23)	120(1.5)	85	60	45	34	—
钢	450～1000	270(34)	180(23)	120(15)	85	60	45	34
渗碳或表面淬火钢	1000～1250	270(34)	270(34)	180(23)	120(15)	85	60	45
	1250～1580	450(53)	270(34)	270(24)	180(23)	120(15)	85	60

三、齿轮传动的效率

齿轮传动中的功率损失，主要包括啮合中的摩擦损失、轴承中的摩擦损失和搅动润滑油的功率损失，进行计算时通常使用的是齿轮的平均效率。传动的平均总效率 η 列于表3-14中。

表3-14 齿轮传动的平均总效率 η

传动形式	圆柱齿轮传动	锥齿轮传动
6级或7级精度的闭式传动	0.99	0.98
8级精度的闭式传动	0.98	0.97
开式传动	0.95	0.94

任务8 齿轮传动设计实例

齿轮传动设计时参数较多，其中一部分是由标准决定的参数，如压力角 $\alpha(\alpha_n)$、齿顶高系数 $h_a^*(h_{an}^*)$、顶隙系数 $c^*(c_n^*)$ 等。另一部分是由强度计算决定的参数，如分度圆的直径 d_1、模数 m；还有一部分参数需要人为选择，如齿数 z_1、齿宽系数 ψ_d 或 ψ_R、螺旋角 β 等，这些参数都将直接影响齿轮的设计结果。

一、主要设计参数的选择

1. 齿数比

齿数比 u 是大齿轮齿数 z_2 与小齿轮齿数 z_1 之比。减速传动时 $u=i>1$（$i=n_1/n_2$，n_1、n_2 分别为主动轮转速与从动轮转速）；增速传动时，$i=n_1/n_2<1$，$u=1/i$。

单级闭式传动时，一般取 $i\leqslant5$（直齿）、$i\leqslant7$（斜齿）。需要更大传动比时，可采用二级或二级以上的传动。单级开式传动或手动，$i=8\sim12$。

对传动比值无严格要求的一般齿轮传动，实际传动比 i 允许有 $\pm3\%\sim\pm5\%$ 范围内的误差。

2. 齿数和模数

软齿面闭式齿轮传动的承载能力主要取决于齿面接触疲劳强度，其齿根弯曲疲劳强度一般较大。此时，齿数宜多些，模数宜小些，以增大重合度，提高传动的平稳性，减少轮齿加工的切削量。推荐小齿轮的齿数取 $z_1=20\sim40$。

硬齿面闭式齿轮传动及开式齿轮传动的承载能力往往取决于齿根弯曲疲劳强度。为避免齿轮传动尺寸不必要的增大，z_1 可选少些。推荐小齿轮的齿数取 $z_1>17$。对于传递动力的齿轮，模数不应小于 1.5～2mm。

3. 齿宽系数及齿宽

齿宽系数 ψ_d 选得越大，齿轮越宽，承载能力越大。但轮齿过宽，会使载荷沿齿宽方向分布不均匀程度趋于严重，因此齿宽系数不宜过大或过小。设计时圆柱齿轮参考表3-11选取，锥齿轮一般取0.2～0.35，常取0.3。齿宽 $b=\psi_d d_1$，为便于安装，通常使啮合传动的小齿轮齿宽 b_1，比大齿轮齿宽 b_2 宽一些。例如，在齿轮减速器中，常取 $b_2=\psi_d d_1$，而 $b_1=b_2+(5\sim10)\mathrm{mm}$。

4. 螺旋角

螺旋角越大，传动越平稳，承载能力越强。但螺旋角太大会引起较大的轴向力。一般常取 $\beta=15°$ 为宜。

二、设计实例

例3-2 试设计胶带运输机采用单级直齿圆柱齿轮减速器的传动，胶带运输机如图3-37所示。已知：减速器输入功率 $P_1=10\mathrm{kW}$，满载转速 $n_1=955\mathrm{r/min}$，传动比 $i=4$，单向运转，载荷平稳，使用寿命10年，单班制工作。

解：

1）选择齿轮材料，由表3-7得

小齿轮：45 钢，调质，齿面硬度为220 ~250HBW；

大齿轮：45 钢，正火，齿面硬度为170 ~210HBW。

2）选齿轮传动精度等级。

因为是普通减速器，初定圆周速度 v(m/s)，由表3-6 选8 级精度。

3）按齿面接触疲劳强度设计齿轮。

①小齿轮的转矩 T_1。

$$T_1 = 9.55 \times 10^6 P_1 / n_1 = 9.55 \times 10^6 \times 10/955\text{N} \cdot \text{mm} = 10^5 \text{N} \cdot \text{mm}$$

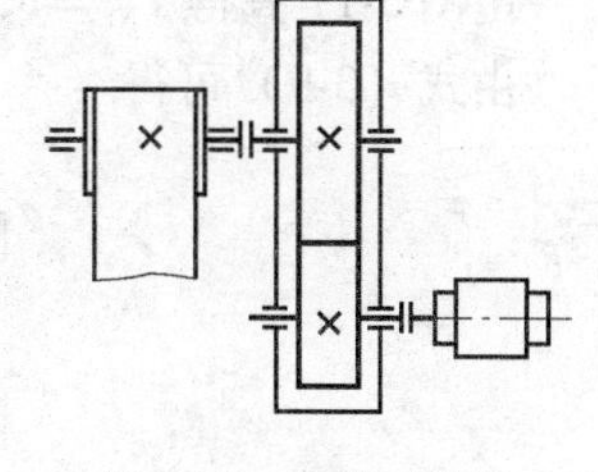

图3-37 胶带运输机

②载荷系数 K。根据原动机为电动机，工作机为带式输送机，载荷平稳，齿轮在两轴承间对称布置，由表3-9，取 $K = 1.1$。

③小齿轮齿数 z_1。对于闭式软齿面齿轮传动，通常 z_1 在 20 ~40 之间选取。

取 $z_1 = 25$，则 $z_2 = 4 \times 25 = 100$。

④齿宽系数 ψ_d。单级齿轮传动，齿轮相对于两支承对称布置，两轮均为软齿面，查表3-11，取 $\psi_d = 1.0$。

⑤许用接触应力。由图3-15 查得

$$\sigma_{\text{Hlim1}} = 560\text{MPa}，\sigma_{\text{Hlim2}} = 530\text{MPa}$$

由表3-8 得，软齿面齿轮，取 $S_H = 1$。

$$N_1 = 60njL_h = 60 \times 955 \times 1 \times (10 \times 52 \times 40) = 1.19 \times 10^9$$

$$N_2 = N_1 / i = 1.19 \times 10^9 / 4 = 3 \times 10^8$$

由图3-18 查得 $Z_{N1} = 1$ ， $Z_{N2} = 1.06$

由式（3-8）有

$$[\sigma_H]_1 = \frac{Z_{N1}\sigma_{\text{Hlim1}}}{S_H} = \frac{1 \times 560}{1}\text{MPa} = 560\text{MPa}; [\sigma_H]_2 = \frac{Z_{N2}\sigma_{\text{Hlim2}}}{S_H} = \frac{1.06 \times 530}{1}\text{MPa} = 562\text{MPa}$$

⑥齿轮分度圆直径

由式（3-17）设计公式 $d_1 \geqslant \sqrt[3]{\left(\frac{3.52 Z_E}{[\sigma_H]}\right)^2 \cdot \frac{KT_1(u \pm 1)}{\psi_d u}}$

由表3-10 查的 $Z_E = 189.8\ \sqrt{\text{MPa}}$ $u = \frac{z_2}{z_1} = \frac{100}{25} = 4$

故 $$d_1 \geqslant \sqrt[3]{\left(\frac{3.52 \times 189.8}{560}\right)^2 \frac{1.1 \times 10^5 \times 5}{1 \times 4}}\text{mm} = 58.3\text{mm}$$

$$m = \frac{d_1}{z_1} = \frac{58.3}{25}\text{mm} = 2.33\text{mm}$$

由表3-1 取标准模数 $m = 2.5$mm。

⑦按齿根弯曲疲劳强度校核

复合齿形系数，由表3-12，小齿轮齿数 $z_1=25$，查得 $Y_{FS1}=4.21$；大齿轮齿数 $z_2=100$，$Y_{FS2}=3.96$。

由图3-16查得 $\sigma_{Flim1}=210\text{MPa}$，$\sigma_{Flim2}=190\text{MPa}$。

由表3-8，软齿面齿轮，查得 $S_F=1.3$。

由图3-17查得 $Y_{N1}=1$，$Y_{N2}=1$。

由式（3-9）可得

$$[\sigma_F]_1=\frac{Y_{N1}\sigma_{Flim1}}{S_F}=\frac{1\times210}{1.3}\text{MPa}=162\text{MPa}$$

$$[\sigma_F]_2=\frac{Y_{N2}\sigma_{Flim2}}{S_F}=\frac{1\times190}{1.3}\text{MPa}=146\text{MPa}$$

$$\sigma_F=\frac{2KT_1}{bm^2z_1}Y_{FS}\leqslant[\sigma_F]$$

根据式（3-19）

$$\sigma_{F1}=\frac{2KT_1}{bm^2z_1}Y_{FS1}=\frac{2\times1.1\times10^5}{65\times2.5^2\times25}\times4.21\text{MPa}=91\text{MPa}\leqslant[\sigma_F]_1$$

$$\sigma_{F2}=\sigma_{F1}\frac{Y_{FS2}}{Y_{FS1}}=91\times\frac{3.96}{4.21}\text{MPa}=85\text{MPa}\leqslant[\sigma_F]_2$$

齿根弯曲疲劳强度校核合格。

⑧验算齿轮的圆周速度

$v=\dfrac{\pi d_1n_1}{60\times1000}=\dfrac{3.14\times62.5\times955}{60\times1000}\text{m/s}=3.13\text{m/s}$，据表3-6，选用8级精度合适。

4）齿轮几何尺寸计算

$$d_1=mz_1=2.5\text{mm}\times25=62.5\text{mm}$$

$$d_2=mz_2=2.5\text{mm}\times100=250\text{mm}$$

$$d_{a1}=m(z_1+2h_a^*)=2.5\text{mm}\times(25+2\times1)=67.5\text{mm}$$

$$d_{a2}=m(z_2+2h_a^*)=2.5\text{mm}\times(100+2\times1)=255\text{mm}$$

$$d_{f1}=m(z_1-2h_a^*-2c^*)=2.5\text{mm}\times(25-2\times1-2\times0.25)=56.25\text{mm}$$

$$d_{f2}=m(z_2-2h_a^*-2c^*)=2.5\text{mm}\times(100-2\times1-2\times0.25)=243.75\text{mm}$$

$$a=\frac{m}{2}(z_1+z_2)=\frac{2.5}{2}\text{mm}\times(25+100)=156.25\text{mm}$$

$$b=\psi_d d_1=1.0\times62.5\text{mm}=62.5\text{mm}$$

经圆整后取 $b_2=65\text{mm}$，则 $b_1=b_2+5=65\text{mm}+5\text{mm}=70\text{mm}$。

5）绘制大齿轮零件工作图，如图3-38所示。

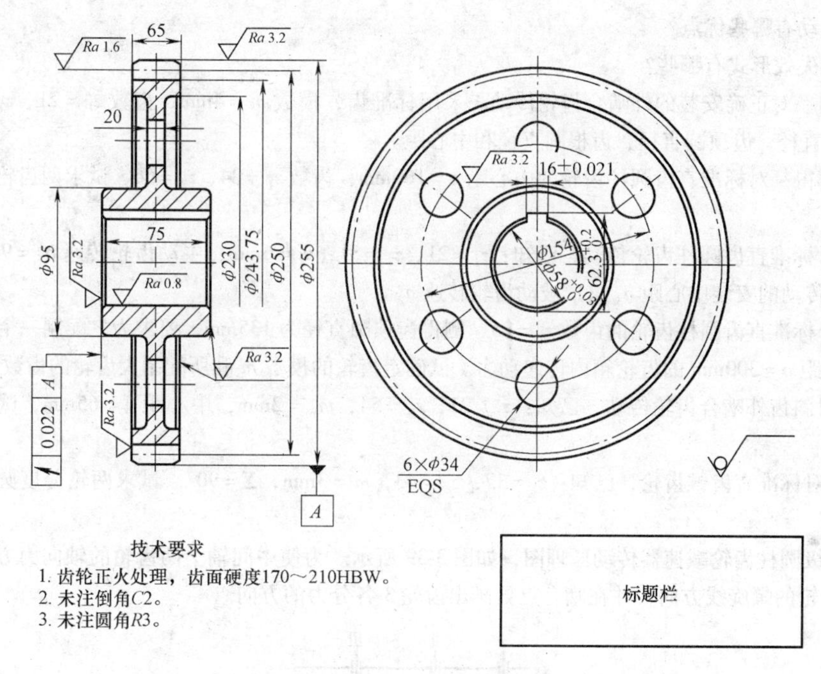

图 3-38 大齿轮工作图

思考与练习题

3-1 判断题

1. （　　）齿轮传动是靠摩擦来实现传动。
2. （　　）斜齿圆柱齿轮传动的平稳性和承载能力都低于直齿圆柱齿轮传动。
3. （　　）齿轮传动能保证传动比恒定不变。
4. （　　）齿轮传动精度等级分为 20 个等级。
5. （　　）主动、从动轮齿工作时产生的接触应力 σ_H 相同。
6. （　　）主动、从动轮齿的许用接触应力不相同。
7. （　　）齿轮设计公式中应代入大齿轮轮齿的许用接触应力［σ_H］。

3-2 填空题

1. 斜齿圆柱齿轮的标准模数是指________模数。
2. 直齿锥齿轮的标准模数是指________模数。
3. 斜齿圆柱齿轮传动的正确啮合条是________，________，________。
4. 齿轮传动的主要失效形式有________，________，________，________。

3-3 选择填空

1. 优质碳素钢 45 制成的齿轮，经调质处理后其硬度值约为________。

A. 56～62HRC　　B. 220～270HBW　　C. 160～180HBW　　D. 320～350HBW

2. 直齿锥齿轮的标准模数是指________。

A. 法向模数　　B. 轴向模数　　C. 小端端面模数　　D. 大端端面模数

3. 齿轮采用渗碳淬火的热处理方法，则齿轮材料只可能是________。

A. 45　　B. ZG340～ZG640　　C. T10　　D. 20CrMnTi

3-4 简答题

1. 直齿圆柱齿轮与斜齿圆柱齿轮传动正确啮合条件是什么？

2. 齿轮传动有哪些优点?

3. 齿轮的失效形式有哪些?

3-5 已知一对正确安装的外啮合齿轮传动，采用标准齿，模数 $m=4\text{mm}$，齿数 $z_1=21$、$z_2=64$，求传动比、分度圆直径、齿顶圆直径、齿根圆直径和中心距。

3-6 今测得一对标准直齿圆柱齿轮的中心距 $a=160\text{mm}$，齿数 $z_1=24$，$z_2=56$，试求两齿轮模数及分度圆直径。

3-7 一对标准直齿圆柱齿轮传动，已知：$z_1=21$，$z_2=51$，$m=6\text{mm}$，主动齿轮转速 $n_1=960\text{r/min}$。试求1）两齿轮传动的安装中心距 a。2）被动齿轮转速 n_2。

3-8 一个标准直齿圆柱齿轮的齿数 $z_1=25$，测得齿顶圆直径为135mm，要求为之配制一个传动的大齿轮，装入中心距 $a=300\text{mm}$ 的齿轮箱内传递动力。试确定齿轮的模数 m 和所配制大齿轮的齿数。

3-9 一对斜齿外啮合齿轮传动，已知：$z_1=21$，$z_2=54$，$m_n=2\text{mm}$，中心距 $a=65\text{mm}$，试求这对斜齿轮的螺旋角。

3-10 一对标准直齿锥齿轮，已知：$z_1=17$，$z_2=43$，$m=3\text{mm}$，$\Sigma=90°$。试求两轮分度圆锥角、分度圆直径和锥距。

3-11 二级圆柱齿轮减速器传动原理图，如图3-39所示。为使中间轴上两齿轮的轴向力方向相反，试确定其他斜齿轮的螺旋线方向，并在啮合点处画出齿轮3各分力的方向。

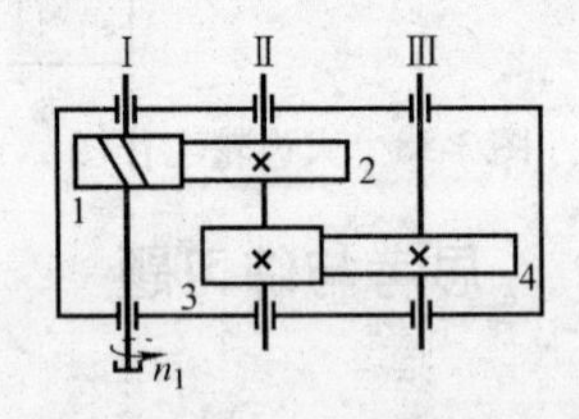

图3-39 二级圆柱齿轮减速器传动原理图

3-12 二级圆锥-圆柱齿轮减速器传动原理图，如图3-40所示。已知：主动轮1的转向，为使轴Ⅱ上轴承所受轴向力抵消一部分，试确定轮3和轮4的螺旋线方向，各轮转向，并在啮合点处画出轮2的分力方向。

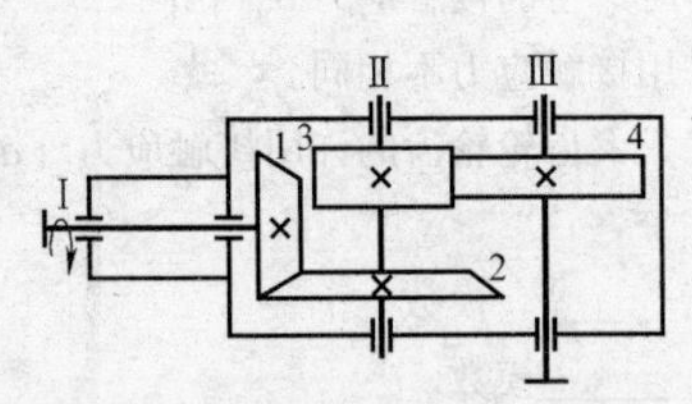

图3-40 二级圆锥-圆柱齿轮减速器传动原理图

模块4 蜗杆传动与螺旋传动

机械设计技术

蜗杆传动常用于两交错轴之间的运动和动力传递。主要应用于间断性工作的机械上。螺旋传动是利用螺杆和螺母组成的螺旋副来实现传动的。主要作用是将回转运动转变为直线运动，同时传递运动和动力。蜗杆传动与螺旋传动是可以实现自锁传动的。

任务1　蜗 杆 传 动

一、结构组成与特点

蜗杆传动由蜗杆和蜗轮组成，通常两轴垂直交错，轴的交错角 $\Sigma=90°$，如图 4-1 所示。

1. 优点

1）传动平稳，无噪声。因为蜗杆的轮齿是连续不断的螺旋齿，它与蜗轮轮齿啮合时是连续的，所以没有冲击和噪声。

2）传动比大，结构紧凑。蜗杆传动时一般单级传动比为 $i=10\sim40$，这样大的传动比若用齿轮传动机构，则需采用多级传动，所以蜗杆传动的传动比大、结构紧凑。

3）能实现自锁。当蜗杆的螺旋线升角小于蜗杆与蜗轮材料的当量摩擦角时，蜗杆传动能实现自锁。

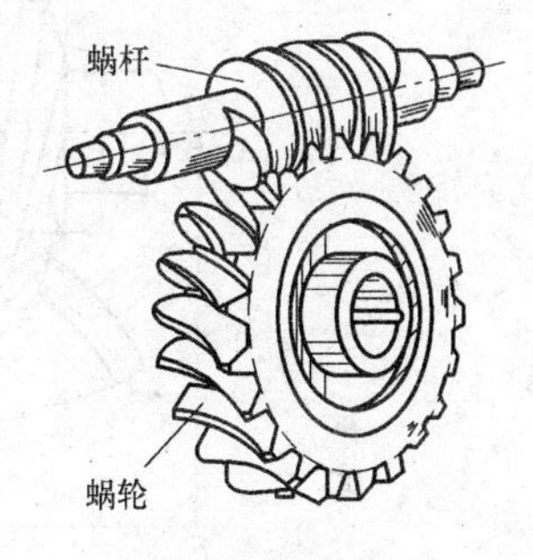

图 4-1　蜗杆传动

在一些起重设备中采用蜗杆传动能起到安全作用，重物可停悬在任意高度上，而不会因自重落下，这种安全作用就是利用了蜗杆传动的自锁性。

2. 缺点

1）蜗杆传动因其摩擦损失较大，致使传动效率低。当蜗杆传动能自锁时，效率仅达50%左右。

2）当蜗杆传动的速度高时，为了提高效率，减小磨损，需要采用青铜制造蜗轮，所以制造成本较高。

二、类型

蜗杆传动的类型通常根据蜗杆形状和加工方法分类。根据蜗杆的形状可以分为阿基米德圆柱面蜗杆传动、环面蜗杆传动和锥面蜗杆传动，如图 4-2 所示。

最常用的是阿基米德圆柱面蜗杆传动，其他各种类型的蜗杆传动可以参考相关资料和设计手册。

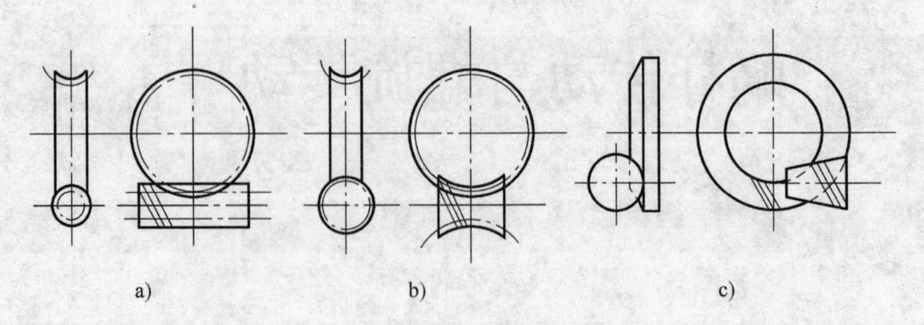

图 4-2 蜗杆传动类型

a）阿基米德圆柱面蜗杆传动 b）环面蜗杆传动 c）锥面蜗杆传动

三、主要参数和几何尺寸

1. 中间平面的概念

对于两轴线垂直交错的阿基米德圆柱面蜗杆传动，通过蜗杆轴线并垂直于蜗轮轴线的平面称为中间平面。在中间平面内蜗杆与蜗轮的啮合传动相当于斜齿轮与斜齿条的啮合传动，蜗杆传动的设计计算都是以中间平面为基准进行的，如图 4-3 所示。

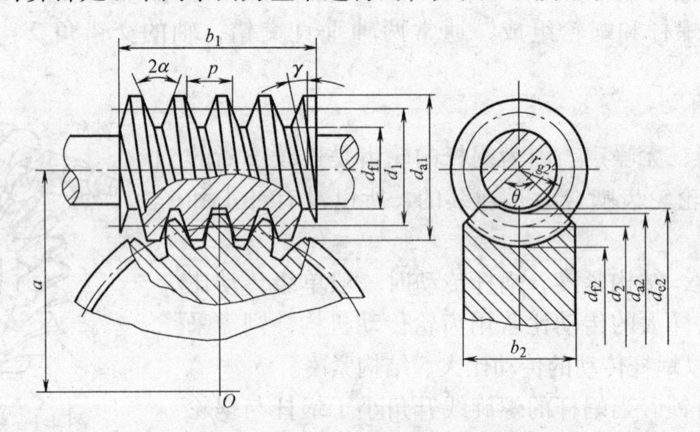

图 4-3 阿基米德圆柱面蜗杆传动

2. 主要参数

（1）模数和压力角 蜗杆的轴面模数、轴面压力角和蜗轮的端面模数、端面压力角为标准值。阿基米德圆柱面蜗杆传动的标准压力角规定为 20°，而模数需要根据轮齿的强度确定，且需要符合国家标准规定的标准数值。

（2）齿数和传动比 蜗杆的头数应根据要求的传动比并考虑效率来选定，一般为 $z_1=1\sim4$。当 $z_1=1$ 时，可得到大的传动比，结构紧凑，易自锁，但传动效率低。蜗杆头数越多，传动效率越高；但蜗杆头数太多，蜗杆加工的难度加大，蜗杆的刚度变弱，所以蜗杆的头数 z_1 一般不超过 4，常用的是 $z_1=1\sim2$。

蜗轮齿数 $z_2=iz_1$，通常取 $z_2=26\sim80$。若 $z_2<26$，不能保证传动的平稳性。若 $z_2>80$，会使蜗轮结构尺寸过大，蜗杆长度随之增加，致使蜗杆刚度和传动精度降低。

设蜗杆头数为 z_1，蜗轮齿数为 z_2，则蜗杆主动时的传动比为

$$i=\frac{\omega_1}{\omega_2}=\frac{n_1}{n_2}=\frac{z_2}{z_1}$$

式中　ω_1、ω_2——蜗杆和蜗轮的角速度，单位为 rad/s；

n_1、n_2——蜗杆和蜗轮的转速，单位为 r/min；

z_2、z_1——蜗轮齿数和蜗杆头数。

（3）蜗杆分度圆直径和导程角　蜗杆分度圆直径和导程角由蜗杆分度圆柱面展开图得（图 4-4）

$$\tan\gamma = \frac{s}{\pi d_1} = \frac{z_1 p}{\pi d_1} = \frac{z_1 \pi m}{\pi d_1} = \frac{z_1 m}{d_1}$$

令

$$q = \frac{z_1}{\tan\gamma} = \frac{d_1}{m}$$

$$d_1 = mq$$

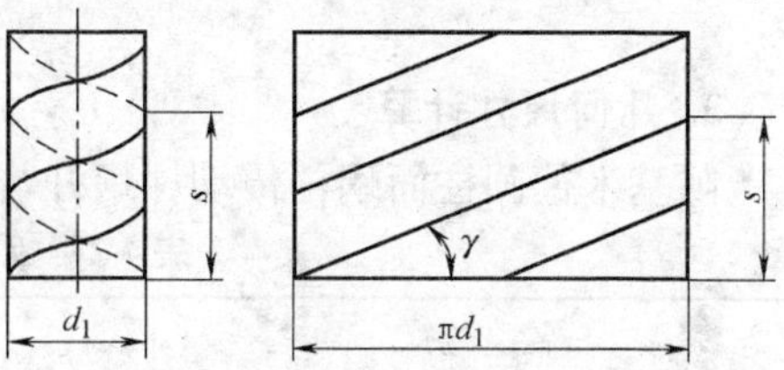

式中　q——蜗杆直径系数。

图 4-4　蜗杆分度圆柱面展开图

当用滚刀加工蜗轮时，为了保证蜗杆与蜗轮正确啮合，所用蜗轮滚刀的齿形及直径必须与相啮合的蜗杆相同。这样，每一种尺寸的蜗杆，就对应于一把蜗轮滚刀。因此，为了减少滚刀的规格数量，规定蜗杆分度圆直径 d_1 为标准值，且与模数 m 相匹配，根据强度条件确定，其对应关系见表 4-1。

表 4-1　蜗杆传动模数 m、齿数 z_1、分度圆直径 d_1 及 m^3q 值

m	d_1	z_1	m^3q	m	d_1	z_1	m^3q
1.25	20	1	31.25	5	63	1、2、4	1 575
	22.4	1	35		90	1	2 250
1.6	20	1、2、4	51.5	6.3	50	1、2、4	1 985
	28	1	71.68		63	1、2、4、6	2 500
2	18	1、2、4	72		80	1、2、4	3 175
	22.4	1、2、4、6	89.6		112	1	4 445
	28	1、2、4	112	8	63	1、2、4	4 032
	35.5	1	142		80	1、2、4、6	5 120
2.5	22.4	1、2、4	140		100	1、2、4	6 400
	28	1、2、4、6	175		140	1	8 960
	35.5	1、2、4	221.9	90	71	1、2、4	7 100
	45	1	281		90	1、2、4、6	9 000
3.15	28	1、2、4	277.8		112	1、2、4	11 200
	35.5	1、2、4、6	352.2		160	1	16 000
	45	1、2、4	445.5	12.5	90	1、2、4	14 062
	56	1	556		112	1、2、4	17 500
4	31.5	1、2、4	504		140	1、2、4	21 875
	40	1、2、4、6	640		200	1	31 250
	50	1、2、4	800	16	112	1、2、4	28 672
	71	1	1 136		140	1、2、4	35 840
5	40	1、2、4	1 000		180	1、2、4	46 080
	50	1、2、4、6	1 250		250	1	6 400

（续）

m	d_1	z_1	m^3q	m	d_1	z_1	m^3q
20	140	1、2、4	5 600	20	224	1、2、4	89 600
	160	1、2、4	64 000		315	1	126 000

3. 几何尺寸计算

阿基米德圆柱面蜗杆传动，蜗杆与蜗轮的几何尺寸计算列于表4-2中。

表4-2 蜗杆与蜗轮的几何尺寸计算表

名　称	符号	公　式
齿顶高	h_a	$h_a = m$
齿根高	h_f	$h_f = 1.2m$
全齿高	h	$h = h_a + f_f = 2.2\mathrm{m}$
蜗杆分度圆直径	d_1	$d_1 = mq$
蜗杆齿顶圆直径	d_{a1}	$d_{a1} = d_1 + 2h_a = d_1 + 2m$
蜗杆齿根圆直径	d_{f1}	$d_{f1} = d_1 - 2h_f = d_1 - 2.4m$
蜗杆导程角	γ	$\gamma = \arctan \frac{z_1}{q}$
蜗杆齿距	p	$p = \pi m$
蜗轮分度圆直径	d_2	$d_2 = mz_2$
蜗轮齿顶圆直径	d_{a2}	$d_{a2} = d_2 + 2h_a = d_2 + 2m$
蜗轮齿根圆直径	d_{f2}	$d_{f2} = d_2 - 2h_f = d_2 - 2.4m$
蜗杆传动中心距	a	$a = \frac{d_1 + d_2}{2} = \frac{m}{2}(q + z_2)$

特别提示：

蜗杆传动的中心距 $a \neq \frac{m}{2}(z_1 + z_2)$。

四、正确啮合条件

蜗杆传动的正确啮合条件是：蜗杆的轴面模数 m_{a1} 和蜗轮的端面模数 m_{t2} 必须相等，蜗杆的轴面压力角 α_{a1} 和蜗轮的端面压力角 α_{t2} 必须相等，且应等于标准模数 m 和标准压力角 α。蜗杆的导程角 γ 应等于蜗轮的螺旋角 β，数学表达式为

$$m_{a1} = m_{t2} = m$$

$$\alpha_{a1} = \alpha_{t2} = \alpha$$

$$\gamma = \beta$$

式中 m_{a1}、m_{t2}——蜗杆的轴面模数和蜗轮的端面模数；

α_{a1}、α_{t2}——蜗杆的轴面压力角和蜗轮的端面压力角；

γ、β——蜗杆的导程角和蜗轮的螺旋角。

五、蜗杆传动的受力分析

蜗杆传动时，轮齿上的作用力和斜齿轮传动受力相似，如图4-5所示。

如若不计摩擦力，则齿面上的总作用力 F_n 也可分解为空间正交的三个分力，分别为圆

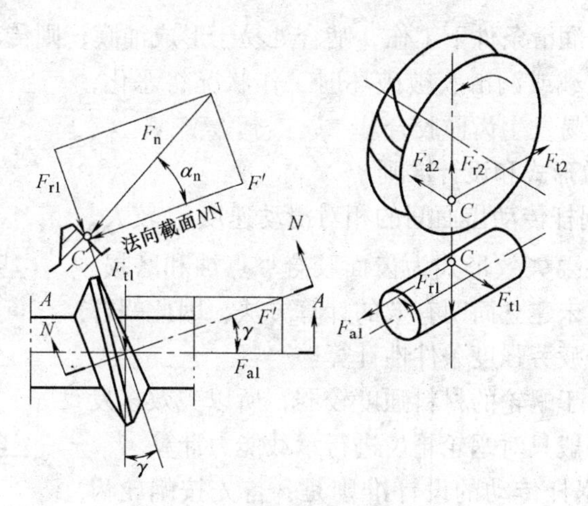

图 4-5　蜗杆传动受力分析

周力 F_t、轴向力 F_a 和径向力 F_r，蜗杆各力计算式与蜗轮各力的关系分别为

（1）圆周力　$F_{t1} = -F_{a2} = \dfrac{2T_1}{d_1}$

（2）轴向力　$F_{a1} = -F_{t2} = \dfrac{2T_2}{d_2}$

（3）径向力　$F_{r1} = -F_{t2} = F_{a1}\tan\alpha$

式中　T_1、T_2——作用在蜗杆和蜗轮上的转矩，单位为 N · m；

且　$$T_2 = T_1 i\eta$$

式中　η——蜗杆传动的效率；

d_1、d_2——分别为蜗杆和蜗轮的分度圆直径，单位为 mm；

α——中间平面分度圆上的压力角，$\alpha = 20°$。

各力的方向是：对于主动件（蜗杆），圆周力 F_{t1} 与旋转方向相反。对于从动件（蜗轮），圆周力 F_{t2} 与旋转方向相同。径向力 F_{r1} 和 F_{r2} 分别指向蜗杆和蜗轮的轴线。

蜗杆上的轴向力 F_{a1} 的方向判断与斜齿轮相同，仍采用主动轮左、右手定则，右旋蜗杆用右手，左旋蜗杆用左手；四指弯曲方向代表蜗杆的转动方向，则大拇指所指方向即为蜗杆轴向力 F_{a1} 的方向。

六、蜗杆传动的失效形式、材料和结构

1. 齿面滑动速度

图 4-6 所示为蜗杆传动的滑动速度，蜗杆和蜗轮啮合时，齿面间有较大的相对滑动。由图看出，相对滑动速度 v_s 的计算式为

$$v_s = \sqrt{v_1^2 + v_2^2} = \frac{v_1}{\cos\gamma} = \frac{\pi d_1 n_1}{60 \times 1000\cos\gamma}$$

式中　d_1——蜗杆的分度圆直径，单位为 mm；

n_1——蜗杆转速，单位为 r/min；

γ——蜗杆的导程角，单位为（°）。

蜗杆传动若在充分润滑条件下工作，啮合处易于形成油膜，则传动效率、发热和磨损状况将大为改善。但在重载或润滑膜被破坏时工作状况将恶化，导致磨损和发热加剧，易发生齿面胶合。

2. 蜗杆传动的失效形式和设计准则

（1）失效形式　蜗杆传动齿面间的相对滑动速度 v_s 较大，温升高，效率低，其主要失效形式为齿面胶合、点蚀和磨损。但由于对胶合与磨损尚未建立简明有效的计算方法，因此蜗杆传动目前常作齿面接触疲劳强度条件性计算。

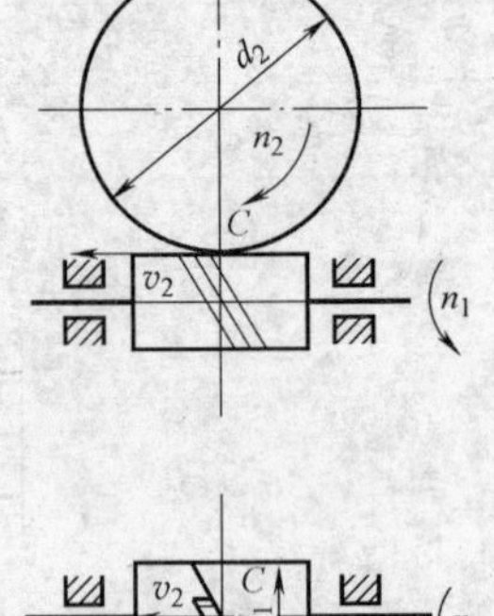

图 4-6　蜗杆传动的滑动速度

在蜗杆传动中，由于蜗轮的材料强度较弱，所以失效多发生在蜗轮轮齿上，故一般只对蜗轮轮齿进行承载能力计算。

（2）设计准则　蜗杆传动的设计准则是：首先按蜗轮齿面接触疲劳强度设计，再按蜗轮齿根弯曲疲劳强度校核，并进行热平衡验算。

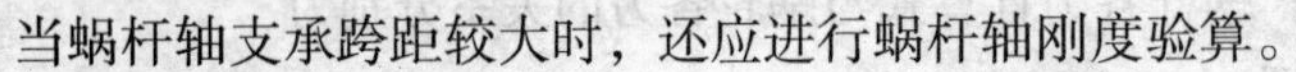

当蜗杆轴支承跨距较大时，还应进行蜗杆轴刚度验算。

3. 蜗杆蜗轮的常用材料

由蜗杆传动的失效形式可知，蜗杆和蜗轮的材料不仅要有足够的强度，还必须具有良好的减摩性、耐磨性和抗胶合的能力。因此，蜗杆传动常采用青铜蜗轮与淬硬的钢制蜗杆相匹配。

（1）蜗杆　蜗杆一般用碳钢或合金钢制造。

1）高速、重载且载荷变化较大的条件下常用 20Cr、20CrMnTi 等，经渗碳淬火，硬度达 56～62HRC。

2）载荷稳定的条件下常用 45、40Cr，经表面淬火，硬度达 40～55HRC。

3）对于不太重要的传动及低速蜗杆，可采用 45 调质，硬度达 220～270HBW。

（2）蜗轮　蜗轮常用材料为铸造锡青铜（ZCuSn10Pb1、ZCuSn5Pb5Zn5）、铸造铝青铜（ZCuAl10Fe3）及灰铸铁（HT150、HT200）等。

1）锡青铜耐磨性最好，但价格高，用于滑动速度 $v_s \geqslant 3\text{m/s}$ 的重要场合。

2）铝青铜耐磨性较锡青铜差一些，但价格便宜，一般用于滑动速度 $v_s \leqslant 4\text{m/s}$ 的传动。

3）当对传动要求不高时，可采用灰铸铁。

4. 普通圆柱蜗杆传动的强度计算

（1）蜗轮轮齿的弯曲疲劳强度计算　由于蜗轮轮齿的形状比较复杂，很难精确确定轮齿的危险截面和实际弯曲应力。通常是把蜗轮近似地当作斜齿圆柱齿轮来考虑，蜗轮轮齿疲劳强度的校核计算式为

$$\sigma_F = \frac{2.2KT_2Y_F}{m^2 d_1 z_2 \cos\gamma} \leqslant [\sigma_F]$$

忽略导程角 γ 的影响，可得设计计算式为

$$m^2 d_1 = \frac{2.2KT_2Y_F}{z_2[\sigma_F]}$$

式中　Y_F——蜗轮的齿形系数，依据蜗轮齿数由表 4-3 查出；

$[\sigma_F]$——蜗轮轮齿的许用弯曲应力，单位为 MPa，见表 4-4。

表 4-3 蜗轮的齿形系数 Y_F

z_2	26	28	30	32	35	37	40	45	50	60	80	100	150	300
Y_F	2.51	2.48	2.44	2.41	2.36	2.34	2.32	2.27	2.24	2.20	2.14	2.10	2.07	2.04

表 4-4 蜗轮轮齿的许用弯曲应力 （单位：MPa）

蜗轮材料	毛坯铸造方法	单向传动$[\sigma_F]_0$	双向传动$[\sigma_F]_{-1}$
ZCuSn10P1	砂型	51	32
	金属型	70	40
ZCuSn5Pb5Zn5	砂型	33	24
	金属型	40	29
ZCuAl10Fe3	砂型	82	64
	金属型	90	80
ZCuAl10Fe3Mn2	砂型	—	—
	金属型	100	90
HT150	砂型	40	25
HT200	砂型	48	30

（2）蜗轮轮齿的表面接触疲劳强度计算　由于蜗杆、蜗轮的啮合情况与齿条和一具有螺旋角的斜齿圆柱齿轮的啮合情况相似，所以蜗轮轮齿表面接触疲劳强度校核计算式为

$$\sigma_H = \frac{510}{d_2}\sqrt{\frac{KT_2}{d_1}} \leqslant [\sigma_H]$$

将 $d_2 = z_2 m$ 代入上式，可得设计计算式为

$$m^2 d_1 = \left(\frac{510}{z_2[\sigma_H]}\right)^2 KT_2$$

式中　T_2——作用在蜗轮上的转矩，单位为 N · mm；

K——载荷系数；

$[\sigma_H]$——蜗轮轮齿的许用接触应力，单位为 MPa，见表 4-5 和表 4-6。

计算 $m^2 d$ 后，应按表 4-1 取相应的标准值，然后确定 m 和 d_1 值。

表 4-5 铸锡青铜蜗轮的许用接触应力 $[\sigma_H]$ （单位：MPa）

蜗轮材料	毛坯铸造方法	滑动速度 v_s/m · s^{-1}	蜗杆表面硬度	
			≤350HBW	>45HRC
ZCuSn10P1	砂模	≤12	180	200
	金属型	≤25	200	220
ZCuSn5Pb5Zn5	砂模	≤10	110	125
	金属型	≤12	135	150

表 4-6 铸铝铁青铜及铸铁蜗轮的许用接触应力 $[\sigma_H]$ （单位：MPa）

蜗轮材料	蜗杆材料	滑动速度 v_s/m · s^{-1}						
		0.5	1	2	3	4	6	8
ZCuAl9Fe3 ZCuAl10Fe3Mn2	淬火钢	250	230	210	180	160	120	90
HT150、HT200	渗碳钢	130	115	90	—	—	—	—
HT150	调质钢	110	90	70	—	—	—	—

注：蜗杆未经淬火时，$[\sigma_H]$ 应降低 20%。

5. 蜗杆和蜗轮的结构

（1）蜗杆结构　由于蜗杆的直径较小，一般蜗杆与轴制成一体。图4-7a所示为车削蜗杆，车削螺旋部分要留有退刀槽，因而削弱了蜗杆轴的刚度。图4-7b为铣削蜗杆，在轴上直接铣出螺旋部分，无退刀槽，因而蜗杆轴的刚度好。

当蜗杆螺旋部分的直径较大时，可以将蜗杆与轴分开制作。

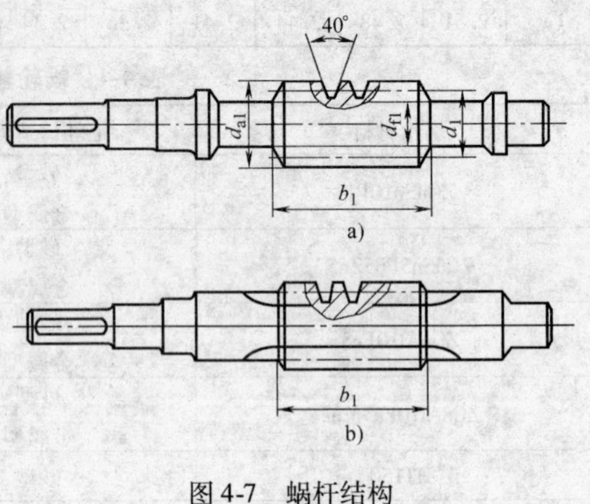

图4-7　蜗杆结构

（2）蜗轮结构　铸铁或直径小于100mm的青铜蜗轮，可以做成整体式，如图4-8a所示；当蜗轮直径较大时，为减少青铜用量，蜗轮常做成青铜齿圈和铸铁轮芯式结构，如图4-8b所示；或齿圈压配式结构，如图4-8c所示；大尺寸蜗轮采用螺栓连接结构，如图4-8d所示。

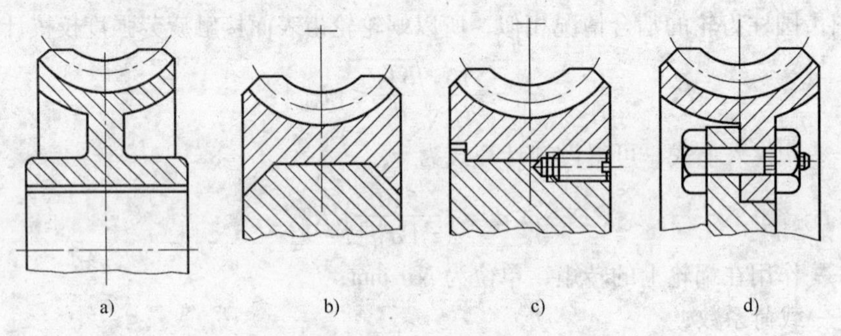

图4-8　蜗轮的结构

a）整体浇铸式　b）拼铸式　c）齿圈压配式　d）螺栓连接

七、蜗杆传动的效率、润滑和热平衡计算

1. 蜗杆传动效率

蜗杆传动的功率损耗一般包括三部分，即啮合传动摩擦损耗、轴承摩擦损耗及浸入油池中的零件搅油与溅油损耗。因此蜗杆传动的总效率为

$$\eta = \eta_1 \eta_2 \eta_3$$

式中　η_1——啮合传动效率；

η_2——轴承效率；

η_3——溅油效率。

当蜗杆主动时，啮合传动效率计算式为

$$\eta_1 = \frac{\tan\gamma}{\tan(\gamma + \rho_v)}$$

式中　γ——蜗杆的导程角；

ρ_v——齿面当量摩擦角。

蜗杆主动时，一般情况下随着导程角增加（或头数增加），蜗杆传动的啮合效率增加。

此外，选用减摩材料（如锡青铜）作蜗轮轮齿，都可以提高传动效率。

初步设计时，蜗杆传动的总效率可以参考下面的数值。

当蜗杆头数为 $z_1=1$ 时，$\eta=0.7\sim0.75$；

当蜗杆头数为 $z_1=2$ 时，$\eta=0.75\sim0.82$；

当蜗杆头数为 $z_1=3\sim4$ 时，$\eta=0.82\sim0.92$。

2. 润滑

为了提高蜗杆传动的效率，防止由于润滑不良而发生齿面剧烈磨损及齿面胶合，蜗杆传动的润滑设计是非常重要的内容。

润滑的目的除减摩外，还有用润滑油进行冷却，以保证正常的油温和粘度。

蜗杆传动选用润滑油粘度和润滑方法，可参考表4-7选取。

表4-7　蜗杆传动润滑油粘度和润滑方法

<table>
<tr><td>滑动速度 v_s/m·s^{-1}</td><td><1</td><td><2.5</td><td><5</td><td>5~10</td><td>10~15</td><td>15~25</td><td>>25</td></tr>
<tr><td>工作条件</td><td>重载</td><td>重载</td><td>中载</td><td>—</td><td>—</td><td>—</td><td>—</td></tr>
<tr><td>运动粘度°E_{50}</td><td>60</td><td>36</td><td>24</td><td>16</td><td>11</td><td>8</td><td>6</td></tr>
<tr><td rowspan="3">润滑方式</td><td rowspan="3" colspan="3">浸油</td><td rowspan="3">浸油或喷油</td><td colspan="3">喷油压强
N/mm^2</td></tr>
<tr></tr>
<tr><td>0.07</td><td>0.2</td><td>0.3</td></tr>
</table>

3. 热平衡计算

蜗杆传动由于齿面间的滑动速度大，摩擦损失大，所以工作时发热量大。如果产生的热量不能及时散出，将使润滑油粘度降低，加剧了轮齿磨损，甚至发生胶合。所以，必须进行热平衡计算，以保证油温在规定的范围内。

蜗杆传动由于摩擦损耗，单位时间内产生的热量计算式为

$$H_1=1000P(1-\eta)$$

式中　P——蜗杆传动的额定功率，单位为kW；

η——蜗杆传动总效率。

单位时间内，通过齿轮箱体外壁和其他辅助散热装置所散出的热量计算式为

$$H_2=K_sA(t_1-t_0)$$

式中　A——散热面积，单位为m^2；

t_0——环境温度，通常取20℃，若超过则按实际温度计；

t_1——油温；

K_s——散热系数，单位为W/(m^2·℃)，通风不佳时取8~10，通风散热良好时取14~17。

当达到热平衡时，产生的热量与散发的热量相等，温度达到稳定，即

$$H_1=H_2$$

由等式条件可得

$$t_1=t_0+\frac{1000P(1-\eta)}{K_sA}\leqslant[t]$$

该温度 t_1 为蜗杆传动长期稳定运转达到热平衡时的油温，设计时应保证不超过许用油

温［t］，一般限制在60～70℃，最高不超过90℃。通常在设计中可采取以下几种提高散热的措施加以处理：

1）通风散热。蜗杆轴上安装风扇强迫通风，如图4-9a所示。

2）加冷却装置。在箱体油池内装设蛇形冷却水管，如图4-9b所示；或用泵循环冷却，如图4-9c所示。

3）增加散热面积。在箱体上铸出或焊上散热片，如图4-9d所示。

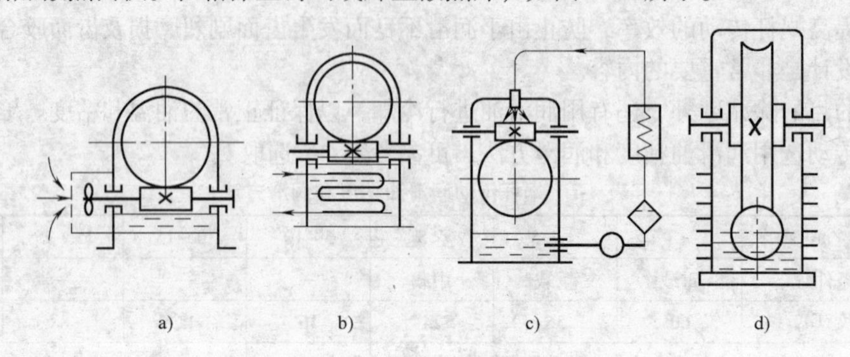

图4-9 蜗杆减速器散热措施

a）风扇冷却 b）冷却水冷却 c）泵循环冷却 d）散热片

任务2 螺旋传动

螺旋传动按其螺旋副的摩擦性质不同分为滑动螺旋传动、滚动螺旋传动和静压螺旋传动，以滑动螺旋传动应用最广泛。

一、滑动螺旋传动

滑动螺旋传动螺旋线分为单线和多线。同一根螺旋线上绕一圈360°时，在中径线上对应两点间的轴向距离称为导程Ph。设螺纹的螺旋线线数为z，对于单线螺纹，导程等于螺距$Ph=P$，对于多线螺纹，则有$Ph=zP$。螺旋传动时线数越多，传动效率越高。

滑动螺旋传动的结构简单，便于制造，单线螺旋易于实现自锁；但摩擦阻力大，磨损大，传动效率低。

1. 常用的螺纹牙型及应用

根据传动螺纹牙型轴向剖面的形状不同，螺纹牙型分为矩形、梯形、锯齿形三种，如图4-10所示。

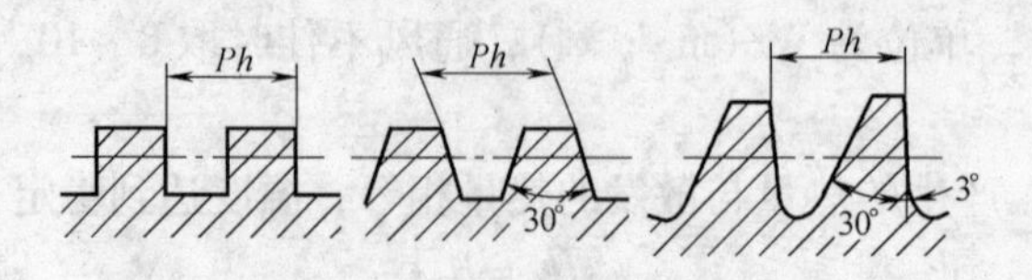

图4-10 传动螺纹的牙型

1）矩形螺牙。牙型为正方形，牙型角$\alpha=0°$。该螺纹的传动效率高；但螺纹牙根强度弱，螺旋副磨损后的间隙难以修复和补偿，使传动精度降低，且精确制造困难，对中精度低。常用于车床丝杠传动。

2）梯形螺牙。牙型为等腰梯形，牙型角 $\alpha=30°$。该螺纹的制作工艺性好，牙根强度高，螺旋副对中性好，螺牙磨损后可以调整修正，传动效率稍低于矩形螺牙。

该螺纹广泛应用于传动与传力，梯形螺纹已标准化，相关参数参看表4-8～表4-10。

表4-8 梯形螺纹最大实体牙型尺寸（摘自 GB/T 5796.1—2005）（单位：mm）

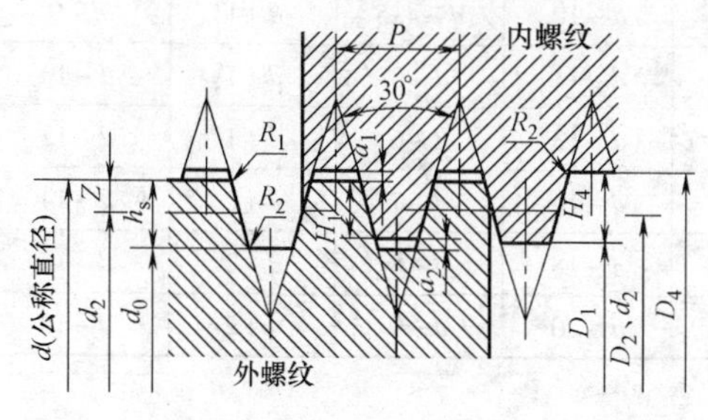

标记示例：

Tr40×7-7H（梯形内螺纹，公称直径 $d=40$、螺距 $P=7$，精度等级7H）

Tr40×14（P7）LH-7e（双线左旋梯形外螺纹、公称直径 $d=40$、导程＝14、螺距 $P=7$、精度等级7e）

Tr40×7-7H/7e（梯形螺旋副、公称直径 $d=40$、螺距 $P=7$、内螺纹精度等级7H、外螺纹精度等级7e）

螺距 P	a_c	$H_4=h_3$	R_{1max}	R_{2max}
1.5	0.15	0.9	0.075	0.15
2	0.25	1.25	0.125	0.25
3		1.75		
4		2.25		
5		2.75		
6	0.5	3.5	0.25	0.5
7		4		
8		4.5		
9		5		
10		5.5		
12		6.5		

螺距 P	a_c	$H_4=h_3$	R_{1max}	R_{2max}
1.5	0.15	0.9	0.075	0.15
14	1	8	0.5	1
16		9		
18		10		
20		11		
22		12		
24		13		
28		15		
32		17		
36		19		
40		21		
44		23		

表4-9 梯形螺纹直径与螺距系列（摘自 GB/T 5796.3—2005）（单位：mm）

公称直径 d		螺距 P
第一系列	第二系列	
8		1.5*
10	9	2*、1.5
	11	3、2*
12		3*、2
	14	3*、2
16	18	4*、2
20		4*、2
24	22	8、5*、3
28	26	8、5*、3
	30	10、6*、3
32		10、6*、3
36	34	

公称直径 d		螺距 P
第一系列	第二系列	
	38	10、7*、3
40	42	
44		12、7*、3
48	46	12、8*、3
52	50	12、8*、3
	55	14、9*、3
60		14、9*、3
70	65	16、10*、4
80	75	16、10*、4
	85	18、12*、4
90	95	18、12*、4
100		20、12*、4

公称直径 d		螺距 P
第一系列	第二系列	
	110	20、12*、4
120	130	22、14*、6
140		24、14*、6
	150	24、16*、6
160		28、16*、6
	170	28、16*、6
180		28、18*、8
	190	32、18*、8

注：优先选用第一系列的直径；带*者为对应直径优先选用的螺距。

表 4-10 梯形螺纹基本尺寸 （单位：mm）

螺距 P	外螺纹小径 d_3	内、外螺纹中径 D_2、d_2	内螺纹大径 D_4	内螺纹小径 D_1	螺距 P	外螺纹小径 d_3	内、外螺纹中径 D_2、d_2	内螺纹大径 D_4	内螺纹小径 D_1
1.5	$d-1.8$	$d-0.75$	$d+0.3$	$d-1.5$	8	$d-9$	$d-4$	$d+1$	$d-8$
2	$d-2.5$	$d-1$	$d+0.5$	$d-2$	9	$d-10$	$d-4.5$	$d+1$	$d-9$
3	$d-3.5$	$d-1.5$	$d+0.5$	$d-3$	10	$d-11$	$d-5$	$d+1$	$d-10$
4	$d-4.5$	$d-2$	$d+0.5$	$d-4$	12	$d-13$	$d-6$	$d+1$	$d-12$
5	$d-5.5$	$d-2.5$	$d+0.5$	$d-5$	14	$d-16$	$d-7$	$d+2$	$d-14$
6	$d-7$	$d-3$	$d+1$	$d-6$	16	$d-18$	$d-8$	$d+2$	$d-16$
7	$d-8$	$d-3.5$	$d+1$	$d-7$	18	$d-20$	$d-9$	$d+2$	$d-18$

注：1. d 为公称直径（即外螺纹大径）；

2. 表中所列的数值按下式计算：$d_3=d-2h_3$；D_2、$d_2=d-0.5P$；$D_4=d+2a_e$；$D_1=d-P$。

3）锯齿形螺牙。工作边的牙型斜角 $\beta=3°$，非工作边牙型斜角 $\beta=30°$。锯齿形螺牙具有传动效率高，外螺纹牙根圆角半径大，减轻了应力集中，增加了根部强度，综合了矩形螺牙传动效率高和梯形螺牙牙根强度好的特点。

锯齿形螺纹仅用于单向受力的传力螺旋，如起重螺旋、螺旋压力机等。

2. 分类

滑动螺旋传动按其用途可分为传力螺旋、传导螺旋和调整螺旋等。

（1）传力螺旋　以传递动力为主，要求以较小的转矩产生较大的轴向力。这种螺旋传动一般为间断性工作，工作速度不高。传动时螺母固定不动，螺杆旋转并移动。多用于螺旋起重器或螺旋压力机等加压装置中，如图 4-11a 所示的螺旋千斤顶。

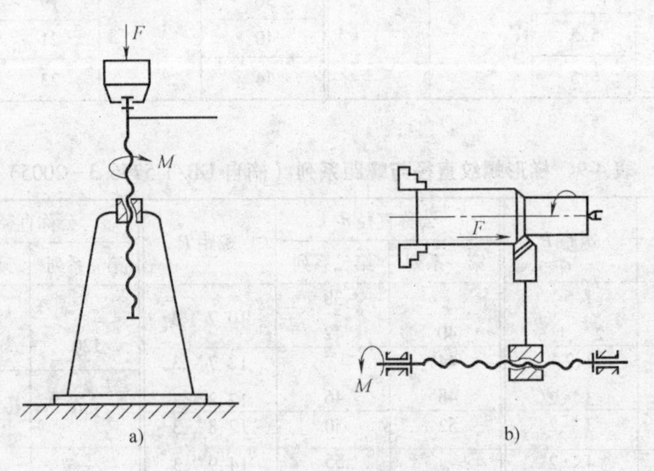

图 4-11　螺旋传动的应用

（2）传导螺旋　以传递运动为主，要求具有较高的传动精度，有时也承受较大的轴向力。一般在较长时间内连续工作，传动时螺杆只旋转不移动，螺母移动。多用于车床刀架进给机构，如图 4-11b 所示。

（3）调整螺旋　用以调整并固定零件或部件之间的相对位置。调整螺旋一般在空载下进行调整，如机床、仪器及测试装置中微调机构的螺旋，如图4-12所示千分尺的测量螺旋。

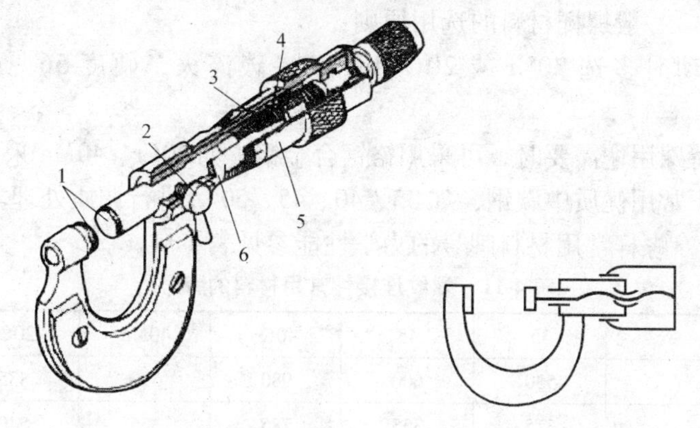

图4-12　外径千分尺的测量螺旋

1—测量面　2—锁紧装置　3—螺杆　4—螺母　5—微分筒　6—固定套筒

3. 运动形式与结构组成

（1）运动形式　滑动螺旋的运动形式分为：螺母固定螺杆旋转并移动，如图4-13a所示；螺杆固定螺母旋转并移动，如图4-13b所示；螺杆旋转不移动螺母移动，如图4-13c所示；螺母旋转不移动螺杆移动，如图4-13d所示。

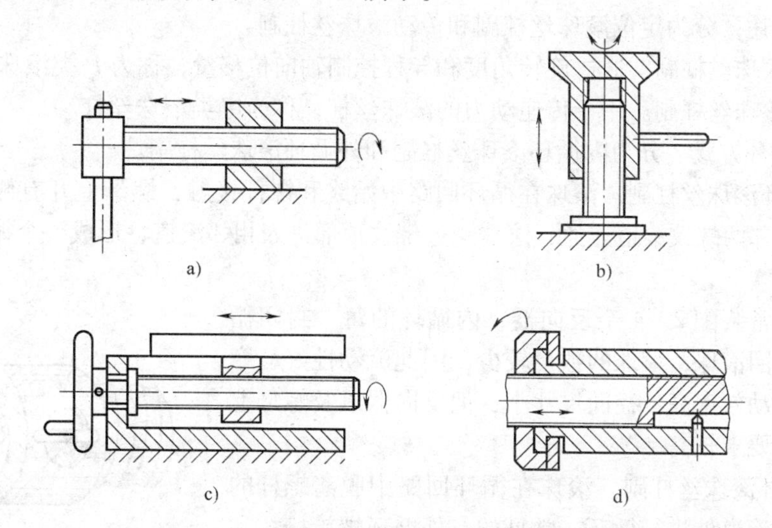

图4-13　螺旋运动形式

（2）结构组成　滑动螺旋传动的结构主要是指螺母的结构，螺母结构有整体式螺母、组合式螺母和剖分式螺母。

4. 材料和许用应力

滑动螺旋传动的失效形式主要是螺母螺纹表面的磨损，故要求螺母材料的耐磨性能要好。

（1）螺母材料　对高速传动的螺母，采用铸造锡青铜（ZCuSn10Pb1）；低速重载的场合选用强度高的铸造铝铁青铜（ZCuAl10Fe3）；低速场合可选用耐磨铸铁（MTCuMo-175）；

轻载时可选用聚碳酸酯（PC）或尼龙材料。

（2）螺杆材料　一般螺杆材料的选用原则：

1）高精度传动时多选20Cr或20CrMnTi，渗碳淬火，硬度56～62HRC，如车床丝杠。

2）重要和有特殊用途需要时，可采用铬锰合金钢，如40Cr、40Mn采用表面淬火。

3）一般情况下常用优质中碳钢，如35、40、45、50等进行调质处理。

（3）许用应力　螺杆常用材料牌号的力学性能参见表4-11。

表4-11　螺纹连接件常用材料的牌号　（单位：MPa）

钢号	35	45	40Cr	40Mn	20Cr	20CrMnTi
强度极限 R_m	530	600	980	590	835	1 080
屈服极限 σ_s	315	355	785	355	540	835

二、滚动螺旋传动

滚动螺旋传动在螺杆和螺母之间设有封闭循环的滚道，使螺旋副的滑动摩擦变为滚动摩擦，从而减少摩损，提高传动效率，这种螺旋传动称为滚动螺旋传动，又称为滚珠丝杠副。

1. 滚珠丝杠副的分类

滚动螺旋传动通常按用途和循环方式进行分类。

（1）按用途　分为定位滚珠丝杠副和传动滚珠丝杠副。

1）定位滚珠丝杠副。通过旋转角度和导程控制轴向位移量，称为 P 类滚珠丝杠。

2）传动滚珠丝杠副。用于传递动力的滚珠丝杠，称为 T 类滚珠丝杠。

（2）按循环方式　分为内循环滚珠丝杠副和外循环滚珠丝杠副。

1）内循环滚珠丝杠副。滚珠在循环回路中始终和螺杆接触，螺母上开有侧孔，孔内装有反向器将相邻两螺纹滚道连通，滚珠越过螺纹顶部进入相邻滚道，形成一个循环回路，如图4-14所示。

一个螺母常装配2～4个反向器，内循环的每一封闭循环滚道只有一圈滚珠，滚珠的数量较少，因此流动性好、摩擦损失小、传动效率高、径向尺寸小；但反向器以及螺母上定位孔的加工要求较高。

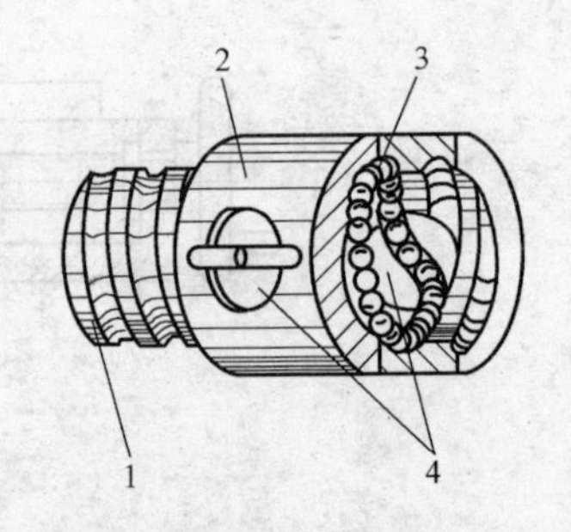

图4-14　内循环滚动丝杠副

1—螺杆　2—螺母

3—滚珠　4—反向器

2）外循环滚珠丝杠副。滚珠在循环回路中脱离螺杆的滚道，在螺旋滚道外进行循环。常见的有外循环螺旋槽式和插管式两种。图4-15a所示为螺旋槽式外循环滚珠丝杠副。

螺旋槽式外循环滚珠丝杠副是在螺母的外表面上铣出一个供滚珠返回的螺旋槽，其两端钻圆孔，与螺母上的内滚道相通，在螺母的滚道上装有挡珠器，引导滚珠从螺母的孔中与工作滚道的始末相通。这种结构的加工工艺性比内循环滚珠丝杠好，故应用较广。

图4-15b所示为插管式外循环滚珠丝杠副。它是用导管作为返回滚道，导管的端部插入螺母的孔中，与工作滚道的始末相通，这种结构的工艺性好，但返回的滚道凸出在螺母的外表面，不便在设备内部安装。

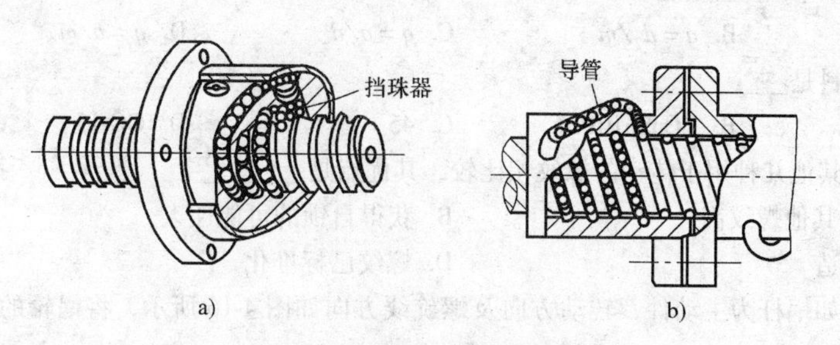

图 4-15　外循环滚珠丝杠副
a）螺旋槽式　b）插管式

2. 滚珠丝杠副的特点

（1）优点

1）摩擦系数小，$f=0.002\sim0.005$，传动效率高，其效率可达 99% 以上。

2）摩擦系数与速度的关系不大，故起动转矩接近运转转矩，工作平稳。

3）工作寿命长，可用调整装置调整间隙，传动精度与刚度均得到提高。

（2）缺点

1）结构复杂，制造困难。

2）在需要防止逆转的机构中，要加自锁机构。

3）承载能力不如滑动螺旋大。

滚动螺旋传动主要用在高精度、高效率的重要传动中。

思考与练习题

4-1　简答题

1. 蜗杆传动的优点有哪些？
2. 蜗杆传动的标准参数在什么平面内？
3. 蜗杆传动的正确啮合条件是什么？
4. 蜗杆传动常见的失效形式有哪些？
5. 蜗杆传动的设计准则是什么？
6. 蜗杆传动设计中，如果温度过高，常采用哪些散热措施？
7. 传动螺旋螺纹的牙型有哪几种？

4-2　判断题

1. （　　）蜗杆传动一般以蜗杆为主动件，蜗轮为从动件。
2. （　　）蜗杆传动比齿轮传动效率高。
3. （　　）蜗杆传动常用于连续性工作的场合。
4. （　　）螺纹传动效率高。
5. （　　）蜗杆常用铸铁材料制造。

4-3　选择

1. 与齿轮传动相比，________不能作为蜗杆传动的优点。

A. 传动平稳、噪声小　　B. 传动比可以较大

C. 可产生自锁　　D. 传动效率高

2. 蜗杆直径系数 $q=$________。

A. $q=d_1/m$　　B. $q=d_2/m$　　C. $q=a/d$　　D. $q=a/m$

3. 蜗杆常用材料是________。

A. HT150　　B. ZCuSn10Pb1　　C. 45　　D. GCr15

4. 梯形螺纹和其他几种用于传动的螺纹相比较，其优点是________。

A. 传动效率较其他螺纹高　　B. 获得自锁的可能性大

C. 较易精确制造　　D. 螺纹已标准化

4-4　蜗杆传动如蜗杆为主动件，转动方向及螺旋线方向如图4-16所示，将蜗轮的转向、螺旋线方向和各分力方向标出。

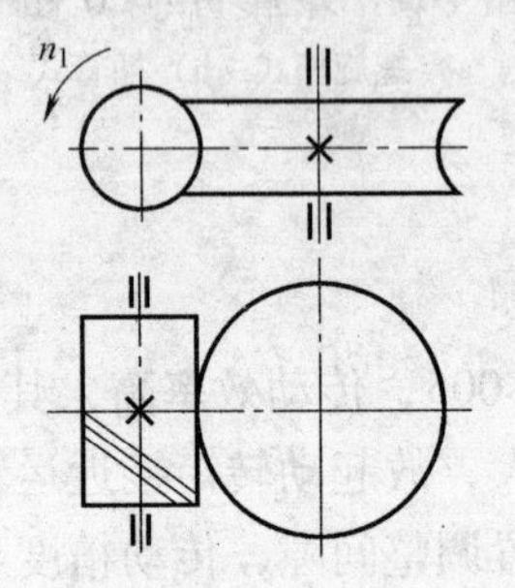

图4-16　蜗杆传动布置图

4-5　蜗杆转速 $n_1=970\text{r/min}$，材料为45，调质处理，表面硬度为240HBW，头数 $z_1=1$，分度圆直径 $d_1=28\text{mm}$，导程角 $\gamma=5°$；蜗轮材料为铸造锡青铜ZCuSn10Pb1，砂模铸造，齿数 $z_2=32$，双向运转，载荷平稳。试计算该蜗杆传动能传递的转矩 T_2。

4-6　桥式起重机的起升机构采用单级普通圆柱蜗杆减速器，已知：输入轴传递功率 $P=2.8\text{kW}$，转速 $n=960\text{r/min}$，传动比 $i=38$，双向传动，载荷平稳，间断性工作，试设计该蜗杆传动。

模块5 轮系

机械设计技术

在现代机械中，仅采用一对齿轮传动往往不能满足不同的工作机械需要，通常采用若干对彼此相互啮合的齿轮进行传动，这种由一系列相互啮合的齿轮组成的传动系统称为轮系。轮系中可以同时包括圆柱齿轮、锥齿轮、蜗轮蜗杆等。

任务1　轮系的分类与传动比

在轮系传动中若各轮的轴线均相互平行，则称为平面轮系，否则称为空间轮系。

根据轮系工作时各轮的轴线是否固定，通常把轮系传动分为定轴轮系传动和周转轮系传动。

一、定轴轮系传动

轮系工作时各轮的轴线相对于机架保持固定的传动，称为定轴轮系传动，如图 5-1 所示。

若轮系中各齿轮的轴线都被固定且又都是相互平行的，这样的轮系称为平面定轴轮系，如图 5-1a 所示。

若轮系中各轮的轴线都被固定，但不全是相互平行的，这样的轮系称为空间定轴轮系，如图 5-1b 所示。

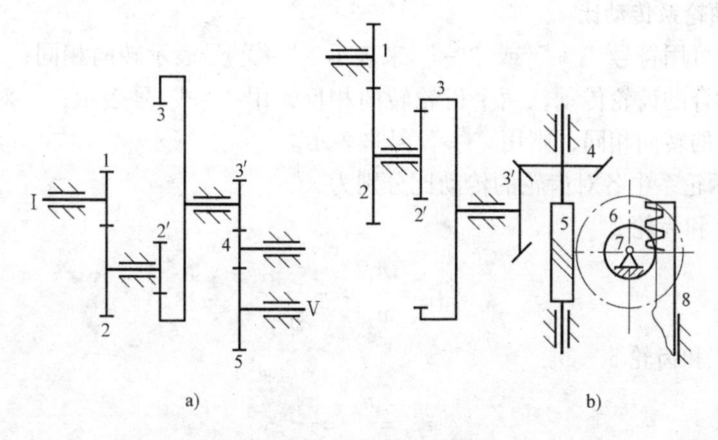

图 5-1　定轴轮系传动

二、周转轮系

轮系传动时至少有一个齿轮的轴线没被固定，该没被固定轴线的齿轮又绕其他齿轮做圆周方向转动，这样的轮系称为周转轮系。

周转轮系中，把轴线位置固定不动的齿轮称为太阳轮，如图5-2中的齿轮1和齿轮3为太阳轮；齿轮2除了绕自身轴线作自转外，还要绕齿轮1和齿轮3的圆周转动，这样的齿轮称为行星轮；支承行星轮转动的构件H称为行星架（也称转臂或系杆）。

周转轮系也分为平面周转轮系和空间周转轮系，如图5-2所示，轮系中各个齿轮轴线均相互平行，称为平面周转轮系。

图5-3所示的轮系中各轮的轴线不完全平行，称为空间周转轮系。

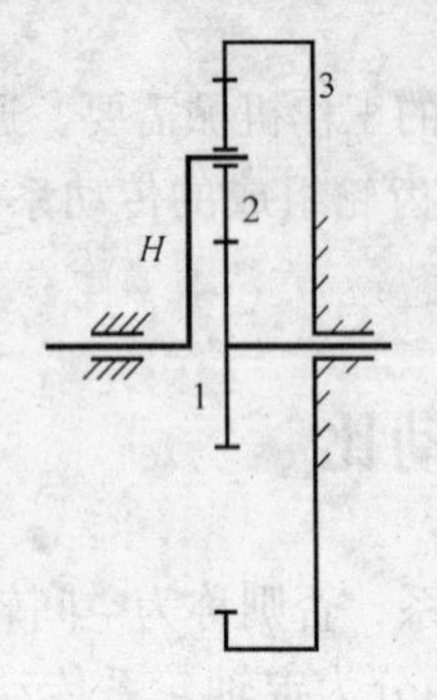

图5-2 平面周转轮系

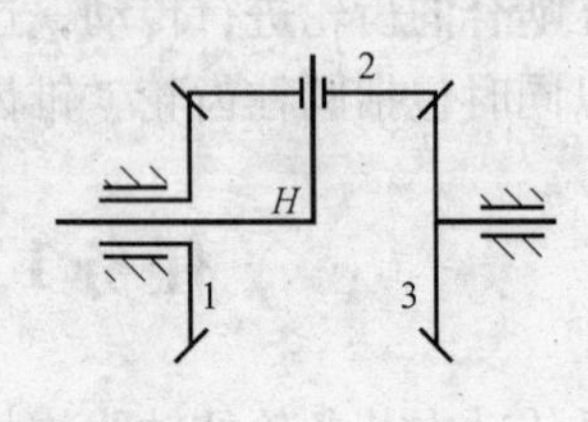

图5-3 空间周转轮系

三、轮系传动比

轮系传动比是指轮系中任意对轮子的角速度之比或转速之比。轮系中G轮到K轮的传动比计算式为

$$i_{GK}=\frac{\omega_G}{\omega_K}=\frac{n_G}{n_K}$$

轮系的传动比，包括传动比的大小和转向两个方面的内容。

1. 平面定轴轮系传动比

轮子的转向可用符号"+"或"-"来表示。"+"号表示转向相同；"-"表示转向相反。一对外啮合的齿轮传动，两个齿轮转向相反，用"-"号表示；一对内啮合的齿轮传动，两个齿轮的转向相同，则用"+"号来表示。

图5-1a所示轮系中各对齿轮的传动比分别为

（1）齿轮1和齿轮2

$$i_{12}=\frac{n_1}{n_2}=-\frac{z_2}{z_1}$$

（2）齿轮2′和齿轮3

$$i_{2'3}=\frac{n_{2'}}{n_3}=\frac{z_3}{z_{2'}}$$

（3）齿轮3′和齿轮4

$$i_{3'4}=\frac{n_{3'}}{n_4}=-\frac{z_4}{z_{3'}}$$

（4）齿轮4和齿轮5

$$i_{45}=\frac{n_4}{n_5}=-\frac{z_5}{z_4}$$

其中，$n=n_{2'}$，$n_3=n_{3'}$，则

$$i_{12}i_{2'3}i_{3'4}i_{45}=\frac{n_1}{n_2}\cdot\frac{n_{2'}}{n_3}\cdot\frac{n_{3'}}{n_4}\cdot\frac{n_4}{n_5}=i_{15}$$

同理有

$$i_{15}=\left(-\frac{z_2}{z_1}\right)\left(\frac{z_3}{z_{2'}}\right)\left(-\frac{z_4}{z_{3'}}\right)\left(-\frac{z_5}{z_4}\right)=(-1)^3\frac{z_2z_3z_4z_5}{z_1z_{2'}z_{3'}z_4}$$

由上式得到平面定轴轮系传动比的计算式为

$$i_{1\text{K}}=\frac{n_1}{n_\text{K}}=(-1)^m\frac{\text{轮系中所有从动轮齿数的连乘积}}{\text{轮系中所有主动轮齿数的连乘积}}\tag{5-1}$$

式中　m——轮系中外啮合的齿轮对数。如果外啮合的齿轮对数为偶数，表示首、末两轮的转向相同；如果外啮合的齿轮对数为奇数，表示首、末两轮的转向相反。

例 5-1　图5-4所示的轮系中，各齿轮均为标准齿轮，$z_1=z_2=z_{3'}=z_4=20$，齿轮1、3、3′和5同轴线，齿轮1的转速 $n_1=1\ 440\text{r/min}$，求齿轮5的转速 n_5。

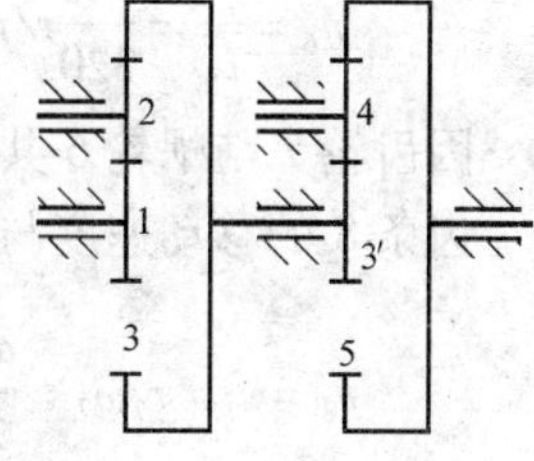

图5-4　例5-1图

解：

由图看出，轮系中各轮的轴线均被固定，各轮的轴线又相互平行，所以该轮系为平面定轴轮系。齿轮2和齿轮4为惰轮，齿轮1与齿轮2、齿轮3′与齿轮4是外啮合传动，齿轮2与齿轮3、齿轮4与齿轮5是内啮合传动，外啮合次数是2次，为偶数，故有

$$i_{15}=\frac{n_1}{n_5}=(-1)^2\frac{z_3z_5}{z_1z_{3'}}$$

由于齿轮1、齿轮3和齿轮3′共轴线，根据标准齿轮1、2、3啮合的中心距关系有

$$\frac{m}{2}(z_1+z_2)=\frac{m}{2}(z_3-z_2)$$

$$z_3=z_1+2z_2=20+2\times20=60$$

同理可得

$$z_5=z_{3'}+2z_4=20+2\times20=60$$

故

$$n_5=n_1\frac{z_1z_{3'}}{z_3z_5}=1\ 440\times\frac{20\times20}{60\times60}\text{r/min}=160\text{r/min}$$

2. 空间定轴轮系传动比

空间定轴轮系传动比的计算与平面定轴轮系传动比计算式相似，即

$$i_{\text{GK}}=\frac{n_\text{G}}{n_\text{K}}=\frac{\text{轮系中所有从动轮齿数的连乘积}}{\text{轮系中所有主动轮齿数的连乘积}}\tag{5-2}$$

由式（5-2）看出，空间定轴轮系传动比不能以传动比的“+”号或“-”号来表示首、末轮的转向关系。此时，要用在轮系图上画箭头的方法表示各轮的转向。方法为：若两齿轮为外啮合传动，则两齿轮转向相反，即分别在两齿轮上画出相反的箭头方向；若两齿轮

为内啮合传动，则应分别在两齿轮上画出相同的箭头方向；若两齿轮是锥齿轮啮合传动，则画在齿轮各自轴上的箭头方向应相背离或指向两个齿轮的啮合点。

例 5-2 图 5-1b 所示的轮系中，已知各齿轮的齿数 $z_1=20$，$z_2=40$，$z_{2'}=15$，$z_3=60$，$z_{3'}=18$，$z_4=18$，$z_7=20$，齿轮 7 的模数 $m=3\text{mm}$，蜗杆 5 的旋向为左旋，头数为 1，蜗轮齿数 $z_6=40$。齿轮 1 为主动轮，转速 $n_1=500\text{r/min}$，试求齿条 8 的速度和移动方向。

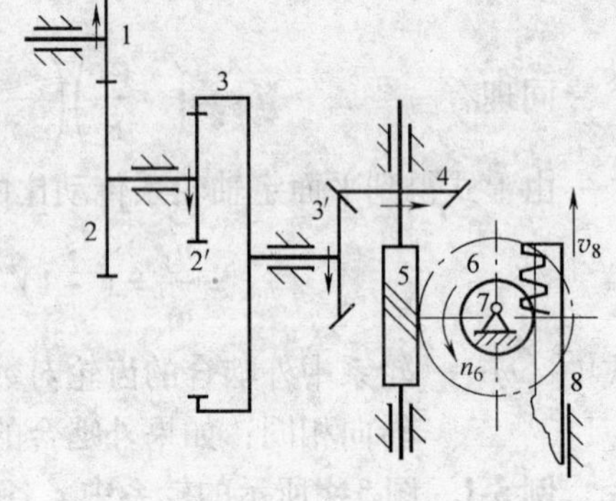

图 5-5 各轮转向

解：

1）经分析，用画箭头的方法得到齿条的移动方向为向上，如图 5-5 所示。

2）求传动比

$$i_{16}=\frac{n_1}{n_6}=\frac{z_2z_3z_4z_6}{z_1z_{2'}z_{3'}z_5}=\frac{40\times60\times18\times40}{20\times15\times18\times1}=320$$

3）求蜗轮 6 转速

$$n_6=\frac{n_1}{i_{16}}=\frac{500}{320}\text{r/min}=1.5625\text{r/min}$$

因齿轮 7 与蜗轮 6 共用一根轴，则有 $n_7=n_6$

齿条 8 的移动速度与齿轮 7 分度圆上的速度相等，则

$$v_8=v_7=r_7\omega_7=\frac{d_7}{2}\cdot\frac{\pi n_7}{30}=\frac{mz_7}{2}\cdot\frac{\pi n_7}{30}=\frac{3\times20}{2}\times\frac{\pi\times1.5625}{30}\text{mm/s}=4.9\text{mm/s}$$

四、周转轮系的传动比

1. 转化轮系

图 5-6a 所示周转轮系的行星齿轮 2 既绕自身轴作自转，同时又绕齿轮 1 和齿轮 3 作公转，其传动比不能直接采用定轴轮系传动比的计算式来计算。

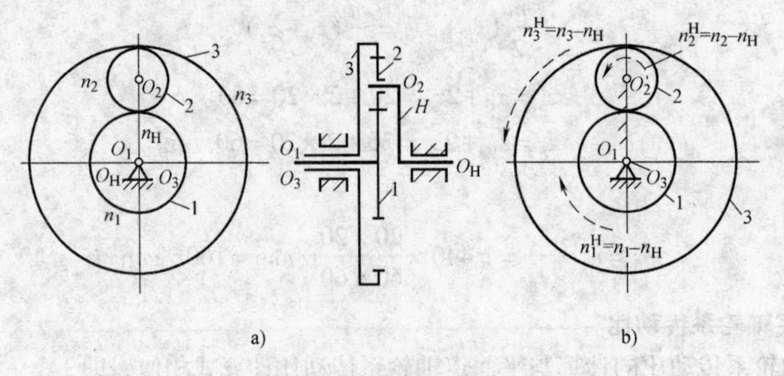

图 5-6 转化轮系

通过与定轴轮系比较可看出，周转轮系与定轴轮系的根本差别就在于行星架 H 是转动的。假定将行星架 H 固定，则周转轮系就转化成定轴轮系。

通常把假定行星架固定的轮系称为原周转轮系的“转化轮系”。

转化轮系采用的方法就是在整个周转轮系上，加上一个与行星架 H 转向相反的转数“$-n_H$”，行星架 H 的转数由“n_H”变为“0”，如图5-6b所示。

在转化轮系中各构件转数发生了变化，各构件转化前后的转数见表5-1。

表5-1　各构件转化前后的转数

构件	原转数	在转化轮系中的转数	构件	原转数	在转化轮系中的转数
行星架 H	n_H	$n_H^H = n_H - n_H = 0$	太阳轮3	n_3	$n_3^H = n_3 - n_H$
行星轮2	n_2	$n_2^H = n_2 - n_H$	太阳轮1	n_1	$n_1^H = n_1 - n_H$

2. 转化轮系传动比

转化之后的轮系相当于定轴轮系，因此，其传动比可比照定轴轮系传动比进行计算，图5-6b转化轮系传动比为

$$i_{13}^H = \frac{n_1^H}{n_3^H} = \frac{n_1 - n_H}{n_3 - n_H} = (-1)^1 \frac{z_2 z_3}{z_1 z_2} = -\frac{z_3}{z_1}$$

同理可得平面周转轮系传动比计算式为

$$i_{GK}^H = \frac{n_G - n_H}{n_K - n_H} = (-1)^m \frac{\text{各从动齿轮齿数连乘积}}{\text{各主动齿轮齿数连乘积}} \tag{5-3}$$

例5-3　图5-7所示的轮系中，各轮的齿数为 $z_1 = 15$，$z_2 = 25$，$z_3 = 15$，$z_4 = 60$，$n_1 = 200\text{r/min}$，$n_4 = 50\text{r/min}$，且两个太阳轮1、4转向相反，试求行星架转速 n_H 及行星轮转速 n_3。

解：

1）求行星架的转速 n_H，由式（5-3）有

$$i_{14}^H = \frac{n_1^H}{n_4^H} = \frac{n_1 - n_H}{n_4 - n_H} = -\frac{z_2 z_4}{z_1 z_3}$$

$$\frac{200 - n_H}{(-50) - n_H} = -\frac{25 \times 60}{15 \times 20}$$

$$n_H = -\frac{50}{6}\text{r/min}$$

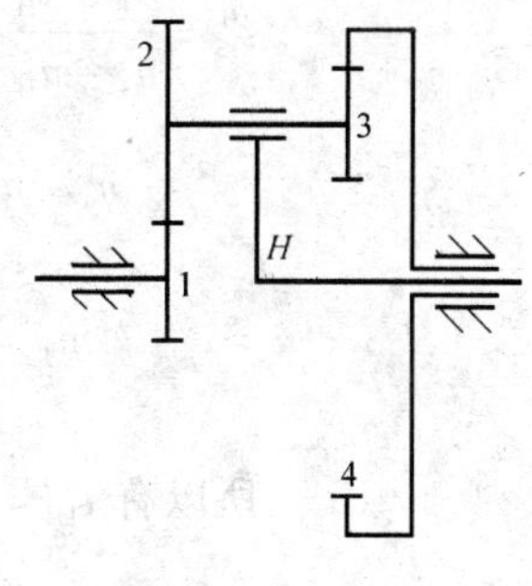

图5-7　例5-3图

负号说明行星架与齿轮1的转向相反。

2）求行星轮3的转速 n_3

齿轮2和齿轮3共用同一轴，则有 $n_2 = n_3$

$$i_{12}^H = \frac{n_1 - n_H}{n_2 - n_H} = -\frac{z_2}{z_1} \text{或} \ i_{34}^H = \frac{n_3 - n_H}{n_4 - n_H} = \frac{z_4}{z_3}$$

$$i_{12}^H = \frac{200 - \left(-\frac{50}{6}\right)}{n_2 - \left(-\frac{50}{6}\right)} = -\frac{25}{15}$$

$$n_2 = -133.33\text{r/min} = n_3$$

负号表示行星轮3与齿轮1的转向相反。

特别提示：

1）式中的 n_1、n_2、…、n_n、n_H 均带有正负号，可规定某一轮转向为正，则与其转向相同的则为正，与其转向相反的则为负。

2）$i_{GK}^{H} \neq i_{GK}$，$i_{GK}^{H}=\dfrac{n_G^H}{n_K^H}$，而 $i_{GK}=\dfrac{n_G}{n_K}$。

任务2　轮系的应用

轮系在各种机械中的应用十分广泛，其主要功能是实现大传动比传动，实现远距离传动，实现变速传动等。

一、实现大传动比传动

当机构传动需要大的传动比时，如果仅用一对齿轮传动，势必造成小齿轮的齿数过少，大齿轮的齿数很多，使两轮的尺寸相差很大，从而导致小齿轮极易损坏。

采用周转轮系，可以用很少几个齿轮就可获得很大的传动比，结构紧凑，节约材料，新型减速机通常采用周转轮系来实现大传动比传动。

例 5-4　图 5-8 所示的轮系中，已知：$z_1=z_{2'}=100$，$z_2=99$，$z_3=101$，行星架 H 为原动件，试求传动比 i_{H1}。

解：根据式（5-3）有

$$i_{13}^{H}=\frac{n_1-n_H}{n_3-n_H}=\frac{n_1-n_H}{0-n_H}=\frac{z_2z_3}{z_1z_{2'}}=\frac{99\times101}{10\ 000}$$

$$n_1-n_H=\frac{99\times101}{10\ 000}(-n_H)$$

$$n_1=n_H\left(1-\frac{99\times101}{10\ 000}\right)$$

所以有 $i_{1H}=\dfrac{n_1}{n_H}=1-\dfrac{99\times101}{10\ 000}=\dfrac{1}{10\ 000}$

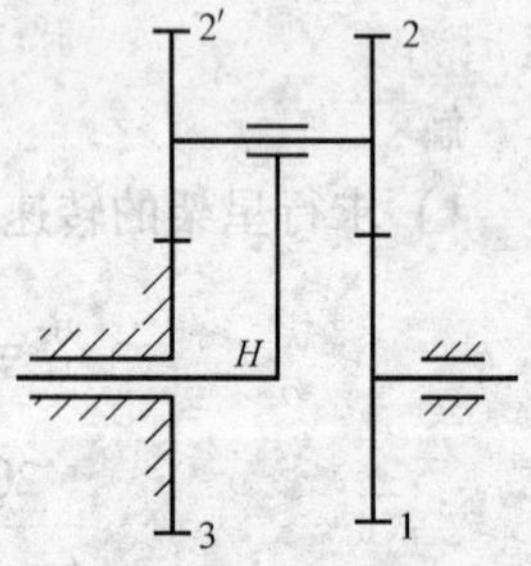

图 5-8　例 5-4 图

则

$$i_{H1}=\frac{n_H}{n_1}=10\ 000$$

计算结果说明，这种轮系的传动比极大，当行星架 H 转过 10 000r 时，齿轮 1 才转过 1r。

二、实现较远距离传动

图 5-9 中的齿轮 1 与齿轮 2 如果仅用一对齿轮传动，大齿轮的直径必然需要很大，这样既占用空间又浪费材料。若改用轮系传动，还是同样大小的中心距，采用 4 个小齿轮的传动布置形式，则整个机构更紧凑，机构所用的材料也会减少很多。

三、实现变速传动

当主动轴以一种转速转动时，利用轮系可使从动轴获得多种工作速度，如图 5-10 所示的变速箱传动系统。

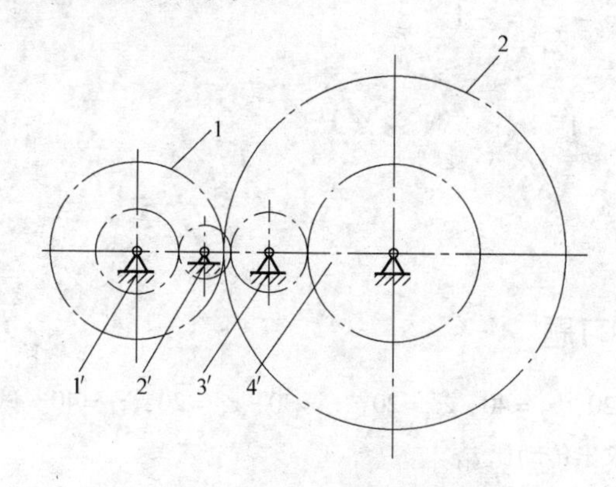

图5-9　实现较远距离传动

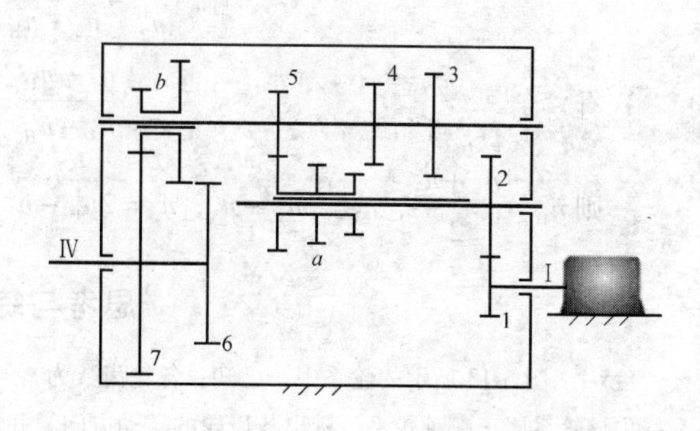

图5-10　变速器传动系统

图中齿轮1轴为动力输入轴Ⅰ，齿轮6、7轴为输出轴Ⅳ。a、b为滑移齿轮，利用滑移齿轮a的移动，与不同齿数的齿轮3、4、5相啮合；利用滑移齿轮b的移动，与不同齿数的齿轮6、7相啮合。这样就可在主动轴Ⅰ转速不变的情况下，使输出轴Ⅳ获得多种转速。

四、实现运动的合成与分解

利用轮系可将几个独立的运动合成为一个运动，或将一个运动分解为几个独立的运动。

图5-11所示的汽车后桥差速器中，在汽车转弯时，将变速器传来的转速分解成两个不同转速传递给内、外两轮，以维持车轮与地面间的纯滚动，避免车轮与地面间的滑动摩擦磨损车轮。

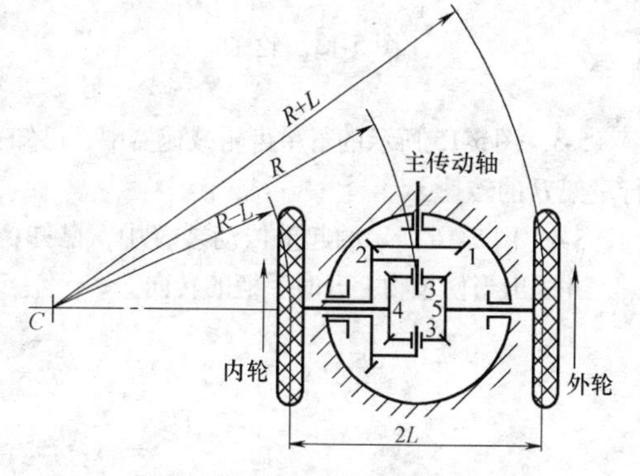

图5-11　汽车后桥差速器

例5-5　图5-12a所示的轮系中，$z_1=z_3$，试求各轮的转速。

解：由图看出，该轮系的齿轮1和齿轮3的轴线固定，齿轮2的轴线没有固定，该轮系为空间周转轮系。

1）画出转化轮系各轮的转向，分别用箭头表示，如图5-12b所示。

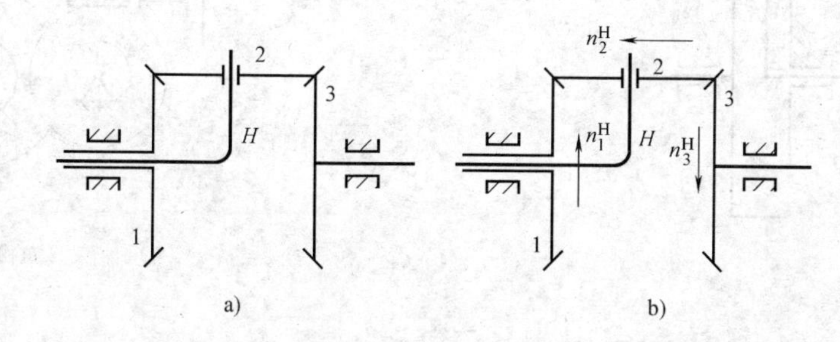

图5-12　空间周转轮系与转化轮系

2）列出转化轮系传动比的计算式

$$i_{13}^{\mathrm{H}}=\frac{n_1^{\mathrm{H}}}{n_3^{\mathrm{H}}}=\frac{n_1-n_{\mathrm{H}}}{n_3-n_{\mathrm{H}}}=-\frac{z_3}{z_1}=-1$$

有

$$\frac{n_1-n_{\mathrm{H}}}{n_3-n_{\mathrm{H}}}=-1$$

则 $n_{\mathrm{H}}=\dfrac{n_1+n_3}{2}$，$n_1=2n_{\mathrm{H}}-n_3$，$n_3=2n_{\mathrm{H}}-n_1$。

思考与练习题

5-1　图5-13所示的轮系中，已知：各轮齿数为 $z_1=20$，$z_2=40$，$z_{2'}=20$，$z_3=30$，$z_{3'}=20$，$z_4=40$。试指出该轮系属于哪种轮系，标出各齿轮的转动方向，并求出传动比 i_{14}。

5-2　图5-14所示的传动机构中，已知各轮齿数为 $z_1=1$，$z_2=40$，$z_{2'}=28$，$z_3=70$，$z_{3'}=25$，$z_4=25$，$z_5=25$。试求传动比 i_{15}，并标出各轮的转向。

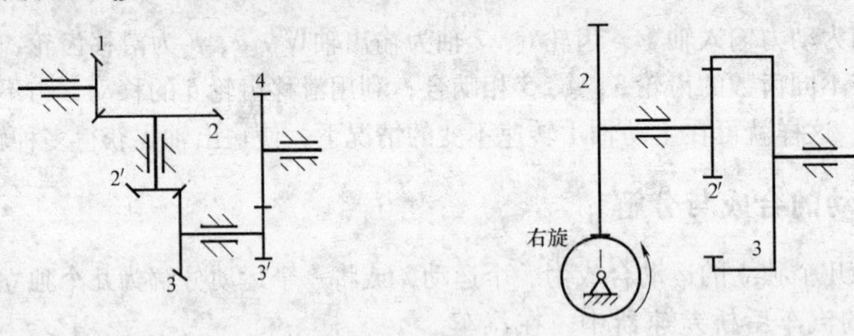

图5-13　轮系　　　　图5-14　传动机构

5-3　图5-15所示的行星齿轮减速器中，已知：$z_1=105$，$z_3=135$，齿轮3的转速 $n_3=2\,400\mathrm{r/min}$，试求行星架 H 的转速。

5-4　图5-16所示的起重传动装置中，已知：$z_3=30$，$z_{3'}=1$，$z_4=40$，$z_{4'}=18$，$z_5=52$，试求传动比 i_{35}，并画出当使重物上升时手柄的转向。

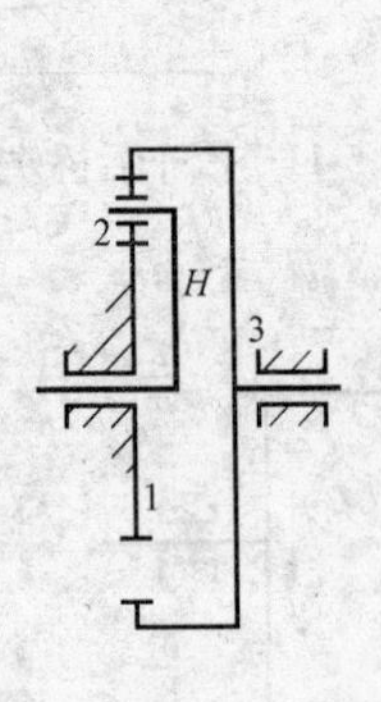

图5-15　行星齿轮减速器

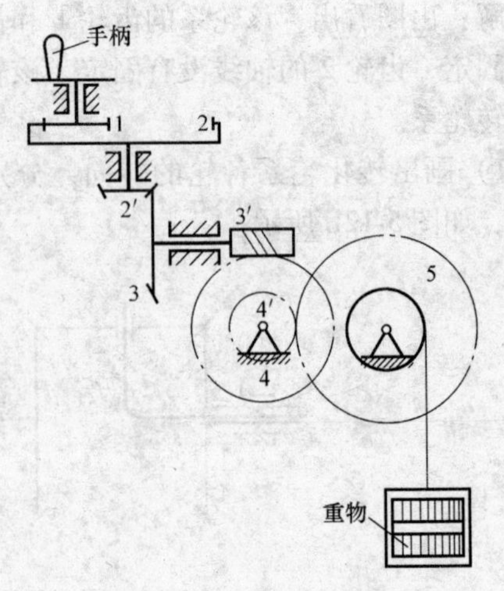

图5-16　起重传动装置

模块6 带传动与链传动

机械设计技术

带传动和链传动是最简单并且常用的机械传动装置，它们的主要功能是传递运动和改变转速。

任务1 带 传 动

带传动是将环形带紧套在两个带轮上，使环形带与带轮接触面间产生压紧力，工作时靠压紧力所产生的摩擦力来传递运动和动力。

一、带传动的组成及类型

1. 结构组成

带传动由主动带轮1、从动带轮2、轴、机架和张紧在两轮上的挠性带3组成，如图6-1a所示。

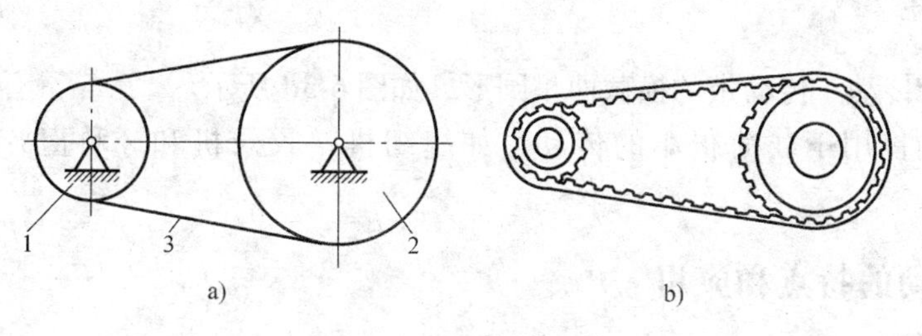

图6-1 带传动

1—主动带轮 2—从动带轮 3—挠性带

2. 类型

带传动按传动原理分为摩擦带传动和啮合带传动两类。

摩擦带传动是靠传动带与带轮间的摩擦力实现传动的；啮合带传动是靠传动带内侧的凸齿与带轮外缘上的凹槽相啮合实现传动的，如图6-1b所示。

带传动按截面形状不同分为平带传动、V带传动、多楔带传动和圆形带传动等。

（1）平带传动 工作时传动带的内环表面与带轮轮缘相接触，如图6-2所示。

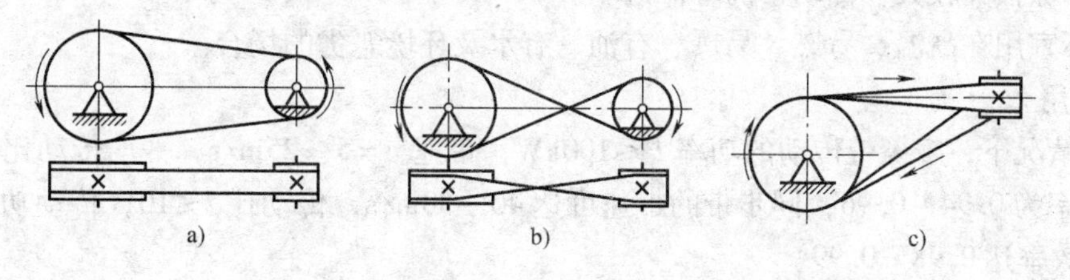

图6-2 平带传动

平带传动多数用于两轴平行且回转方向相同的传动，如图6-2a所示；也可用于两轴平行且回转方向相反的相交传动，如图6-2b所示；还可用于两轴垂直或成任意交角的传动，如图6-2c所示。

平带的截面形状为扁平矩形，如图6-3a所示。

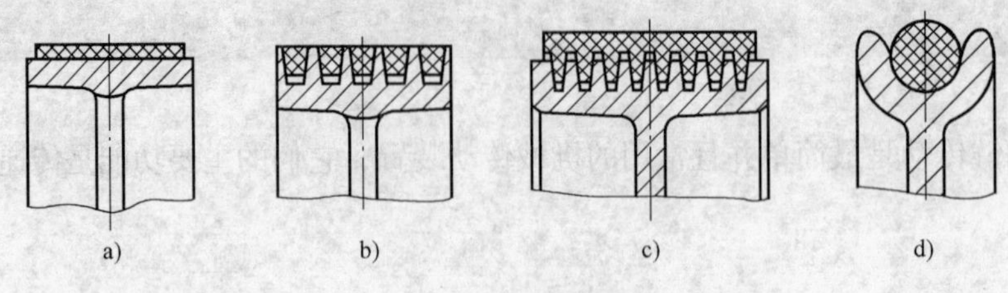

图6-3　带的截面形状

（2）V带传动　V带的截面形状为等腰梯形，V带的两侧面为工作面，且底面不与轮槽底面接触，为非工作面，如图6-3b所示。

由于V带传动利用楔形摩擦原理，在传动带的张力相同时，V带的摩擦力比平带大，而且允许的传动比也大，结构紧凑，所以应用最为广泛。

（3）多楔带传动　多楔带是平带和V带的组合结构，其楔形部分嵌入在带轮上的楔形槽内，靠楔面之间产生的摩擦力工作，如图6-3c所示。

多楔带传动兼有平带和V带的优点，摩擦力大，结构紧凑，传动带受力均匀，可进行大功率传动。

（4）圆形带传动　传动带的横截面呈圆形，如图6-3d所示。

圆形带传动仅用于载荷很小的传动，如缝纫机、收录机和牙科医疗器械等轻型机械中。

二、带传动的特点和应用

1. 特点

（1）优点

1）传动带为弹性体，能缓冲和吸振，传动平稳，噪声小。

2）过载时传动带和带轮可发生打滑，从而起到保护其他零件免受损坏的作用。

3）结构简单，制造和安装精度低，维护方便，成本低廉。

（2）缺点

1）不能保证准确的传动比，对轴的压力大，传动的外轮廓尺寸大。

2）摩擦损失较大，传动带的寿命短。

3）不宜用在高温、易燃、易爆、有油、有水及环境恶劣的场合。

2. 应用

一般情况下，摩擦带传动的功率$P \leqslant 100$kW，带速$v = 5 \sim 25$m/s，平均传动比$i \leqslant 5$，一般传动效率为0.94～0.96；同步带的带速可达40～50m/s，传动比$i \leqslant 10$，传动功率可达到200kW，效率达0.98～0.99。

在多级机械传动系统中，带传动应放在高速级，以减小噪声和传动带的受力。

三、带传动的工作原理与功率

为使传动带和带轮接触面上产生足够的摩擦力，带传动时必须以一定的张紧力紧套在带轮上。

1. 传动带的初拉力

当带传动静止时，传动带的任一横截面上都受到大小相等的拉力 F_0 的作用，F_0 称为初拉力，如图 6-4a 所示。

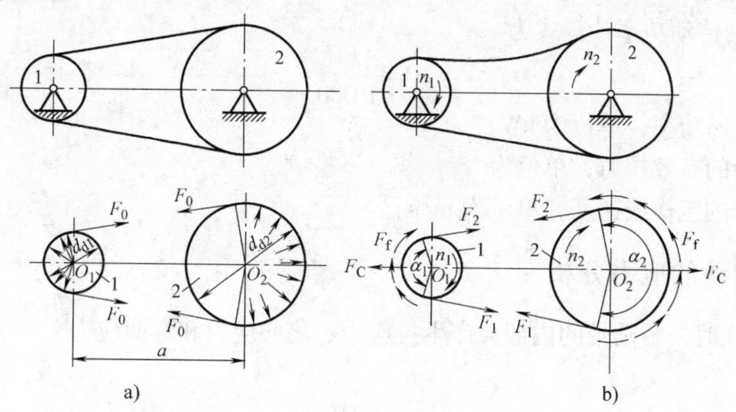

图 6-4　带传动的工作原理图与受力分析
a）带静止时　b）带传动工作时

当带传动工作时，由于传动带与带轮接触面间产生摩擦力 F_f，这时带轮两边的拉力不再相等，如图 6-4b 所示。由于摩擦力的作用，使传动带两边的拉力发生了变化，传动带绕入主动轮一边的拉力由 F_0 增大到 F_1，称为紧边；另一边拉力由 F_0 减小到 F_2，称为松边。

假设传动带在工作时，传动带的总长度保持不变，这种情况下紧边拉力的增加量，应等于松边拉力的减少量，即

$$F_1 - F_0 = F_0 - F_2$$

2. 带传动的有效拉力

带传动工作时，把带轮两边传动带的拉力差 F，称为带传动的有效拉力。

实际上传动带的有效拉力 F 是传动带和带轮之间摩擦力的总和，即静滑动摩擦力的总和，如图 6-4b 所示。

由滑动摩擦定律可知，带传动有效摩擦力与总摩擦力相等，即带传动所传递的有效拉力 F 为

$$F = F_1 - F_2$$

3. 带传动的最大拉力

当传动带与带轮表面即将打滑时，摩擦力达到最大值，即带传动的有效圆周力达到最大值。传动带工作时紧边拉力 F_1，松边拉力 F_2 及传动带在带轮上的包角 α 之间的关系为

$$\frac{F_1}{F_2} = e^{f\alpha}$$

式中　f——带与带轮接触面间的摩擦系数；

α——带轮的包角，传动带与带轮接触弧所对的中心角，单位为 rad；

e——自然对数的底，e≈2. 718。

带传动的有效拉力计算式为

$$F = 2F_0 \frac{e^{f\alpha} - 1}{e^{f\alpha} + 1}$$

由上式可知，带传动的最大有效拉力 F 与初拉力 F_0、摩擦系数 f、包角 α 等有关。f、α 越大，产生的总摩擦力就越大，传动能力也越高。

F 随 F_0 的增大而增大，但 F_0 过大，会使传动带寿命降低。

4. 带传动的功率

带传动时的传动功率计算式为

$$P = \frac{Fv}{1\,000} \tag{6-1}$$

式中 P——传递功率，单位为 kW；

F——带的有效拉力，单位为 N；

v——带的工作线速度，单位为 m/s。

四、带传动的应力分析

带传动工作时，传动带的内部会产生拉应力、离心应力和弯曲应力。

1. 拉应力

传动带的紧边拉应力计算式 $\sigma_1 = \frac{F_1}{A}$

传动带的松边拉应力计算式 $\sigma_2 = \frac{F_2}{A}$

式中 F_1——传动带紧边拉力，单位为 N；

F_2——传动带松边拉力，单位为 N；

A——传动带的横截面积，单位为 mm^2；

σ_1——紧边拉应力，单位为 MPa；

σ_2——松边拉应力，单位为 MPa。

2. 离心应力

带传动工作时，传动带绕过带轮作圆周运动时会产生离心力，它使传动带在全长各处均承受离心拉力 F_L，其大小为

$$F_L = qv^2$$

F_L 作用于传动带的全长上，产生的离心拉应力为

$$\sigma_L = \frac{F_L}{A} = \frac{qv^2}{A}$$

式中 v——传动带的线速度，单位为 m/s；

q——每米带长的质量，单位为 kg/m，各种 V 带型号的 q 值见表 6-1 。

表 6-1 基准宽度制 V 带每米长的质量 q 及带轮最小基准直径

带型	Y	Z	A	B	C	D	E	SPZ	SPA	SPB	SPC
$q/kg \cdot m^{-1}$	0.02	0.06	0.10	0.17	0.30	0.62	0.90	0.07	0.12	0.20	0.37
d_{min}/mm	20	50	75	125	200	355	500	63	90	140	224

3. 弯曲应力

传动带绕上带轮时传动带将发生弯曲，因弯曲而产生的弯曲应力，由工程力学可得传动带的弯曲应力计算式为

$$\sigma_{bb}=2E\frac{h_a}{d}$$

式中　h_a——传动带中性层到最外层的距离，单位为 mm；

E——传动带的弹性模量，单位为 MPa；

d——带轮直径，对于 V 带传动，d 应为基准直径 d_d，单位为 mm。

由于两个带轮的直径一般不相等，所以传动带在两个带轮上的弯曲应力也不相等。弯曲应力 σ_{bb} 只发生在传动带包在带轮上对应的圆弧部分。

弯曲应力随中性层到最外层的距离增大而增大；随带轮直径的增大而减小。故 $\sigma_{bb1}>\sigma_{bb2}$（$\sigma_{bb1}$ 为传动带在小带轮上的弯曲应力，σ_{bb2} 为传动带在大带轮上的弯曲应力）。

为避免弯曲应力过大，小带轮的直径不能过小，与各种 V 带型号相配的小带轮最小直径参见表 6-1 选择。

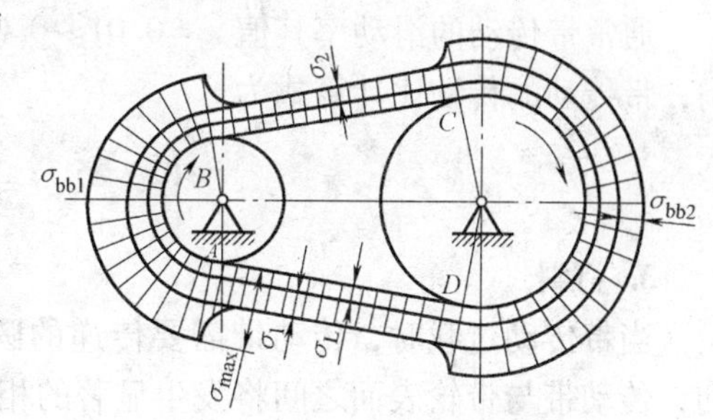

图 6-5　传动带的应力分布

带传动工作时的应力分布情况，如图 6-5 所示。

由图可见带传动在工作时，任一截面的应力是随不同位置而变化的，最大应力发生在紧边绕入小带轮的 A 处，其值为

$$\sigma_{max}=\sigma_1+\sigma_L+\sigma_{bb1}$$

五、带传动的弹性滑动、滑动率和打滑

1. 弹性滑动

传动带是弹性体，受拉力后要产生弹性变形，当传动带由紧边 A 绕过主动轮的 B 进入松边时，由于紧边和松边的拉力不同，所以产生的弹性变形也不同。当传动带的紧边绕上主动轮的 A 处时，传动带的拉力为 F_1，这时带速 v 等于主动轮的圆周速度 v_1，如图 6-5 所示。传动带随带轮从 A 转到 B 时，传动带所受拉力由 F_1 逐渐减少到 F_2，传动带的弹性变形也随之相应减少，带速 v 逐渐低于主动轮的圆周速度 v_1，所以传动带与带轮之间会发生相对滑动。

同样，当传动带由松边 C 绕过从动轮进入紧边 D 时，拉力会逐渐增大，传动带逐渐被拉长，传动带沿轮面产生向前的弹性滑动，使传动带的速度逐渐大于从动轮的圆周速度。

这种由于传动带的内部拉力变化造成弹性变形而引起传动带与带轮间的相对滑动，称为传动带的弹性滑动。传动带的弹性滑动是摩擦型带传动正常工作时的固有特性，是不可避免的。

2. 滑动率

传动带的弹性滑动使从动轮的圆周速度 v_2 低于主动轮的圆周速度 v_1，其主动轮的圆周速度相对从动轮的圆周速度降低率称为滑动率，用 ε 表示，计算式为

$$\varepsilon=\frac{v_1-v_2}{v_1}=\frac{\pi d_1n_1-\pi d_2n_2}{\pi d_1n_1}=\frac{d_1n_1-d_2n_2}{d_1n_1}\tag{6-2}$$

若考虑滑动率 ε 的影响，则带传动的传动比计算式为

$$i=\frac{n_1}{n_2}=\frac{d_2}{d_1(1-\varepsilon)} \tag{6-3}$$

从动轮的转速为

$$n_2=\frac{n_1 d_1(1-\varepsilon)}{d_2}$$

式中 d_1、d_2——分别为主、从动轮的直径，单位为 mm，对于 V 带传动，d 应为基准直径 d_d；

n_1、n_2——分别为主、从动轮的转速，单位为 r/min。

通常带传动的滑动率其值 $\varepsilon=0.01\sim0.02$，故在一般动力传动计算时，可以不计 ε 的影响，带传动的传动比计算式为

$$i=\frac{n_1}{n_2}=\frac{d_2}{d_1} \tag{6-4}$$

3. 打滑

当带传动过载时，传动带需要传递的圆周力超过了传动带与带轮之间极限摩擦力的总和，传动带与带轮表面之间将发生显著的相对滑动，这种现象称为打滑。

带传动在不打滑的条件下能传递的最大圆周力计算式为

$$F_{\max}=F_1\left(1-\frac{1}{e^{f\alpha_1}}\right)$$

带传动打滑时，主动轮仍匀速转动，从动轮转速急剧下降，传动带和从动轮不能正常运行，导致传动失效。

打滑会造成传动带严重磨损，发热损坏，为了保证带传动正常工作，应尽可能避免打滑。

六、V 带的结构和尺寸标准

传动带的种类很多，有普通 V 带、窄 V 带、宽 V 带、大楔角 V 带等。其中以普通 V 带和窄 V 带应用较广。

1. 结构

V 带为无接头环形带，如图 6-6 所示。V 带由包布层、强力层、伸张层和压缩层组成。

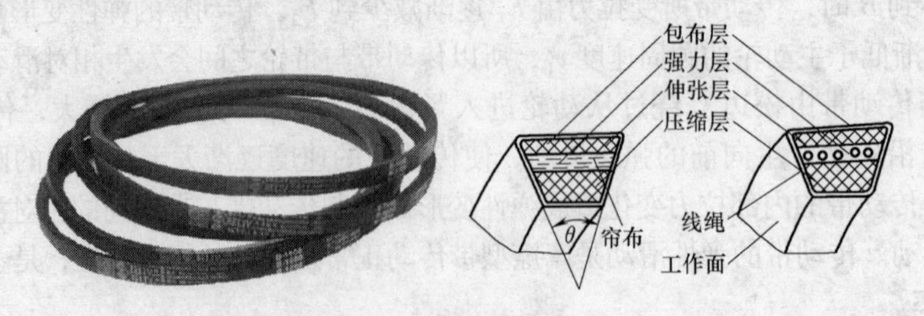

图 6-6 V 带结构

V 带的两个侧面为工作面，V 带两侧面的夹角 θ 称为 V 带楔角，普通 V 带楔角 $\theta=40°$。

伸张层和压缩层均为胶料，包布层是 V 带的保护层，强力层承受拉应力。

为提高 V 带的抗拉能力，强力层分为帘布型和线绳型两种。

帘布结构抗拉强度高，制造方便，适用于带轮直径大、承载力大的场合；线绳结构有尼龙丝绳或钢丝绳，比较柔软，易弯曲，适用于带轮直径较小、转速高的场合。

2. V 带型号

V 带分为普通 V 带和窄 V 带两类。

普通 V 带和窄 V 带均已标准化，普通 V 带可参照 GB/T 1171—2006 选用。

（1）普通 V 带　普通 V 带按截面尺寸大小分为：Y、Z、A、B、C、D、E 七种带型。

Y 型 V 带的截面面积最小，往右依次增大，E 型 V 带的截面面积最大。在相同条件下，截面面积越大，V 带所传递的功率就越大。

（2）窄 V 带　窄 V 带按截面尺寸大小分为：SPZ、SPA、SPB、SPC 四种带型。

3. V 带参数

V 带的参数主要有中性层、节宽、基准直径和基准长度。

（1）中性层　V 带绕在带轮上将产生弯曲变形，假设 V 带是由很多层纤维组成的，外层受到拉伸，纤维层发生伸长，内层受到压缩，纤维层发生缩短，从伸长到缩短的各层纤维层之间必然存在一个长度不变的纤维层，该层称为中性层。

（2）节宽　中性层面与横截面的交线宽度称为节宽，节宽用 b_d 表示，国标规定普通 V 带截面高度 h 与节宽 b_d 的比值为 $h/b_d=0.7$；窄 V 带截面高度 h 与节宽 b_d 的比值为 $h/b_d=0.9$。表 6-2 为 V 带截面尺寸。

表 6-2　V 带截面尺寸　　（单位：mm）

型号		节宽 b_d	顶宽 b	高度 h	楔角 θ
普通 V 带	Y	5.3	6	4.0	40°
	Z	8.5	10	6.0	
	A	11	13	8.0	
	B	14	17	11.0	
	C	19	22	14.0	
	D	27	32	19.0	
	E	32	38	23.0	
窄 V 带	SPZ	8	10	8.0	
	SPA	11	13	10.0	
	SPB	14	17	14.0	
	SPC	19	22	18.0	

（3）基准直径　对应于 V 带节宽处的带轮直径称为 V 带轮的基准直径，基准直径用 d_d 表示。V 带轮已标准化，根据表 6-4 选用。

（4）基准长度　对应于 V 带节宽处的 V 带周线长度，称为 V 带的基准长度，V 带的基准长度用 L_d 表示。

4. V 带标记

V 带的标记通常压印在 V 带的外表面上以方便识别。普通 V 带的标记由型号、基准长度和国家标准代号组成。例如，B 型普通 V 带，基准长度为 1 600mm，其标记为：B—1600 GB/T 1171—2006。

V 带的截面尺寸见表 6-2，V 带的基准长度系列及带长修正系数见表 6-3。

表 6-3　V 带基准长度 L_d 及带长修正系数 K_L

普通 V 带													
Y L_d	K_L	Z L_d	K_L	A L_d	K_L	B L_d	K_L	C L_d	K_L	D L_d	K_L	E L_d	K_L
200	0.81	405	0.87	630	0.81	930	0.83	1 565	0.82	2 740	0.82	4 660	0.91
224	0.82	475	0.90	700	0.83	1 000	0.84	1 760	0.85	3 100	0.86	5 040	0.92
250	0.84	530	0.93	790	0.85	1 100	0.86	1 950	0.87	3 330	0.87	5 420	0.94
280	0.87	625	0.96	890	0.87	1 210	0.87	2 195	0.90	3 730	0.90	6 100	0.96
315	0.89	700	0.99	990	0.89	1 370	0.90	2 420	0.92	4 080	0.91	6 850	0.99
355	0.92	780	1.00	1 100	0.91	1 560	0.92	2 715	0.94	4 620	0.94	7 650	1.01
400	0.96	920	1.04	1 250	0.93	1 760	0.94	2 880	0.95	5 400	0.97	9 150	1.05
450	1.00	1 080	1.07	1 430	0.96	1 950	0.97	3 080	0.97	6 100	0.99	12 230	1.11
500	1.02	1 330	1.13	1 550	0.98	2 180	0.99	3 520	0.99	6 840	1.02	13 750	1.15
		1 420	1.14	1 640	0.99	2 300	1.01	4 060	1.02	7 620	1.05	15 280	1.17
		1 540	1.54	1 750	1.00	2 500	1.03	4 600	1.05	9 140	1.08	16 800	1.19
				1 940	1.02	2 700	1.04	5 380	1.08	10 700	1.13		
				2 050	1.04	2 870	1.05	6 100	1.11	12 200	1.16		
				2 200	1.06	3 200	1.07	6 815	1.14	13 700	1.19		
				2 300	1.07	3 600	1.09	7 600	1.17	15 200	1.21		
				2 480	1.09	4 060	1.13	9 100	1.21				
				2 700	1.10	4 430	1.15	10 700	1.24				
						4 820	1.17						
						5 370	1.20						
						6 070	1.24						

窄 V 带					窄 V 带				
L_d	K_L				L_d	K_L			
	SPZ	SPA	SPB	SPC		SPZ	SPA	SPB	SPC
630	0.82				3 150	1.11	1.04	0.98	0.90
710	0.84				3 550	1.13	1.06	1.00	0.92
800	0.86	0.81			4 000		1.08	1.02	0.94
900	0.88	0.83			4 500		1.09	1.04	0.96
1 000	0.90	0.85			5 000			1.06	0.98
1 120	0.93	0.87			5 600			1.08	1.00
1 250	0.94	0.89	0.82		6 300			1.10	1.02
1 400	0.96	0.91	0.84		7 100			1.12	1.04
1 600	1.00	0.93	0.86		8 000			1.14	1.06
1 800	1.01	0.95	0.88		9 000				1.08
2 000	1.02	0.96	0.90	0.81	10 000				1.10
2 240	1.05	0.98	0.92	0.83	11 200				1.12
2 500	1.07	1.00	0.94	0.86	12 500				1.14
2 800	1.09	1.02	0.96	0.88					

七、V 带轮的材料和结构与尺寸

1. V 带轮的材料

带轮工作时应具有足够的强度，质量小且分布均匀，工艺性好，便于制造。

带轮常用材料为铸铁、钢、铝合金和工程塑料等。带传动受力较大，转速很高时宜采用锻钢或铸钢；当带轮直径很大时可采用钢板冲压后焊接；一般的机械通常采用铸铁；小功率时也可采用铸铝或塑料。

2. V 带轮的结构和尺寸

图 6-7 所示为 V 带轮的结构，由轮缘、轮辐和轮毂组成。

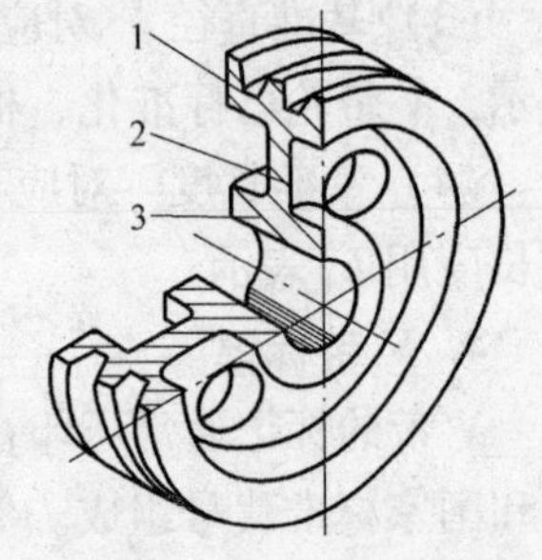

图 6-7　V 带轮的结构
1—轮缘　2—轮辐　3—轮毂

标准 V 带轮按直径大小不同，其结构形式也不同，带轮的结构形式有实心式、辐板式、孔板式和椭圆轮辐式。带轮基准直径 $d_d \leqslant (2.5 \sim 3) d_0$ 时（d_0 为轴的直径）可采用实心式；$d_d <$

400mm 时，可采用辐板式或孔板式；$d_d>400$mm 时，可采用椭圆轮辐式。V 带轮的基准直径系列可参照表 6-4 选用。

表 6-4 V 带轮的基准直径系列 （单位：mm）

基准直径 d_d	带轮						
	Y	Z SPZ	A SPA	B SPB	C SPC	D	E
	外径 d_d						
28	31.2						
31.5	34.7						
35.5	38.7						
40	43.2						
45	48.2						
50	53.2	+54					
56	59.2	+60					
63	66.2	67					
71	74.2	75					
75		79	+80.5				
80	83.2	84	+85.5				
85			+90.5				
90	93.2	94	95.5				
95			100.5				
100	103.2	104	105.5				
106			111.5				
112	115.2	116	117.5				
118			123.5				
125	128.2	129	130.5	+132			
132		136	137.5	+139			
140		144	145.5	147			
150		154	155.5	157			
160		164	165.5	167			
170				177			
180		184	185.5	187			
200		204	205.5	207	+209.6		
212				219	+221.6		
224				231	233.6		
236		288	229.5	243	245.6		
250		254	255.5	257	259.6		
265					274.6		
280		284	285.5	287	289.6		
315		319	320.5	322	324.6		

带轮的尺寸已标准化，设计时可按 GB/T 10412—2002 和 GB/T 13575.1—2008 选用。当带传动传递的功率 P(kW)，带轮的转速 n(r/min)，轮辐数 z 均为已知时，V 带轮轮缘尺寸参考表 6-5 选用。

表 6-5 V 带轮轮缘尺寸

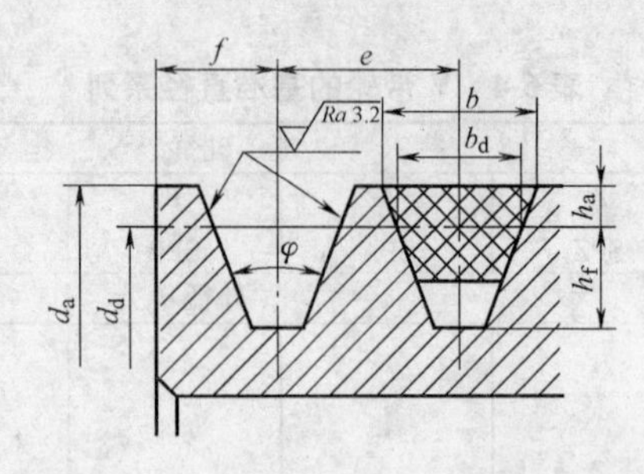

项目		符号	槽型						
			Y	Z SPZ	A SPA	B SPB	C SPC	D	E
基准宽度		b_d	5.3	8.5	11.0	14.0	19.0	27.0	32.0
基准线上槽深		h_{amin}	1.6	2.0	2.75	3.5	4.8	8.1	9.6
基准线下槽深		h_{fmin}	4.7	7.0	8.7	10.8	14.3	19.9	23.4
				9.0	11.0	14.0	19.0		
槽间距		e	8 ±0.3	12 ±0.3	15 ±0.3	19 ±0.4	25.5 ±0.5	37 ±0.6	44.5 ±0.7
第一槽对称面至端面的最小距离		f_{min}	6	7	9	11.5	16	23	28
带轮宽		B	$B=(z-1)e+2f$ z—轮槽数						
外径		d_a	$d_a=d_d+2h_a$						
轮槽角 φ	32°	相应的基准直径 d_d	≤60	—	—	—	—	—	—
	34°		—	≤80	≤118	≤190	≤315	—	—
	36°		>60	—	—	—	—	≤475	≤600
	38°		—	>80	>118	>190	>315	>475	>600
	极限偏差		±0.5°						

带轮结构其他方面的尺寸可参照图 6-8，根据经验计算式确定。

V 带轮槽的两侧面为工作面，应为最光滑的表面，表面粗糙度值 $Ra \leqslant 3.2\mu m$，以减少带的磨损。

八、带传动的张紧

带传动经过一段时间运转后，因受到长久的拉伸变形而产生塑性伸长，从而使传动带的初拉力下降，为保证传动带的正常传动能力，必须采用必要的张紧装置使传动带具有足够的初拉力。常用的张紧方式有调整中心距和张紧轮装置两类方式。

1. 调整中心距方式

（1）定期张紧装置　定期张紧就是按规定的时间进行张紧。定期张紧分为滑轨式定期张紧和摆架式定期张紧。

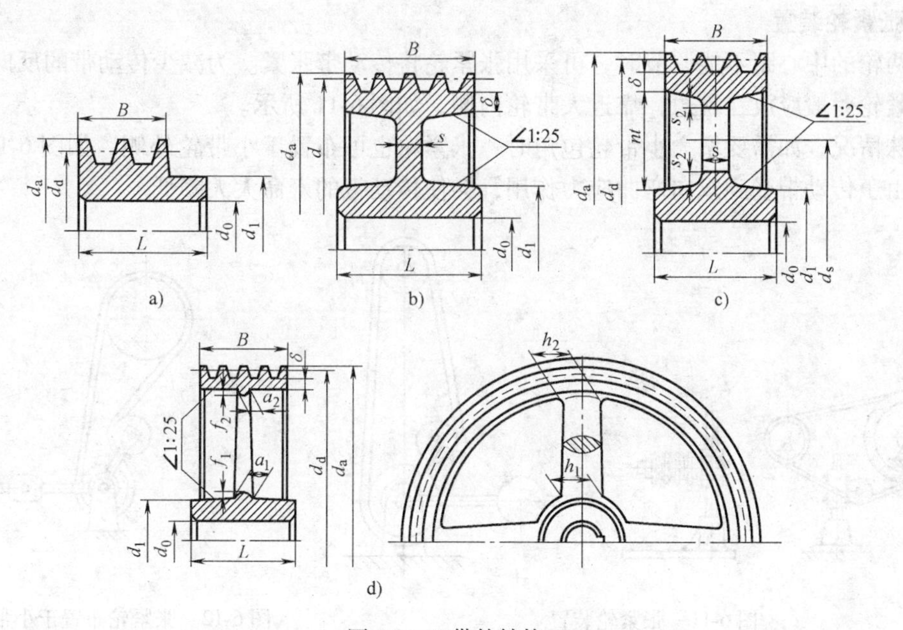

图 6-8 V带轮结构

a) 实心轮 b) 辐板轮 c) 孔板轮 d) 椭圆轮辐式

$d_1=(1.8\sim2)d_0$，$L=(1.5\sim2)d_0$，$s=0.3B$，$h_1=290\sqrt[3]{\frac{P}{nA}}$，式中：$P$—传递的功率（kW），$n$—带轮的转速（r/min），$A$—轮辐数，$h_2=0.8h_1$，$a_1=0.4h_1$，$a_2=0.8a_1$，$f_1=0.2h_1$，$f_2=0.2h_2$

1）滑轨式定期张紧。滑轨式定期张紧是把电动机安装在滑轨上，旋动调整螺杆，将推动电动机移动，通过调节两带轮的中心距离以调整初拉力的大小，如图 6-9a 所示。滑轨式定期张紧装置，一般用于水平或倾斜度不大的传动场合。

2）摆架式定期张紧。摆架式定期张紧就是把电动机固定在摆架上，用调整螺杆来调节两带轮的中心距离以调整 V 带的初拉力，如图 6-9b 所示。

（2）自动张紧装置 自动张紧装置是把装有带轮的电动机安装在摆架 2 上，利用电动机的自重与摆架偏移距离产生的力矩绕销轴 3 转动，自动增大两轮的中心距离，使传动带始终保持一定的初拉力，如图 6-10 所示。自动张紧装置主要应用于传递载荷不大、不方便两轮中心距调节的场合。

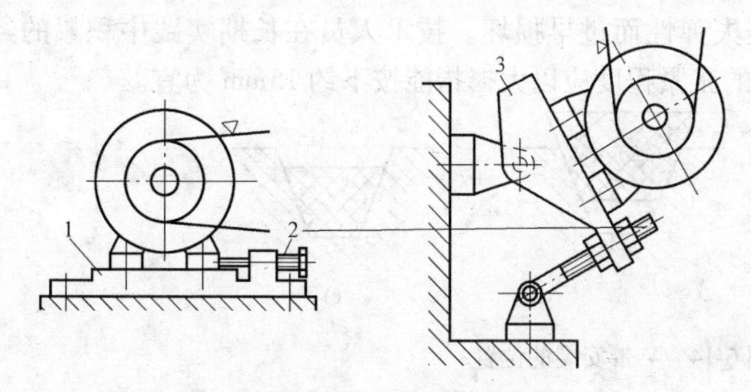

图 6-9 定期张紧装置

1—滑轨 2—调整螺杆 3—摆架

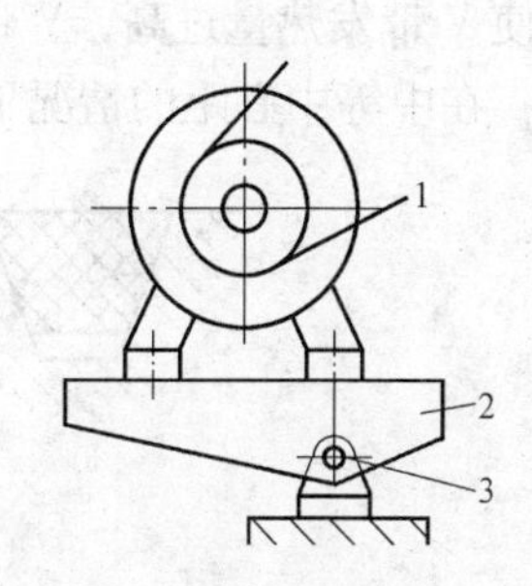

图 6-10 自动张紧装置

1—带轮 2—摆架 3—销轴

2. 张紧轮装置

当两轮的中心距不能调节时，可采用张紧轮将传动带张紧。为减少传动带的反向弯曲变形，张紧轮一般应放在松边，靠近大带轮内侧，如图 6-11 所示。

特殊情况，如需要增大小带轮包角时，张紧轮也可布置于小带轮外侧，如图 6-12 所示，该方法由于传动带受到双向弯曲应力作用，会使传动带的寿命大大降低。

图 6-11　张紧轮装置

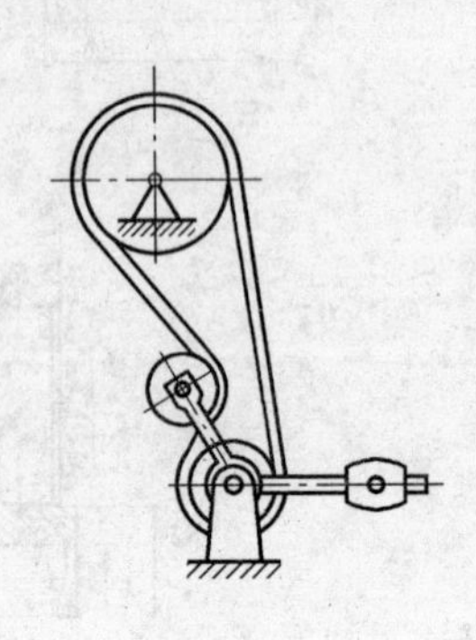

图 6-12　张紧轮布置于小带轮外侧

九、带传动的安装与维护

1）安装 V 带轮时，两带轮轴的中心线必须保持平行；主、从动轮的轮槽必须在同一平面内，如图 6-13 所示。

图 6-13a 所示为 V 带轮理想正确位置，图 6-13b、c 所示为 V 带轮安装实际位置的允许误差，如果变形超标，会引起 V 带扭曲及 V 带侧面过早磨损，还会使轴承产生附加载荷。

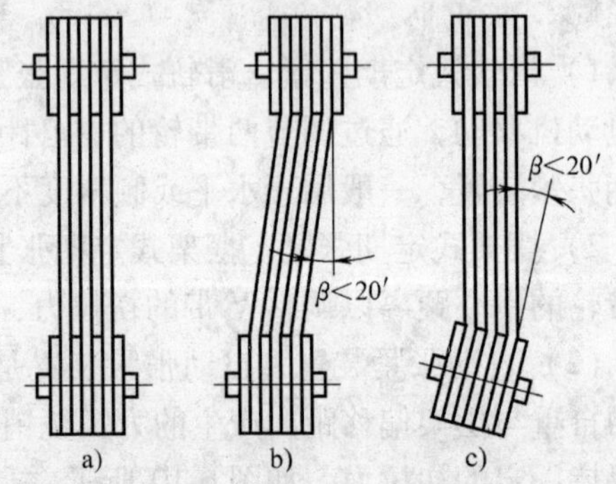

图 6-13　V 带和带轮的安装

2）在安装 V 带时，V 带的顶面应与带轮槽平齐，图 6-14a 所示为正确的安装；图 6-14b、c 所示为错误的安装。

此外还应按规定的初拉力对 V 带进行张紧，如太松了，V 带传动达不到功率要求；过紧了，则会使 V 带发热量过高，V 带容易丧失弹性而过早损坏。技术人员在长期实践中积累的经验是：在中等中心距的情况下，V 带的张紧程度应以大拇指能按下约 15mm 为宜。

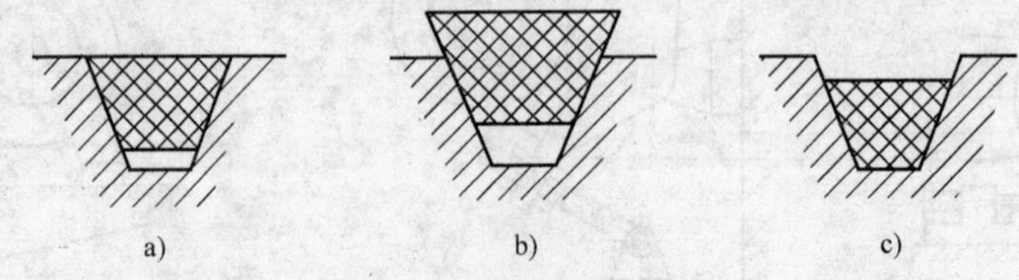

图 6-14　V 带安装的位置

3）带传动需要安装安全防护罩，这样，既可以防止被 V 带绞伤人，又可防止污物进入 V 带，使带传动打滑，影响传动。

4）对 V 带传动应进行定期检查和张紧，发现 V 带有损坏时，应及时进行更换，但必须使一组 V 带中各根带长度尽量相近，这样可使各根 V 带受力均匀；不同新旧程度的 V 带不宜同组使用。

十、V 带传动的设计

1. 带传动的失效形式和设计准则

由带传动的工作情况分析可知，传动带的主要失效形式有传动带与带轮之间的磨损、打滑和传动带的疲劳破坏等。因此，带传动的设计准则是：在保证不打滑的条件下，传动带应具有一定的疲劳强度和寿命。

（1）疲劳强度条件　疲劳强度条件计算式为

$$\sigma_{max}=\sigma_1+\sigma_L+\sigma_{bb1}\leqslant[\sigma]$$

式中　$[\sigma]$——V 带的许用应力，单位为 MPa。

（2）不打滑条件　按照 V 带传动的设计准则，根据前述带传动的受力及应力关系式，可推导出单根 V 带不打滑能传递的功率 P_1 计算式为

$$P_1=\sigma_1 A\left(1-\frac{1}{e^{f_v\alpha_1}}\right)\frac{v}{1\,000}$$

将疲劳强度条件计算式代入上式得单根 V 带所能传递的功率（称为额定功率）计算式为

$$P_1=([\sigma]-\sigma_L-\sigma_{bb1})\left(1-\frac{1}{e^{f_v\alpha_1}}\right)\frac{Av}{1\,000} \tag{6-5}$$

对于一定材质和规格尺寸的 V 带，在载荷平稳，特定的试验条件下（$\alpha_1=\alpha_2=180°$），通过试验获得 V 带的许用应力 $[\sigma]$。各种型号 V 带的 P_1 值参看机械设计手册，也可按表 6-6 ~ 表 6-10 选取。

表 6-6　A 型单根 V 带的基本额定功率 P_1　（单位：kW）

小带轮转速 n_1/r·min^{-1}	小带轮基准直径 d_{d1}/mm							
	75	90	100	112	125	140	160	180
	单根 V 带的基本额定功率 P_1							
200	0.15	0.22	0.26	0.31	0.37	0.43	0.51	0.59
400	0.26	0.39	0.47	0.56	0.67	0.78	0.94	1.09
700	0.40	0.61	0.74	0.90	1.07	1.26	1.51	1.76
800	0.45	0.68	0.83	1.00	1.19	1.41	1.69	1.97
950	0.51	0.77	0.95	1.15	1.37	1.62	1.95	2.27
1 200	0.60	0.93	1.14	1.39	1.66	1.96	2.36	2.74
1 450	0.68	1.07	1.32	1.61	1.92	2.28	2.73	3.16
1 600	0.73	1.15	1.42	1.74	2.07	2.45	2.54	3.40
2 000	0.84	1.34	1.66	2.04	2.44	2.87	3.42	3.93
2 400	0.92	1.50	1.87	2.30	2.74	3.22	3.80	4.32
2 800	1.00	1.64	2.05	2.51	2.98	3.48	4.06	4.54
3 200	1.04	1.75	2.19	2.68	3.16	3.65	4.19	4.58
3 600	1.08	1.83	2.28	2.78	3.26	3.72	4.17	4.40
4 000	1.09	1.87	2.34	2.83	3.28	3.67	3.98	4.00
4 500	1.07	1.83	2.33	2.79	3.17	3.44	3.48	3.13
5 000	1.02	1.82	2.25	2.64	2.91	2.99	2.67	1.81
5 500	0.96	1.70	2.07	2.37	2.48	2.31	1.51	—
6 000	0.80	1.50	1.80	1.96	1.87	1.37	—	—

表 6-7　B 型单根 V 带的基本额定功率 P_1　（单位：kW）

小带轮转速	小带轮基准直径 d_{d1}/mm							
n_1/	125	140	160	180	200	224	250	280
$r \cdot min^{-1}$	单根 V 带的基本额定功率 P_1							
200	0.48	0.59	0.74	0.88	1.02	1.19	1.37	1.58
400	0.84	1.05	1.32	1.59	1.85	2.17	2.50	2.89
700	1.30	1.64	2.09	2.53	2.96	3.47	4.00	4.61
800	1.44	1.82	2.32	2.81	3.30	3.86	4.46	5.13
950	1.64	2.08	2.66	3.22	3.77	4.42	5.10	5.85
1 200	1.93	2.47	3.17	3.85	4.50	5.26	6.04	6.90
1 450	2.19	2.82	3.62	4.39	5.13	5.97	6.82	7.76
1 600	2.33	3.00	3.86	4.68	5.46	6.33	7.20	8.13
1 800	2.50	3.23	4.15	5.02	5.83	6.73	7.63	8.46
2 000	2.64	3.42	4.40	5.30	6.13	7.02	7.87	8.60
2 200	2.76	3.58	4.60	5.52	6.35	7.19	7.97	8.53
2 400	2.85	3.70	4.75	5.67	6.47	7.25	7.89	8.22
2 800	2.96	3.85	4.89	5.76	6.43	6.95	7.14	6.80
3 200	2.94	3.83	4.80	5.52	5.95	6.05	5.60	4.26
3 600	2.80	3.63	4.46	4.92	4.98	4.47	5.12	—
4 000	2.51	3.24	3.82	3.92	3.47	2.14	—	—
4 500	1.93	2.45	2.59	2.04	0.73	—	—	—
5 000	1.09	1.29	0.81	—	—	—	—	—

表 6-8　C 型单根 V 带的基本额定功率 P_1　（单位：kW）

小带轮转速	小带轮基准直径 d_{d1}/mm							
n_1/	200	224	250	280	315	355	400	450
$r \cdot min^{-1}$	单根 V 带的基本额定功率 P_1							
200	1.39	1.70	2.03	2.42	2.84	3.36	3.91	4.51
300	1.92	2.37	2.85	3.40	4.04	4.75	5.54	6.40
400	2.41	2.99	3.62	4.32	5.14	6.05	7.06	8.20
500	2.87	3.58	4.33	5.19	6.17	7.27	8.52	9.81
600	3.30	4.12	5.00	6.00	7.14	8.45	9.82	11.29
700	3.69	4.64	5.64	6.76	8.09	9.50	11.02	12.63
800	4.07	5.12	6.23	7.52	8.92	10.46	12.10	13.80
950	4.58	5.78	7.04	8.49	10.05	11.73	13.48	15.23
1 200	5.29	6.71	8.21	9.81	11.53	13.31	15.04	16.59
1 450	5.84	7.45	9.04	10.72	12.46	14.12	15.53	16.47
1 600	6.07	7.75	9.38	11.06	12.72	14.19	15.24	15.57
1 800	6.28	8.00	9.63	11.22	12.67	13.73	14.08	13.29
2 000	6.34	8.06	9.62	11.04	12.14	12.59	11.95	9.64
2 200	6.26	7.92	9.34	10.48	11.08	10.70	8.75	4.44
2 400	6.02	7.57	8.75	9.50	9.43	7.98	4.34	—
2 600	5.61	6.93	7.85	8.08	7.11	4.32	—	—
2 800	5.01	6.08	6.56	6.13	4.16	—	—	—
3 200	3.23	3.57	2.93	—	—	—	—	—

表 6-9　D 型单根 V 带的基本额定功率 P_1　（单位：kW）

小带轮转速 n_1/r·min^{-1}	小带轮基准直径 d_{d1}/mm							
	355	400	450	500	560	630	710	800
	单根 V 带的基本额定功率 P_1							
100	3.01	3.66	4.37	5.08	5.91	6.88	8.01	9.22
150	4.20	5.14	6.17	7.18	8.43	9.82	11.38	13.11
200	5.31	6.52	7.90	9.21	10.76	12.54	14.55	16.76
250	6.36	7.88	9.50	11.09	12.97	15.13	17.54	20.18
300	7.35	9.13	11.02	12.88	15.07	17.57	20.35	23.39
400	9.24	11.45	13.85	16.20	18.95	22.05	25.45	29.08
500	10.90	13.55	16.40	19.17	22.38	25.94	29.76	33.72
600	12.39	15.42	18.67	21.78	25.32	29.18	33.18	37.13
700	13.70	17.07	20.63	23.99	27.73	31.68	35.59	39.14
800	14.83	18.46	22.25	25.76	29.55	33.38	36.87	39.55
950	16.15	20.06	24.01	27.50	31.04	34.19	36.35	36.76
1 100	16.98	20.99	24.84	28.02	30.85	32.65	32.52	29.26
1 200	17.25	21.20	24.84	26.71	29.67	30.15	27.88	21.32
1 300	17.26	21.06	24.35	26.54	27.58	26.37	21.42	10.73
1 450	16.77	20.15	22.02	23.59	22.58	18.06	7.99	—
1 600	15.63	18.31	19.59	18.88	15.13	6.25	—	—
1 800	12.97	14.28	13.34	9.59	—	—	—	—

表 6-10　E 型单根 V 带的基本额定功率 P_1　（单位：kW）

小带轮转速 n_1/r·min^{-1}	小带轮基准直径 d_{d1}/mm							
	500	560	630	710	800	900	1 000	1 120
	单根 V 带的基本额定功率 P_1							
100	6.21	7.32	8.75	10.31	12.05	13.96	15.64	18.07
150	8.60	10.33	12.32	14.56	17.05	19.76	22.14	25.58
200	10.86	13.09	15.65	18.52	21.70	25.15	28.52	32.47
250	12.97	15.67	18.77	22.23	26.03	30.14	34.11	38.71
300	14.96	18.10	21.69	25.69	30.05	34.71	39.17	44.26
350	16.81	20.38	24.42	28.89	33.73	38.64	43.66	49.04
400	18.55	22.49	26.95	31.83	37.05	42.49	47.52	52.98
500	21.65	26.25	31.36	36.85	42.53	48.20	53.12	57.94
600	24.21	29.30	34.83	40.58	46.26	51.48	55.45	58.42
700	26.21	31.59	37.26	42.87	47.96	51.95	54.00	53.62
800	27.57	33.03	38.52	43.52	47.38	49.21	48.19	42.77
950	28.32	33.40	37.92	41.02	41.59	38.19	30.08	—
1 100	27.30	31.35	33.94	33.74	29.06	17.65	—	—
1 200	25.53	28.49	29.17	25.91	16.46	—	—	—
1 300	22.82	24.31	22.56	15.44	—	—	—	—
1 450	16.82	15.35	8.85	—	—	—	—	—

当实际工作条件与上述试验条件不同时，应对额定功率加以修正，以获得实际工作条件下单根 V 带所能传递的功率，称为许用功率，计算式为

$$[P_1] = (P_1 + \Delta P_1) K_\alpha K_L \tag{6-6}$$

$$\Delta P_1 = K_b n_1 \left(1 - \frac{1}{K_i}\right) \tag{6-7}$$

式中 K_α——为包角修正系数，计入包角 $\alpha_1 \neq 180°$ 时对传动能力的影响，如图 6-15 所示；

K_L——为带长修正系数，计入带长度不等于特定长度时对传动能力的影响，见表 6-3；

K_b——为弯曲影响系数，考虑 $i \neq 1$ 时不同带型弯曲应力差异的影响，见表 6-11；

K_i——为传动比系数，考虑 $i \neq 1$ 时传动带绕经两轮的弯曲应力差异对 ΔP_1 影响，见表 6-12；

n_1——为小带轮转速，单位为 r/min；

ΔP_1——功率增量，考虑传动比 $i \neq 1$ 时，传动带在大带轮上的弯曲程度减少对传动能力的影响，可实际传递的功率比基本额定功率 P_1 大。

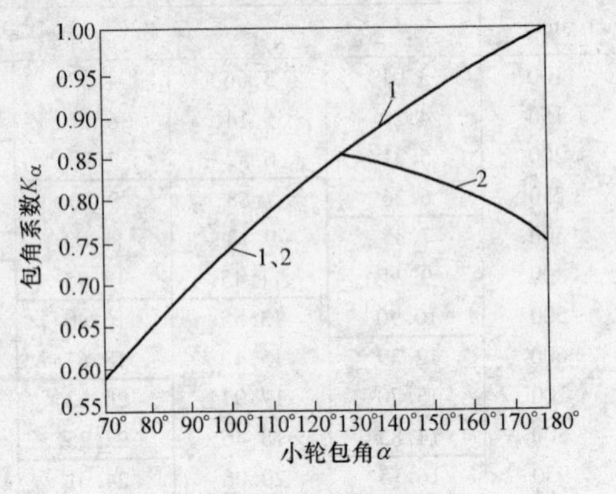

图 6-15 小带轮包角系数

1—V 带传动 2—平带传动

表 6-11 弯曲影响系数 K_b

带	型	K_b
普通 V 带	Y	$0.020\,4 \times 10^{-3}$
	Z	$0.173\,4 \times 10^{-3}$
	A	$1.027\,5 \times 10^{-3}$
	B	$2.649\,4 \times 10^{-3}$
	C	$7.501\,9 \times 10^{-3}$
	D	$2.657\,2 \times 10^{-3}$
	E	$4.983\,3 \times 10^{-3}$
窄 V 带	SPZ	$1.283\,4 \times 10^{-3}$
	SPA	$2.786\,2 \times 10^{-3}$
	SPB	$5.726\,6 \times 10^{-3}$
	SPC	$1.388\,7 \times 10^{-3}$

表 6-12 普通 V 带传动比系数 K_i

i	K_i	i	K_i
1.00 ~ 1.01	1.000 0	1.19 ~ 1.24	1.071 9
1.02 ~ 1.04	1.013 6	1.25 ~ 1.34	1.087 5
1.05 ~ 1.08	1.027 6	1.35 ~ 1.51	1.103 6
1.09 ~ 1.12	1.041 9	1.52 ~ 1.99	1.120 2
1.13 ~ 1.18	1.056 7	≥2.00	1.137 3

带传动设计的主要任务有：合理选择参数，确定传动带的型号、长度、根数，确定带轮材料、结构和尺寸，绘制带轮零件图等。

2. V 带传动的设计步骤

（1）确定设计功率　设计功率 P_d 是根据传递的额定功率（如电动机的额定功率 P），并考虑载荷性质及每天工作时间等因素影响而确定的，即

$$P_d = K_A P \tag{6-8}$$

式中　P——传动功率，单位为 kW；

K_A——工况系数，按表 6-13 选取。

表 6-13　工况系数 K_A

工作机		K_A					
		空、轻载起动			重载起动		
		每天工作小时数/h					
		<10	10～16	>16	<10	10～16	>16
载荷变动微小	液体搅拌机、通风机和鼓风机（≤7.5kW）、离心式水泵和压缩机、轻型输送机	1.0	1.1	1.2	1.1	1.2	1.3
载荷变动小	带式输送机（不均匀载荷）、通风机（>7.5kW）、旋转式水泵和压缩机、发电机、金属切削机床、印刷机、旋转筛、锯木机和木工机械	1.1	1.2	1.3	1.2	1.3	1.4
载荷变动较大	制砖机、斗式提升机、往复式水泵和压缩机、起重机、磨粉机、冲剪机床、橡胶机械、振动筛、纺织机械、重载运送机	1.2	1.3	1.4	1.4	1.5	1.6
载荷变动很大	破碎机（旋转式、颚式等）、磨碎机（球墨、棒磨、管磨）	1.3	1.4	1.5	1.5	1.6	1.8

注：1. 空、轻载起动—电动机（交流起动、三角起动，直流并励），四缸以上的内燃机，装有离心式离合器、液力联轴器的动力机。

2. 重载起动—电动机（联机交流起动；直流复励或串励），四缸以下的内燃机。

3. 反复起动、正反转频繁、工作条件恶劣等场合，K_A 应乘 1.2，窄 V 带乘 1.1。

（2）选取 V 带型号　根据设计功率 P_d 和主动轮转速 n_1 由图 6-16 和图 6-17 选择 V 带型号。当选择的坐标点在图中两种型号分界线附近时，则可根据具体情况选择两种型号同时进行计算，并分析比较，然后择优选用。

（3）确定带轮的基准直径 d_{d1}、d_{d2}　V 带传动设计时，对于不同型号的 V 带，所选用的小带轮直径不应小于表 6-1 中的数值，而且在空间允许的情况下应取的大些，这样可使 V 带的弯曲应力减小，提高 V 带的使用寿命。大带轮的直径，可根据两轮直径 d_{d1}、d_{d2} 与两轮的转速 n_1、n_2 成反比例关系求得，即

$$d_{d2} = \frac{n_1}{n_2} d_{d1}$$

对于精确传动，如果要考虑 V 带的弹性滑动，则应计入滑动系数 ε，有

$$d_{d2}=\frac{n_1}{n_2}d_{d1}(1-\varepsilon)$$

带轮基准直径 d_{d1} 和 d_{d2} 应圆整，并按表 6-4 选取。

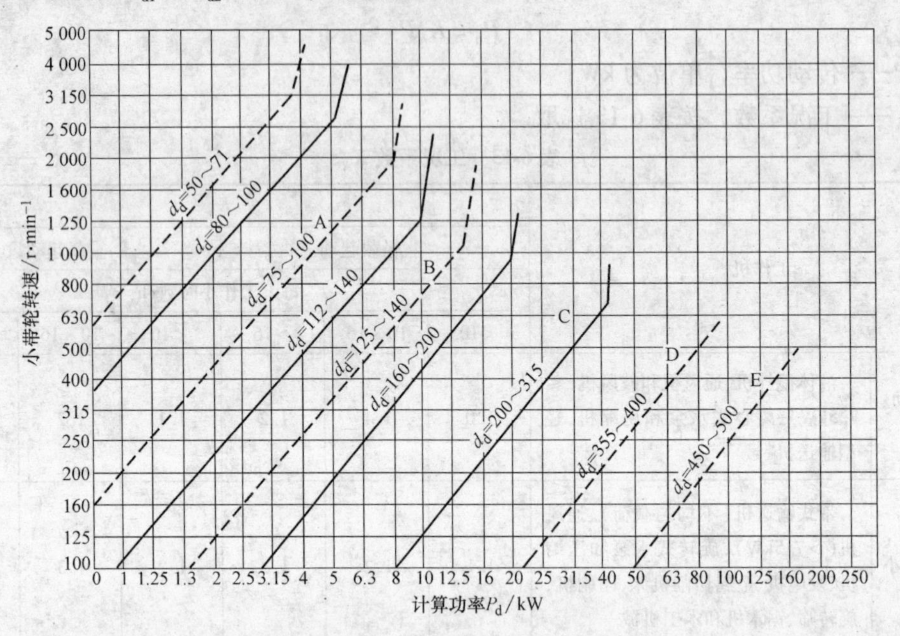

图 6-16　普通 V 带选型图

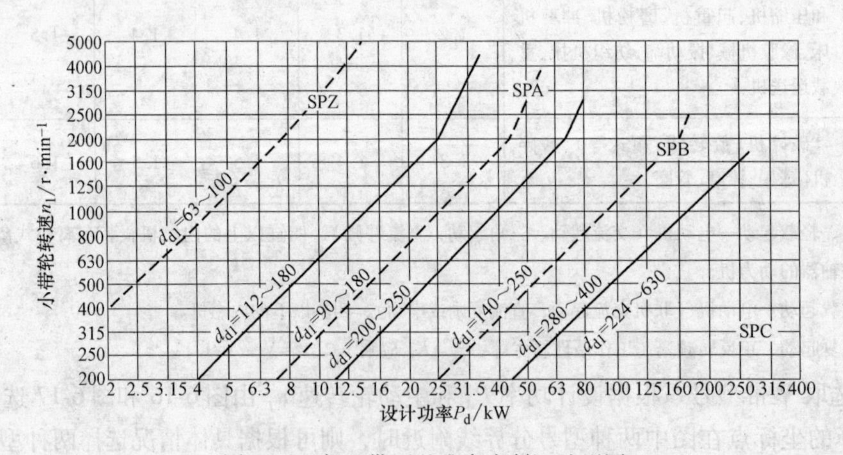

图 6-17　窄 V 带（基准宽度制）选型图

（4）验算 V 带的速度 v　根据小带轮的转速 n_1 和基准直径 d_{d1}，可求得 V 带的带速 v，即

$$v=\frac{\pi d_{d1}n_1}{60\times1\,000}\tag{6-9}$$

V 带的速度一般应限制在 $5\text{m/s}\leqslant v\leqslant25\text{m/s}$。若带速太高，带传动会发生颤动，造成包角忽大忽小，使 V 带与带轮间的摩擦力不定，传递功率不稳，V 带的离心力也增大，另外单位时间内 V 带绕过带轮的次数也增多，降低 V 带的使用寿命。当功率一定时，若带速太

低，会使传递的圆周力增大，V带的根数增多。

（5）初选中心距 a_0 和计算V带的基准长度 L_d　如果设计的V带传动对中心距有规定时，则应按规定要求进行设计。若没有具体要求时，可按下式初定中心距 a_0，即

$$0.7(d_{d1}+d_{d2})\leqslant a_0\leqslant 2(d_{d1}+d_{d2}) \tag{6-10}$$

若中心距太大，则带传动占用空间大，且工作时因V带太长，在高速传动时引起V带的颤动加剧。若中心距太小，虽然结构紧凑，但小带轮上V带的包角也会减小，V带单位时间内绕过带轮的次数增多。且V带的应力变化次数增多，造成V带加速疲劳损坏。初定中心距之后，按下式计算出所需V带的长度 L_{d0} 值，即

$$L_{d0}=2a_0+\frac{\pi}{2}(d_{d1}+d_{d2})+\frac{1}{4a_0}(d_{d2}-d_{d1})^2 \tag{6-11}$$

（6）按标准选取V带的基准长度 L_d，计算带轮的实际中心距 a　由计算值 L_{d0}，查表6-3选取接近的标准基准长度 L_d 值，再由下式计算出带传动的实际中心距 a，即

$$a\approx a_0+\frac{L_d-L_{d0}}{2} \tag{6-12}$$

考虑到安装调整和张紧的需要，实际中心距的变化范围为

$$a_{min}=a-0.015L_d;\ a_{max}=a+0.03L_d$$

（7）验算小带轮上的包角 α_1　小带轮上的包角 α_1 应满足

$$\alpha_1=180°-\frac{d_{d2}-d_{d1}}{a}\times 57.3°\geqslant 120° \tag{6-13}$$

（8）确定V带根数 z

$$z=\frac{P_d}{(P_1+\Delta P_1)K_\alpha K_L} \tag{6-14}$$

$$\Delta P_1=K_b n_1\left(1-\frac{1}{K_i}\right) \tag{6-15}$$

式中　P_d——设计功率，单位为kW，见式（6-8）；

P_1——单根V带的额定功率，单位为kW；

ΔP_1——单根V带所能传递功率的增量，单位为kW；

K_α——包角修正系数；

K_L——带长修正系数。

（9）确定单根V带初拉力 F_0　对V带传动，既能保证传动功率又不出现打滑的单根V带传动所需的初拉力 F_0 可由下式计算，即

$$F_0=\frac{500P_d}{zv}\left(\frac{2.5}{K_\alpha}-1\right)+qv^2 \tag{6-16}$$

式中　z——V带根数；

v——带速，单位为m/s；

q——V带每米长度的质量，单位为kg/m。

因初拉力的大小是保证V带传动能否正常工作的重要因素。若初拉力过大，将增大对轴和轴承的压力，并降低V带的寿命；若初拉力过小，V带与带轮间的摩擦力过小，不能满足功率要求。

（10）V 带作用在带轮轴上的力 F_Q　V 带的张紧力大小对轴、轴承产生的力会影响轴和轴承的强度和寿命。为简化运算，一般按静止状态下带轮两边初拉力 F_0 进行计算，如图 6-18 所示。

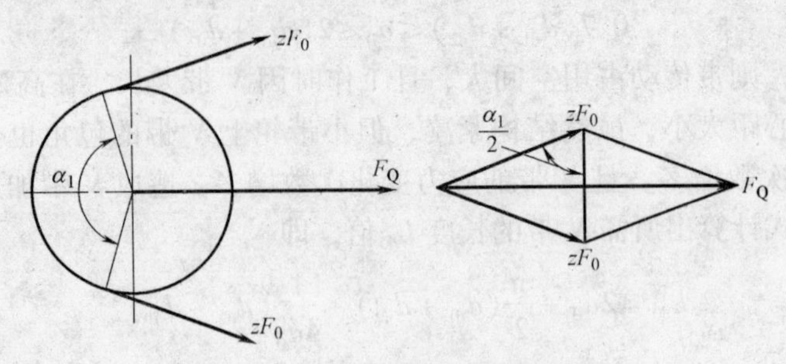

图 6-18　带传动作用在轴上的压力

由图看出计算式为

$$F_Q = 2zF_0 \sin\frac{\alpha_1}{2} \tag{6-17}$$

式中　F_0——单根 V 带的初拉力，单位为 N；

z——V 带的根数；

α_1——V 带与主动轮的包角，单位为（°）。

例 6-1　设计铣床的 V 带传动。已知：电动机额定功率 $P = 3\text{kW}$，转速 $n_1 = 1\,430\text{r/min}$，要求从动轮转速 $n_2 = 450\text{r/min}$。两班工作制，结构较为紧凑。

解：

1）确定设计功率。由式（6-8）$P_d = K_A P$

由表 6-13 查得 $K_A = 1.2$，则 $P_d = K_A P = 1.2 \times 3\text{kW} = 3.6\text{kW}$

2）选取 V 带型号。

根据 $P_d = 3.6\text{kW}$，$n_1 = 1\,430\text{r/min}$，可由图 6-16 确定选用 A 型 V 带。

3）确定带轮基准直径。

由图 6-16 可知，小带轮的基准直径在 75 ~ 100mm 之间选取，则基准直径 $d_{d1} = 100\text{mm}$，得

$$d_{d2} = \frac{n_1}{n_2} d_{d1} = \frac{1\,430}{450} \times 100\text{mm} = 318\text{mm}$$

由表 6-4 选取 $d_{d2} = 315\text{mm}$，则从动轮实际转速

$$n_2' = \frac{d_{d1}}{d_{d2}} n_1 (1 - \varepsilon)$$

取 $\varepsilon = 0.02$，则　$n_2' = \dfrac{100}{315} \times 1\,430(1 - 0.02)\text{r/min} = 444.9\text{r/min}$

转速误差为　$\dfrac{n_2 - n_2'}{n_2} \times 100\% = \dfrac{450 - 444.9}{450} \times 100\% = 1.13\%$

一般 V 带传动要求转速误差不超过 ±5%，故合适。

4）验算 V 带速度。

由式（6-9）得 $v=\dfrac{\pi d_{d1}n_1}{60\times 1\,000}=\dfrac{3.14\times 100\times 1\,430}{60\times 1\,000}\text{m/s}=7.49\text{m/s}$

带速在5~25m/s范围内，故带速合适。

5）确定V带的基准长度 L_d 和中心距 a。

由式（6-10）得

$$0.7(d_{d1}+d_{d2})\leqslant a_0\leqslant 2(d_{d1}+d_{d2})$$

$$0.7(100+315)\text{mm}<a_0<2(100+315)\text{mm}$$

$$290.5\text{mm}<a_0<830\text{mm}$$

初定中心距 $a_0=400\text{mm}$。

由式（6-11）计算在初定中心距 $a_0=400\text{mm}$ 时相应带的长度 L_{d0}，即

$$L_{d0}=2a_0+\frac{\pi}{2}(d_{d1}+d_{d2})+\frac{1}{4a_0}(d_{d2}-d_{d1})^2$$

$$=\left[2\times 400+\frac{3.14}{2}(100+315)+\frac{1}{4\times 400}(315-100)^2\right]\text{mm}=1\,481\text{mm}$$

由表6-3选取带的基准长度 $L_d=1\,430\text{mm}$，按式（6-12）计算实际中心距

$$a\approx a_0+\frac{L_d-L_{d0}}{2}=400+\frac{1\,430-1\,481}{2}\text{mm}=375\text{ mm}$$

6）验算主动轮上的包角 α_1。

由式（6-13）得

$$\alpha_1=180^\circ-\frac{d_{d2}-d_{d1}}{a}\times 57.3^\circ=180^\circ-\frac{315-100}{375}\times 57.3^\circ=147.2^\circ>120^\circ$$

小带轮包角合适。

7）计算V带的根数 z。

由式（6-14）
$$z=\frac{P_d}{(P_1+\Delta P_1)\ K_\alpha K_L}$$

由 $n_1=1\,430\text{r/min}$，$d_{d1}=100\text{mm}$ 得 $i=n_1/n_2'=1\,430/444.9=3.21$

查表6-6选取 $P_1=1.30\text{kW}$，则

$$\Delta P_1=K_b n_1\left(1-\frac{1}{K_i}\right)=1.027\times 10^{-3}\times 1\,430\left(1-\frac{1}{1.137\,3}\right)\text{kW}=0.18\text{kW}$$

由图6-15得 $K_\alpha=0.911$，查表6-3得 $K_L=0.96$，则

$$z=\frac{P_d}{(P_1+\Delta P_1)K_\alpha K_L}=\frac{3.6}{(1.30+0.18)\times 0.911\times 0.96}=2.78$$

取 $z=3$。

8）计算初拉力 F_0。

由式（6-16）有

$$F_0=\frac{500P_d}{zv}\left(\frac{2.5}{K_\alpha}-1\right)+qv^2$$

查表6-1得 $q=0.10\text{kg/m}$，故

$$F_0=\frac{500P_d}{zv}\left(\frac{2.5}{K_\alpha}-1\right)+qv^2=\left[\frac{500\times3.6}{3\times7.49}\left(\frac{2.5}{0.91}-1\right)+0.1\times9.8\times7.49^2\right]\text{N}=196\text{N}$$

9）计算轴上的载荷 F_Q。

由式（6-17）得

$$F_Q=2zF_0\sin\frac{\alpha_1}{2}=\left(2\times3\times196\times\sin\frac{147.2°}{2}\right)\text{N}=1\ 128\text{N}$$

10）绘制 V 带轮的工作图（略）。

任务2 链 传 动

链传动是以链条作为中间挠性件，通过链条与链轮轮齿的啮合来传递运动和动力的一种啮合传动。

一、链传动的类型、结构、特点和应用

1. 类型

按用途不同，链条可分为起重链、传动链和输送链，如图 6-19 所示。传动链分为滚子链和齿形链。

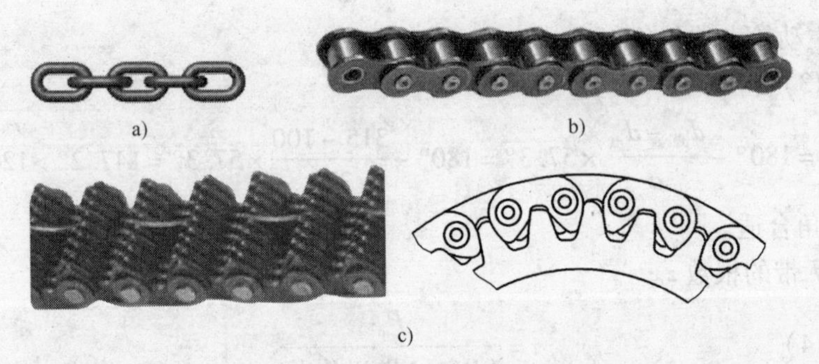

图 6-19 链的类型

a）起重链条 b）滚子链条 c）齿形链条

2. 结构

链传动主要由装在相互平行轴上的主动链轮、从动链轮和绕在链轮上的环形链条组成，如图 6-20 所示。

3. 特点

链传动具有刚、柔传动的特点，工作时能保持平均传动比为常数，是常见的机械传动装置。

（1）优点 与带传动相比，没有弹性滑动和打滑现象，过载能力强；能在低速重载、恶劣环境（如多尘、油污、腐蚀等场合）下较好地工作；链条不需要像传动带那样张得很紧，轴的受力小。

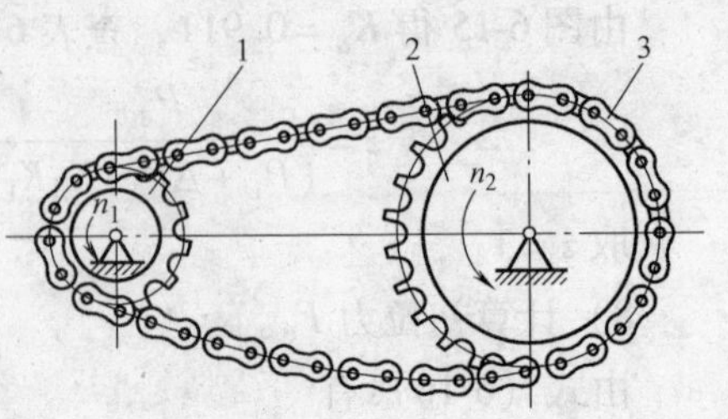

图 6-20 链传动的结构

1—小链轮 2—大链轮 3—链条

（2）缺点 工作时有动载荷、冲击和噪声大；磨损后易发生跳齿；高速反向传动时链条与链轮容易卡死。

4. 应用

链传动主要用于要求两轴中心距离较远，平均传动比要求准确而瞬时传动比要求不高的场合。

链传动的功率在100kW以下，中心距小于5～6m，传动比$i \leqslant 7$，传动速度15m/s以下。在多级传动中，链传动应放在低速级。链传动不宜在高速和急速反向的传动中应用。

二、滚子链的结构与连接

1. 结构

滚子链由内链板1、外链板2、销轴3、套筒4和滚子5组成，如图6-21所示。

为了减轻链的自重，减少运动惯性，并使链板各截面强度大致相同，内、外链板通常制成8字形。

2. 滚子链的装配与接头形式

（1）滚子链的装配　销轴与套筒、滚子与套筒为间隙配合；内链板与套筒、外链板与销轴为过盈配合。

（2）滚子链的接头形式　链条在使用时连成环形，环形链的接头连接分为开口销和弹性卡片定位，如图6-22所示。

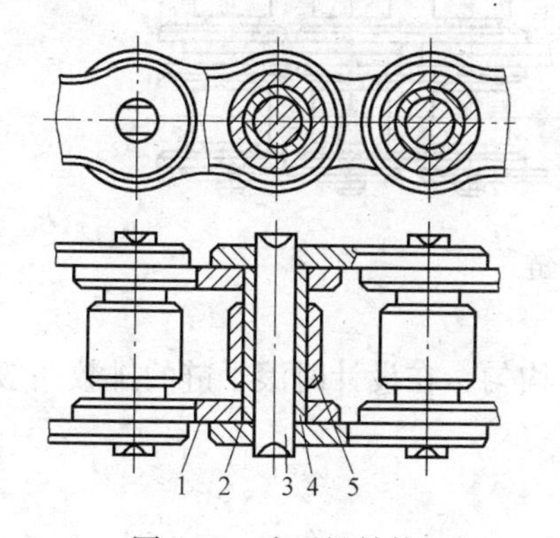

图6-21　滚子链结构

1—内链板　2—外链板　3—销轴　4—套筒　5—滚子

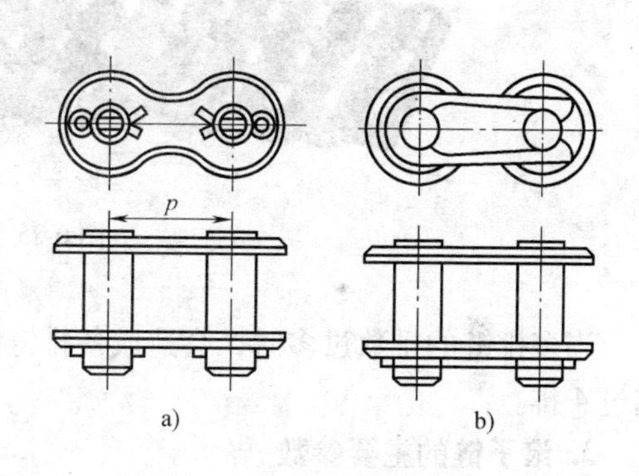

图6-22　链接头的连接

链条上相邻两销轴中心之间的距离称为链节距，用p表示。

当链节距p较大时，销轴直径较粗，在销轴上钻孔后，穿进开口销防止外链板窜出销轴，如图6-22a所示；当链节距p较小时，在销轴上安装弹簧卡片防止外链板窜出销轴，如图6-22b所示。图6-23所示为接头采用弹簧卡片的装配图。

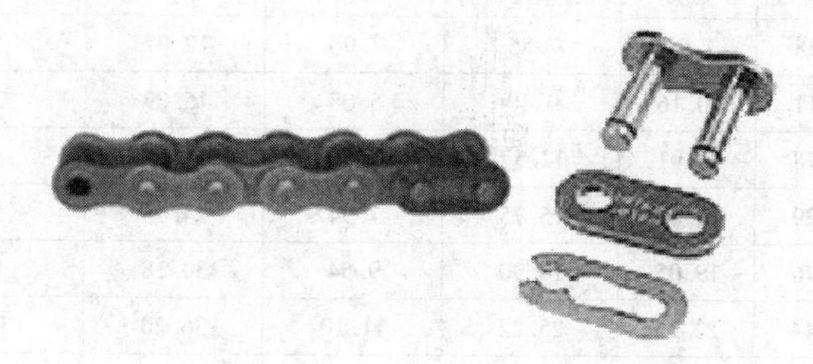

图6-23　弹簧卡片的装配图

当链节数为偶数时，连成环形链的内链板与外链板个数相同，内、外链板只承受拉力作用；若连成环形链的链节数为奇数时，则必须要有一链板既作内链板又兼作外链板，该链板称为过渡链板，如图6-24所示。

图6-24　内、外链板为一个构件

内、外链板共用一个构件，这时链板将受到附加弯矩的作用，这种情况下链传动的承载能力将下降20%左右。因此滚子链设计时一般应尽可能避免采用奇数链节数。

（3）排距　当链传动传递的功率较大时，可采用双排链或多排链，排距用 p_t 表示，如图6-25所示。

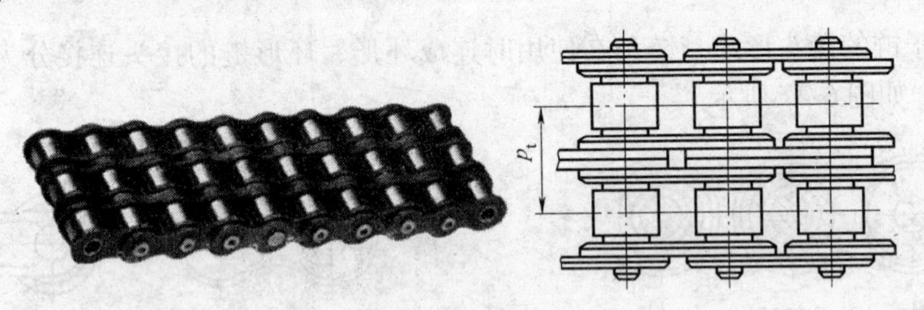

图6-25　多排滚子链

当多排链的排数过多时，会造成各排链的受载不均匀，在设计时滚子链的排数一般不宜超过4排。

3. 滚子链的主要参数

滚子链是标准件，滚子链主要参数是链节距 p。

目前我国使用的滚子链，分为A、B两个系列，通常采用A系列。现用标准为GB/T 1243—2006，表6-14列出几种A系列滚子链的主要参数规格。

表6-14　A系列滚子链的基本参数和尺寸

链号	节距 p	排距 p_t	滚子外径 d_{1max}	内链节内宽 b_{1min}	销轴直径 d_{2max}	链板高度 h_{2max}	极限拉伸载荷（单排）Q_{min}	每米质量（单排）q
	mm	mm	mm	mm	mm	mm	kN	kg/m
08A	12.70	14.38	7.95	7.85	3.96	12.07	13.8	0.60
10A	15.875	18.11	10.16	9.40	5.08	15.09	21.8	1.00
12A	19.05	22.78	11.91	12.57	5.95	18.08	31.1	1.50
16A	25.40	29.29	15.88	15.75	7.94	24.13	55.6	2.60
20A	31.75	35.76	19.05	18.90	9.54	30.18	86.7	3.80
24A	38.10	45.44	22.23	25.22	11.10	36.20	124.6	5.60

（续）

链号	节距 p	排距 p_t	滚子外径 d_{1max}	内链节内宽 b_{1min}	销轴直径 d_{2max}	链板高度 h_{2max}	极限拉伸载荷（单排）Q_{min}	每米质量（单排）q
	mm	mm	mm	mm	mm	mm	kN	kg/m
28A	44.45	48.87	25.40	25.22	12.70	42.24	169	7.50
32A	50.80	58.55	28.53	31.55	14.29	48.26	222.4	10.10
40A	63.50	71.55	39.68	37.85	19.34	60.33	347	16.10
48A	76.20	87.83	47.63	47.35	23.30	72.39	500.4	22.60

注：1. 表中的极限拉伸载荷 F_Q 为单排链的值，多排链时应乘以排数。
2. 使用过渡链节时，其极限拉伸载荷 F_Q 按表列数值的 80% 计算。

我国标准规定采用米制单位，国际标准采用英制单位，为了使链号与国际标准相一致，表 6-14 中的链号数乘以 25.4mm/16 即为节距值。

滚子链的标记方法为：链号-排数-整链链节数 + 国家标准编号。

如 24A、双排 60 节的滚子链标记为：24A-2-60 GB/T 1243—2006。

三、链轮

1. 链轮的齿形

链轮的齿形分为端面和轴面两方面。

（1）端面齿形　我国国家标准 GB/T 1243—2006 规定了 A 型滚子链链轮的端面齿形，如图 6-26 所示。其中，r_i 为滚子定位圆弧半径，r_e 为齿侧圆弧半径。

链轮的端面齿型与齿轮的齿型相似，链轮端面齿型必须保证链条能平稳自如地进入和退出啮合，链轮的端面齿型用标准刀具加工，在链轮工作图上通常不绘制端面齿型，只需在图上注明“齿型按 3RGB/T 1243—2006 规定制造和检验”即可。

（2）轴面齿型　链轮的轴面齿型，如图 6-27 所示。

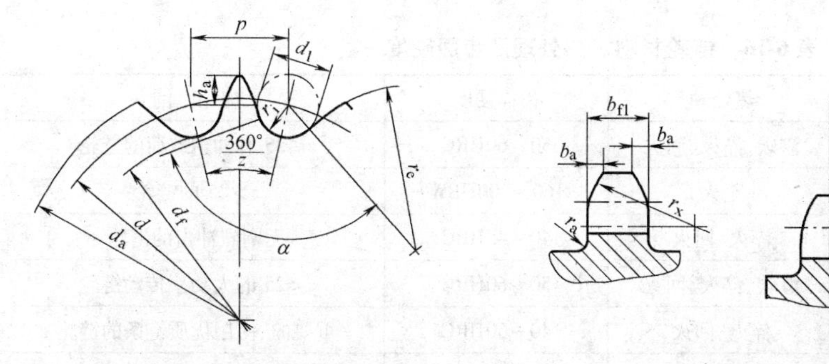

图 6-26　链轮端面齿型

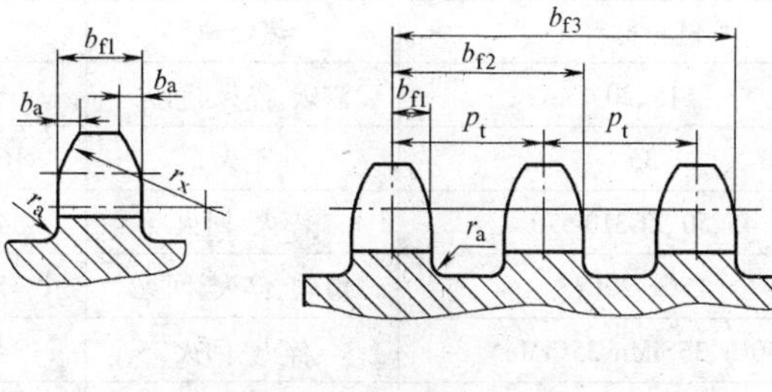

图 6-27　链轮轴面齿型

（3）链轮参数　链轮工作图中应注明齿数 z、链节距 p、分度圆直径 d（链轮上链的各滚子中心所处的被链条链节距等分的圆）、齿顶圆直径 d_a、齿根圆直径 d_f。链轮主要几何尺寸计算式列于表 6-15。

当滚子链链条与链轮轮齿啮合时，滚子与轮齿间基本上为滚动摩擦。

表 6-15 滚子链链轮主要几何尺寸计算式

序号		计算式	备注
1	分度圆直径	$d=\dfrac{p}{\sin\dfrac{180^\circ}{z}}$	—
2	齿顶圆直径	$d_a=p\left(0.54+\cot\dfrac{180^\circ}{z}\right)$	—
3	齿根圆直径	$d_f=d-d_1$	d_1 为滚子直径

2. 链轮的结构

当链轮的直径较小时常做成实心式，如图 6-28a 所示；中等直径时可做成孔板式，如图 6-28b 所示；大直径时可做成组合式，如图 6-28c 所示。组合式分为焊接和螺栓组连接结构，图 6-28c 左图为齿圈与轮毂焊接，右图为螺栓组连接结构，轮齿磨损后可更换齿圈。链轮与轴采用平键或花键连接。

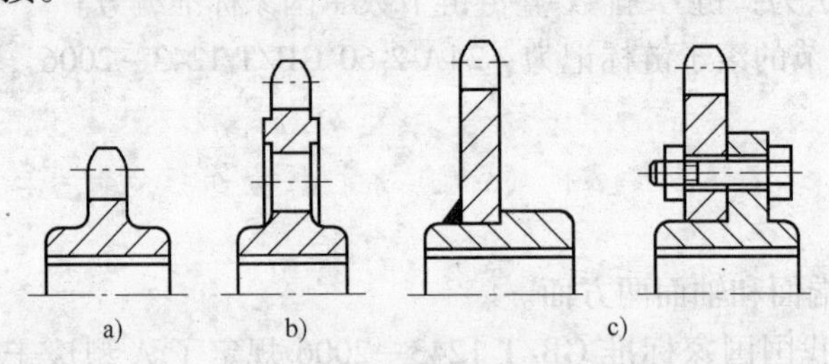

图 6-28 滚子链轮结构

a）实心式 b）孔板式 c）组合式

3. 链轮的材料与热处理

链轮材料应保证轮齿有足够的强度和耐磨性，故链轮齿面需要进行热处理来达到一定硬度。对于组合链轮，轮毂用 HT200 铸造，齿圈用优质碳素钢或合金钢。链轮材料及热处理方法参见表 6-16 选用。

表 6-16 链轮材料、热处理及齿面硬度

链轮材料	热处理	齿面硬度	应用范围
15、20	渗碳、淬火、回火	50～60HRC	$z \leqslant 25$ 有冲击载荷的链轮
35	正火	160～200HBW	$z>25$ 的链轮
45、50、ZG310-570	淬火、回火	40～45HRC	无剧烈冲击的链轮
15Cr、20Cr	渗碳、淬火、回火	50～60HRC	$z<25$ 的大功率传动链轮
40Cr、35SiMn、35CrMn	淬火、回火	40～50HRC	重要的、使用优质链条的链轮
Q215/Q255	焊接后退火	140HBW	中速、中等功率、较大的从动链轮
牌号不低于 HT150 的灰铸铁	淬火、回火	260～280HBW	$z>50$ 的链轮

由于小链轮的啮合次数比大链轮的啮合次数多，设计时应按链轮使用寿命相等原则考虑，故小链轮所用材料应优于大链轮，并通过表面高频淬火的热处理工艺提高齿面硬度。

四、链传动的润滑

良好的润滑能减小链传动的摩擦和磨损，缓和冲击、加快散热，延长使用寿命。

1. 润滑方法选择

链传动的润滑方法可根据链速和链节距的大小由图 6-29 选择。

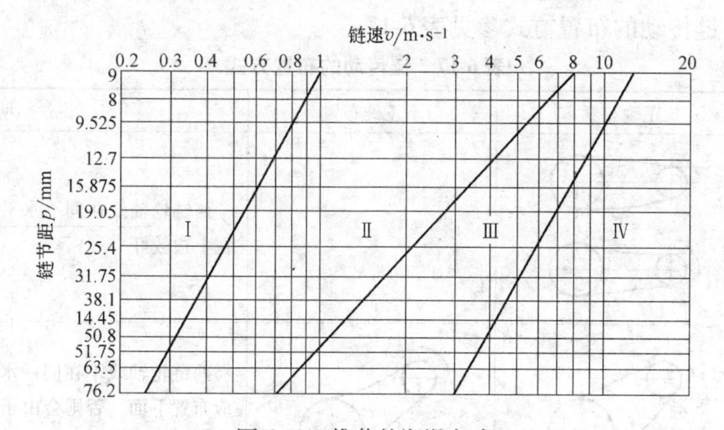

图 6-29　推荐的润滑方式

Ⅰ—人工定期润滑　Ⅱ—滴油润滑　Ⅲ—油浴或飞溅润滑　Ⅳ—压力喷油润滑

2. 常用润滑装置

链传动的常用润滑装置如图 6-30 所示。

1）人工定期润滑。用油壶或油刷给油润滑，如图 6-30a 所示。

2）滴油润滑。用油杯通过油管向松边内、外链板间隙处滴油，如图 6-30b 所示。

3）油浴润滑。油浴润滑如图 6-30c 所示，或用甩油轮将油甩到链条进行飞溅润滑，如图 6-30d 所示。

4）油泵压力喷油润滑。用油泵经油管向链条连续供油，如图 6-30e 所示。

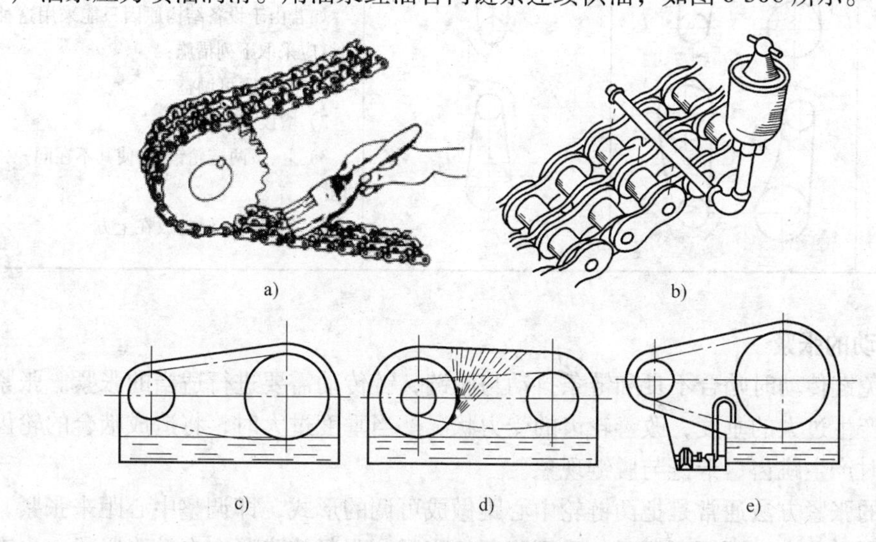

图 6-30　链传动的润滑装置

五、链传动的布置和张紧

1. 链传动的布置

链传动的布置对链传动的正常工作和使用寿命有很大影响，布置的原则是：链传动的两轮轴应平行布置，两链轮的回转平面应处于同一平面内，一般宜采用水平或接近水平布置，并使松边在下。链传动的布置方式参见表6-17。

表 6-17 链传动的布置方式

传动条件	正确布置	不正确布置	说明
$i=2\sim3$ $a=(30\sim50)p$	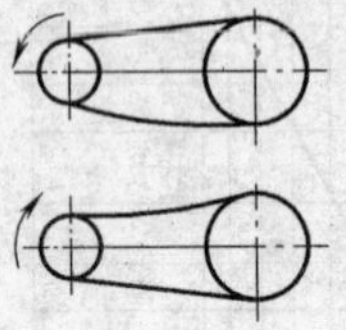	—	两链轮轴线在同一水平面上，链条的紧边在上边较好
$i>2$ $a<30p$	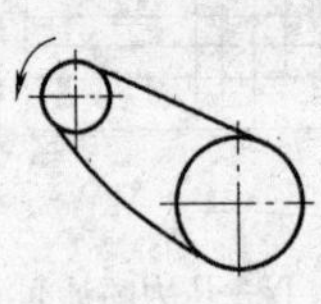	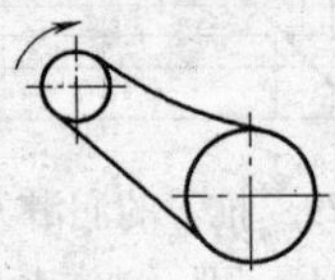	两链轮轴线不在同一水平面上，此时松边应布置下面。否则会由于松边垂量增大，使链条易与小链轮卡住
$i<1.5$ $a>60p$	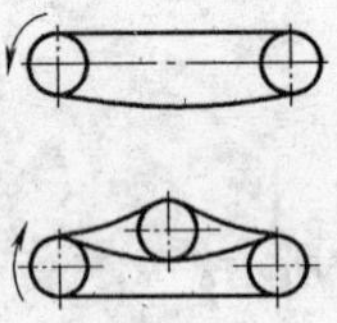	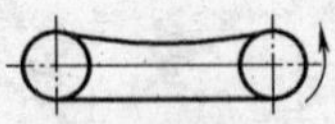	两链轮轴线在同一水平面上，松边应布置在下面，否则会由于松边垂量增大，使松边与紧边相碰
垂直传动， a 为任意值	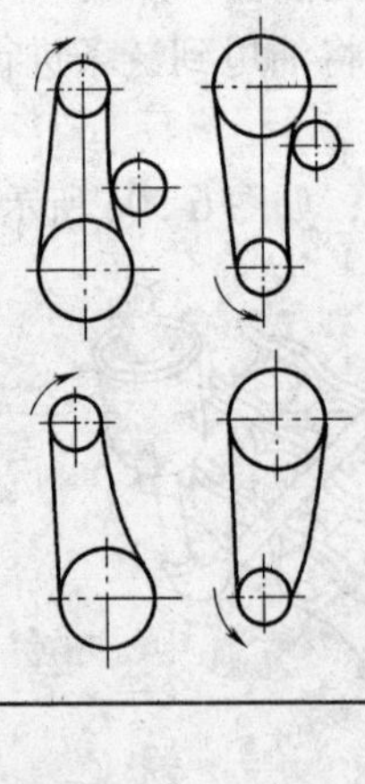	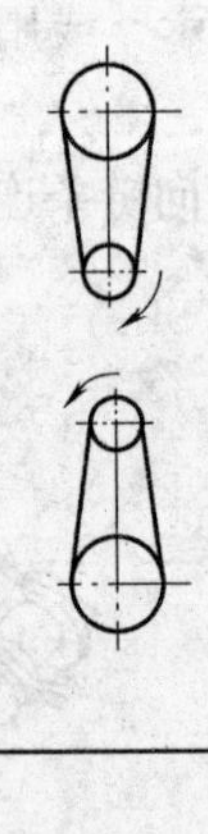	两链轮轴线在同一铅垂平面内，此时下垂重量集中在下端，所以在传动的布置中要尽量少采用这种形式的布置 如若由于设备结构原因只能采用这种形式时，应采取下列措施： 1）中心距可调整 2）增设张紧装置 3）上、下两链轮错开，使其不在同一铅垂面内 4）尽量将小链轮放在上方

2. 链传动的张紧

为了避免链传动时啮合不良和链条抖动与脱链，链传动需要进行适当的张紧。张紧的目的是避免链产生过大的垂度，改善轮齿的受力状况。当垂度过大时，将造成啮合的轮齿数减少和速度快时产生跳齿、卡链与脱链现象。

链传动的张紧方法通常是把两链轮中心距做成可调的形式，即调整中心距来张紧，方法同带传动相同。若中心距不可调时，采用张紧轮张紧，张紧轮张紧有自动张紧式，也有定期张紧式，如图6-31所示。

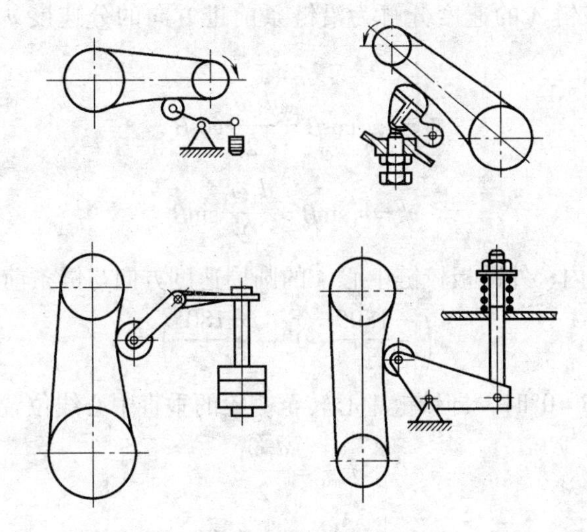

图 6-31　链传动的张紧装置

链传动的张紧轮应安装在松边外侧，以增加啮合的轮齿数，使轮齿的受力减小，传动平稳性提高。

六、链传动的运动特性

链条绕上链轮后，以折线形状绕在链轮上，链条与相应的轮齿啮合后，这一段链条曲折成正多边形的一部分，多边形的边长为链条的节距 p，链传动的速度状态，如图 6-32 所示。

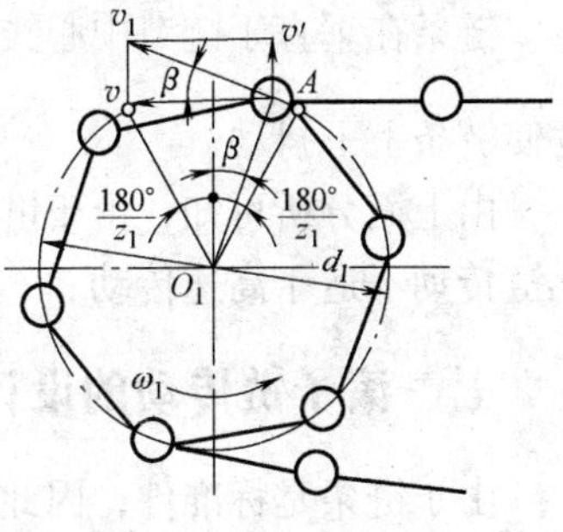

设链传动两链轮的转速分别为 n_1 和 n_2，则链的平均速度为

$$v_1 = \frac{z_1 p n_1}{60 \times 1\,000} = \frac{z_2 p n_2}{60 \times 1\,000} = v_2 \qquad (6\text{-}18)$$

式中　z_1、z_2——分别为主、从动轮齿数；

n_1、n_2——分别为主、从动轮转速，单位为 r/min；

v_1、v_2——分别为主、从动轮圆周速度，单位为 m/s；

p——链节距，单位为 mm。

图 6-32　链传动速度分析

链传动的平均传动比为

$$i_{12} = \frac{n_1}{n_2} = \frac{z_2}{z_1} \qquad (6\text{-}19)$$

上述两式求得的链速和传动比都是平均值，实际上链速和传动比在每一瞬时都是变化的，且按每一链节的啮合过程作周期性的变化，由图 6-32 分析看出，主动轮以角速度 ω_1 回转时链轮分度圆的圆周速度为

$$v_1 = \frac{\omega_1 d_1}{2} \qquad (6\text{-}20)$$

则位于分度圆上的链条销轴中心的速度与链轮分度圆的圆周速度相同，也为$\frac{\omega_1 d_1}{2}$，如图

6-32 中的铰链 A。将铰链 A 的速度分解为沿链条前进方向的分速度 v 和垂直方向的分速度 v'，则其值分别为

$$v = v_1\cos\beta = \frac{d_1\omega_1}{2}\cos\beta$$

$$v' = v_1\sin\beta = \frac{d_1\omega_1}{2}\sin\beta$$

式中　β——主动轮上内、外链板铰链中心 A 的圆周速度方向与链条前进方向的夹角。

β 的变化范围为　$\left(-\frac{180^\circ}{z_1}\rightarrow 0^\circ\rightarrow +\frac{180^\circ}{z_1}\right)$

由上式看出，当 $\beta=0^\circ$ 时，即铰链中心转至链轮的垂直中心线位置时，链速最大

$$v_{\max} = \frac{d_1\omega_1}{2}$$

当 $\beta=\pm\frac{180^\circ}{z_1}$ 时，链速最小，即 $v_{\min}=\frac{d_1\omega_1}{2}\cos\frac{180^\circ}{z_1}$

由以上各式得知，链轮每转动一个轮齿，链速就时快时慢地变化一次，当 ω_1 为常数时，瞬时链速和瞬时传动比都在作周期性的变化。

同理对从动轮进行分析，可知从动轮的角速度也是变化的，所以链传动的瞬时传动比是变化的。这种由于链条绕在链轮上形成多边形啮合传动而引起传动速度不均匀的现象，称为多边形效应。

链条在垂直于链节中心线方向的分速度 $v'=\frac{d_1\omega_1}{2}\sin\beta$ 同样也是也在作周期性变化，该速度使链条上下抖动。

由上面分析可知，由于链速的变化，链传动工作时不可避免地要产生振动和动载荷，因此链传动不适于高速传动。

七、滚子链传动的设计计算

由于链条是标准件，因此链传动设计的主要内容有：根据传动用途、传递功率、工作状况、传动比等，选择链条的型号；确定链轮的齿数、链节距、链节数、排数，确定两轴的中心距等。

1. 链传动的主要失效形式

（1）链板疲劳破坏　链传动工作时链条松边和紧边所受的拉力不同，因而在变应力状态下经过一定的循环次数后，链板会发生疲劳断裂。在正常的润滑条件下，链板的疲劳强度是决定链传动工作能力的主要因素。

（2）滚子套筒的冲击疲劳破坏　链传动在工作中由于链条反复起动、制动、反转会受到很大的惯性冲击，经过多次冲击后，滚子、套筒和销轴会产生冲击疲劳破坏。

（3）过载拉断　在低速重载或者严重过载时，承受载荷超过链条的静力强度时将会导致链条被拉断。滚子链的破坏形式如图 6-33 所示。

（4）销轴与套筒的胶合　由于销轴和套筒存在相对运动，当转速很高时，润滑油膜遭到破坏，使销轴与套筒直接接触而产生很大摩擦力，产生的热量导致销轴与套筒发生胶合，

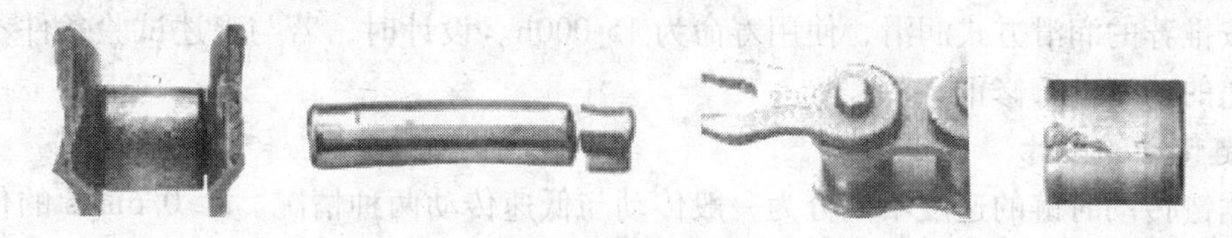

图 6-33　滚子链的破坏形式

从而造成链传动的失效，胶合限制了链传动的极限转速。

（5）链条铰链磨损　链传动工作时，链条的各元件在工作过程中都会有不同程度的磨损，但主要是内、外链板孔与销轴及套筒的磨损。内、外链板孔与销轴及套筒的磨损导致链节距增大，易产生跳齿、脱链使传动失效，铰链磨损是开式链传动的主要失效形式。

2. 滚子链传动的功率曲线

（1）极限功率曲线　图 6-34 所示为链传动在不同转速时由各种失效形式限定的极限功率曲线。

曲线 1 是在正常润滑条件下，由链条、铰链磨损限定的极限功率；曲线 2 是由链板疲劳强度限定的极限功率；曲线 3 是滚子与套筒的冲击疲劳强度限定的极限功率；曲线 4 是销轴与套筒的胶合限定的极限功率；曲线 5 的内部区域为实际使用的区域。图中虚线 6 是在润滑不良、工作环境恶劣条件下，由于磨损严重，大幅下降的极限功率。

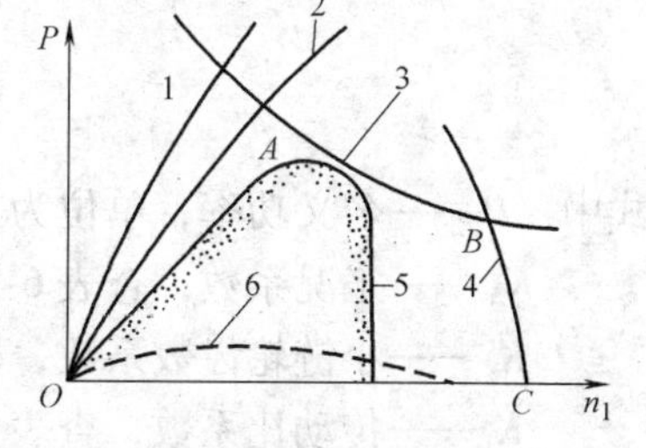

图 6-34　极限功率曲线图

（2）额定功率曲线　为了避免链传动的失效，使链传动的设计可靠，通过对各种型号的链条进行实验，得到如图 6-35 所示的额定功率曲线。

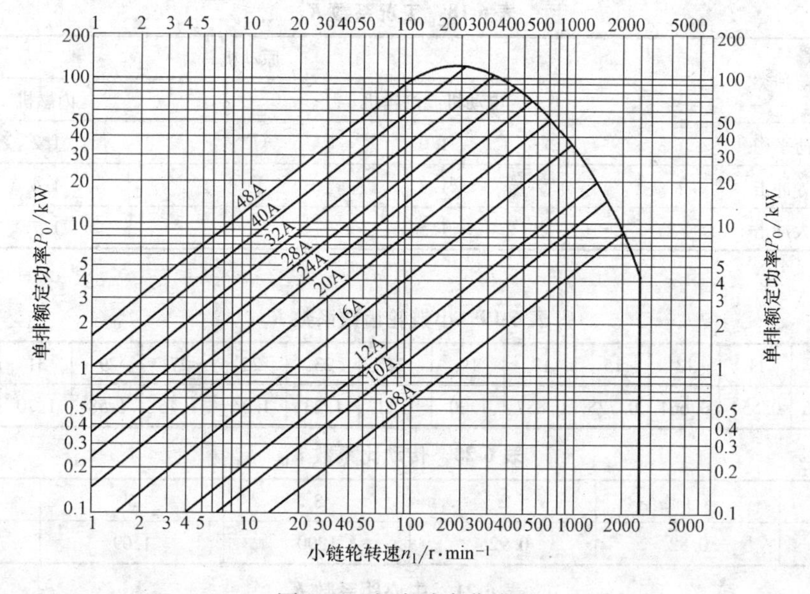

图 6-35　额定功率曲线图

P_0 是在特定试验条件下得到的链条所能传递的额定功率，特定试验条件为：小链轮齿数 $z_1=19$，传动比 $i=3$，中心距 $a=40p$，单排链，两链轮水平布置，载荷平稳，工作环境正常，按推荐的润滑方式润滑，使用寿命为 15 000h。设计时，若与上述试验条件不符，应对其传递的功率进行修正。

3. 链传动的设计

根据链传动时链的速度不同分为一般传动与低速传动两种情况。$v \geqslant 0.6\text{m/s}$ 的传动为一般链速传动，按额定功率曲线设计；$v < 0.6\text{m/s}$ 的传动为低速传动，按静强度设计。

（1）一般链速的设计方法

1）设计准则。对于 $v \geqslant 0.6\text{m/s}$ 的一般链速传动，疲劳破坏是其主要失效形式，设计计算时主要考虑其疲劳破坏，并综合考虑其他失效形式的影响。设计准则为：实际工作条件下链条所能传递的设计功率应小于许用功率

$$P_d \leqslant [P] \tag{6-21}$$

图 6-35 中查得的 P_0 值是在特定的试验条件下获得的，与实际工作条件往往不一致，所以 P_0 值不能作为［P］，而必须对 P_0 值进行修正

$$P_d = K_A P \leqslant K_z K_i K_a K_{pt} P_0$$

$$P_0 \geqslant P \frac{K_A}{K_z K_i K_a K_{pt}} \tag{6-22}$$

式中 P——名义功率，单位为 kW；

K_A——工况系数，查表 6-18；

K_z——小链轮齿数系数，查表 6-19；

K_i——传动比系数，查表 6-20；

K_a——中心距系数，查表 6-21；

K_{pt}——多排链系数，查表 6-22。

表 6-18 工况系数 K_A

载荷种类	原动机	
	电动机或汽轮机	内燃机
载荷平稳	1.0	1.2
中等冲击	1.3	1.4
较大冲击	1.5	1.7

表 6-19 小链轮齿数系数 K_Z

z_1	9	11	13	15	17	19	21	23	25	27	29	31	33	35
K_z	0.446	0.554	0.664	0.775	0.887	1.00	1.11	1.23	1.34	1.46	1.58	1.70	1.82	1.93

表 6-20 传动比系数 K_i

i	1	2	3	5	>7
K_i	0.82	0.925	1.00	1.09	1.15

表 6-21 中心距系数 K_a

a	$20p$	$40p$	$80p$	$160p$
K_a	0.87	1.00	1.18	1.45

表 6-22　多排链系数 K_{pt}

排数	1	2	3	4	5	6
K_{pt}	1.0	1.7	2.5	3.3	4.1	4.6

2）主要参数的确定。

①确定链轮齿数和传动比。小链轮齿数 z_1 的选择应合理，为保证传动平稳，减少冲击、磨损和动载荷，通常按表 6-23 选取。

表 6-23　小链轮齿数 z_1

链速 v/m·s^{-1}	0.6～3	3～8	>8
z_1	≥17	≥21	≥25

若小链轮齿数过少，运动速度的不均匀性和动载荷都会很大，磨损增加，冲击和功率损耗也增大。但是小链轮齿数也不能太多，因为 z_1 多，大链轮齿数 z_2 更多，导致传动尺寸和重量增加，成本增加。

链传动的传动比 i 通常小于6，推荐 $i=2\sim3.5$。但当 $v<3\text{m/s}$、载荷平稳、外形尺寸不受限制时，传动比最大可达到10。

一般 $z_1\geqslant9$，$z_2=z_1 i$，通常 $z_2<120$。

②选择型号，确定链节距和排数。链节距越大，链和链轮各部分尺寸也越大，承载能力也越大，但传动的速度不均匀性、动载荷、噪声等也越大；链的排数增多，其承载能力增强，链轮的轴向尺寸也越大。因此设计时，在承载能力足够的条件下，应选取较小节距的单排链，高速重载时，可选取小节距的多排链。链的型号根据 P_0 和小链轮转速 n_1，由图 6-35 确定链条型号、链节距。

③确定中心距和链节数。如果链传动中心距过小，则链条包在小链轮上的齿数也少，会加剧小链轮齿面磨损，影响链条寿命；若中心距过大，会使链条松边的垂度增大使链条产生抖动。

一般可初定中心距 $a_0=(30\sim50)p$，最大中心距 $a_{\max}\leqslant80p$。

链条的长度常用链节数表示，链节数的计算式为

$$L_p=2\frac{a_0}{p}+\frac{z_1+z_2}{2}+\left(\frac{z_2-z_1}{2\pi}\right)^2\frac{p}{a_0} \tag{6-23}$$

上式中链节数 L_p 必须圆整为整数，且最好为偶数。

按圆整的链节数计算实际中心距的计算式为

$$a=\frac{p}{4}\left[\left(L_p-\frac{z_1+z_2}{2}\right)+\sqrt{\left(L_p-\frac{z_1+z_2}{2}\right)^2-8\left(\frac{z_2-z_1}{2\pi}\right)^2}\right] \tag{6-24}$$

一般中心距设计成可以调节的，以便安装链条和进行链的张紧。若中心距不可调节而又没有张紧装置时，应将实际中心距减小 2～5mm。

④计算作用在轴上的力。因链传动是啮合传动，不需要很大的张紧力，作用在轴上的力 F_Q 也较小，可按下式确定，即

$$F_Q=(1.2\sim1.3)F \tag{6-25}$$

冲击振动较大时，上式中的系数取大值。F 为链传动的工作拉力，其计算式为

$$F = \frac{1\,000P}{v} \tag{6-26}$$

式中 P——名义功率，单位为 kW；

v——链速，单位为 m/s。

（2）低速链传动的设计 对于 $v < 0.6\text{m/s}$ 的低速链传动，链条过载拉断是其主要失效形式，故应进行静强度校核计算，静强度安全系数 S 应满足下式

$$S = \frac{Qp_t}{K_A F} \geqslant 4 \sim 8$$

式中 Q——单排链的极限拉伸载荷，查表 6-14 选取；

p_t——链条排数；

F——链的工作拉力，单位为 N；

K_A——工况系数，查表 6-18 选取。

例 6-2 翻砂车间的输送机采用滚子链传动，已知：减速器输出轴上的主动链轮功率为 $P = 12\text{kW}$，转速 $n_1 = 450\text{r/min}$，从动链轮的转速 $n_2 = 120\text{r/min}$，电动机驱动，载荷平稳，单班制工作，试设计该链传动。

解：

1）选择链轮齿数 z_1、z_2。

估计链速 $v = (3 \sim 8)\text{m/s}$，由表 6-23 选取 $z_1 = 21$，$i = \dfrac{450}{120} = 3.75$

则 $z_2 = z_1 i = 21 \times 3.75 = 78.75$，圆整取 $z_2 = 79 < 120$

实际传动比 $$i = \frac{z_2}{z_1} = \frac{79}{21} = 3.762$$

大链轮实际转速 $n_2 = n_1/i = 450/3.762\text{r/min} = 119.6\text{r/min}$

2）确定链节数。

初定中心距 $a_0 = 40p$，则

$$L_p = \frac{2a_0}{p} + \frac{z_1 + z_2}{2} + \frac{p(z_2 - z_1)^2}{(2\pi)^2 a_0} = \frac{2 \times 40p}{p} + \frac{21 + 79}{2} + \frac{p(79 - 21)^2}{(2\pi)^2 \times 40p} = 132.13$$

取偶数 $L_p = 132$。

3）根据额定功率曲线确定链的型号。

由式（6-22）计算特定条件下，链传递的功率计算式为

$$P_0 \geqslant P\frac{K_A}{K_z K_i K_a K_{pt}}$$

由表 6-18，电动机，载荷平稳，查得 $K_A = 1$；

由表 6-19，小齿轮齿数 $z_1 = 21$，查得 $K_z = 1.11$；

由表 6-20，传动比 $i = 3.8$，取 $K_i = 1.04$；

由表 6-21，中心距 $a = 132p$，取 $K_a = 1.29$；

选用单排链，查表 6-22，得 $K_{pt} = 1$。

把以上数据代入计算有

$$P_0 \geqslant P\frac{K_A}{K_z K_i K_a K_{pt}} = \frac{12 \times 1}{1.11 \times 1.04 \times 1.29 \times 1}\text{kW} = 8.06\text{kW}$$

根据计算的 $P_0 = 8.06\text{kW}$，小链轮的转速 $n_1 = 450\text{r/min}$，查图6-35 选取链号12A 查表6-14，12A 的链节距 $p = 19.05\text{mm}$。

4）验算链速。

$$v = \frac{z_1 p n_1}{60 \times 1\,000} = \frac{21 \times 19.05 \times 450}{60 \times 1\,000}\text{m/s} = 3\text{m/s}$$

带速 v 在（3～8）m/s 之间，与初估计的链速相符。

5）计算实际中心距。

$$a = \frac{p}{4}\left[\left(L_p - \frac{z_1 + z_2}{2}\right) + \sqrt{\left(L_p - \frac{z_1 + z_2}{2}\right)^2 - 8\left(\frac{z_2 - z_1}{2\pi}\right)^2}\right]$$

$$= \frac{19.05}{4}\left[\left(132 - \frac{21 + 79}{2}\right) + \sqrt{\left(132 - \frac{21 + 79}{2}\right)^2 - 8\left(\frac{79 - 21}{2\pi}\right)^2}\right]\text{mm} = 760.6\text{mm}$$

设计成可调整中心距的形式　　$a = 40p = 40 \times 19.05\text{mm} = 762\text{mm}$

6）确定润滑方式。

由图6-29，根据 $p = 19.05\text{mm}$，$v = 3\text{m/s}$，选用油浴润滑。

7）轴的受力。

由式（6-25）有　$F_Q = (1.2 \sim 1.3)F$

$$F_Q = 1.25F = 1.25 \times \frac{1\,000P}{v} = 1.25 \times \frac{1\,000 \times 12}{3}\text{N} = 5\,000\text{N}$$

8）设计张紧装置、润滑等装置（略）。

9）链轮结构设计。绘制小链轮工作图，如图6-36 所示。

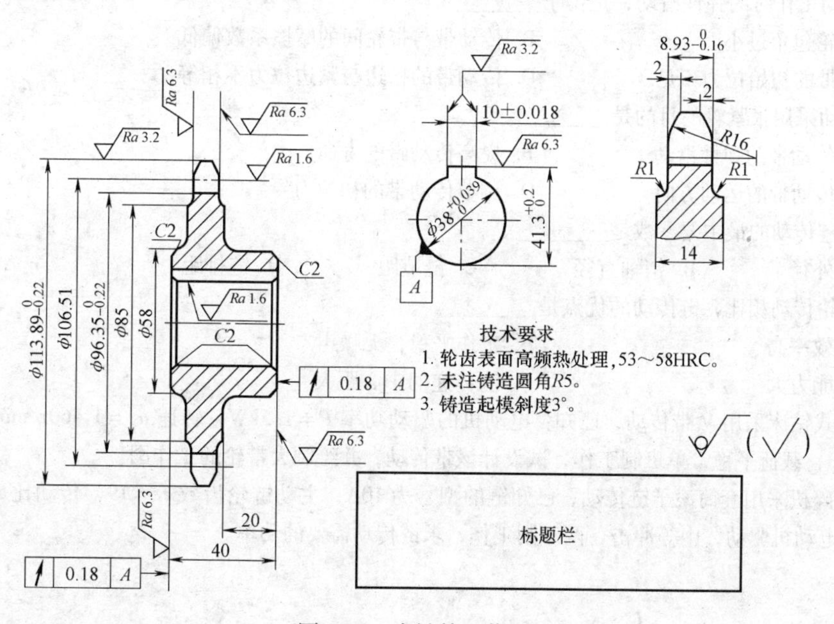

图6-36　小链轮工作图

思考与练习题

6-1　简答题

1. 带传动由哪几部分组成？
2. 带传动时传动带的应力有哪几种？
3. 带传动的优点有哪些？
4. V带有哪几种型号？
5. 带传动张紧的目的是什么？
6. 带传动的张紧轮应放在何处？
7. 滚子链由哪些零件组成？
8. 链传动与带传动相比，有哪些优点？
9. 如何确定链传动的润滑方式？
10. 链传动与带传动的张紧目的有何区别？
11. 链传动常用的张紧方法有哪些？
12. 链传动的主要失效形式有哪几种？
13. 链传动的设计准则是什么？

6-2　判断

1. (　　) 带传动一般用于两轮中心距较小的场合。
2. (　　) V带传动是利用传动带的底面与带轮之间的摩擦力来传递运动和动力。
3. (　　) 带传动中两轮的转速与轮直径成反比。
4. (　　) Y型V带的截面积最小。
5. (　　) 在多级传动中，链传动应放在高速级。
6. (　　) 在链传动中，将链的紧边布置在上边，松边布置在下边。

6-3　选择填空

1. 带传动工作时的弹性滑动，是由于________。

A. 小带轮包角过小　　B. 传动带与带轮间的摩擦系数偏低

C. 传动带的初始拉力不足　　D. 传动带的松边与紧边拉力不相等

2. 带传动采用张紧轮的目的是________。

A. 减轻传动带的弹性滑动　　B. 提高传动带的寿命

C. 改变传动带的运动方向　　D. 调节传动带的初拉力

3. 滚子链传动的最主要参数是________。

A. 滚子外径　　B. 销轴直径　　C. 链节距　　D. 链排距

4. 与齿轮传动相比，链传动的优点是________。

A. 传动效率高　　B. 工作平稳，无噪声

C. 承载能力大　　D. 能传递的中心距大

6-4　台式钻床采用V带传动，已知：电动机的驱动功率 $P = 1.5\mathrm{kW}$，转速 $n_1 = 1\,460\mathrm{r/min}$，主轴转速 $n_2 = 500\mathrm{r/min}$，载荷平稳，单班制工作，试设计该带传动，并绘制大带轮的工作图。

6-5　粉碎机采用套筒滚子链传动，已知链的型号为10A，主动链轮齿数 $z_1 = 19$，传动比 $i = 3$，链速 $v = 1.5\mathrm{m/s}$，电动机驱动，中等冲击，两班制工作，求链传动需要的功率。

模块7 平面连杆机构

机械设计技术

平面连杆机构的运动形式是多种多样的，前面介绍的基本机构属于简单运动机构。本模块介绍较为复杂的平面连杆机构。

任务1　平面机构运动副与机构运动简图

一、构件和运动副

1. 常用构件

机构中的常用杆类构件不论结构怎样复杂，常用轴线表示其形状。

凸轮、滚子用完整的轮廓曲线表示；齿轮用细点画线画出一对节圆来表示，如图7-1所示。

2. 运动副与约束

（1）运动副　机器中的每个构件都不是自由构件，而是以一定的连接方式与其他构件组成动连接。工程中把使两构件直接接触并能产生一定相对运动的连接，称为运动副。把两构件相互接触的点、线和面称为运动副元素。图7-2a所示为滚动轴承滚动体与内、外圈，运动副元素为点接触；图7-2b所示为两齿轮轮齿啮合传动，运动副元素为线接触；图7-2c所示为滑块与滑道，运动副元素为面接触。

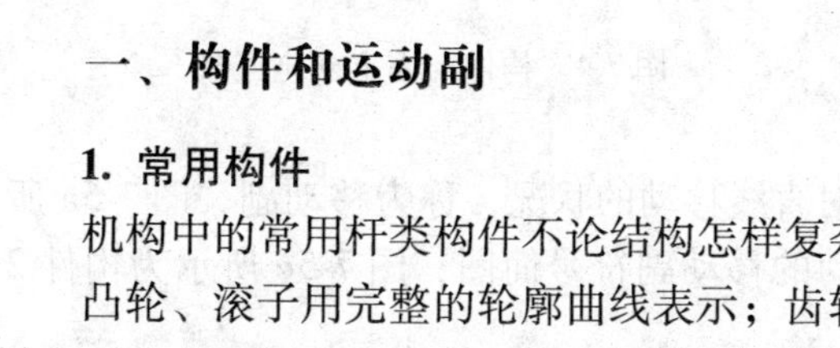

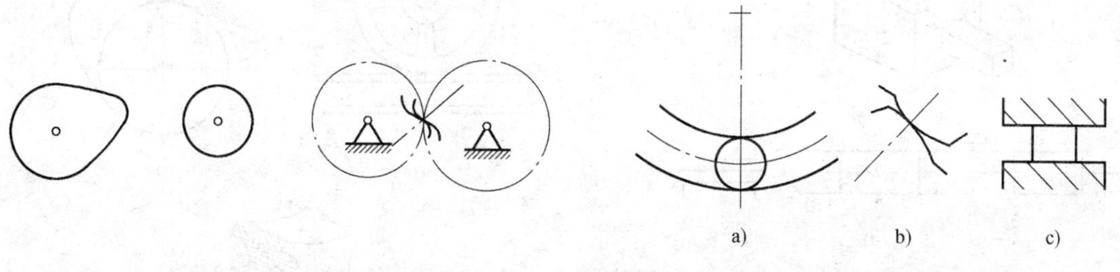

图7-1　凸轮、滚子及齿轮的规定画法

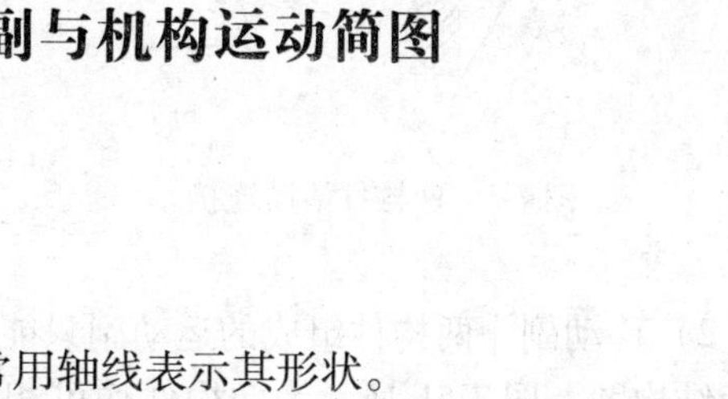

图7-2　运动副元素

（2）约束　两构件组成运动副后，就限制了两构件间的相对运动，工程中把对于物体之间相对运动的限制称为约束。

3. 运动副分类与表示符号

根据两构件组成运动副的接触形式不同，把运动副分为低副和高副两类。

（1）低副　两构件为面接触组成的运动副称为低副。根据两构件相对运动是转动还是移动，分为转动副和移动副。

1）转动副。组成运动副的两构件只能在平面内作相对转动，符号用一个小圆圈表示，这种运动副称为转动副（也称铰链）。图 7-3a 所示为两构件连接的结构；图 7-3b 所示为该两构件的连接符号简图。

图 7-4a 所示为固定支座连接结构图，杆简化为 1，固定支座简化为 2，销轴为小圆圈，符号简图为固定铰链，如图 7-4b 所示。

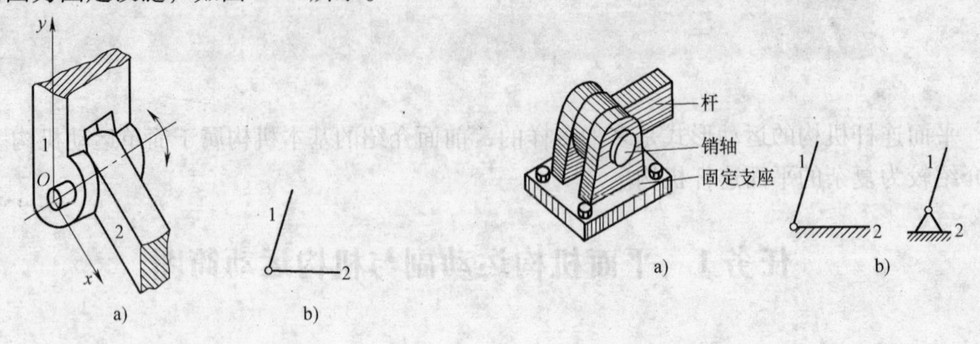

图 7-3　两构件活动连接　　图 7-4　构件与固定支座连接

2）移动副。两构件组成的运动副只能作相对直线移动的状况，称为移动副，图 7-5a 所示为结构图，图 7-5b 所示为两构件均可相互运动的移动副符号简图；图 7-5c 所示为构件 2 为机架的移动副符号简图。

（2）高副　两构件以点或线接触连接的运动副元素，称为高副。如图 7-6a 所示的车轮 1 与钢轨 2；图 7-6b 所示的凸轮 1 与从动件 2；图 7-6c 所示的轮齿 1 与轮齿 2，分别在其接触处组成高副。

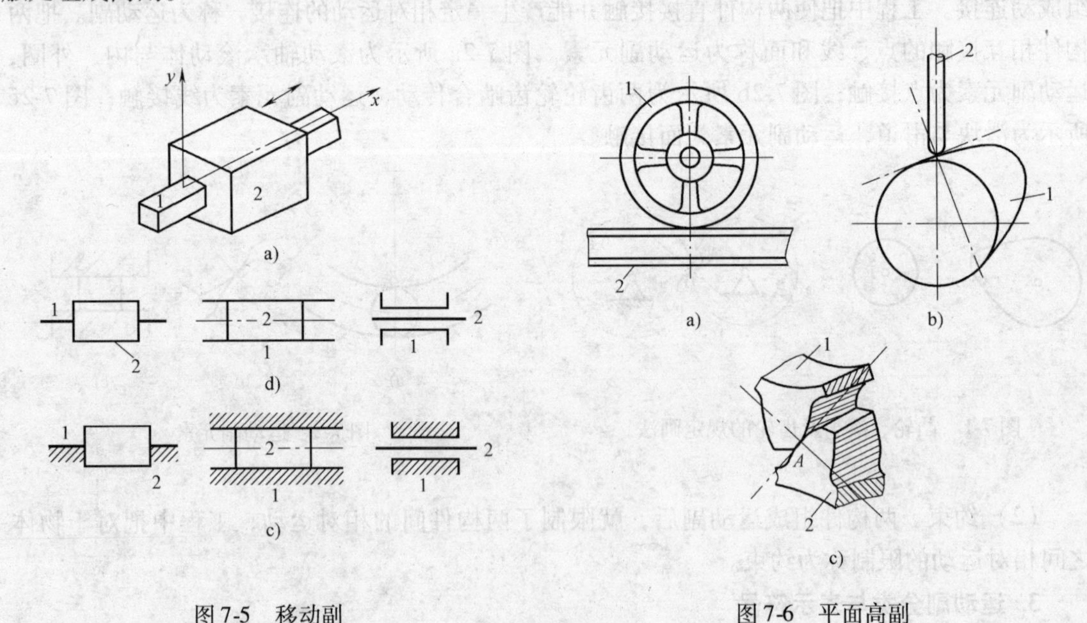

图 7-5　移动副　　图 7-6　平面高副

4. 特殊构件的表示方法

通常三个转动副不在同一直线上的构件可用三角形来表示，如图 7-7a 所示，如果三个转动副在同一构件上并位于一条直线上，则用图 7-7b 表示。

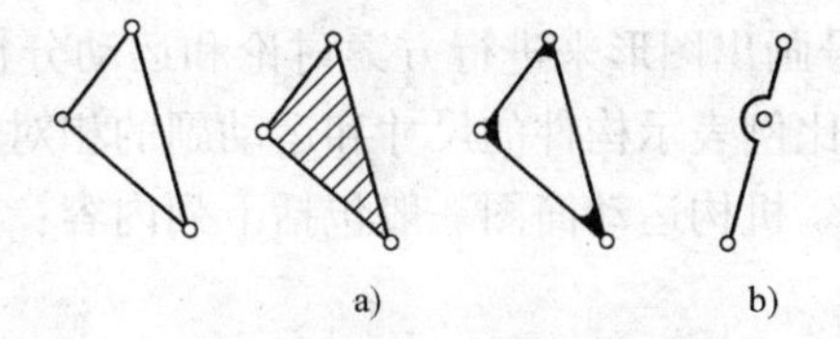

图 7-7　具有三个转动副元素的构件

常用构件的图形符号可查 GB 4460—1984，表 7-1 列出了机构中常用的简图符号以供设计时选用。

表 7-1　机构运动常用的简图符号

名　称	符　号	名　称	符　号
杆的固定连接		向心普通轴承	
三副元素构件		移动副	
带传动		链传动	
齿轮齿条机构		蜗杆传动机构	
锥齿轮传动		制动器	
外啮合齿轮机构		内啮合齿轮机构	

二、平面机构运动简图

1. 机构运动简图

工程中实际构件的结构往往很复杂，在研究机构运动时，为了使问题简化，没必要考虑那些与运动无关的因素（如构件的结构形状、组成构件的零件数目、运动副的具体构造等)，仅用简单的线条和符号画出图形来进行方案讨论和运动分析以及受力分析。通常把用规定的符号和线条按一定的比例表示构件的尺寸和运动副的相对位置，并能完全反映机构特征的简图称为机构运动简图。机构运动简图一般包括下列内容：

1）构件数目。

2）运动副的类型和数目。

3）与运动变换相关的构件尺寸参数。

4）主动件及运动特性。

2. 绘制平面机构运动简图的步骤

绘制平面机构的运动简图时，通常可按下列步骤进行：

1）分析机构的运动，点清构件数，确定机构中的机架、原动件和从动件。

2）从原动件开始，沿着运动传递路线，分析各构件间的相对运动性质，确定运动副的类型、数目以及确定各运动件的位置。

3）选择多数构件所在的平面，将原动件置于一个合适的位置，以便于清楚地表达机构的运动关系。

4）确定比例尺，即

$$\mu_L = \frac{\text{构件的实际尺寸（mm）}}{\text{图样上尺寸（mm）}}$$

5）从原动件开始，按机构运动传递顺序，用规定的符号和线条绘制出机构运动简图，用带箭头的符号标注出原动件。

需要注意的是：绘制机构的运动简图时，机构的瞬时位置不同，所绘制的简图也不同。如位置选择不当，则会出现构件间的相互重叠，使简图不易绘制及辨认。因此要清楚地表示各构件间的相互关系，还应选择恰当的运动瞬时位置，只有使主动件相对机架处于某一个恰当的位置，才可得到一个合适的机构瞬时位置。

例 7-1 试绘制图 7-8a 所示液压自动卸料货车的运动简图。

解：

1）分析机构运动，确定构件数目。

图示液压自动卸料货车是利用油压推动活塞杆 3 撑起车厢 2，使车厢绕铰链 B 转动，物料便可自动卸下。工作时，液压缸缸体 4 绕固定铰链 C 摆动。该机构中车体 1 是机架、液压缸内的高压油是动力源驱动活塞杆 3 移动，车厢 2 为从动件，共 4 个构件。

2）确定运动副的类型、数目。

活塞杆 3 与液压缸缸体 4 的连接是移动副，活塞杆 3 与车厢 2 在 A 处的连接为转动副，车厢 2 与车体 1 在 B 处的固定铰链连接为转动副，液压缸缸体 4 与车体 1 在 C 处的固定铰链连接为转动副。

3）测量各运动副间的相对位置。

测量 L_{AB}、L_{BC} 及与 BC 水平线的夹角。

4）选择车厢 2 的卸料运动平面为视图平面。

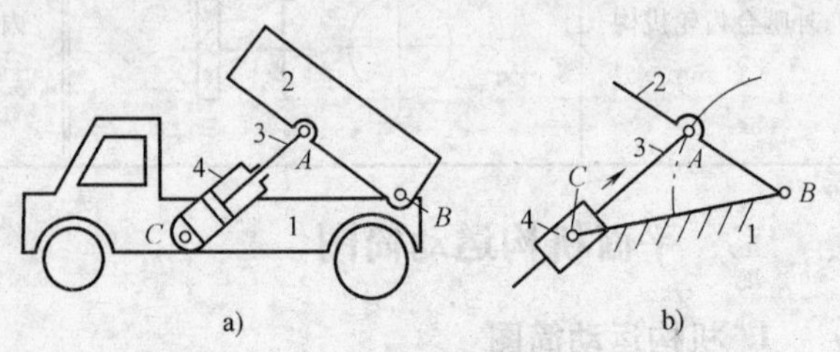

图 7-8 液压自动卸料货车

1—车体 2—车厢 3—活塞杆 4—液压缸缸体

5）确定长度比例尺μ_L。

6）绘制机构运动简图。

先画车体上两个转动副B和C的位置（图示BC长度为L_{BC}/μ_L）；以B为圆心，以L_{AB}/μ_L为半径作弧，得A点运动轨迹；选定原动件的初始位置，如活塞杆3与车体BC成30°角位置（可以自由取定）；过C点作活塞杆3的方向线，与弧交于A点；按规定的符号和线条画出简图；标注构件号、转动副代号（A、B和C）、动力源箭头方向，便绘成机构运动简图，如图7-8b所示。

任务2　平面机构的常用形式与特性

一、铰链四杆机构的基本形式及其应用

1. 铰链四杆机构各构件的名称

全部由转动副组成的平面四杆机构称为铰链四杆机构，如图7-9所示。

通常把固定不动的构件4称为机架，直接与机架连接的构件1和3称为连架杆，将两连架杆连在一起的构件2称为连杆。铰链四杆机构运动时，连杆做平面运动，属于复杂运动。

在铰链四杆机构中把能作整周转动的连架杆称为曲柄；把只能在小于360°范围内作往复摆动的连架杆称为摇杆。曲柄和摇杆都是做定轴运动的构件。

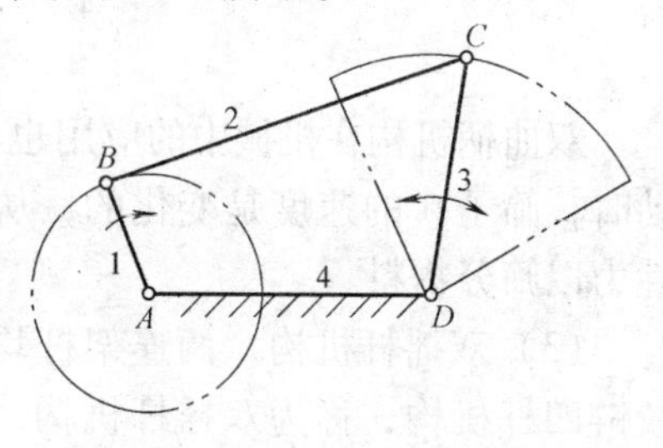

图7-9　铰链四杆机构

1、3—连架杆　2—连杆　4—机架

根据两连架杆运动形式的不同，铰链四杆机构分为曲柄摇杆机构、双曲柄机构和双摇杆机构三种基本形式。

2. 铰链四杆机构的应用

（1）曲柄摇杆机构　一个连架杆是曲柄，另一个连架杆是摇杆的铰链四杆机构，称为曲柄摇杆机构。在曲柄摇杆机构中，主动曲柄作等速转动时，从动摇杆作变速往复摆动，因此机构工作时有冲击载荷存在。曲柄摇杆机构在机器中的应用很广。

图7-10所示为雷达天线俯仰角调整机构；图7-11所示为搅拌机，均为曲柄摇杆机构的工程实际应用。

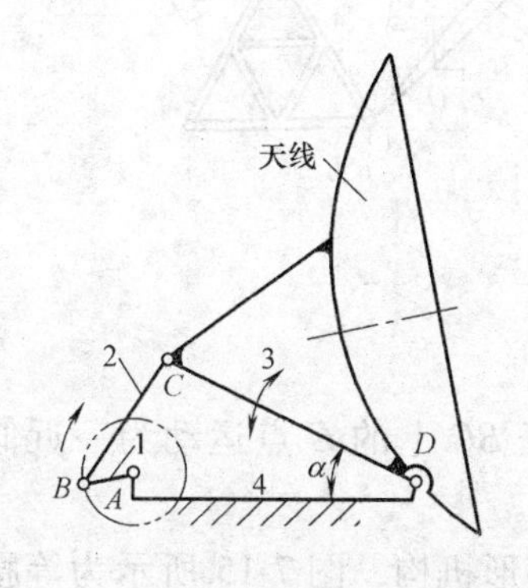

图7-10　雷达天线俯仰角调整机构

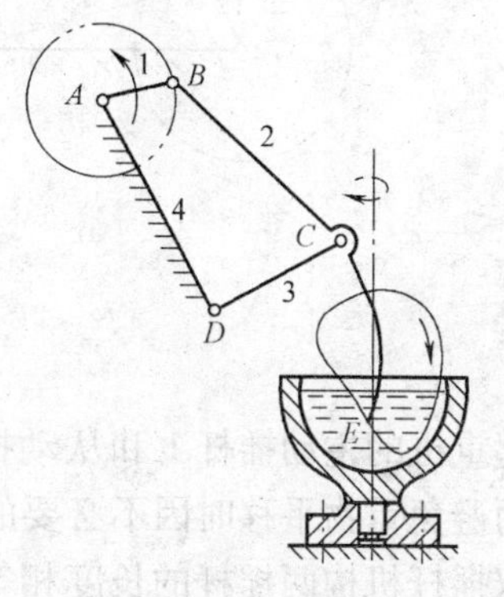

图7-11　搅拌机

（2）双曲柄机构　两连架杆均是曲柄的铰链四杆机构，称为双曲柄机构。双曲柄机构工作时，主动曲柄作等速转动，从动曲柄一般情况下作变速转动，如图 7-12a 所示。即主、从动曲柄的传动比是变量。只有当四杆的长度关系满足平行四边形的要求时，主、从动曲柄才是等速转动，如图 7-12b 所示。

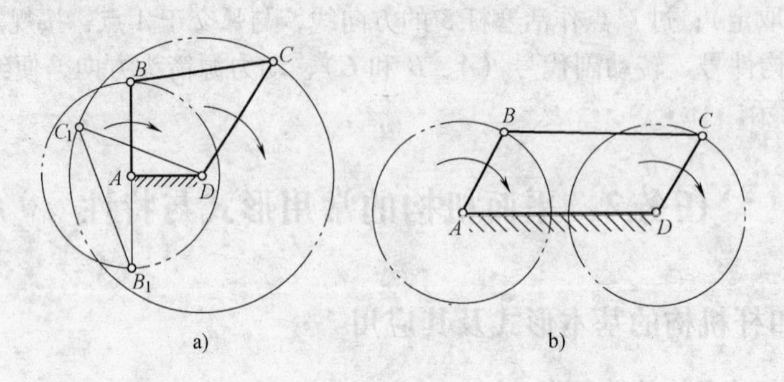

图 7-12　双曲柄机构和平行四边形机构

a）一般双曲柄机构　b）平行四边形机构

双曲柄机构在机械中的应用也比较多，如图 7-13 所示的惯性筛，当主动曲柄 1 匀速转动时，筛子 6 的速度是变化的，从而产生惯性力以筛分物料。

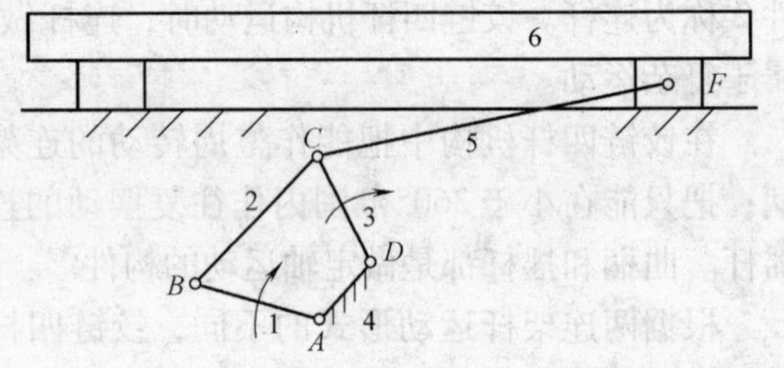

图 7-13　双曲柄机构在惯性筛上的应用

1、3—曲柄　2、5—连杆　4—机架　6—筛子

（3）双摇杆机构　两连架杆均是摇杆的铰链四杆机构，称为双摇杆机构，双摇杆机构的两连架杆都不能作整周转动，如图 7-14a 所示。双摇杆机构在机械中的应用也很广泛，如图 7-14b 所示的港口码头鹤式起重机，就是双摇杆机构的应用实例。

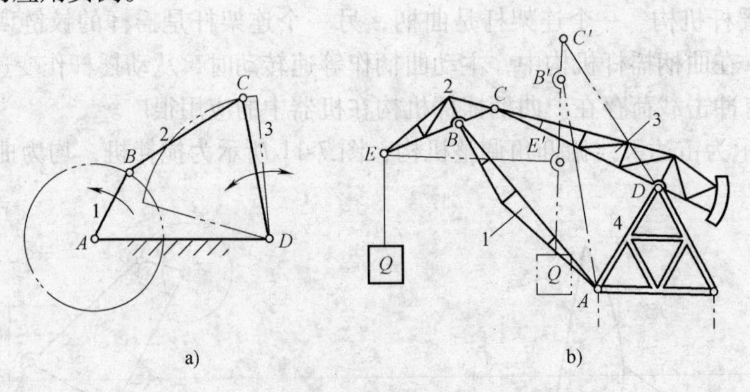

图 7-14　双摇杆机构

当起重机的主动摇杆 1 和从动摇杆 3 摆动时，连杆 BC 上的 E 点运动为一近似直线轨迹，从而避免重物平移时因不必要的升降而消耗能量。

当双摇杆机构两摇杆的长度相等时，则变成等腰梯形机构，图 7-15 所示为等腰梯形机构在汽车前轮转向机构上的应用。

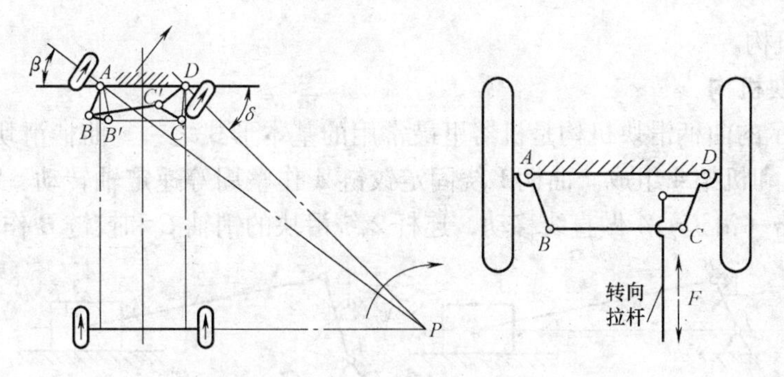

图 7-15　汽车前轮转向机构

3. 铰链四杆机构类型的判别条件

（1）曲柄的存在条件　在铰链四杆机构中，曲柄通常作为原动件做整周转动。铰链四杆机构在什么情况下存在曲柄呢？经过理论研究得出曲柄存在须符合如下两个条件：

1）最长杆与最短杆的长度之和小于或等于其余两杆长度之和（杆长条件）。

2）最短杆或其相邻杆应为机架（机架条件）。

（2）机构类型的判断　根据曲柄存在的条件，判断平面铰链四杆机构类型的准则为：

1）如果最短杆与最长杆长度之和小于或等于其余两杆长度之和（满足杆长条件的情况下），有以下 3 种类型。

①若取最短杆作为机架，机构为双曲柄机构。

②若取最短杆的相邻杆作为机架，机构为曲柄摇杆机构。

③若取最短杆的对面杆作为机架，机构为双摇杆机构。

图 7-16 所示为各杆长度相同的铰链四杆机构，当取不同构件为机架时得到的机构类型。

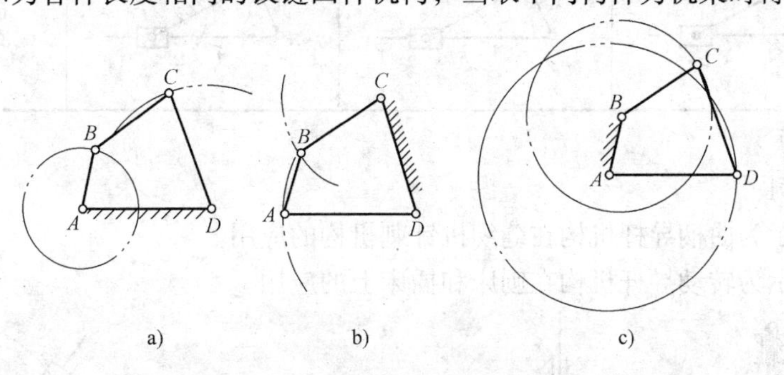

图 7-16　铰链四杆机构取不同构件为机架的机构

a）曲柄摇杆机构　b）双摇杆机构　c）双曲柄机构

图 7-16a 所示以最短杆 *AB* 的相邻杆 *AD* 为机架的情况，该机构为曲柄摇杆机构；图 7-16b 所示以最短杆 *AB* 的对面杆 *CD* 作为机架，该机构为双摇杆机构；图 7-16c 所示以最短杆 *AB* 作为机架时，该机构为双曲柄机构。

2）如果最短杆与最长杆的长度之和大于其余两杆长度之和，则该机构不存在曲柄，不论取哪一杆为机架均为双摇杆机构。

二、其他连杆机构

在工程应用的机械中，除上述三种铰链四杆机构基本型式外，还广泛应用了许多其他形式的平面连杆机构。

1. 曲柄滑块机构

图 7-17 所示的曲柄滑块机构是机器里最常用的基本形式之一。曲柄滑块机构由曲柄 1、连杆 2、滑块 3 和机架 4 组成。曲柄 1 绕固定铰链 A 作整周等速定轴转动，滑块 3 在连杆 2 的作用下沿导路（滑道）4 做直线移动，连杆 2 绕滑块的销轴 C 和铰链 B 作平面运动。

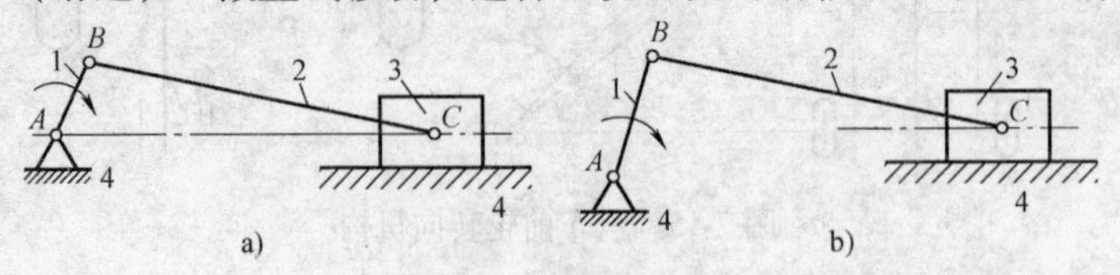

图 7-17　曲柄滑块机构

1—曲柄　2—连杆　3—滑块　4—机架

当滑块 3 的导路中心线通过曲柄 1 的转动中心时，称为对心曲柄滑块机构，如图 7-17a 所示；当滑块 3 的导路中心线不通过曲柄 1 的转动中心时，称为偏置曲柄滑块机构，如图 7-17b 所示。

曲柄滑块机构广泛应用于内燃机、锻压机、压力机、剪床、空气压缩机上。

对于曲柄滑块机构，当取不同的构件为机架时，也可得到不同的机构，见表 7-2。

表 7-2　曲柄滑块机构取不同构件为机架时的机构名称

机构名称	曲柄滑块机构	转动导杆机构	曲柄摇块机构	移动导杆机构
机构简图				

2. 应用实例

图 7-18 所示为曲柄导杆机构在缝纫机针刺机构的应用。

图 7-19 所示为转动导杆机构在刨床和插床上的应用。

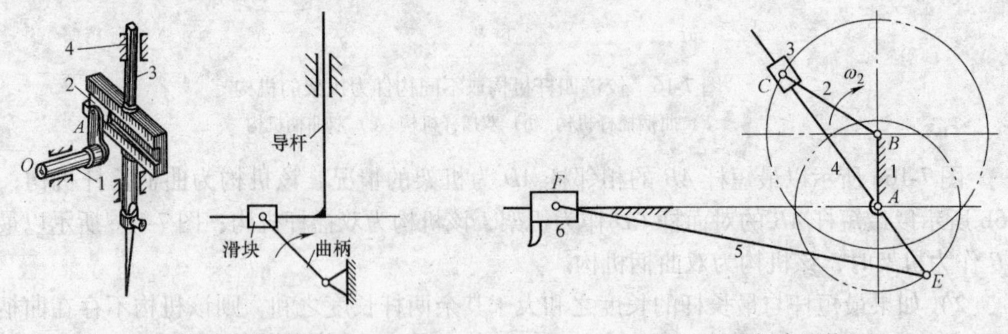

图 7-18　缝纫机针刺机构　　图 7-19　刨床机构

图 7-20 所示为移动导杆机构在手压抽水机上的应用。图 7-21 所示为曲柄摇块机构在插齿机上的应用。

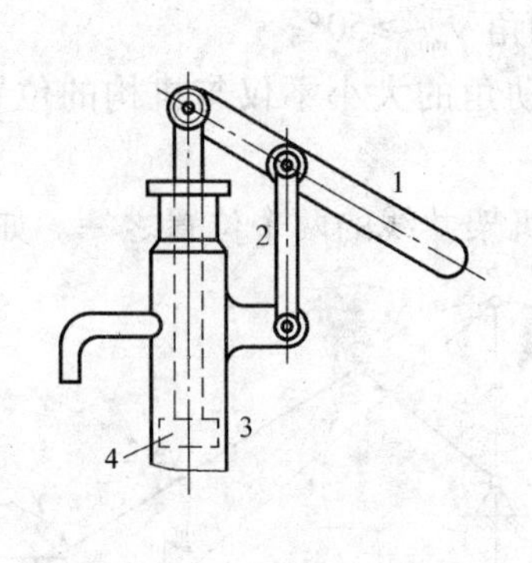

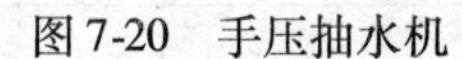
图7-20 手压抽水机

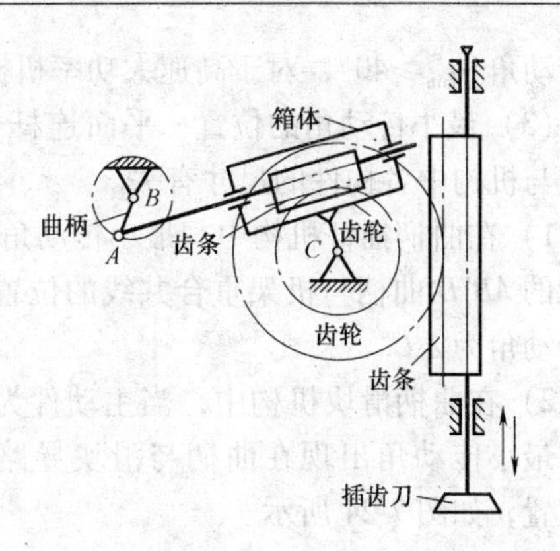

图7-21 插齿机

图7-22所示为摆动导杆机构应用于牛头刨床上滑枕的运动。

三、平面机构的特性

1. 压力角与传动角

在设计平面连杆机构时，要求设计的机构不但能实现预期的运动，而且希望机构运转灵活，效率高。图7-23所示的曲柄摇杆机构，若不考虑各杆件自重和运动副中摩擦力的影响，则连杆 BC 是二力杆，主动曲柄 AB 通过连杆 BC 传给从动件 CD 的力 $\boldsymbol{F}$ 沿 BC 两点的连线方向。

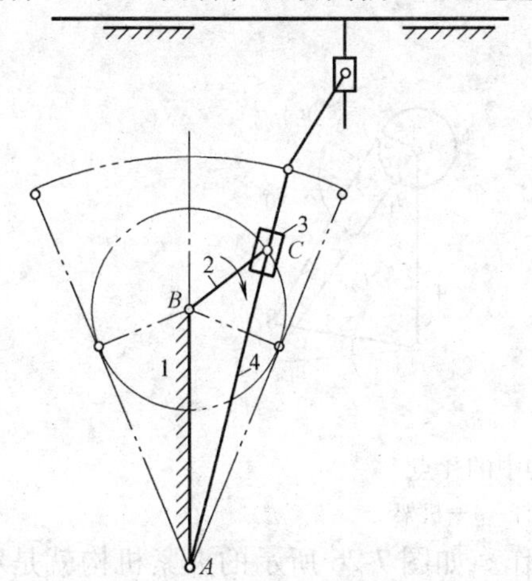

图7-22 牛头刨床的主运动机构

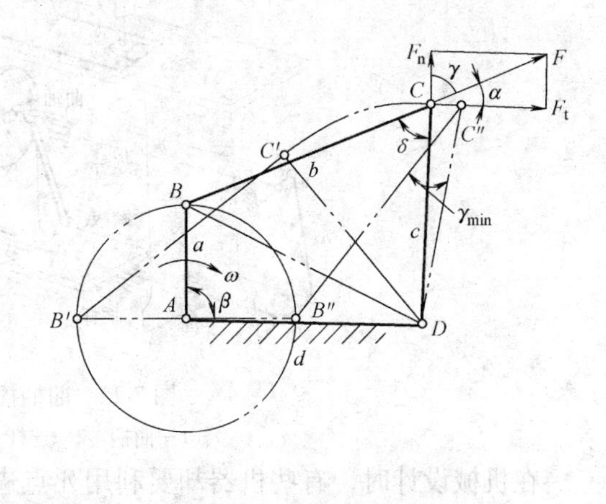

图7-23 压力角和传动角

（1）压力角 通常把力 $\boldsymbol{F}$ 的作用线与其作用点 C 速度方向所夹的锐角，称为压力角，用 α 表示。

力 $\boldsymbol{F}$ 可分解成 F_t 和 F_n，F_n 使机器发生振动，应进行控制，不能过大。由图分析有

$$F_t = F\cos\alpha = F\sin\gamma$$

$$F_n = F\sin\alpha = F\cos\gamma$$

（2）传动角 把压力角的余角 γ 称为传动角。显然，α 角越小，或者 γ 角越大，使从动件运动的有效分力就越大，对机构传动越有利。α 和 γ 是反映机构传动性能的重要指标，由于 γ 角便于观察和测量，工程上常以 γ 角来衡量平面连杆机构的动力性能。平面连杆机构运动时其传动角 γ 是不断变化的，为了保证平面连杆机构传动性能良好，设计时一般应使最

小传动角 $\gamma_{min} \geqslant 40°$，对于高速大功率机械应使最小传动角 $\gamma_{min} \geqslant 50°$。

（3）最小传动角的位置　平面连杆机构运动时传动角的大小不仅与机构的位置有关，而且与机构中各构件的尺寸有关。

1）在曲柄摇杆机构中，最小传动角出现在曲柄与机架共线的两个位置之一。如图 7-23 所示的 $AB''D$ 曲柄与机架重合共线的位置，最小传动角为 $\angle C''$。

2）在曲柄滑块机构中，当主动件为曲柄时，最小传动角出现在曲柄与滑块导路垂直的位置，如图 7-24 所示。

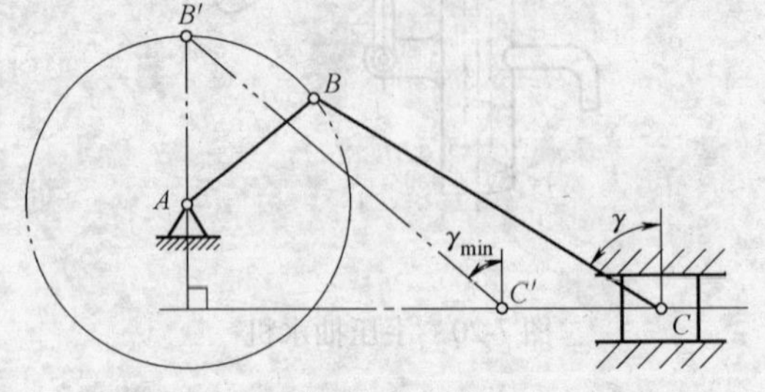

图 7-24　曲柄滑块机构的最小传动角

2. 死点

在曲柄摇杆机构中，若摇杆为原动件，曲柄为从动件。如缝纫机的脚踏板驱动机构，如图 7-25 所示。在该机构中，当连杆 BC 与从动曲柄 AB 成一直线 AB_1C_1 时，脚踏板摇杆 3 通过连杆 2 给曲柄 1 的力 $\boldsymbol{F}_{12}$ 与其作用点速度 v_B 垂直，即压力角 $\alpha = 90°$，传动角 $\gamma = 0°$。此时，即使在脚踏板（摇杆 3）上施加再大的力，该机构仍不能转动，通常称此位置为死点。在机器运转过程中，通常是利用机器的惯性来超越死点位置。

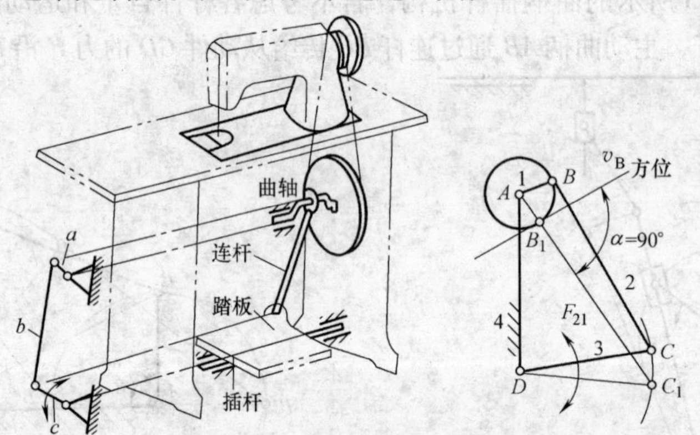

图 7-25　曲柄摇杆机构中的死点

1—曲柄　2—连杆　3—摇杆　4—机架

在机械设计时，有些机器却要利用死点进行工作。如图 7-26 所示的夹紧机构就是利用摇杆 AB 和连杆 BC 处于同一直线的死点位置夹紧工件的。

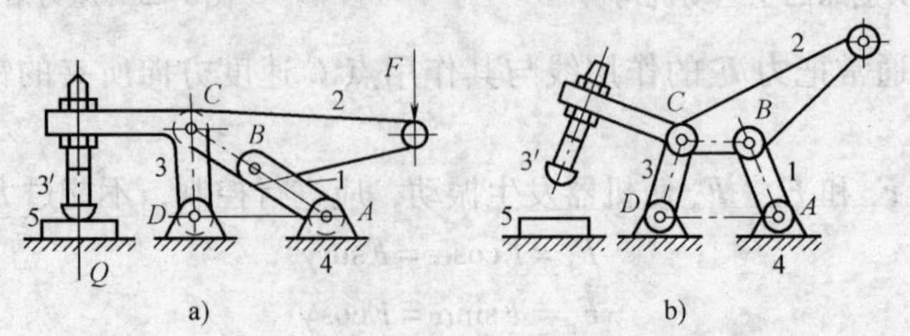

图 7-26　死点应用于夹具装置

1、3—摇杆　2—连杆　3′—压头　4—机架　5—工件

工作原理为用力 $\boldsymbol{F}$ 按下手柄（连杆 BC），带动杆 CD（摇杆）逆时针转动，使与其固结的压头 3′向下压紧工件 5，如图 7-26a 所示，当工件被压紧时，杆 AB 与杆 CB 成一直线，即

处于死点位置。若将力 $\boldsymbol{F}$ 撤掉，工件对夹具的反作用力 $\boldsymbol{Q}$ 不可能使夹具松开。释压时，可扳动手柄2使杆 CD 顺时针转动，就可松开工件5，如图7-26b所示。

3. 急回特性

在某些从动件作往复运动的平面机构中，若从动件回程的平均速度大于工作行程的平均速度，则称该机构具有急回特性。

在图7-27所示的曲柄摇杆机构中，曲柄 AB 为主动件。当从动件摇杆 CD 位于右极限位置 C_1D 时，曲柄 AB_1 与连杆 B_1C_1 处于拉成一直线的位置。当曲柄等速沿逆时针方向转过 φ_1 到 AB_2 与连杆 B_2C_2 重叠成一直线时，摇杆摆到左极限位置 C_2D，设摇杆的该行程为工作行程。

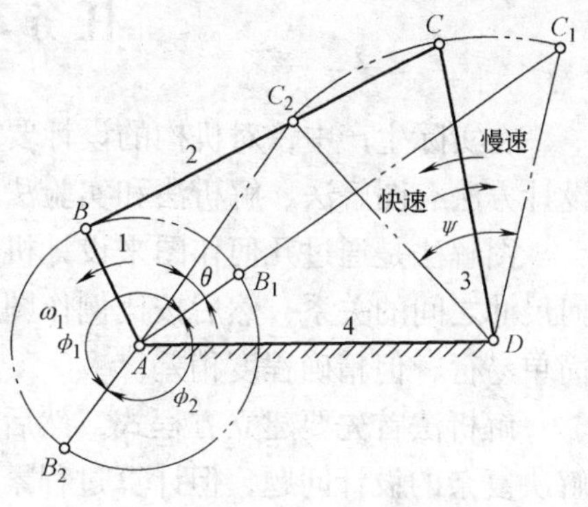

图7-27　曲柄摇杆机构的急回特性

1—曲柄　2—连杆　3—摇杆　4—机架

当从动件 CD 在左、右两个极限位置时，对应的主动件之间所夹的锐角称为极位夹角，用 θ 表示。当主动件继续逆时针方向再转 φ_2 回到 AB_1 位置时，摇杆从左极限位置回到右极限位置，设摇杆的该行程为空回行程。

摇杆在左、右两极限位置所夹的角度称为摆角，用 ψ 表示。

因曲柄作等速转动，且 $\varphi_1=180°+\theta$ 和 $\varphi_2=180°-\theta$，$\varphi_1>\varphi_2$，当曲柄等速转动时，对应工作行程和空回行程所需的时间 $t_1>t_2$。为了说明急回的程度，特定义行程速度变化系数 K，它等于回程的平均速度 v_2 与工作行程的平均速度 v_1 之比，即

$$K=\frac{v_2}{v_1}=\frac{t_1}{t_2}=\frac{\phi_1}{\phi_2}=\frac{180°+\theta}{180°-\theta}$$

由上式可知，若极位夹角 $\theta=0°$，$K=1$ 时，则机构无急回特性；反之，若 $\theta>0°$，$K>1$ 时，则机构有急回特性。且 θ 或 K 越大，急回特性越显著。

图7-28所示的偏置曲柄滑块机构，其极位夹角 $\theta>0°$，故偏置曲柄滑块机构具有急回特性。

图7-29所示的摆动导杆机构，当主动曲柄转到与从动导杆垂直位置时，导杆就摆到左、右两个极限位置。因极位夹角 $\theta>0°$，故该机构有急回特性，且该机构的极位夹角 θ 与导杆的摆角 ψ 相等。

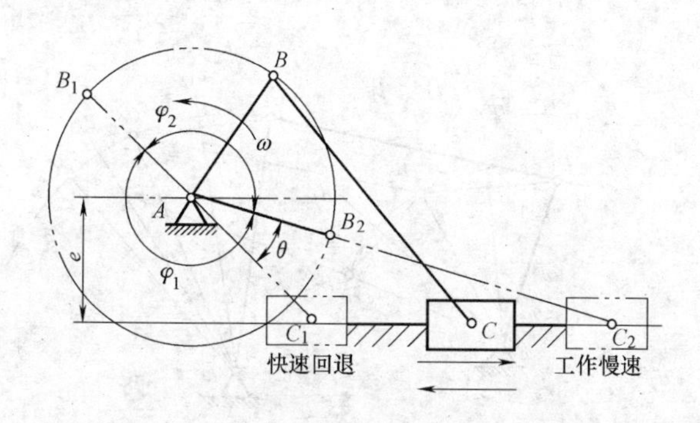

图7-28　偏置曲柄滑块机构的急回特性

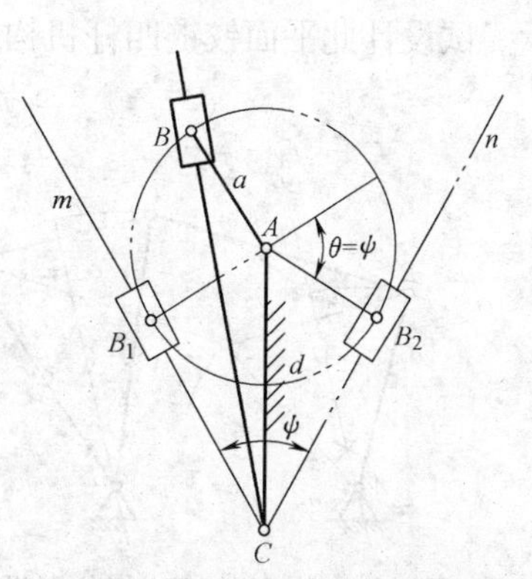

图7-29　摆动导杆机构的急回特性

在机器设计中常用机构的急回特性来节省回程的时间，以提高生产率。

根据给定的行程速比系数 K 设计具有急回运动的机构时，需由行程速比系数 K 求出极位夹角 θ

$$\theta = 180° \times \frac{K-1}{K+1} \tag{7-1}$$

任务3　平面机构的设计

在实际生产中，对机构的设计要求是多种多样的，给定的条件也各不相同。平面机构的设计方法有图解法、解析法和实验法。

图解法是通过几何作图来设计机构的方法。图解法首先根据设计要求，找出机构运动几何尺寸之间的关系，然后按比例作图确定出机构各构件的运动尺寸。这种方法直观、清晰，简单易行，但精确程度稍差。

解析法首先要建立方程式，然后根据已知的参数对方程式求解。其设计结果精确，能够解决复杂的设计问题，但计算过程繁琐。

设计时到底选用哪种方法，应根据实际条件而定。以下介绍图解法的应用。

一、按给定连杆位置设计平面铰链四杆机构

1. 按给定连杆两个位置及连杆长度设计平面铰链四杆机构

如图 7-30 所示，已知连杆 BC 的长度为 b，在平面上的两个位置分别为 B_1C_1 和 B_2C_2，试设计该平面铰链四杆机构。

此设计为已知两个定长的转动副，求另外两个固定转动副 A 和 D 的位置问题。铰链四杆机构中连杆做平面运动，实际上为两回转副 B、C 的中心分别绕机架上固定回转副 A 和 D 的中心转动。显然，回转副 B、C 中心的运动轨迹分别为以回转副 A、D 为圆心的圆弧。所以回转副 A 应在 B_1B_2 中垂线 b_{12}上，回转副 D 在 C_1C_2 中垂线 c_{12}上，而且有无穷多个解。

若有附加条件，则应该从无穷多个解中选取满足附加要求的解。

2. 按给定连杆三个位置及长度设计平面铰链四杆机构

设已知连杆 BC 的长度及其在平面上所占据的三个位置 B_1C_1、B_2C_2、B_3C_3，如图 7-31 所示。试设计此平面铰链四杆机构。

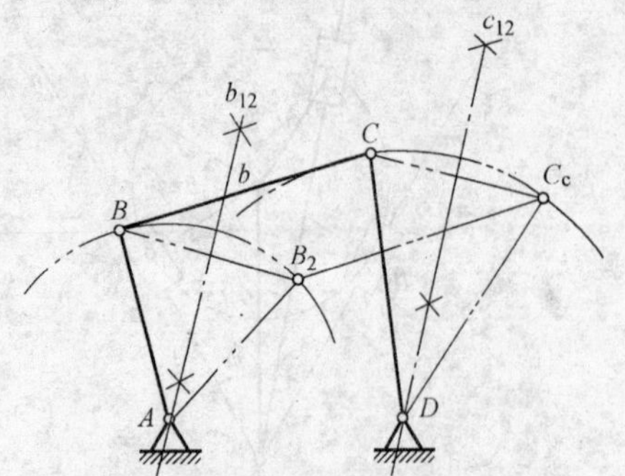

图 7-30　按给定两连杆位置设计铰链四杆机构

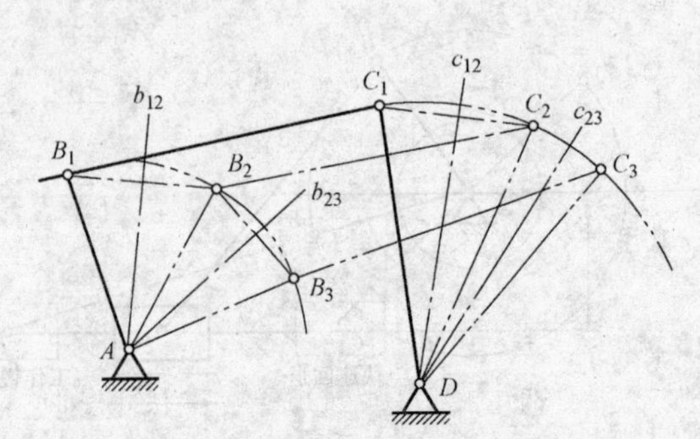

图 7-31　按给定连杆三位置设计铰链四杆机构

当由已知连杆两位置及长度设计四杆机构时，A 转动副的中心既在 B_1B_2 中垂线 b_{12}上，也在 B_2B_3 中垂线 b_{23}上，b_{12}和 b_{23}的交点就是 A 转动副的中心；同理，转动副 D 的中心，应为中垂线 c_{12}和 c_{23}的交点，由上述分析可知，当已知连杆的三个位置及长度时，所求平面铰链四杆机构的解是唯一的。

当有其他附加要求时，也应该逐一检验。若不满足时，需根据设计的连杆机构的实际工作情况，变更连杆长度或改变连杆位置，重新设计，直到满足要求为止。

二、按给定行程速比系数设计平面铰链四杆机构

在设计具有急回特性的平面机构时，通常按照实际的工作需要，先确定行程速度变化系数 K 的数值，再按式（7-1）计算出极位夹角 θ，然后利用机构在两个极限位置时的几何关系，再结合其他有关的附加条件进行平面机构的设计，从而求出机构中各个构件的尺寸参数。

1. 曲柄摇杆机构的设计

已知曲柄摇杆机构中摇杆 CD 的长度为 L_{CD}，摇杆的摆角为 ψ 和行程速度变化系数为 K，试设计如图7-32所示的曲柄摇杆机构。

该设计是确定固定铰链中心 A 的位置，定出其他三个构件的长度，设计步骤为

1）计算极位夹角，即 $\theta = 180°\dfrac{K-1}{K+1}$。

2）选取比例 μ_L，按摇杆 L_{CD}/μ_L 的长度和摆角 ψ 的大小绘出摇杆的两个极限位置 C_1D 和 C_2D。

3）连接 C_1 和 C_2 点，并自 C_1 作 C_1C_2 的垂直线 C_1M。

4）作 $\angle C_1C_2N = 90° - \theta$，则 C_2N 与 C_1M 相交于 P 点，由三角形的内角和为180°可知，直角三角形 $\triangle C_1PC_2$ 中 $\angle C_1PC_2 = \theta$。

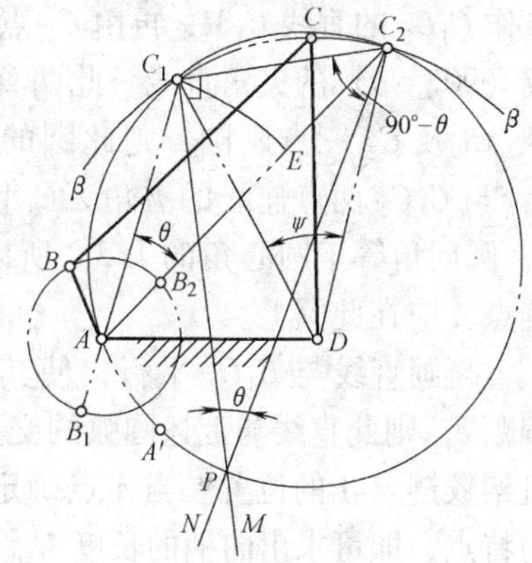

图7-32　按给定 K 值设计曲柄摇杆机构

5）以 C_2P 为直径作直角三角形 $\triangle C_1PC_2$ 的外接圆，在圆周 C_1PC_2 上任选一点 A 作为曲柄 AB 的机架铰链点，并分别与 C_1、C_2 相连，则 $\angle C_1AC_2 = \angle C_1PC_2 = \theta$（同一圆弧所对的圆周角相等）。

6）由图可知 AC_2 为曲柄与连杆拉直共线的极限位置，B_1AC_1 为连杆长度，以 AC_1 为半径向右画弧交 AC_2 于 E 点，$EC_2/2$ 的长度即为曲柄长度。

7）以 A 为圆心，以 $EC_2/2$ 为半径画圆，该圆即为曲柄圆。AB_2C_2 为曲柄与连杆拉直共线的极限位置；B_1AC_1 为曲柄与连杆重合共线的极限位置。

故有：$AC_1 = BC - AB$

$AC_2 = BC + AB$

解上两方程得曲柄 AB 和连杆 BC 的关系式为

$$AB = \frac{AC_2 - AC_1}{2}$$

$$BC = \frac{AC_2 + AC_1}{2}$$

曲柄、连杆和机架的实际长度为

$$L_{AB}=\mu_L AB$$

$$L_{BC}=\mu_L BC$$

$$L_{AD}=\mu_L AD$$

从上面的作图过程可以看出，由于 A 点是 $\triangle C_1AC_2$ 外接圆上任意选取的点，因此如果仅按行程速度变化系数 K 来设计，可得到无穷多的解。显然，A 点的位置不同（如在 A' 点），机构传动角的大小以及各个构件的长度也不同。为了使机构具有良好的性能，可按照最小传动角或其他附加条件来确定 A 点的位置。

2. 曲柄滑块机构的设计

已知曲柄滑块机构行程速度变化系数为 K，滑块冲程 H 和偏距 e，试设计如图 7-33 所示的曲柄滑块机构。

设计绘图方法与上题类似，先根据行程速比系数 K，计算出极位夹角 θ。然后作直线 $C_1C_2=H$，由 C_1 点作 C_1C_2 的垂线 C_1M，再由 C_2 点作直线 C_2N 与 C_1C_2 成（$90°-\theta$）的夹角直线，此两直线相交于 P 点。过 P、C_1 及 C_2 三点画圆，则此圆的弧 C_1PC_2 上任一点 A，与 C_1C_2 两点连线的夹角 $\angle C_1AC_2$ 都等于极位夹角 θ，圆周角等于圆心角的 1/2。所以曲柄 AB 的机架铰链点 A 应在此圆上。

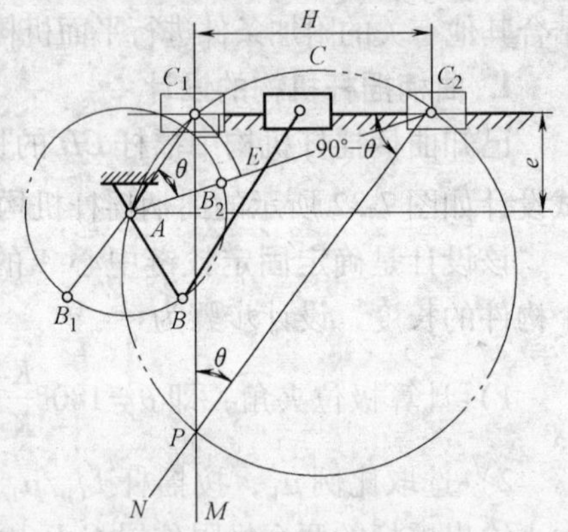

图 7-33 曲柄滑块机构的设计

再画直线与 C_1C_2 平行，使其间的距离等于给定偏距 e，则此直线与上述圆弧的交点，即为曲柄 AB 的机架铰链点 A 的位置。当 A 点确定后，如前所述，根据机构在极限位置时曲柄与连杆共线的特点，即可求出曲柄的长度 L_{AB} 及连杆的长度 L_{BC}。

3. 摆动导杆机构的设计

已知摆动导杆机构中机架的长度 L_{AC}，行程速比系数 K，试设计如图 7-34 所示曲柄摆动导杆机构。

由图可知，曲柄摆动导杆机构的极位夹角 θ 等于导杆的摆角 ψ，所需确定的尺寸是曲柄长度 $a=L_{AB}$。其设计步骤如下：

1）由已知行程速比系数 K，求得极位夹角 θ（也即是摆角 ψ）。

$$\psi=\theta=180°\frac{K-1}{K+1}$$

2）选取适当的长度比例 μ_L，任选固定铰链中心点 C，以夹角 ψ 画出摆动导杆两极限位置。

3）作摆角 ψ 的平分线 AC，并在线上取 $AC=L_{AC}/\mu_L$，得固定铰链中心点 A 的位置。

4）过 A 点作摆动导杆极限位置的垂线 AB_1（或 AB_2），即得曲柄长度为 $L_{AB}=\mu_L\cdot AB_1$。

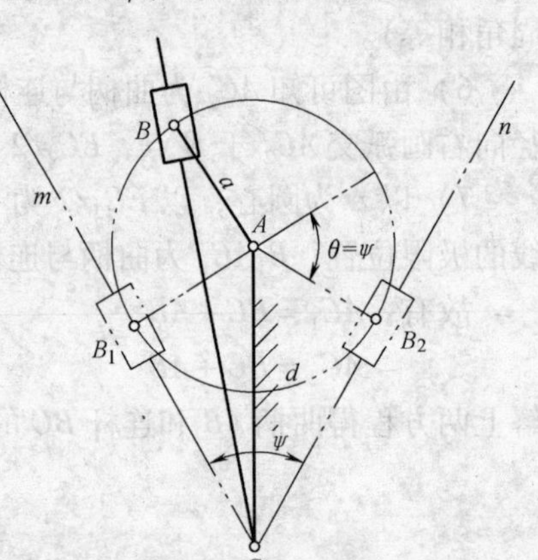

图 7-34 曲柄摆动导杆机构设计

图 7-35 所示为铸造车间用的翻转机。

翻转机是应用平面铰链四杆机构 AB_1C_1D 来实现 90°翻转的两个工作位置，在图中的实线位置Ⅰ时，放有砂箱 7 的翻台 8 在振动实验台 9 上造型振实。当液压油推动活塞 6 时，通过连杆 5 推动摇杆 1 摆动，从而将翻台与砂箱转到双点画线位置Ⅱ，然后托台 10 上升接触砂箱并起模。

由图看出，该机构的连杆是由 2、7、8 组成的一个整体部件，设连杆 2 上两转动副中心的距离为 L_{BC}，且已知连杆的两工作位置 B_1C_1 和 B_2C_2，要求设计该四杆机构并确定杆 AB、CD、AD 的长度 L_{AB}、L_{CD}、L_{AD}。

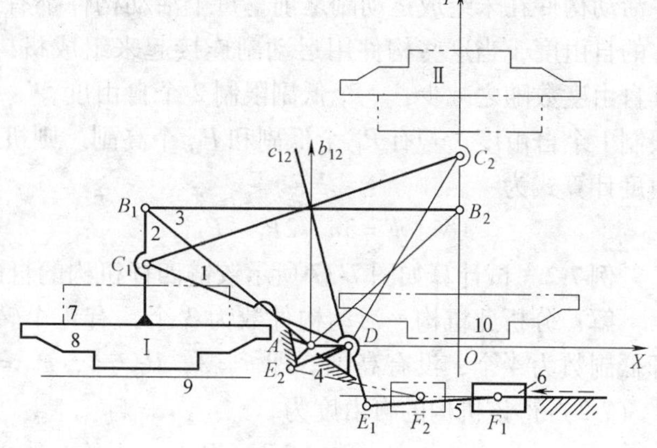

图 7-35 翻转机的设计

由已知条件可知，设计任务是确定两固定铰链 A 和 D 的位置，由铰链四杆机构运动可知，连杆上 B、C 两点的运动轨迹，分别为以 A、D 两点为圆心的两段圆弧，B_1B_2 和 C_1C_2 即分别为其弦长。所以，A 和 D 必然分别位于 B_1B_2 和 C_1C_2 的垂直平分线 b_{12} 和 c_{12} 上。

设计步骤为：

1）根据已知条件，取适当的比例 μ_L，绘制出连杆 2 的两个位置 B_1C_1 和 B_2C_2。

2）连接 B_1、B_2 和 C_1、C_2 并分别作出它们的垂直平分线 b_{12} 和 c_{12}。

3）由于 A、D 可分别在 b_{12}、c_{12} 上任选，由连杆两位置的设计，可得无穷多个解。

4）考虑其他辅助条件，如满足合理的结构要求，以及使机械在运转中的最小传动角 γ_{min}。若本机构中 B_1C_1 和 B_2C_2 的位置是按直角坐标系给定的，且要求机架上的两固定铰链在 X 轴线上，则 b_{12}、c_{12} 直线与 X 轴线的交点即分别为 A 和 D 点。

5）连 AB_1C_1D，即得所要设计的铰链四杆机构。

6）各杆长度分别为

$$L_{AB}=\mu_L \cdot AB_1$$

$$L_{CD}=\mu_L \cdot C_1D$$

$$L_{AD}=\mu_L \cdot AD$$

任务 4 平面机构的自由度与机构具有确定运动的条件

一、平面机构自由度的计算

1. 构件的自由度

图 7-36 所示的构件 AB 在 OXY 平面内运动，可表述为沿 X 轴和 Y 轴的移动和绕 Z 轴的转动。

这三个运动可以用三个独立参变量 x、y 和转角 α 表示。

每个独立的参变量称为构件的自由度。所以一个作平面运动的构件，有三个独立的自由度。机构的自由度是指机构中各构件相对于机架所具有的独立运动参数的数目。

2. 自由度的计算

设某一个平面机构的构件数为 N，其中必有一个构件是机架，该构件受到三个约束，其自由度必然为零。此时，机构的活动构件数为 $n=N-1$。这些活动构件在未组成运动副之前，每个活动构件都有三个独立的自由度，当这些构件用运动副连接起来组成机构之后，其自由度数随之减少，一个低副限制 2 个自由度，一个高副限制 1 个自由度，若有 P_L 个低副和 P_H 个高副。则机构的自由度计算式为

$$F=3n-2P_L-P_H \tag{7-2}$$

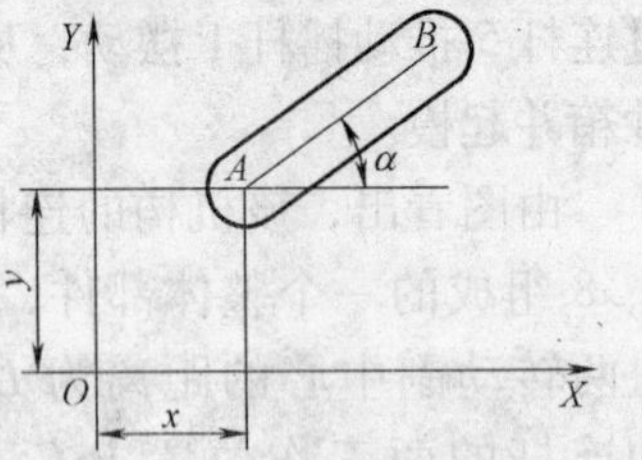

图 7-36 平面运动构件的自由度

例 7-2 试计算如图 7-37 所示铰链四杆机构的自由度。

解： 分析此机构，活动构件数为 3 个，有 4 个转动副，即低副数为 4 个，没有高副。即 $n=3$，$P_L=4$，$P_H=0$。由式（7-2）得该机构的自由度为

$$\begin{aligned}F&=3n-2P_L-P_H\\&=3\times3-2\times4-0\\&=1\end{aligned}$$

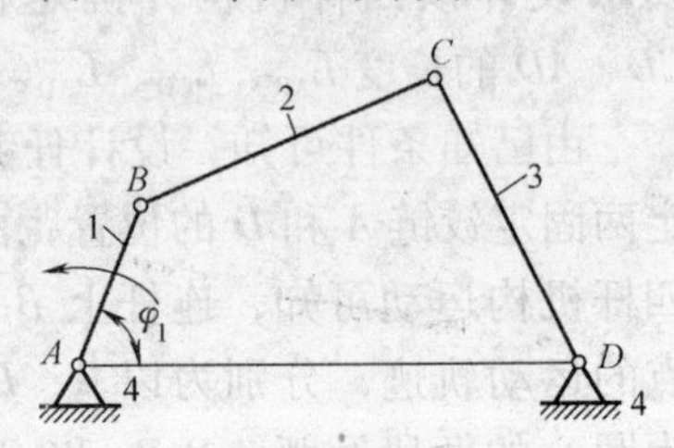

图 7-37 四杆铰链机构

即该机构有 1 个自由度。

二、机构具有确定运动的条件

图 7-38 所示的机构，三个构件采用三个转动副连接，由式（7-2）计算其自由度。

活动构件数为 2 个，有 3 个转动副，即低副数为 3 个，没有高副。即 $n=2$，$P_L=3$，$P_H=0$。由式（7-2）得该机构的自由度为

$$\begin{aligned}F&=3n-2P_L-P_H\\&=3\times2-2\times3-0\\&=0\end{aligned}$$

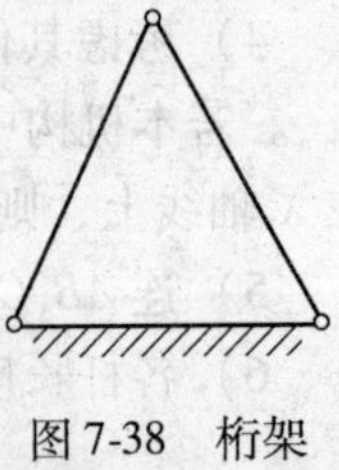

图 7-38 桁架

即该机构自由度为 0。

机构自由度为 0，表明该机构中各构件间已无相对运动，构成了一个刚性桁架，因而不能称为机构。

铰链四杆机构中，自由度 $F=1$，即表示机构中各构件相对于机架所能有的独立运动数目为 1。通常机构的原动件是用转动副或移动副与机架相连，每个原动件只能输入一个独立运动。设构件 1 为原动件，参变量为 φ_1（图 7-37），从动件 2、3 便有一个确定的位置。可见，自由度为 1 的机构在具有一个原动件时，运动是确定的。

图 7-39 所示为铰链五杆机构。

经分析该机构有活动构件数为 4 个，有 5 个转动副，即低副数为 5 个，没有高副。即 $n=4$，$P_L=5$，$P_H=0$。由式（7-2）得该机构的自由度为

$$\begin{aligned}F&=3n-2P_L-P_H\\&=3\times4-2\times5-0\\&=2\end{aligned}$$

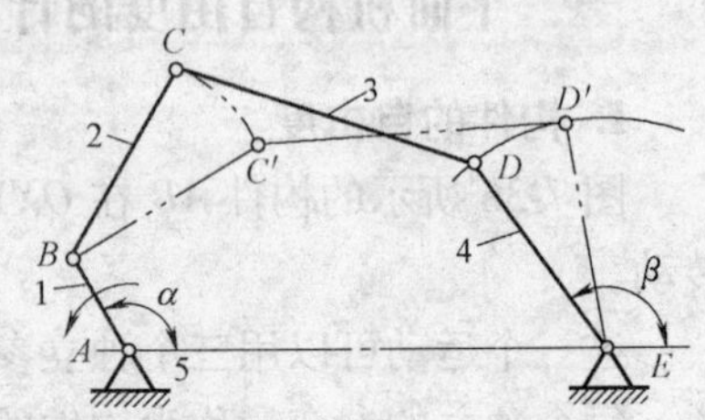

图 7-39 铰链五杆机构

即该机构有2个自由度。

若只取构件1为原动件，则当构件1处于α位置时，从动件2、从动件3、从动件4的位置将不确定在哪（可以在图示实线或双点画线位置，也可处于其他位置）。若同时取构件1和构件4作为原动件，则每给定一组α和β的数值，从动件2和3便会有一个确定的位置对应。可见，自由度等于2的机构在具有两个原动件时，运动才是确定的。

特别提示：

机构具有确定运动的条件是机构原动件的数目W应等于机构的自由度数F，即

$$W = F$$

且自由度F必须大于零，即$F>0$；如果$F\leqslant 0$，构件间没有相对运动，机构变为部件。

三、计算机构自由度的注意事项

1. 复合铰链

机构中当两个以上构件组成两个或更多共轴线的转动副时，即为复合铰链，如图7-40a所示，三个构件1、2和3，在A处构成复合铰链。由图7-40b可知，此三个构件1、2和3共组成两个共轴线转动副。当由K个构件组成复合铰链时，则应当组成（$K-1$）个共轴线转动副。

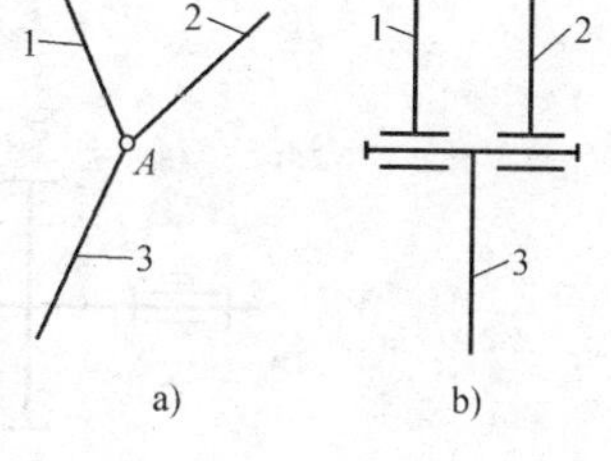

图7-40　复合铰链

1、2、3—构件

2. 局部自由度

机构中有些构件的局部运动对其他构件的运动不产生影响，这种由局部运动带来的自由度称为局部自由度。在计算机构自由度时，可预先将局部自由度除去不计。

图7-41a所示的滚子从动件凸轮机构，当原动件凸轮1绕转动中心A点转动时，通过滚子3使从动件2在导路4中往复移动。显然，滚子3绕其自身轴线C的转动，并不影响从动件2的运动，所以滚子3绕C点的转动为局部自由度。

在计算该机构自由度时，应假定将滚子3和从动件2焊成一体，才能去除局部自由度对机构的影响，如图7-41b所示，由此该机构的活动构件数为2，即$n=2$，一个转动副，一个移动副，即$P_L=2$，一个高副，即$P_H=1$。该机构自由度为

$$\begin{aligned}F&=3n-2P_L-P_H\\&=3\times2-2\times2-1\\&=1\end{aligned}$$

即该机构有1个自由度。

该机构只有一个原动件，刚好等于机构的自由度，所以该凸轮机构有确定的运动。

如果在计算该机构的自由度时，不去掉局部自由度影响时有活动构件数为3，即$n=3$，两个转动副，一个移动副，即$P_L=3$，一个高副，即$P_H=1$。该机构自由度为

$$\begin{aligned}F&=3n-2P_L-P_H\\&=3\times3-2\times3-1\\&=2\end{aligned}$$

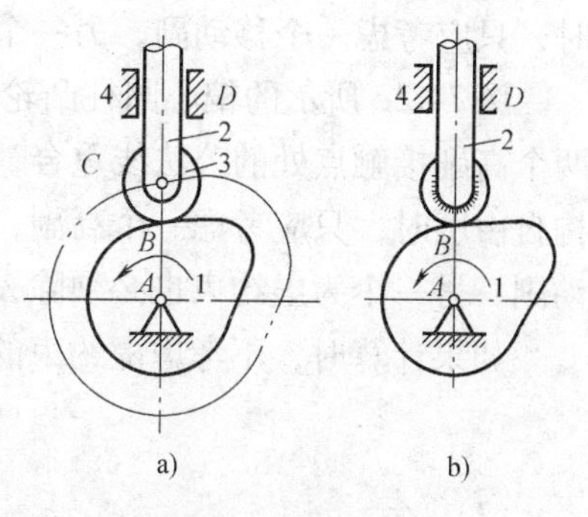

图7-41　局部自由度

1—凸轮　2—从动件　3—滚子　4—导路

即该机构有 2 个自由度。

那么，该机构需要两个原动件，而实际运动时，该机构只有一个原动件。

局部自由度会增加机构的自由度数，如不除去会产生错误的计算结果，因此在计算机构的自由度时，一定不能马虎行事。

局部自由度虽然不影响机构的运动，但可以使相互接触的构件由滑动摩擦变为滚动摩擦，降低摩擦和磨损，延长使用寿命，所以在机械中常有局部自由度出现。

3. 虚约束

在机构中与其他约束作用重复，而对机构运动不起独立限制作用的约束，称为虚约束。虚约束是在特定的几何条件下形成的，平面机构中的虚约束常出现在重复运动副、对称结构和重复轨迹等几种情况中。

（1）重复运动副　当两个构件在多处接触并组成相同的运动副时，就会引入虚约束。如图 7-42a 所示，安装齿轮的轴与支承轴的两个轴承之间组成了两个相同的，且其轴线重合的转动副 A 和 A'，从机构转动的角度来考虑，这两个转动副中只有一个转动副起约束作用，而另一个转动副为虚约束。因此，在计算机构的自由度时，只应考虑一个转动副，另一个应除去不计。

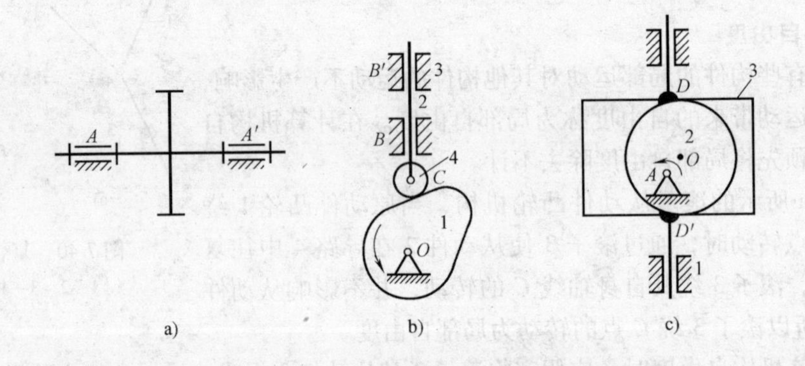

图 7-42　重复运动副引入的虚约束

图 7-42b 所示的滚子从动件凸轮机构，从动件 2 和机架 3 之间组成了两个相同的，且导路重合的移动副 B 和 B'，此时只有一个起约束作用，另一个为虚约束，在计算机构自由度时，只应考虑一个移动副，另一个为虚约束必须除去不计。

图 7-42c 所示的偏心圆柱凸轮机构，凸轮 2 和从动件 3 之间组成了两个高副 D 和 D'，这两个高副接触点处的公法线重合，只需考虑一个引入的约束，另一个为虚约束，在计算该机构自由度时，只应考虑一个高副，另一个为虚约束必须除去不计；移动副也只应考虑一个移动副，另一个为虚约束也必须除去不计。

如果计算时，不考虑虚约束的影响，则有 $n=2$，$P_L=3$，$P_H=2$，该机构自由度为

$$\begin{aligned}F&=3n-2P_L-P_H\\&=3\times2-2\times3-2\\&=-2\end{aligned}$$

即显然与机构的运动情况不相符合。

特别提示：

自由度为“-”的结果是，该结构很牢固，属于刚性很好的部件，相互之间是绝对没有相互运动可能的。而实际情况是，该机构在偏心圆柱凸轮的驱动下，是有确定运动规律的。

（2）对称结构　机构中对传递运动不起独立作用但结构相同的对称部分，使机构增加虚约束。

在图7-43所示的平面定轴轮系传动中，主动太阳轮1通过外齿轮2和2′驱动内齿轮3。

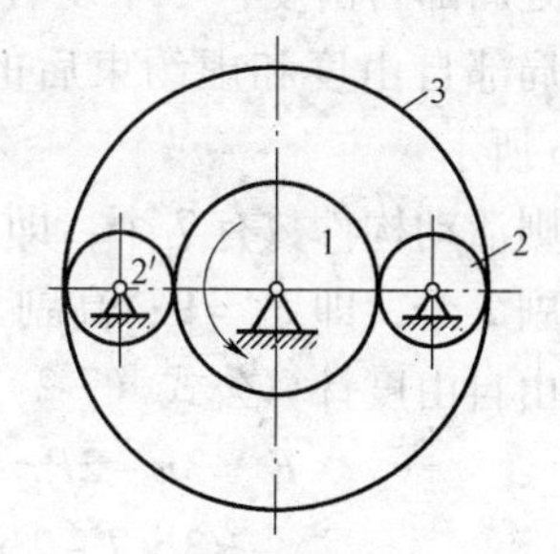

图7-43　对称机构引入的虚约束
1—主动太阳轮　2、2′—外齿轮
3—内齿轮

从传递运动的要求来看，两个对称布置的外齿轮，只需要一个外齿轮即可，而另一个外齿轮是虚约束。在计算机构的自由度时，只能考虑一个外齿轮，另一个应将其除去不计。

计算机构的自由度时，如果制造精度低，虚约束将变为实约束，从而对机构的运动起限制作用，所以存在虚约束的机构对构件的制造精度有相当高的要求。

在工程实际中，虽然虚约束不影响机构的运动，但它可以增加机构的刚性，改善机构的受力情况，所以虚约束的应用十分广泛。

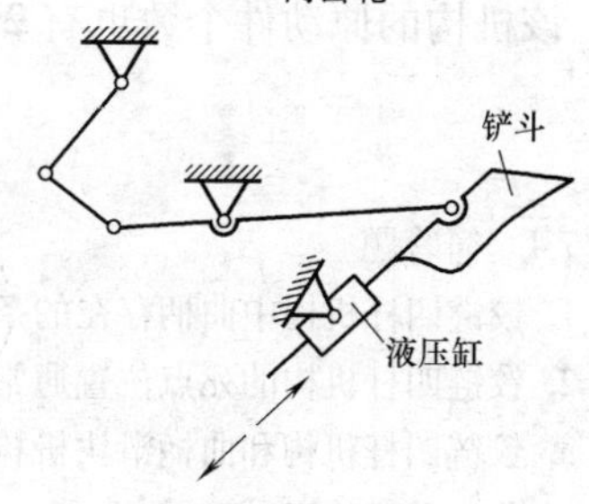

图7-44　液压推土机铲斗机构

例7-3　计算图7-44所示液压推土机铲斗机构的自由度。

解：分析该机构，活动构件有5个，即$n=5$；转动副6个，移动副1个，即$P_L=7$；高副没有，$P_H=0$。

由自由度计算公式（7-2）得

$$
\begin{aligned}
F &= 3n-2P_L-P_H \\
&= 3\times5-2\times7-0 \\
&= 1
\end{aligned}
$$

即该机构有一个自由度。

该机构的自由度个数和机构原动件的个数相等，该机构有确定的运动。

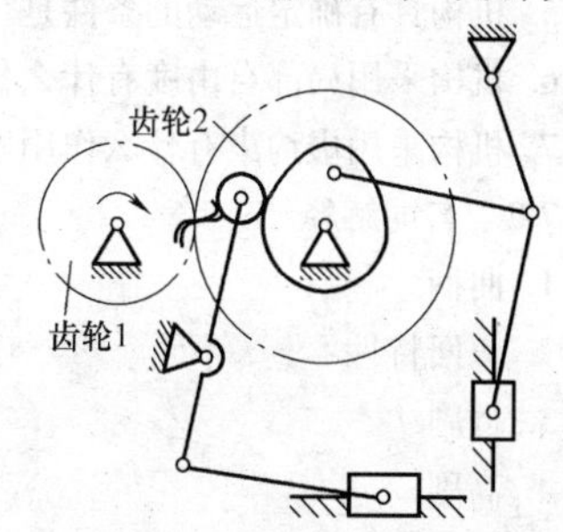

图7-45　冲压机的传动原理图

例7-4　图7-45所示为冲压机的传动原理图，指出该机构中的局部自由度和复合铰链，并计算该机构的自由度，说明该机构有没有确定的运动。

解：分析机构传动原理图看出，该机构有一处局部自由度和一个复合铰链。

活动构件数有9个，转动副有10个，移动副有2个，即$P_L=12$，高副有2个，即$P_H=2$。

由自由度计算公式（7-2）得

$$
\begin{aligned}
F &= 3n-2P_L-P_H \\
&= 3\times9-2\times12-2 \\
&= 1
\end{aligned}
$$

即该机构有一个自由度。

该机构的自由度个数和机构原动件的个数相等，该机构有确定的运动。

例 7-5 图 7-46a 所示为筛子机构的传动原理图，指出该机构中有没有局部自由度、复合铰链与虚约束，并计算该机构的自由度，说明该机构有没有确定的运动。

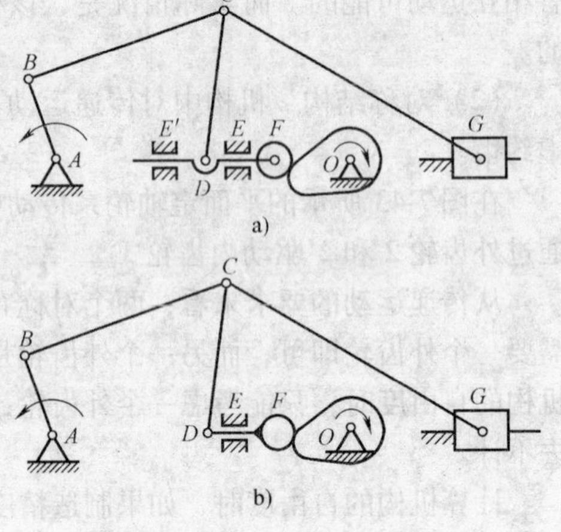

图 7-46 筛子机构的传动原理图

解： 分析筛子机构传动原理图看出，该机构有一处局部自由度，一个复合铰链和一处虚约束。去除局部自由度和虚约束后的机构原理图，如图 7-46b 所示。

则活动构件数有 7 个，即 $n=7$；转动副 7 个，移动副 2 个，即 $P_L=9$；高副 1 个，即 $P_H=1$。

由自由度计算公式（7-2）得

$$
\begin{aligned}
F &= 3n-2P_L-P_H \\
&= 3\times 7-2\times 9-1 \\
&= 2
\end{aligned}
$$

即该机构有 2 个自由度。

该机构的原动件个数也有 2 个，和机构的自由度个数相等，该机构有确定的运动。

思考与练习题

7-1　简答题

1. 铰链四杆机构中曲柄存在的条件是什么？
2. 铰链四杆机构的死点位置通常出现在何处？
3. 铰链四杆机构和曲柄滑块机构各由哪几部分组成？
4. 什么是机构运动简图？
5. 机构具有确定运动的条件是什么？
6. 机构采用局部自由度有什么作用？
7. 机构采用虚约束有什么作用？

7-2　名词解释

1. 曲柄
2. 急回特性
3. 低副
4. 高副
5. 极位夹角
6. 行程速比变化系数

7-3　选择题

1. 运动副中，面接触的运动副是____，点、线接触的运动副是____。

A. 低副　　B. 中副　　C. 滚动副　　D. 高副

2. 铰链四杆机构中，不与机架相连的构件称为____。

A. 曲柄　　B. 连杆　　C. 连架杆　　D. 摇杆

3. 若两构件组成低副，则其接触形式为____。

A. 面接触　　B. 点或线接触　　C. 点或面接触　　D. 线或面接触

4. 平面连杆机构中，当急回特性系数 K ____时，机构就具有急回特性。

A. ＞1　　B. ＝1　　C. ＜1　　D. ＝0

5. 内燃机中的曲柄滑块机构工作时是以____为主动件。

A. 曲柄　　B. 连杆　　C. 滑块　　D. 导杆

6．机构运动链的自由度不等于主动件数目时，机构____确定的运动。

A. 具有　　B. 不具有　　C. 不确定

7. 在机构中主动件数目____机构自由度数目时，该机构具有确定的运动。

A. 小于　　B. 等于　　C. 大于　　D. 大于或等于

7-4　填空题

1. 两构件通过面接触构成的运动副称为______________。

2. 铰链四杆机构的三种基本形式是________机构、________机构、________机构。

3. 在铰链四杆机构中，能做整周连续旋转的构件称为________，只能来回摇摆某一角度的构件称为________。

4. 平面机构急回运动特性可用以缩短______________，从而提高工作效率。

7-5　根据图7-47所示的尺寸和机架判断平面铰链四杆机构的类型。

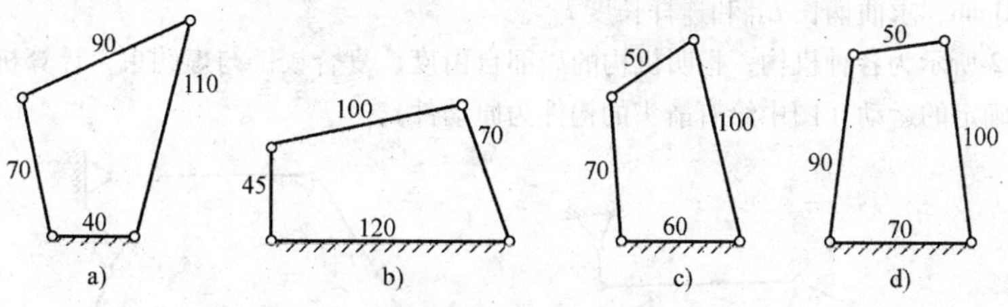

图7-47　题7-5图

7-6　绘制如图7-48所示平面机构的机构运动简图。

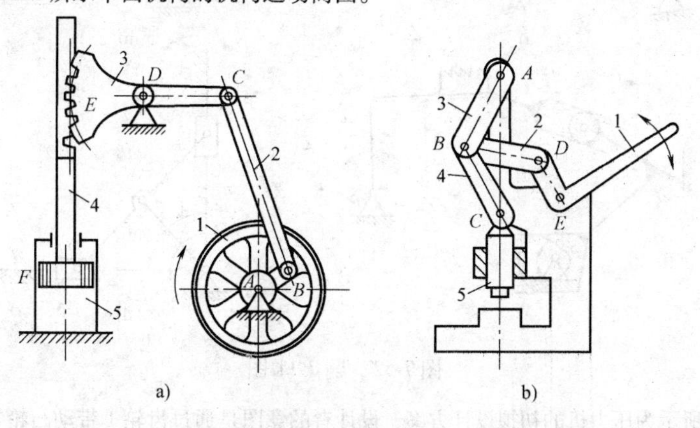

图7-48　题7-6图

a）打气泵机构　b）冲孔机构

7-7　图7-49所示为平面铰链四杆机构，已知：各杆的长度分别为$L_{AB}=20mm$，$L_{BC}=70mm$，$L_{CD}=40mm$，$L_{AD}=60mm$。试求：1）绘制该铰链四杆机构的画图步骤。2）判断该铰链四杆机构的类型。3）若以AB为主动件，该机构有无急回特性。

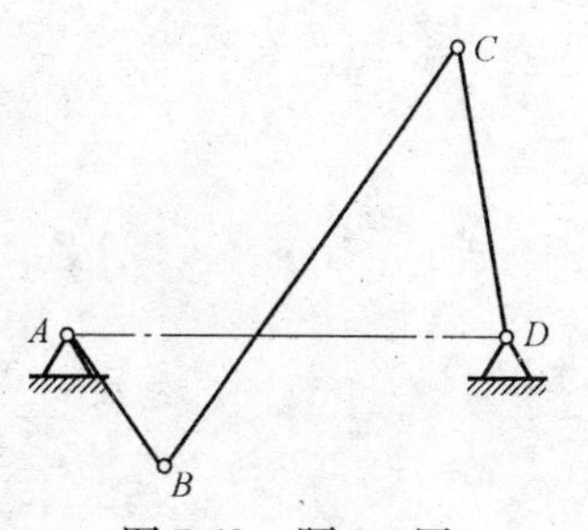

图7-49　题7-7图

7-8　图7-50所示为一曲柄摇杆机构，已知：曲柄的长度$L_{AB}=30mm$，连杆的长度$L_{BC}=60mm$，摇杆的长度$L_{CD}=55mm$，机架的长度$L_{AD}=45mm$。试求：1）当曲柄与机架的夹角$\varphi=120°$时，画出该机构的运动简图。2）以摇杆为主动件时，画出该机构的死点位置。

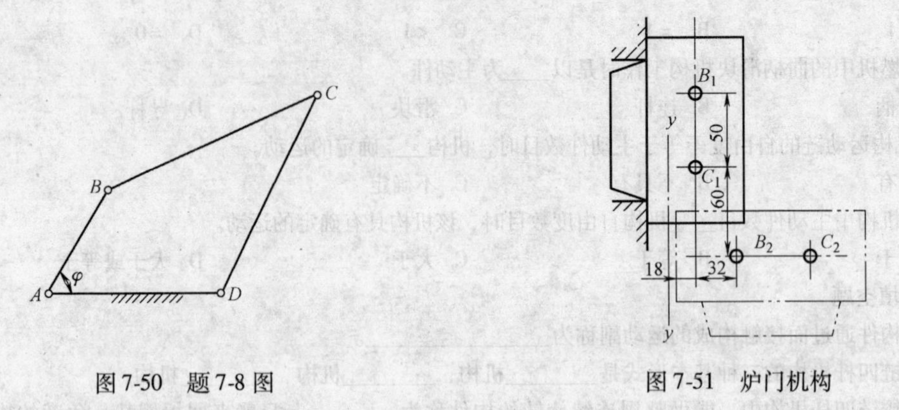

图 7-50　题 7-8 图　　　　图 7-51　炉门机构

7-9　图 7-51 所示为加热炉炉门用铰链四杆机构的起闭。炉门为连杆，其上两铰链中心 B、C 相距 50mm，B_1C_1 为关闭位置，B_2C_2 为开起位置，要求两固定铰链中心 A、D 都在 y-y 线上，试设计该炉门机构。

7-10　设计偏置曲柄滑块机构，已知：滑块的行程速度变化系数 $K=1.5$，滑块的冲程 $L_{C1C2}=50$mm，导路的偏距 $e=20$mm，求曲柄长 L_{AB} 和连杆长度 L_{BC}。

7-11　图 7-52 所示为各种机构，指明机构的局部自由度、复合铰链与虚约束，计算机构的自由度，并说明机构有没有确定的运动（图中绘有箭头的构件为原动件）。

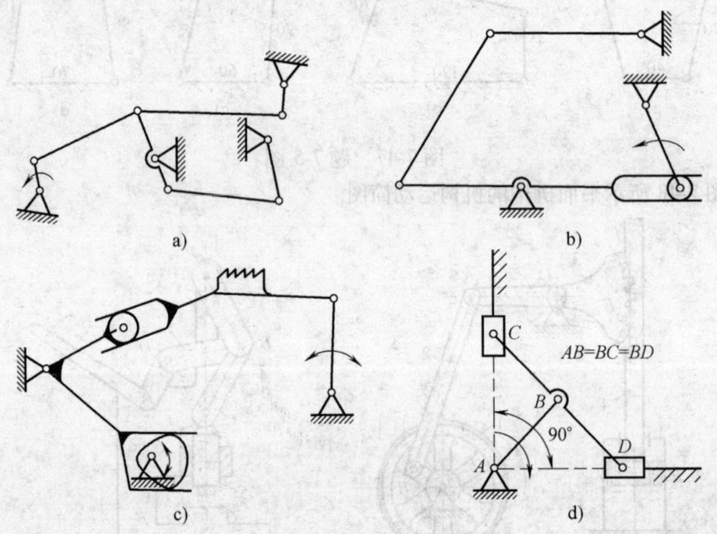

图 7-52　题 7-11 图

7-12　图 7-53 所示为压力机的初拟设计方案，设计者的意图是通过齿轮 1 带动凸轮 2 旋转后，经过摆杆 3 带动构件 4 来实现冲压操作。试分析此方案有无错误。若有，应如何改进？画出改进后的机构运动简图。

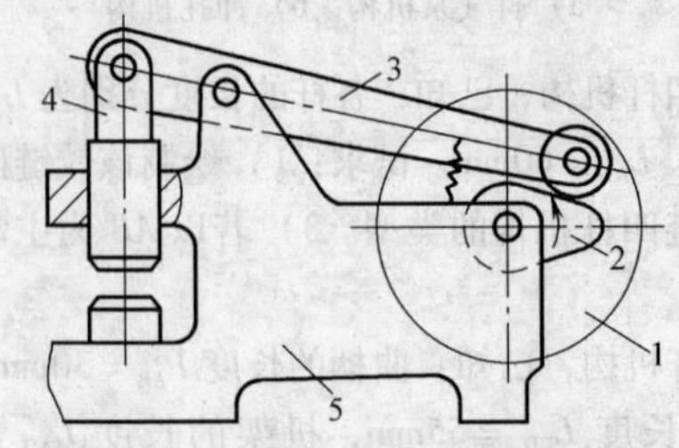

图 7-53　压力机的初拟设计方案

1—齿轮　2—凸轮　3—摆杆　4—构件　5—机架

模块8 间歇运动机构

机器在工作过程中，当主动件做连续运动时，要求从动件作周期性的运动和停歇，能够实现这种运动的机构，称为间歇运动机构。

常见的间歇运动机构有棘轮机构、槽轮机构、不完全齿轮机构及凸轮机构等，它们广泛应用于轻工机械、半自动化及自动化程度较高的机械传动中。

任务1　棘轮、槽轮与不完全齿轮机构

一、棘轮机构

1. 棘轮机构的基本结构和工作原理

（1）基本结构　棘轮机构由摇杆1、棘轮2、主动棘爪3、制动棘爪4和机架5组成。摇杆通常空套在棘轮轴上，绕棘轮轴线相对转动，如图8-1所示。

（2）工作原理　当摇杆1逆时针摆动时，驱动主动棘爪3插入棘轮2的齿槽内推动棘轮2转过一定角度，而制动爪4则在棘轮2的齿背上滑过。当摇杆1顺时针摆动时，制动棘爪4插入棘轮2的齿槽内阻止棘轮2顺时针转动，而驱动主动棘爪3则在棘轮2的齿背上滑过。所以，当摇杆做往复摆动时，棘轮将实现单向间歇运动。

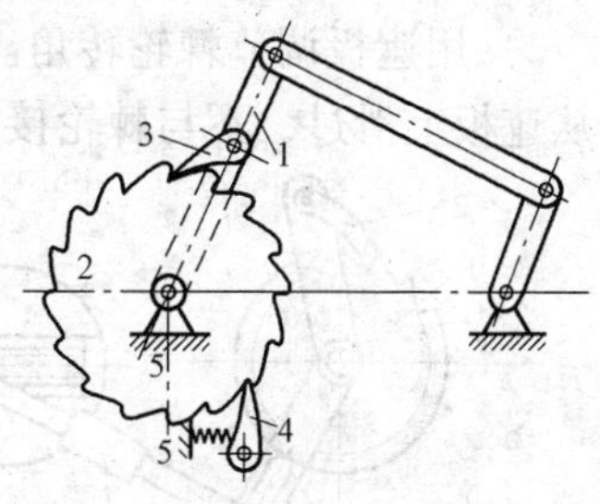

图8-1　棘轮机构

1—摇杆　2—棘轮　3—主动棘爪　4—制动棘爪　5—机架

2. 棘轮机构的类型

按棘轮的轮齿布置不同，分为外棘轮机构、内棘轮机构和棘条机构，如图8-2所示。

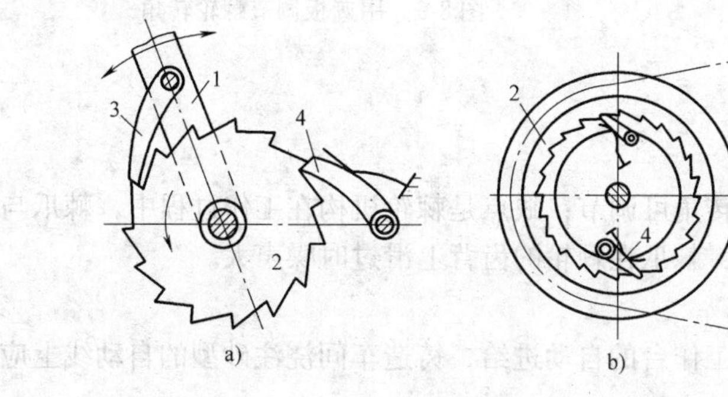

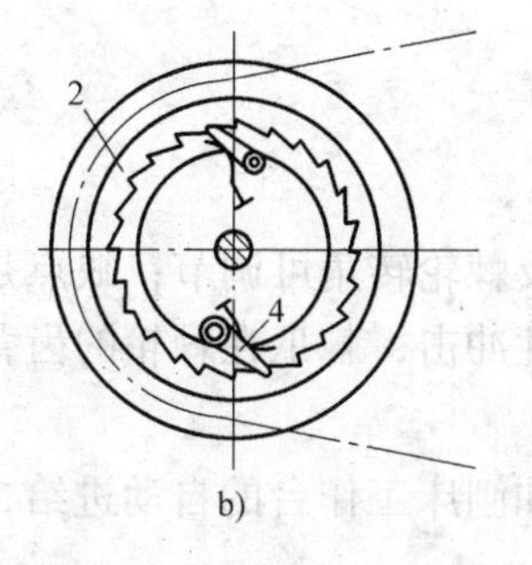

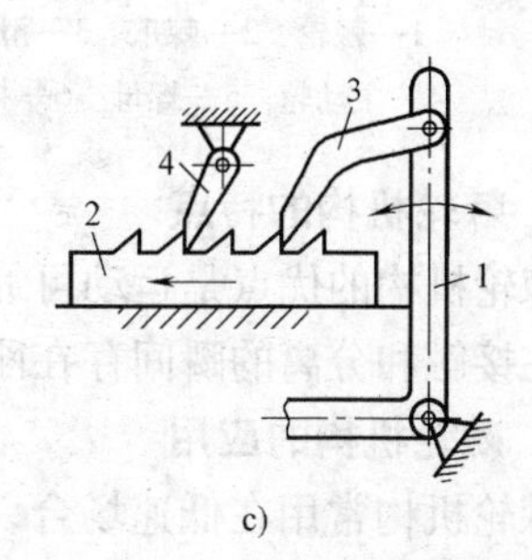

图8-2　棘轮机构的类型

a）外棘轮机构　b）内棘轮机构　c）棘条机构

1—摇杆　2—棘轮（棘条）　3—棘爪　4—制动爪

棘爪按形状不同分为钩头和直头，钩头棘爪受拉力作用，直头棘爪受压力作用，如图 8-3 所示。

齿式棘轮机构工作过程中，当棘爪在齿背上滑过时，会产生噪声，在高速时尤其严重，为克服这一缺点，在有些对传动精度要求不高的场合，可以采用摩擦式棘轮机构，如图 8-4 所示。

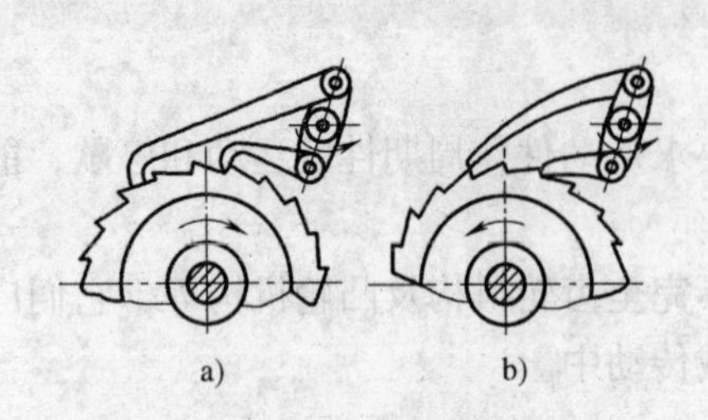

图 8-3 双动式棘轮机构
a）钩头棘爪 b）直头棘爪

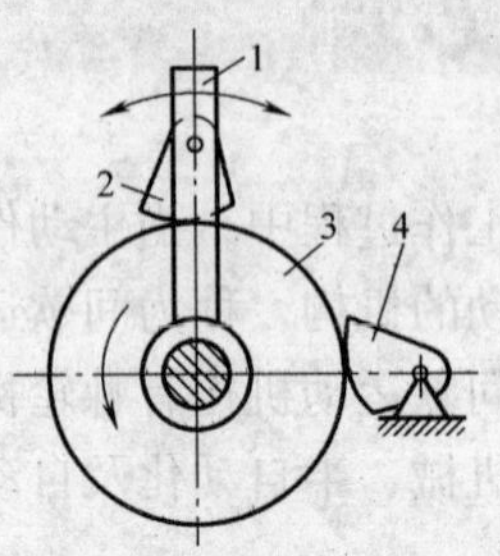

图 8-4 摩擦式棘轮机构
1—摇杆 2—棘爪 3—摩擦轮 4—制动爪

3. 棘轮转角的调节

棘轮传动的输出转角可以在一定范围内调节，以适应工作的需要，通常采用以下两种方法。

1）调节摇杆摆角，控制棘轮转角。棘轮机构可以通过改变曲柄的长度、连杆长度和摇杆长度，均可达到改变棘轮转角的目的，如图 8-5 所示。

2）用遮板调节棘轮转角。摇杆的摆动角度不变，变更遮板的位置，让棘爪行程的一部分从遮板上滑过，不与棘轮接触，从而改变棘轮转角的大小，如图 8-6 所示。

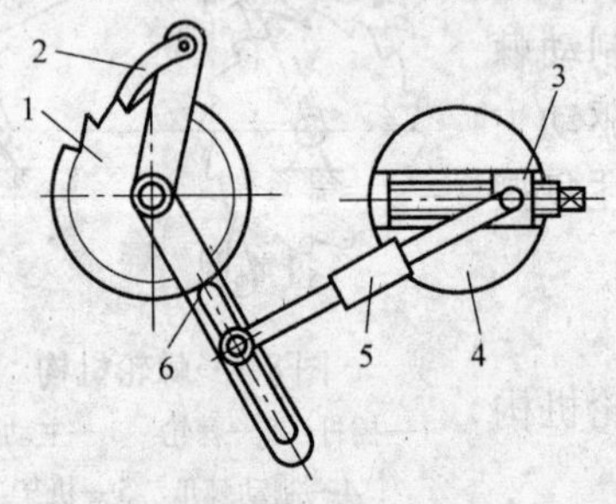

图 8-5 调节曲柄长度改变棘轮转角
1—棘轮 2—棘爪 3—滑块
4—主动轮 5—螺母 6—摇杆

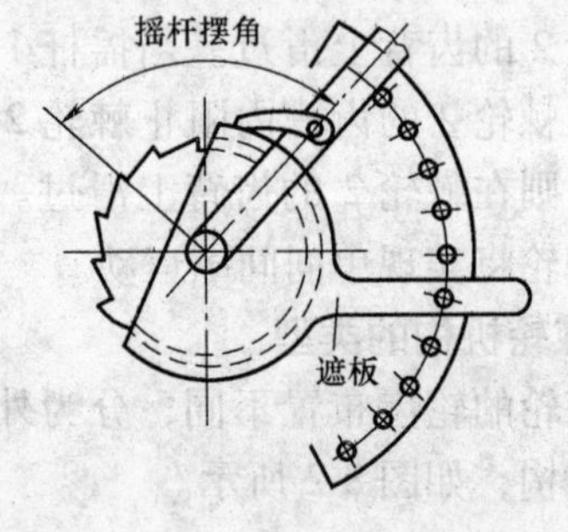

图 8-6 用遮板调节棘轮转角

4. 棘轮机构的特点

棘轮机构的优点是运动可靠及棘轮转角可调节；缺点是棘轮机构在工作过程中，棘爪与棘轮在接触和分离的瞬间存在刚性冲击，棘爪在棘轮的齿背上滑过时噪声大。

5. 棘轮机构的应用

棘轮机构常用在低速场合，如刨床工作台的自动进给，铸造车间浇注砂型的自动线上应用，如图 8-7 所示。

另外利用棘轮机构其单向运动特性，还常被应用在防止机构逆转的起重机械中，如图 8-8 所示。

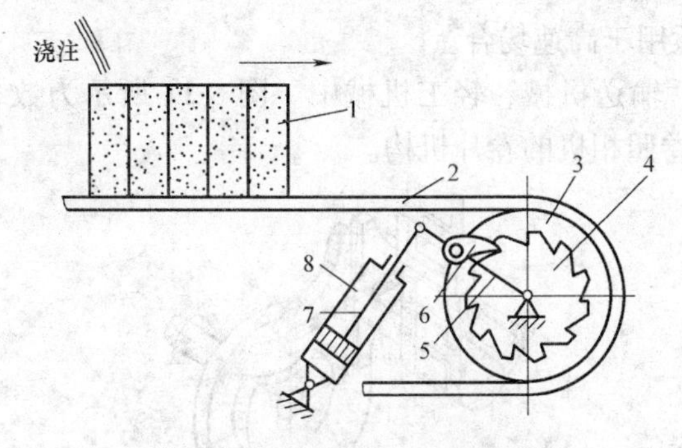

图 8-7　浇注砂型自动线传送机

1—砂型　2—传送链　3—链轮　4—棘轮
5—摇杆　6—棘爪　7—活塞杆　8—液压缸

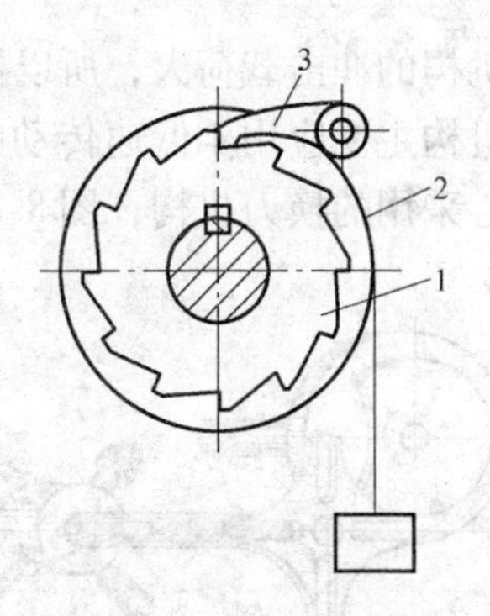

图 8-8　棘轮停止器

1—棘轮　2—卷筒　3—棘爪

二、槽轮机构

1. 结构组成

槽轮机构由开有若干径向槽的槽轮、带有圆柱销的转盘及机架组成，如图 8-9 所示。

2. 工作原理

当槽轮机构运转时，带有圆柱销的转臂同带有外凸锁止弧的转盘做逆时针等速转动，当圆柱销未进入槽轮的径向槽时，槽轮的内凹锁止弧与带有外凸锁止弧的转盘接触而锁住槽轮的转动惯性，使槽轮保持静止不动；当圆柱销一进入槽轮的径向槽，槽轮的内凹锁止弧与外凸锁止弧转盘即脱开，槽轮在圆柱销的拨动下使槽轮顺时针转动。当圆柱销脱离槽轮径向槽时，槽轮内凹锁止弧马上与外凸锁止弧转盘接触，锁住槽轮的转动惯性而又使槽轮保持静止不动，直到圆柱销再次进入下一径向槽时，槽轮再转动，从而实现从动槽轮的间歇周期性运动。

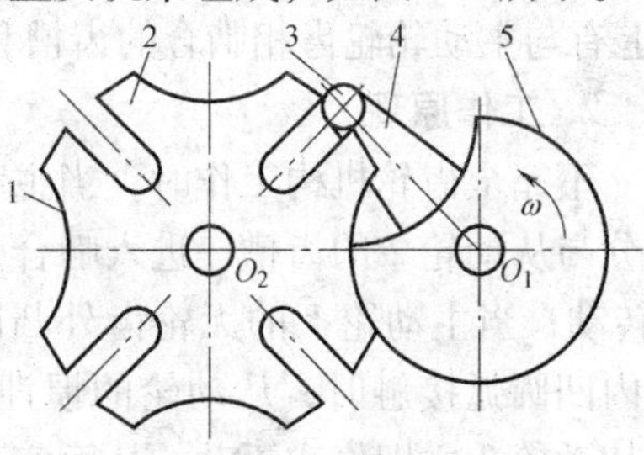

图 8-9　槽轮机构

1—内凹锁止弧　2—槽轮　3—圆柱销
4—转臂　5—外凸锁止弧

3. 槽轮机构的形式

槽轮机构有外啮合和内啮合，外啮合转盘与槽轮的转向相反，如图 8-10a 所示；内啮合转臂与槽轮的转向相同，如图 8-10b 所示。

槽轮机构中的圆柱销数，可以是一个或者几个，可根据槽轮具体工作情况决定，图 8-10a 所示的外啮合槽轮机构为有两个圆柱销的结构，转盘转 1r，槽轮转 1/2r；图 8-10b 所示为内啮合槽轮机构，转臂有一个圆柱销结构，转臂转 1r，槽轮转 1/4r。

4. 槽轮机构的特点与应用

槽轮机构的特点是对制造与装配精度要求高，转角大小不能调节，特别是当圆柱销进入槽轮径向槽的

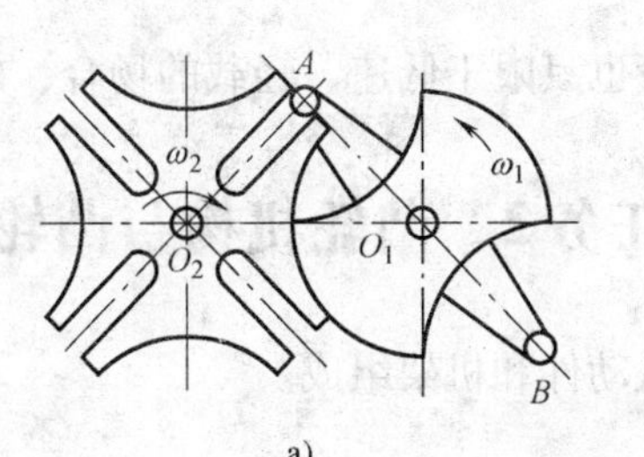

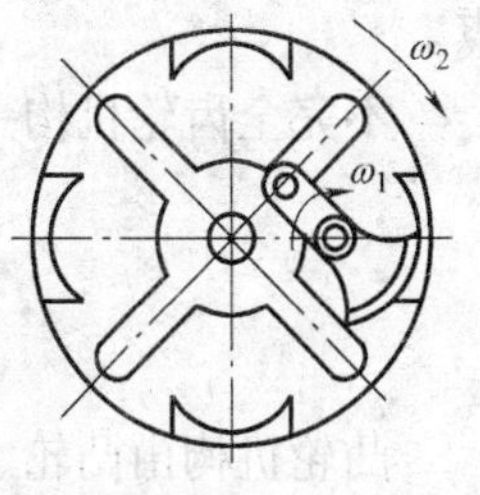

图 8-10　槽轮机构类型

a）外槽轮机构　b）内槽轮机构

瞬间，对机构的冲击载荷大，所以槽轮机构不适用于高速场合。

槽轮机构主要应用于低速传动的自动机械、输送机械、轻工机械中。图 8-11 所示为数控加工中心采用的换刀机构；图 8-12 所示为胶卷照相机的卷片机构。

图 8-11　换刀机构

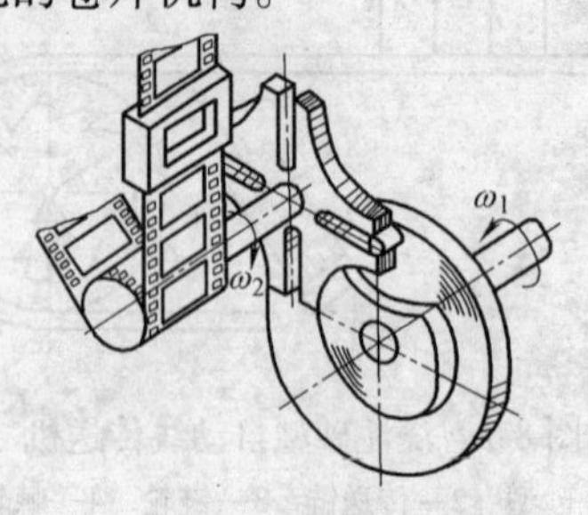

图 8-12　卷片机构

三、不完全齿轮机构

1. 结构组成

不完全齿轮机构是在主动轮 1 上加工出一个或几个轮齿，其余部分为外凸圆弧，从动轮 2 上有与主动轮轮齿相啮合的齿槽和内凹圆弧相间布置，如图 8-13 所示。

2. 工作原理

不完全齿轮机构工作时，当主动轮 1 的有轮齿部分与从动轮 2 的齿槽一进入啮合，就驱使从动轮 2 转动；当主动轮 1 的无轮齿外凸圆弧与从动轮 2 的内凹圆弧接触时，从动轮的惯性转动即被锁住，使从动轮 2 立即停止不动，从而实现主动轮 1 连续匀速转动，从动轮 2 获得间歇性的周期运动。

从图 8-13a 看出，当主动轮 1 连续旋转一周时，从动轮 2 转过 1/8 圆周；从图 8-13b 看出，当主动轮 1 连续旋转一周时，从动轮 2 转过 1/4 圆周。

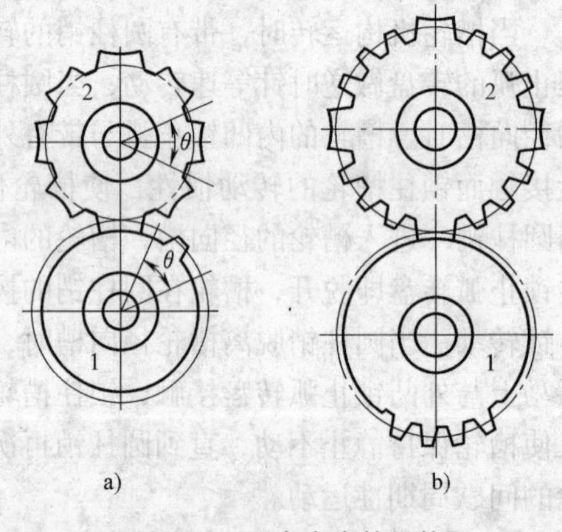

图 8-13　不完全齿轮机构

1—主动轮　2—从动轮

3. 特点与应用

不完全齿轮机构具有结构简单、从动轮的运动角度变化范围大，易实现一个周期多次运动、停留时间不等的间歇运动优点；但也存在从动轮加工复杂，传动时存在冲击等缺点。

不完全齿轮机构一般也只限于低速、轻载的场合，如计数机构、进给机构中。

任务 2　凸轮机构与凸轮轮廓设计

凸轮机构由凸轮、从动件和机架组成。

一、凸轮机构的应用

图 8-14 所示为盘形凸轮机构应用于内燃机的吸气与排气阀的开起与闭合。

凸轮的外轮廓形状是根据从动件（气阀杆）的运动规律设计的，凸轮转动时，凸轮轮廓的向径变化与气阀杆连接的滚子接触，使气阀杆上、下往复运动，来实现控制气门的打开和关闭动作。

图 8-15 所示为圆柱凸轮自动送料机构，当带有径向槽的圆柱凸轮 1 连续转动时，通过安装在圆柱凸轮径向槽中从动杆端部的滚子驱动从动件 2 往复移动，圆柱凸轮 1 每转动一周，就带动从动件 2 完成一次送料任务。

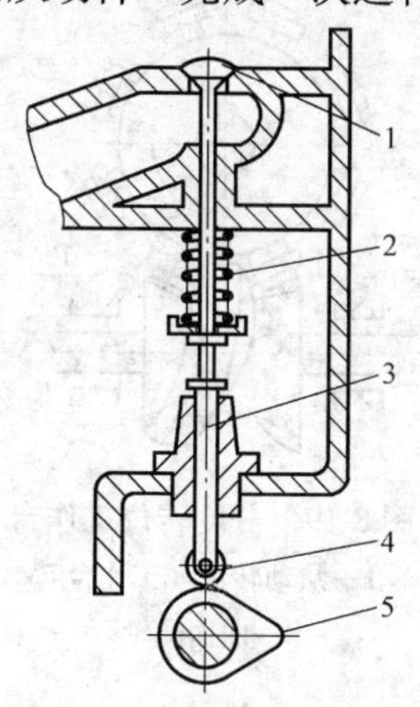

图 8-14　内燃机配气机构
1—气门　2—弹簧　3—从动件
4—滚子　5—凸轮

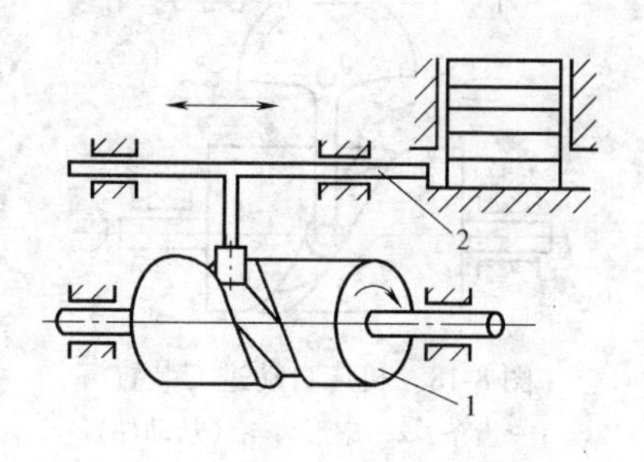

图 8-15　自动送料机构
1—圆柱凸轮　2—从动件

图 8-16 所示为纺纱厂绕线机用凸轮机构，绕线卷筒 1 与小斜齿轮 2 同轴一起转动，大斜齿轮 3 与凸轮 4 同轴一起转动，与盘形凸轮接触的摆动从动件做往复摆动，从而使线均匀地缠绕在绕线卷筒上。

图 8-17 所示为盘形移动凸轮靠模车削机构，工件匀速旋转，盘形凸轮 3（靠模板）固定在床身上，车刀 4 和刀架在弹簧力作用下始终与工件 1 和凸轮轮廓紧密接触。

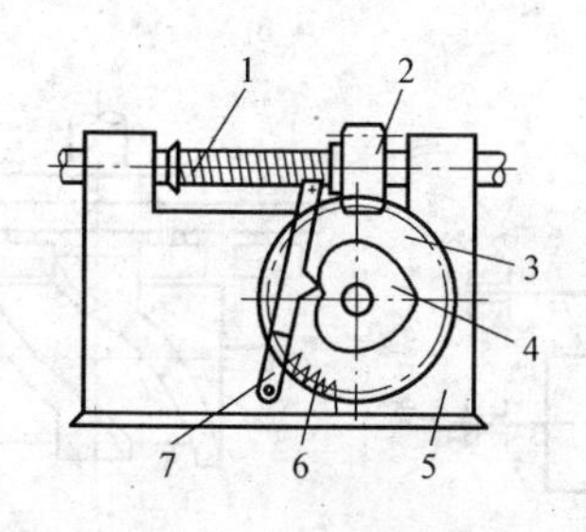

图 8-16　绕线机
1—绕线卷筒　2—小斜齿轮　3—大斜齿轮
4—凸轮　5—机架　6—拉伸弹簧　7—摆杆

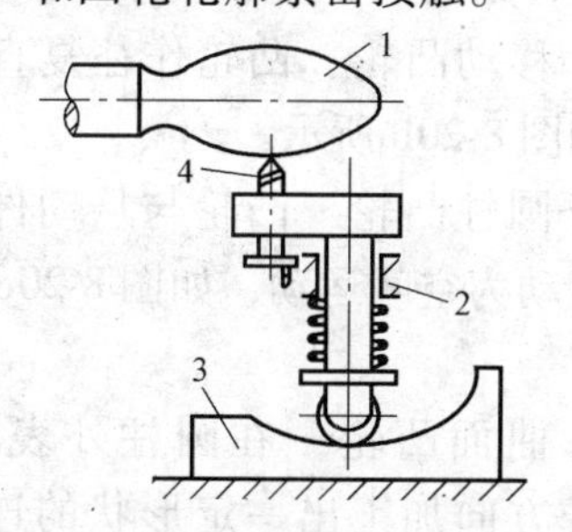

图 8-17　靠模车削机构
1—工件　2—拖架　3—盘形凸轮
4—车刀

移动拖架 2 时，刀架在盘形凸轮曲线轮廓上发生移动，从而车削出工件纵向母线与凸轮曲线轮廓相同的回转体曲面。

图 8-18 所示为采用圆柱凸轮机构应用于机床上的自动进刀装置。

圆柱凸轮 3 匀速转动，安装在圆柱凸轮螺旋槽内的从动件端部的滚子，使从动件扇形齿

轮绕固定轴 O 摆动，摆动从动件另一端的扇形齿轮与齿条啮合，齿条1 和刀架4 固定在一起移动，从而带动刀架4 自动进刀。

图 8-19 所示为曲面凸轮机构应用于分度转位工作台，曲面凸轮（相当于蜗杆）等速转动时，带动从动轮转盘（工作台）作间歇性工作，该机构主要应用于要求传动平稳的自动输送生产线和分度工作机上。

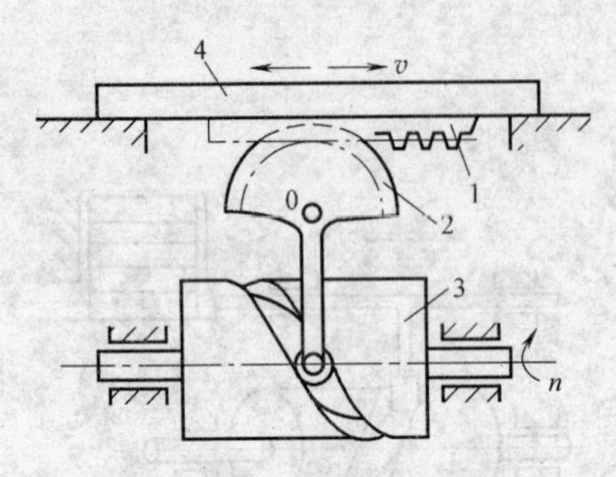

图 8-18 机床自动进刀装置
1—齿条 2—扇形齿轮（从动件）
3—圆柱凸轮 4—刀架

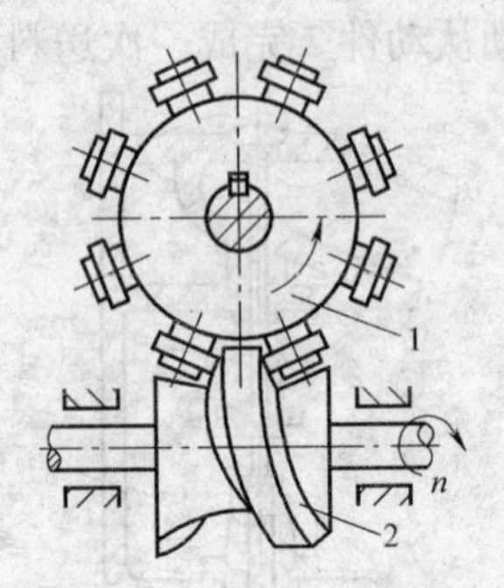

图 8-19 分度转位工作台
1—从动转盘（工作台）
2—曲面凸轮

二、凸轮机构的类型

1. 凸轮类型

凸轮机构根据凸轮形状不同分为盘形凸轮、移动凸轮、圆柱凸轮和曲面凸轮。

（1）盘形凸轮　凸轮是一个向径变化的盘形零件，凸轮一般绕固定轴匀速转动，凸轮和从动件在一个平面内运动，盘形凸轮是凸轮机构中最简单的一种，如图 8-20a 所示。

（2）移动凸轮　凸轮作往复直线移动，如图 8-20b 所示。

（3）圆柱凸轮　凸轮与从动件间的相对运动为空间运动，如图 8-20c 所示。

（4）曲面凸轮　在圆柱外表面，沿螺旋线方向加工出一定形状的连续曲面而形成的凸轮，如图 8-20d 所示。

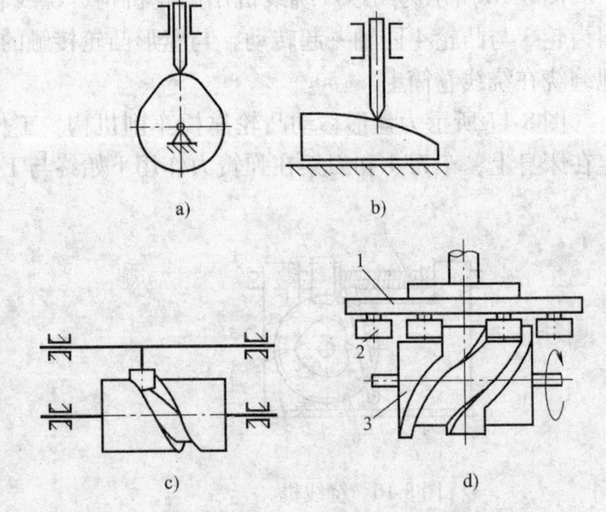

图 8-20 凸轮形状
1—从动件 2—滚子 3—凸轮

2. 从动件类型

凸轮机构按从动件与凸轮的接触形式分为尖顶从动件、滚子从动件和平底从动件，如图 8-21 所示。

3. 从动件运动形式

凸轮机构按从动件的运动形式不同，分为移动从动件凸轮机构和摆动从动件凸轮机构。移动从动件凸轮机构如图 8-21a 所示；摆动从动件凸轮机构如图 8-21b 所示。

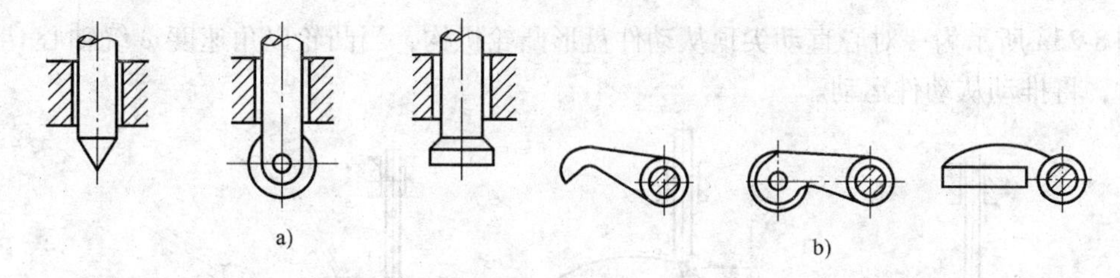

图 8-21　从动件端部形状与运动形式

三、凸轮的运动参数

盘形凸轮的运动情况如图 8-22 所示。运动基本参数有基圆、推程运动角、远休止角、回程运动角、近休止角和偏心距等。

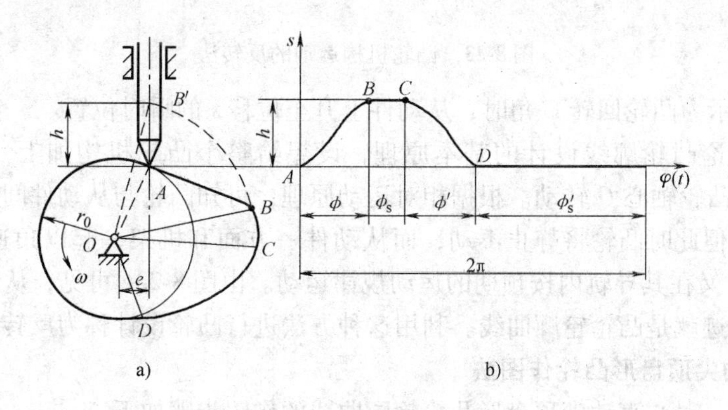

图 8-22　凸轮的运动参数

（1）基圆　以凸轮转动中心为圆心，以凸轮轮廓的最小半径绘制的圆，称为盘形凸轮的基圆。盘形凸轮基圆半径用 r_0 表示。

（2）推程　从动件由最低处推升到最高处的过程，如图 8-22 中的 *AB* 段。推程中，从动件走过的距离（从动件的最大位移），用 h 表示。与推程阶段相对应的凸轮转角，称为推程运动角，用 ϕ 表示。

（3）远休止　从动件停留在最高位置保持不动的过程，如图 8-22 中的 *BC* 段。从动件停留在最高位置，保持不动对应的凸轮转角，称为远休止角，用 ϕ_s 表示。

（4）回程　从动件由最高处下降到最低处的过程，如图 8-22 中的 *CD* 段。与回程阶段相对应的凸轮转角，称为回程运动角，用 ϕ'表示。

（5）近休止　从动件停留在最低位置保持不动的过程，如图 8-22 中的 *DA* 段。从动件停留在最低位置保持不动对应的凸轮转角，称为近休止角，用 ϕ_s'表示。

（6）偏心距　从动件中心线与凸轮回转中心之间的偏置距离，用 e 表示。

四、盘形凸轮轮廓的作图法

当凸轮机构从动件的运动规律及凸轮基圆半径确定后，就可以用作图法绘制出凸轮轮廓曲线，该方法适用于低速或对运动规律要求不严的一般机械传动机构。

为了说明凸轮轮廓曲线设计方法的基本原理，首先对已有的凸轮机构进行分析。

图 8-23a 所示为一对心直动尖顶从动件盘形凸轮机构，当凸轮以角速度 ω 绕轴心 O 等速回转时，将推动从动件运动。

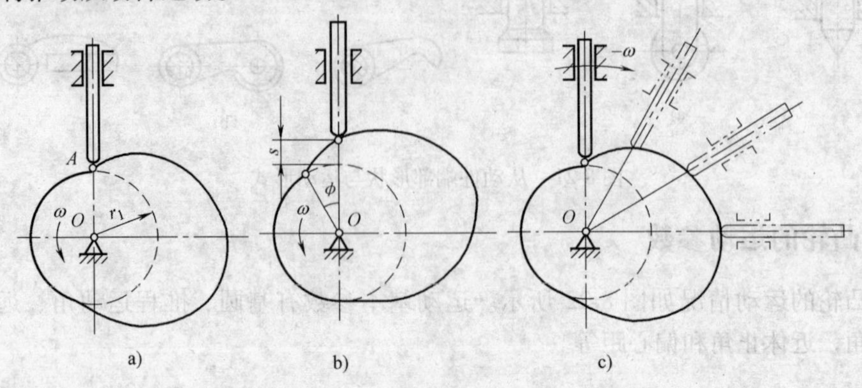

图 8-23 凸轮机构运动的反转法

图 8-23b 所示为凸轮回转 φ 角时，从动件上升至位移 s 的瞬时位置。

现在为了讨论凸轮廓线设计的基本原理，设想给整个凸轮机构加上一个公共角速度 $(-\omega)$，使其绕凸轮轴心 O 转动。根据相对运动原理，可知凸轮与从动件间的相对运动关系并不发生改变，但此时凸轮将静止不动，而从动件一方面和机架一起以角速度 ω 绕凸轮轴心 O 转动，同时又在其导轨内按预期的运动规律运动。由图 8-23c 可见，从动件在复合运动中，其尖顶的轨迹就是凸轮轮廓曲线。利用这种方法进行凸轮设计称为反转法。

1. 对心直动尖顶盘形凸轮作图法

实际生产中，对心直动尖顶盘形凸轮轮廓曲线的作图步骤如下：

1）按比例绘制从动件位移曲线图，横轴表示凸轮转角 ϕ，纵轴表示从动件位移 s（单位为 mm），如图 8-24b 所示。

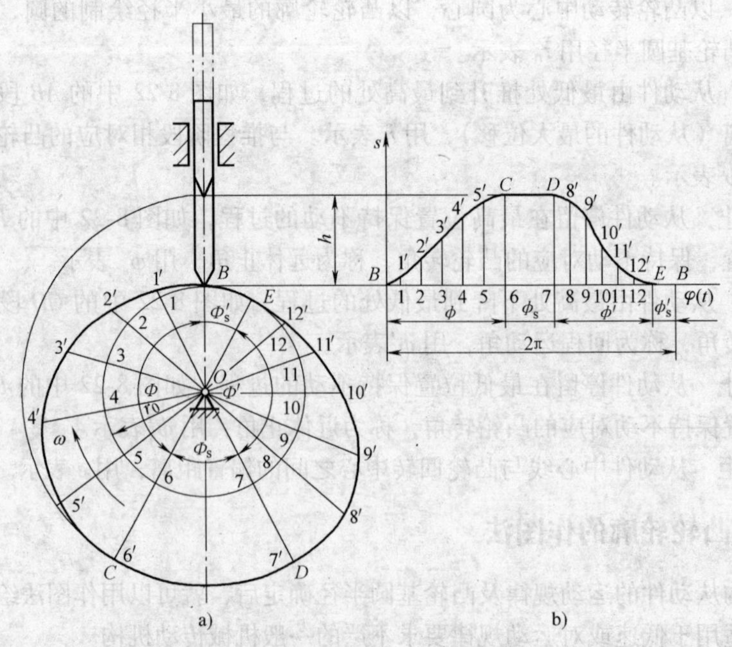

图 8-24 对心盘形凸轮轮廓的绘制

2）以 r_0 为半径绘制基圆，并将推程阶段等分成若干等份，如图等分
越多，凸轮的轮廓曲线将会越光滑精确，每等份表示凸轮转过的角度，并
外发散画出若干条射线；回程阶段也等分成 6 等份。

3）根据从动件位移曲线图，分别用分规截取 1-1′（凸轮由 0°转过等分
动的距离）、2-2′、…、5-5′、6-C；把从位移图上截取来的各段长度，用分规
在基圆等分点上，另一脚点画弧相交于射线上，光滑连接 1′、2′、…、5′、C 各
轮推程阶段的轮廓曲线段设计；CD 段为凸轮轮廓曲线半径相同的圆弧段，用圆规画
再接着分别用分规截取 7-D、8-8′、…、11-11′、12-12′；把从位移图上截取来的各段长度，用分规的一个脚点放在基圆等分点上，另一脚点画弧相交于射线上，光滑连接 D、8′、…、11′、12′各点，完成凸轮回程阶段的轮廓曲线段设计；EB 段为凸轮轮廓曲线半径相同的圆弧段，与基圆重合；设计的凸轮轮廓曲线如图 8-24a 所示。

特别提示：

凸轮轮廓工作图应用曲线板连成光滑的曲线，这样才能保证凸轮传动的平稳性。如用直尺或三角板连成折线，凸轮运动时造成对机器的冲击和振动，是绝对不允许的。

2. 偏置直动尖顶盘形凸轮轮廓的绘制方法

已知从动件与凸轮回转中心的偏心距为 e，基圆半径为 r_0，凸轮以角速度 ω 顺时针方向转动，从动件位移图如图 8-25a 所示，设计作图步骤如下：

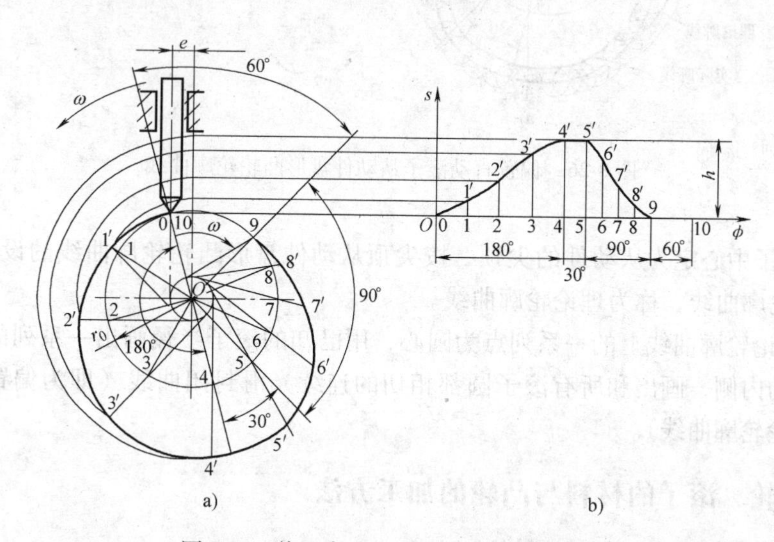

图 8-25　偏置直动尖顶移动盘形凸轮轮廓

1）确定凸轮的转动中心 O，以 O 为圆心，r_0 为半径画出凸轮的基圆，再以偏心距 e 为半径，以凸轮的转动中心 O 为圆心画偏距圆，根据偏心距 e 画出从动件的位置。从动件中心线与偏距圆相切，从动件的尖端和基圆的交点设为 0 点，即从动件推程的起始位置点。

2）以 $O0$ 为起点按（$-\omega$）方向在偏距圆上画出 180°的角（推程运动角），将该角所对的偏距圆弧分为 4 等分，在基圆上得到 1、2、3、4 各点，再依次画出 30°（远休止角）交基圆上于 5 点，再继续画 90°（回程运动角）交基圆上于 9 点，再将该角度所对的偏距圆弧 4 等分，在基圆上得到 6、7、8、9 各点，最后剩下的 60°角（近休止角）交基圆上于 10 点，

点重合。

过基圆上各分点作偏距圆切线的射线，再从从动件位移图中，分别截取1-1′、2-2′、

7-7′、8-8′的长度，以基圆上的点1、2、…、8、9切线的延长线上分别加上1-1′、2-2′、

、7-7′、8-8′的长度画出弧线交点。

4）用曲线板光滑连接0、1′、…、9、10各点。从而完成该凸轮轮廓曲线的设计画图，如图8-25a所示。

3. 偏置直动滚子从动件盘形凸轮轮廓曲线

若将从动件与凸轮接触的尖顶换成滚子中心（其他参数都不变）、滚子半径为 r_1，则该凸轮轮廓曲线设计画图步骤，如图8-26所示。

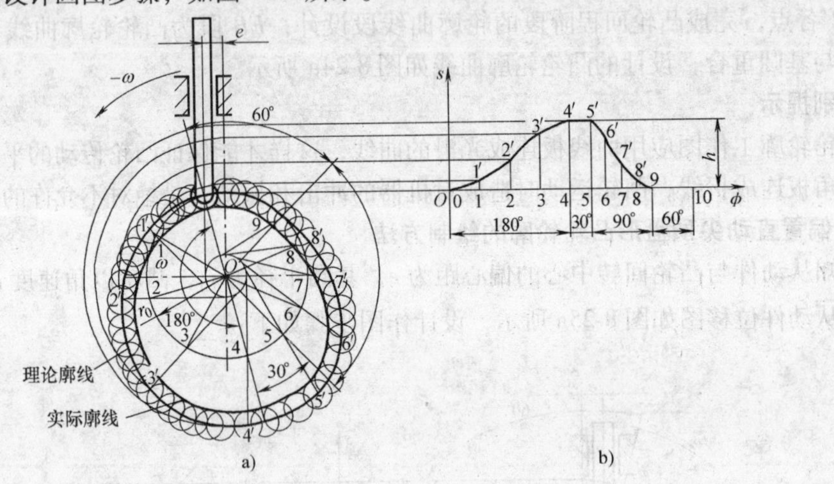

图8-26　偏置直动滚子从动件盘形凸轮轮廓曲线

1）将滚子中心定为从动件的尖顶，按尖顶从动件盘形凸轮轮廓曲线的设计画图步骤，画出的凸轮轮廓曲线，称为理论轮廓曲线。

2）以理论轮廓曲线上的一系列点为圆心，用已知的滚子半径画出一系列的滚子圆，然后在滚子圆的内侧，画出和所有滚子圆都相切的连续光滑封闭曲线（即为偏置直动滚子从动件盘形凸轮轮廓曲线）。

五、凸轮、滚子的材料与凸轮的加工方法

1. 凸轮和滚子的材料

凸轮和滚子的失效形式为磨损和疲劳点蚀。要求凸轮和滚子的工作表面硬度高，耐磨损，有足够的表面接触强度；对于工作中经常受到冲击振动的凸轮机构还要求凸轮心部有较好的韧性。

（1）凸轮材料　凸轮材料一般采用优质碳素钢45或40Cr，并进行调质或表面淬火，硬度为40~45HRC；对于承受冲击载荷大的凸轮，要用低碳合金钢20Cr、20CrMnTi进行表面渗碳淬火，硬度为56~62HRC；尺寸较大或轻载凸轮可采用耐磨铸铁；家用电器、办公设备、仪表等受力小的凸轮也可采用塑料。

（2）滚子材料　滚子材料可采用20Cr经渗碳淬火，表面硬度为56~62HRC，也可采用

深沟球轴承当作滚子使用。

2. 凸轮的加工方法

（1）铣削、锉削加工　对于低速、轻载场合使用的凸轮，通常采用图解法画出凸轮轮廓曲线后，在铣床上铣削加工或由钳工手工锉削加工来完成，该方法用于单件和维修使用。

（2）数控加工　精度要求高的凸轮采用数控机床加工，加工时要用解析法求出凸轮轮廓曲线的控制参数值，应用数控机床专用编程软件实现自动控制来加工完成，该方法加工出的凸轮适合于高速、重载的工作场合。

思考与练习题

8-1　简答题

1. 凸轮机构有什么特点？
2. 凸轮按形状分为哪几种？
3. 凸轮机构传动精度高时的凸轮用什么加工方法加工？
4. 凸轮机构由哪几部分组成？

8-2　选择题

1. 自行车的飞轮里使用____机构。

A. 槽轮机构　B. 不完全齿轮机构　C. 棘轮机构　D. 凸轮机构

2. 能实现间歇运动，且输出运动可以有级调节的机构是____。

A. 凸轮机构　B. 棘轮机构　C. 槽轮机构　D. 不完全齿轮机构

3. 凸轮机构最大的优点是____。

A. 加工比较容易　B. 凸轮机构与从动件之间不易磨损

C. 传递力较大　D. 从动件可以得到任意预定的运动规律

4. 电影放映机使用了____机构。

A. 槽轮机构　B. 不完全齿轮机构　C. 链传动机构　D. 凸轮机构

8-3　用作图法绘制对心直动尖顶从动件盘形凸轮轮廓曲线，已知：凸轮的基圆半径 $r_0 = 30$mm，凸轮以等角速度 ω 逆时针方向回转，从动件的运动规律见表8-1。

表8-1　题8-3表

序　号	凸轮运动角 ϕ	推杆的运动规律
1	0°~150°	等速上升 $h = 20$mm
2	150°~210°	推杆在最高位置保持不动
3	210°~300°	从动件从最高处降到最低处
4	300°~360°	从动件在最低位置保持不动

8-4　用作图法绘制偏置直动尖顶从动件盘形凸轮轮廓曲线，已知：凸轮的基圆半径 $r_0 = 50$mm，从动件的导路中心与凸轮的回转中心偏离20mm，凸轮以等角速度 ω 顺时针方向回转，从动件的运动规律见表8-2。

表8-2　题8-4表

序　号	凸轮运动角 ϕ	推杆的运动规律
1	0°~120°	等速上升 $h = 40$mm
2	120°~210°	推杆在最高位置保持不动
3	210°~300°	从动件从最高处降到最低处
4	300°~360°	从动件在最低位置保持不动

模块9 机械系统设计

机械设计技术

前面已对常用零、部件和各种传动机构类型的设计方法作了介绍。本模块内容主要在前述内容的基础上介绍机械系统设计问题。

任务1 机械系统的设计要求和方法

对机械设计的基本要求是应使设计的机械产品物美价廉，那么在拟定机械系统的设计方案过程中，应达到如下的设计目标。

一、对机械系统设计的基本要求

在设计机械系统时，由于各种机械的工作性质不同，因此具体要求也各不相同。但是在拟定机械系统方案时其基本要求是大体一致的。

1. 应使机械系统有较高的机械效率

机械效率越高，功率损失越少。对于传递大功率的机械系统，应把机械效率的高低作为选择机械传动形式和工作机构类型的主要依据。

2. 合理安排机械系统内各传动装置和机构的顺序

一般来说，应把作匀速定轴转动的传动机构放在高速级，即靠近原动机一侧，因为靠近原动机转速高，传递转矩小，可以缩小传动装置和整个机械系统的尺寸。把在传动中存在有冲击的传动机构，如链传动机构、间歇运动机构、连杆机构等安排在低速级，即靠近工作机部分，因为这样安排，机器的传动平稳性好，冲击振动噪声小。

3. 应尽量简化和缩短运动链

在保证完成机械系统预期功能的前提下，应尽量缩短和简化运动链。运动链越简单、越短，机械系统中的零部件数量就越少，制造、安装、维护费用也越低，同时也降低了能量消耗，提高了传动效率。此外，运动链越短，运动链的积累误差也越小，因而有利于提高机械系统的传动精度。

4. 合理分配机械系统中各级传动机构的传动比

运动链的总传动比应合理分配给各级传动机构，分配传动比时应注意单级传动比不应大于传动机构的限定范围，当单级传动比较大时，可采用两级或多级传动，以利于减小传动装置结构尺寸，减少材料消耗。

二、机械系统的设计方法

常用机械系统的设计方法，分为理论设计、经验设计和模型实验设计等几种。

1. 理论设计

理论设计主要是根据理论推导建立的公式及实验结论进行设计，理论设计可分为设计计算与校核计算。设计计算是指根据机械系统中零件的运动要求、受力情况、材料性能及失效形式等，用理论公式计算出零件危险截面的尺寸，然后根据结构与工艺等方面的要求，设计出零件的具体尺寸和结构。校核计算则是参照已有的实物、图样和经验数据，即根据零件的形状和尺寸，通过理论公式校核其强度、刚度和稳定性是否满足使用要求。

一般强度设计准则表达式为

$$\sigma \leqslant [\sigma] = \frac{\sigma_{\lim}}{S}$$

式中　σ——工作应力，单位为 MPa；

$[\sigma]$——许用应力，试验确定，单位为 MPa；

$\sigma_{\lim}$——极限应力，单位为 MPa；

S——安全系数。

设计准则表达式的含义是，零件的工作应力 σ 应当小于或等于其许用应力［σ］才能满足强度要求。要注意的是，如果零件剖面上承受的载荷是剪切载荷，分别可以用切应力 τ 和许用切应力［τ］等值代入上面的表达式中进行计算。

2. 经验设计

经验设计是根据现有机械系统在使用中总结出来的经验数据或公式进行设计，或与同类机械系统类比进行设计。经验设计简便，避免了繁琐的数据计算过程，但有时由于缺乏相似形式可供类比，使此法受到一定限制。

3. 模型实验设计

对于一些结构复杂的重要机械系统，由于往往难以进行可靠的理论设计，可采用模型实验设计。通过模型实验，测定其主要零部件的实际应力分布情况和极限承载能力，根据实验结果修改初步设计的模型，这样便弥补了理论设计和经验设计的不足。

三、机械系统设计的目标

设计一种新的机械产品是项复杂细致的工作，努力目标是：在各种限定的条件（如材料、加工能力、理论知识和计算手段等）下设计出最好的机械，即作出优化设计。优化设计需要综合地考虑许多要求，一般有：最好的工作性能、最低的制造成本、最小的尺寸和质量、最低的消耗和最少的环境污染。这些要求常是互相矛盾的，而且它们之间的相对重要性因机械种类和用途的不同而异。设计者的任务是按具体情况权衡轻重，统筹兼顾，使设计的机械有最优的综合技术经济效果。

四、机械设计的一般过程

机械设计过程一般包括四个阶段，即明确任务阶段、方案设计阶段、技术设计阶段和工艺设计阶段。

1. 明确任务阶段

在日常生活中，用到各种各样的机械，所有这些机械的设计过程都有一个共同的特点，即都是从提出设计任务开始的。设计任务主要是依据工作和生产的需要，以任务书的形式下达的，并明确指明机器的用途、主要性能、参数范围、工作环境条件、特殊要求、生产批量、预期成本、完成期限、承制单位等内容。是主管部门根据市场调查，结合用户要求提出，任务书的要求决定了设计工作的内容、质量和水平。批量和用途直接决定加工手段、成本等内容，同时也必须考虑承制单位的生产能力。

2. 方案设计阶段

设计部门和设计者首先要认真研究任务书，在全面明确上述要求后，再进一步调查研究，分析资料的基础上，拟订设计计划，按照下述的步骤进行设计

（1）机械工作原理的选择　工作原理是实现预期职能的基本依据。由于实现同样的预期职能，可以采用不同的工作原理、方法和途径。所以，在研制新机械时，应结合具体情况提出多种不同的工作原理，通过全面分析比较，从中选择最满意的一种。

（2）机械的运动设计　运动设计就是根据机械工作原理，确定机械执行部分的运动规律。如牛头刨床，要求工作行程要慢而返回行程要快。这里，必须同时考虑选择适当的原动机，妥善考虑和设计机械的传动部分实现方法，并考虑运动参数调整的必要性与可能性。

（3）机械的动力设计　根据机械的工作原理和运动设计结果，按照机械的总体性能要求，根据其运动特性、工作阻力、速度、传动效率等，计算机械所需的驱动功率，进行原动机的选择。

任务2　工作机构与电动机的选择

工作机构是机械系统中直接完成生产任务的执行部分。其结构形式完全取决于机械系统自身的用途。设计机械系统时，首先应确定工作机构的运动形式并选择合适的传动机构。

一、工作机构的主要运动形式

常用工作机构运动形式有回转运动和直线运动两种。

1. 回转运动

回转运动分为连续回转运动和间歇回转运动。连续回转运动的运动参数为转速，以每分钟转数（r/min）表示，转速的大小应根据工作要求确定。间歇回转运动常用作分度运动或转位运动，每次转动角度的大小应根据工作要求确定。

2. 直线运动

常见的直线运动有往复直线运动、带有停歇的往复直线运动和单向带有停歇的直线运动。往复直线运动的参数有行程长度和每分钟往复次数，如刨床或插床的切削运动，其运动参数为刀具往返一次的行程。带有停歇的往复直线运动多用于自动机床或半自动机床中。单向带有停歇的直线运动多用于刨床或插床工作台对工件的进给运动中。

二、工作机构运动的协调性

在某些机械系统的传动方案中，各工作机构的运动是相互独立的，因此设计时不需要考虑它们之间的协调性问题。为简化传动链，通常是每一种运动设计一个独立的运动链，由单独的原动机驱动。但是，在某些机械系统的传动方案中，各工作机机构之间的运动必须协调配合才能实现该机械系统的功能。机械系统中工作机构运动的协调性，按其性质不同可分为一种是各工作机构运动速度的协调，例如用展成法加工齿轮时，刀具与工件的展成运动必须保持某一固定的传动比。另一种是各工作机构动作在位置和时间上的协调配合，例如刨床的

滑枕和工作台的动作就必须协调配合，工作台的进给运动，必须在非切削时间内进行。

三、工作机构的选择

由于生产要求不同，工作机构的形式和运动规律也不相同，因此，在选择工作机构时，应当由具体情况而定。下面介绍几种工作机构的选择方案。

1. 实现回转运动的机构

常用的实现回转运动的机构有摩擦轮传动、带传动、链传动、齿轮传动和蜗杆传动等。实现回转运动的机构基本特性见表9-1。

表9-1 常用回转运动机构的基本特性

<table>
<tr><th colspan="2">传动形式</th><th>传递功率/kW</th><th>传动效率</th><th>圆周速度/m·s⁻¹</th><th>单级传动比</th><th>外廓尺寸</th><th>成本</th><th colspan="2">主要优缺点</th></tr>
<tr><td rowspan="2">带传动</td><td>V带传动</td><td rowspan="2">中、小（一般1~40）最大到100</td><td rowspan="2">0.92~0.99</td><td>5~25</td><td>≤5~7</td><td>大</td><td>低</td><td rowspan="2">结构简单、传动平稳、维修方便、能缓冲吸振；但使用寿命短、摩擦起电、不适于易燃、易爆和高温下工作</td><td>有过载保护作用，不能保证定传动比</td></tr>
<tr><td>同步带</td><td>0.1~50</td><td>一般5~8，最大到10</td><td>中</td><td>低</td><td>能保证固定的平均传动比</td></tr>
<tr><td>链传动</td><td>滚子链、齿形链</td><td>大、中、小（一般1~40），最大到100</td><td>0.96~0.98</td><td>≤15</td><td>≤6~10</td><td>大</td><td>中</td><td colspan="2">平均传动比准确，中心距变化范围广，比带传动承载能力大，工作环境温度高；但瞬时传动比变化，高速时有严重冲击振动</td></tr>
<tr><td rowspan="2">圆柱和锥齿轮传动</td><td>开式齿轮传动</td><td rowspan="2">大、中、小（常用范围不限）</td><td>0.90~0.93</td><td>≤5</td><td>≤3~5</td><td>大</td><td rowspan="2">中</td><td colspan="2" rowspan="2">使用速度和功率范围广，传动比准确，承载能力高，寿命长，效率高，结构紧凑；制造精度高，不能缓冲，噪声较大</td></tr>
<tr><td>闭式齿轮传动</td><td>0.98~0.99</td><td>≤200</td><td>≤7~10</td><td>小</td></tr>
<tr><td colspan="2">交错轴斜齿圆柱齿轮传动</td><td>小</td><td>0.94~0.96</td><td></td><td>≤3</td><td>中</td><td>中</td><td colspan="2">相对滑动速度大，不适于重载</td></tr>
<tr><td rowspan="2">蜗杆传动</td><td>自锁</td><td rowspan="2">大、中、小（常用5~50），最大到700</td><td>0.40~0.45</td><td rowspan="2">≤15~40</td><td rowspan="2">一般（10~80），最大可达1 000</td><td rowspan="2">小</td><td rowspan="2">高</td><td colspan="2" rowspan="2">传动比大且准确，传动平稳，可实现自锁，结构尺寸小；但效率低，需用贵重金属，发热大，不适于长期连续传动</td></tr>
<tr><td>不自锁</td><td>0.7~0.85</td></tr>
<tr><td colspan="2">行星齿轮传动</td><td>中、小</td><td>一般≥0.8，最高0.96~0.98</td><td></td><td>3~80</td><td>小</td><td>高</td><td colspan="2">传动比大，结构紧凑；但制造安装复杂</td></tr>
</table>

2. 实现往复移动的机构

当原动机作回转运动，工作机构作往复移动时，工作机构可选用曲柄滑块机构、凸轮机构、螺旋机构或齿轮齿条机构等。

在连杆机构中用于实现往复移动运动的主要是曲柄滑块机构、导杆机构。

连杆机构能传递较大的载荷，制造也比较容易，但它难以准确地实现任意指定的运动规律，常用于对移动构件无严格运动规律要求的场合。

在凸轮机构中用于实现往复移动运动的是从动件，它能严格地实现指定的运动规律，特别是间歇运动时，宜采用这种机构。凸轮机构的接触处压力较大，易于磨损，在高速时有较大的冲击，多用于受力不太大的地方。

在螺旋机构和齿轮齿条机构中，只要齿轮或螺旋单向等速连续回转，移动构件的齿条或螺母便可单向等速连续移动。要使移动构件作往复运动，只要使齿轮或螺旋作正、反方向的回转即可。

螺旋机构可以在较小的转矩作用下得到很大的轴向力，当参数满足一定条件时还可实现自锁要求，常用于机床的进给机构、仪表装置、升降装置中。

齿轮齿条机构的效率高，多用于移动速度较高的场合，但它的传动精度及工作平稳性不如螺旋机构。

常用往复移动传动机构的类型与基本特性见表9-2，可结合工作机比较选用。

表9-2　常用往复移动工作机构的类型与基本特性

机构类型	基本特性
曲柄滑块机构	结构简单、制造方便、行程距离较大、可承受较大的载荷
凸轮机构	可实现工作机所需的任何运动规律，行程较短，制造较复杂，高速时冲击大
齿轮齿条机构	行程距离大，运动精度及平稳性不如螺旋传动
螺旋机构	传动平稳，能以较小的转矩得到很大的轴向力，容易实现反向自锁，机械效率低
棘条机构	结构简单，传递载荷不能太大，噪声较大

3. 实现间歇运动的机构

常用的实现间歇运动的机构有槽轮机构、棘轮机构、不完全齿轮机构和凸轮机构。槽轮机构在自动机床和自动生产线上应用非常广泛，如转塔自动车床上转塔刀架的自动转位和锁定。棘轮机构广泛用于实现分度运动和进给运动，如刨床中的工作台进给等。

常用间歇工作机构的类型与基本特性见表9-3，可结合工作机比较选用。

表9-3　常用间歇工作机构的类型与基本特性

机构类型	基本特性
棘轮机构	结构简单，调整转角方便，传递载荷不能太大，噪声较大
槽轮机构	结构简单，冲击载荷大，传动平稳性较差，只适用于低速传动
不完全齿轮机构	制造较复杂，高速传动时冲击大，传动平稳性较差，适用于小功率较低转速传动
凸轮机构	可实现所需的任何运动规律，工作行程较短，凸轮制造较复杂，高速传动时冲击大

四、电动机的选择

在确定了机械系统的工作机构后，进行电动机的选择。机器中最常用的为三相异步电动机，其型号和应用场合列于表9-4，供选用时参考。

表 9-4　常用三相异步电动机的型号和应用场合

名　称	型号	型号意义	应用场合
防护式异步电动机	Y	异	水泵、鼓风机、带式输送机、链式输送机、车床、铣床、钻床等切削机械和通用设备上
封闭式异步电动机	Y	异闭	用途同上。一般用于灰尘较多，水土飞溅的场所，如球磨机、碾米机、磨粉机、脱谷机等
防护式高起动转矩异步电动机	YQ	异起	用于起动静止载荷或惯性较大的机械，如压缩机、粉碎机等
封闭式高起动转矩异步电动机	YQ	异起闭	用途同上。一般用于灰尘较多，水土飞溅的场所
防护式绕线转子异步电动机	YR	异绕	用于电源容量不足以起动笼型电动机及要求起动转矩高的场合
防护式多速异步电动机	YD	异多	同异型。要求用在 2 ~4 种速度的场合
封闭式多速异步电动机	YD	异多闭	同异闭型。要求用在 2 ~4 种速度的场合
齿轮减速异步电动机	YCJ	异(齿)减	用于要求低转速、大转矩的机械，如运输、矿山、炼钢机械、造纸、制糖、化工搅拌机械等
电磁调速异步电动机	YCT	异磁调	用于纺织、印染、化工、造纸、船舶等要求变速的机械

电动机是机械系统中能量的来源，电动机的运动形式、速度、驱动转矩等因素的不同，会影响传动机构的形式。常用三相 Y 系列异步电动机的技术参数列于表 9-5，以备查用。

表 9-5　三相 Y 系列异步电动机的技术数据（额定电压 380V）

型号	额定功率 /kW	满载时				堵转电流（额定电流）/A	堵转转矩（额定转矩）/N · m	最大转矩（额定转矩）/N · m	重量 /kg
		电流 /A	转速 /r · min⁻¹	效率 (%)	功率因素				
Y802-2	1.1	2.5	2 830	77	0.86	7.0	2.2	2.3	17
Y90L-2	2.2	4.8	2 840	80.5	0.86	7.0	2.2	2.3	25
Y112M-2	4.0	8.2	2 890	85.5	0.87	7.0	2.2	2.3	45
Y132S2-2	7.5	15	2 900	86.2	0.88	7.0	2.0	2.3	70
Y112M-4	4.0	8.8	1 440	84.5	0.82	7.0	2.2	2.3	35
Y132S-4	5.5	11.6	1 440	85.5	0.84	7.0	2.2	2.3	68
Y132M-4	7.5	15.4	1 440	87	0.85	7.0	2.2	2.3	79
Y160M-4	11.0	22.6	1 460	88	0.84	7.0	2.2	2.3	122
Y132S-6	3.0	7.2	960	83	0.77	6.5	2.0	2.2	66
Y132M1-6	4.0	9.4	960	84	0.78	6.5	2.0	2.2	75
Y132M2-6	5.5	12.6	960	85.3	0.78	6.5	2.0	2.2	85
Y160M-6	7.5	17	970	86	0.78	6.5	2.0	2.0	116
Y132M-8	3.0	7.7	710	82	0.72	5.5	2.0	2.0	76
Y160M1-8	4.0	9.9	720	84	0.73	6.0	2.0	2.0	105
Y160M2-8	5.5	13.3	720	85	0.74	6.0	2.0	2.0	115

电动机型号的选择问题，由于电动机已标准化，选择电动机的内容主要包括类型、结构形式、功率和转速的选择。

1. 电动机类型的选择

电动机类型的选择，主要根据机械系统的工作环境（温度、湿度、粉尘、酸碱），工作特性（起动频繁程度、起动载荷大小）等选型。

在生产中，对于一些不经常起动和无特殊要求的机械系统，应尽量采用三相异步电动机，其中Y系列电动机适用于不易燃、不易爆、无腐蚀性气体的场合，以及要求具有较好起动性能的机械系统中。对于经常起动、制动和正反转的场合（如起重提升设备），要求电动机具有较大的过载能力和较小的转动惯量，应选用齿轮减速异步电动机。

电动机结构有开起式、防护式、封闭式等，可根据要求选择。同一类型的电动机又具有几种安装形式，应根据安装条件确定。

2. 选择电动机的功率

标准电动机的功率由额定功率表示。所选电动机的额定功率应稍大于工作机要求的功率。若额定功率小于工作机功率的要求，将使电动机长期处于过载状态，导致电动机发热过量而提前损坏，则不能保证工作机的正常工作；若额定功率过大，则增加成本，并且由于效率和功率因数低而造成浪费。

电动机的功率主要由运行时的发热条件限定，对载荷不变或变化很小长期连续运行的机械，只要电动机的负载不超过额定值，电动机便不会过热，通常不必校核发热和起动力矩，工作机所需功率 P_w 应由机械工作阻力和运动参数计算求得。所需电动机功率为

$$P_w = \frac{Fv}{1\,000}$$

$$P_d = \frac{P_w}{\eta}$$

式中 F——工作机的阻力，单位为N；

v——工作机的线速度，单位为m/s；

P_d——电动机输出功率，单位为kW；

P_w——工作机的功率，单位为kW；

η——电动机至工作机之间传动装置的总效率。总效率按下式计算

$$\eta = \eta_1 \eta_2 \eta_3 \cdots \eta_n$$

式中 η_1、η_2、η_3、…、η_n——分别为传动装置中每一运动副的效率，其概略值见表9-1，选用此表数值时，一般取中间值，如工作条件差，润滑维护不良时应取低值，反之取高值。

3. 确定电动机的转速

同一类型的电动机，相同的额定功率有多种转速可供选用。当工作机构的转速或移动速度较高时，应选用高转速的电动机。因为这样不但可以减小电动机的尺寸、重量和价格，还能缩短运动链和提高传动系统的机械效率。当工作机构的转速或移动速度很低时，就不应再选用高转速的电动机，否则传动链过长、机械效率降低，反而不经济。因此，确定电动机的转速时，应综合考虑电动机和机械系统的重量、尺寸、价格以及机械效率等各方面的因素。

对Y系列的电动机，通常多选用同步转速（即空载）为1 500r/min或1 000r/min的电

动机，如无特殊需求，不宜选用低于750r/min的电动机。

4. 确定电动机的型号

根据选择的电动机类型、结构、功率和转速，可由电动机标准（表9-5）查出电动机型号。并将其型号、额定功率、满载转速、中心高、外形尺寸、轴伸尺寸、键尺寸、地脚螺栓孔的中心尺寸记录下来，以作备用。

设计传动系统时，一般按工作机实际需要电动机输出的功率 P_d 计算，总传动比按满载转速计算。

任务 3　机械传动系统方案的选择与应用实例

当工作机构形式和原动机的型号确定后，就可以计算出运动链的总传动比，进行传动系统方案的设计。

一、机械传动系统方案的基本类型

首先将前面所学的传动机构进行梳理分类。根据不同的传动原理，机械传动可分为摩擦传动、啮合传动和推压传动三类。

根据传动比能否改变，机械传动可分为固定传动比传动、可调传动比传动和变传动比传动三类。

可调传动比传动分有级变速和无级变速两种。固定传动比传动和有级变速传动主要由各种形式的齿轮传动、蜗杆传动、带传动、齿-带传动和链传动等组成；无级变速传动通常做成各种形式的无级变速器；变传动比传动由铰链连杆机构等组成。

二、机械传动系统方案的选择

机械传动类型的选择关系到整个机械系统的传动设计和工作性能参数，合理地选用机械传动的类型，需要经过多种方案的分析与比较后进行确定。

1. 选择机械传动类型的依据

1）工作机构的性能参数和工作情况。

2）原动机的机械特性和调速性能。

3）对机械传动系统的性能、尺寸、重量和安装布置上的要求。

4）工作环境（如高温、低温、潮湿、粉尘、腐蚀、易燃、防爆等）的要求。

5）制造工艺性和经济性（如制造和维修费用、生产批量、使用寿命和传动效率等）方面的要求。

2. 选择机械传动系统的原则

1）当原动机的功率、转速或运动形式完全符合工作机构的工作情况要求时，可将原动机的输出轴与工作机构的输入轴用联轴器直接连接。直接连接方式的结构最简单，传动效率也最高。但是，当原动机的输出轴和工作机构的输入轴不在同一轴线上时，如两轴平行、相交或交错，就需要采用一定类型的机械传动装置。

2）原动机的输出功率虽然满足工作机构的要求，但输出的转速、转矩或运动形式不符合工作机构的需要，此时也要采用一定类型的机械传动装置。

3）若原动机可调速而工作机构的载荷变化不大，或者工作机构有调速要求并与原动机的调速范围相适应，可采用固定传动比的机械传动装置。

4）当工作机构要求的调速范围较大，而原动机调速的机械特性不能满足要求时，可采用可调传动比的机械传动装置。在满足工作要求的前提下应尽量采用有级变速传动，尽量不用结构复杂、造价较高的无级变速传动。

5）对高速、大功率、长期工作的场合，应选用承载能力高、传动平稳、传动效率高的传动类型。

6）对速度较低，中、小功率，要求传动比较大的场合，可采用多级齿轮传动、带-齿轮传动、带-齿轮-链传动等多种方案，并进行分析比较，从中选择效率较高的方案。

7）工作环境恶劣，粉尘较多时，尽量采用闭式传动，以延长传动零件寿命。工作环境温度较高或易燃、易爆场合，不宜采用带传动。

8）传动比大时，应优先选用结构紧凑的蜗杆传动和周转轮系传动。原动机的输出轴和工作机构的输入轴平行时，可采用圆柱齿轮传动，若中心距较大可采用带传动或链传动。

两轴相交时可用锥齿轮传动，两轴平行布置时可用二级同轴式圆柱齿轮传动或周转轮系传动。间断性工作要求两轴交错时可用蜗杆传动。

9）生产批量较大时，在初选传动系统方案后要对尺寸、重量、工艺性、经济性、可靠性及维护性、实现可能性及制造周期等方面作对比，以选择满意的方案。单件生产的中、小功率传动，为减少设计工作量及制造周期，应尽量采用标准的传动装置。

10）多种传动协同使用时，带传动应放在高速级以使传递的转矩较小；斜齿圆柱齿轮传动常用在高速级和要求传动平稳的场合；锥齿轮与圆柱齿轮传动时锥齿轮宜用在高速级；蜗杆传动与齿轮传动同时使用时，蜗杆传动宜放在高速级；链传动因传动有冲击宜用在低速级。

根据上述选择原则，可拟出多种传动方案进行全面分析、比较，从中选择出最佳方案。

三、机械系统的设计实例

例 9-1 图 9-1 所示胶带输送机的传动系统。已知：卷筒直径 $D=500\text{mm}$，输送带的有效拉力 $F=1.5\text{kN}$，输送胶带速度 $v=2\text{m/s}$，在常温下长期连续工作，环境有灰尘，试为该带式输送机选择合适的电动机型号。

解：

1）选择电动机类型。

按工作要求和条件，选用三相 Y 系列异步电动机，电压为380V。

2）选择电动机的功率。

电动机的工作功率为

$$P_{\mathrm{d}}=\frac{Fv}{1\,000\eta}$$

由电动机至输送胶带的传动总效率为

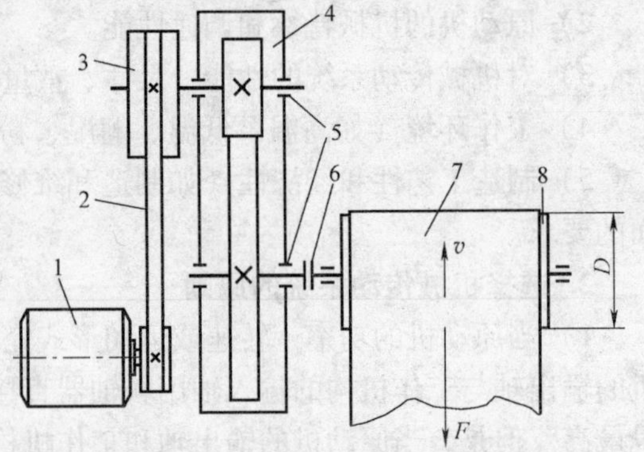

图 9-1 胶带输送机的传动系统

1—电动机 2—V 带 3—带轮 4—减速器 5—轴承 6—联轴器 7—输送带 8—卷筒

$$\eta = \eta_1 \eta_2^3 \eta_3 \eta_4 \eta_5$$

式中　η_1、η_2、η_3、η_4、η_5——分别为 V 带传动、轴承、齿轮传动、联轴器和卷筒胶带的传动效率。

由表 9-1，V 带效率取 $\eta_1 = 0.96$；查机械设计手册得轴承效率取 $\eta_2 = 0.99$；齿轮精度初定为 8 级，效率取 $\eta_3 = 0.97$；联轴器效率取 $\eta_4 = 0.99$；卷筒胶带效率取 $\eta_5 = 0.96$。则有

$$\eta = 0.96 \times 0.99^3 \times 0.97 \times 0.99 \times 0.96 = 0.859$$

$$P_d = \frac{Fv}{1\,000\eta} = \frac{1.5 \times 10^3 \times 2}{1\,000 \times 0.859}\text{kW} = 3.49\text{kW}$$

3）确定电动机转速。

输送带卷筒轴的工作转速由 $v = \dfrac{\pi D n}{60 \times 1\,000}$

$$n = \frac{60 \times 1\,000 v}{\pi D} = \frac{60 \times 1\,000 \times 2}{\pi \times 500}\text{r/min} = 76.43\text{r/min}$$

按表 9-1 推荐的传动比合理范围，取 V 带传动的传动比 $i_V = 2 \sim 4$，一级圆柱齿轮减速器传动比 $i_z = 3 \sim 5$，则总传动比合理范围为 $i = 6 \sim 20$，故电动机转速的可选范围为

$$n_d = in = (6 \sim 20) \times 76.43\text{r/min} = 459 \sim 1\,529\text{r/min}$$

符合这一范围的同步电动机的转速，有 750、1 000 和 1 500r/min 三种。根据功率和转速，由表 9-5 查出有以下三种适用的电动机型号，见表 9-6。

表 9-6　三种适用的电动机型号

电动机型号	额定功率 P_d /kW	电动机转速/$\text{r} \cdot \text{min}^{-1}$		传动装置的传动比		
		同步转速	满载转速	总传动比	V 带传动	减速器
Y112M-4	4	1 500	1 440	125.65	3.5	35.90
Y132M1-6	4	1 000	960	83.77	2.8	29.92
Y160M1-8	4	750	720	62.83	2.5	25.13

4）确定电动机型号。

综合考虑电动机和传动装置的尺寸，确定选用电动机型号为 Y132M1-6。

M 为中型机座长，功率序号为 1（功率为 4kW），6 个磁极，满载转速 $n_m = 960\text{r/min}$。

5）查电动机手册确定电动机结构尺寸，如图 9-2 所示。

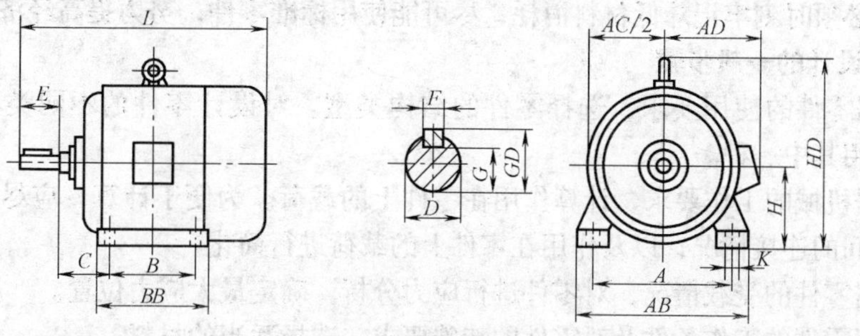

图 9-2　电动机结构尺寸

电动机机座中心高 $H = 132\text{mm}$，轴颈 $D = 38\text{mm}$，轴伸出长度 $E = 80\text{mm}$，键宽 $F = 10\text{mm}$。列于表 9-7。

表 9-7 电动机 Y132M1-6 的参数表 （单位：mm）

型号	中心高 H	外形尺寸 $L\times(AC/2+AD)\times HD$	底脚安装尺寸 $A\times B$	底脚螺栓孔尺寸 K	轴伸尺寸 $D\times E$	装键部位尺寸 $F\times GD$
Y132M1-6	132	515×345×315	216×178	12	38×80	10×41

四、结构与零件的设计

机构运动简图设计方案确定后，把运动简图变成具体的装配图（或结构图），是设计的重要阶段。装配图确定各个零部件的相对位置及配合关系，没有反映出零件的全部尺寸、结构等。零件设计是把所有零件（标准件除外）拆分出来，绘制成零件图，为加工、检验提供依据。

1. 零件设计的基本要求

（1）基本要求　机械零件因某种原因不能正常工作的现象称为失效。机械零件的主要失效形式有断裂、表面破坏、过量残余变形和正常工作条件的破坏。为避免这些失效，设计中需要考虑满足强度、刚度、寿命、工艺性、可靠性以及某些特殊的要求。

（2）工艺性要求　机械零件的结构工艺性，是指在一定生产条件下，能够方便、经济地制造、装配和加工。工艺性要求也是零件设计的重要内容之一，必须要从生产批量、材料、毛坯制作、加工方法、装配过程等方面进行全面的考虑。初学机械设计的人员对此应特别给予重视，一个好的设计者应首先是一个合格的工艺师。在不影响工作性能的前提下，应使机构尽可能地简化，力求用简单的机构装置取代复杂的装置去完成同样的职能。

（3）经济性要求　这是一个综合性指标，表现在设计、制造和使用方面。提高设计、制造经济性的途径有，使产品系列化、标准化、通用化，运用现代化设计和制造方法。

机械设计中的标准化是指对零件的特征参数及其结构尺寸，检验方法和对图样的规范化要求。

机械零件设计的标准分为国家标准（GB）、部颁标准和企业标准，这些标准（特别是国家和部颁标准）是在机械设计中必须严格遵守的。此外，对于进出口产品一般还应符合国际标准化组织制定的国际标准（ISO）。运用标准是缩短产品设计周期，提高产品质量和生产率，降低生产成本的重要途径。

零件的经济性要求就是要用最低的成本和最少的工时制造出满足技术要求的零件。在进行设计时，必须时刻牢记降低材料消耗，尽可能使用标准零件，努力提高经济指标。

2. 零件设计的一般步骤

1）根据零件的使用要求，选择零件的结构类型。对设计零件的不同类型进行综合分析，正确选用其中一种。

2）根据机械的工作要求，计算作用在零件上的载荷。为便于计算，应尽可能将零件的结构、零件间的连接情况，以及作用在零件上的载荷进行简化。

3）根据零件的受载情况，对零件进行应力分析，确定最大应力位置。

4）根据零件的工作条件及对零件的特殊要求，选择适当的材料。

5）根据零件可能发生的失效形式确定计算准则，根据计算准则确定零件的主要尺寸，并加以标准化。

6）根据零件的主要尺寸，考虑加工和装配等要求，进行零件的具体结构设计。

7）绘制机械零件图。

8）技术文件的制订。完成图样后，必须完成一系列的技术文件，包括明细栏、设计说明书和使用说明书等。

思考与练习题

9-1　某链式输送机的工作部分简图如图9-3所示。已知：输送链牵引力 $F=2\ 500\mathrm{N}$，输送链速度 $v=0.5\mathrm{m/s}$，若三级传动比 $i=26$，大链轮分度圆直径 $d_2=480\mathrm{mm}$，大链轮齿数 $z_2=38$，试为输送机选择电动机型号。

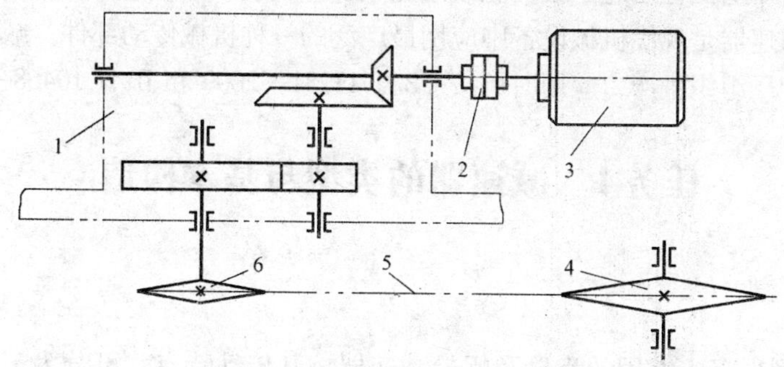

图9-3　某链式输送机工作部分简图

1—减速器　2—联轴器　3—电动机　4—大链轮　5—传动链　6—小链轮

9-2　带-减速器传动图如图9-4所示。已知：减速器为一级直齿圆柱齿轮，作用于减速器输出轴的转矩 $T=300\mathrm{N\cdot m}$，假设总传动比 $i=18$，确定电动机的型号和减速器输出轴的直径。

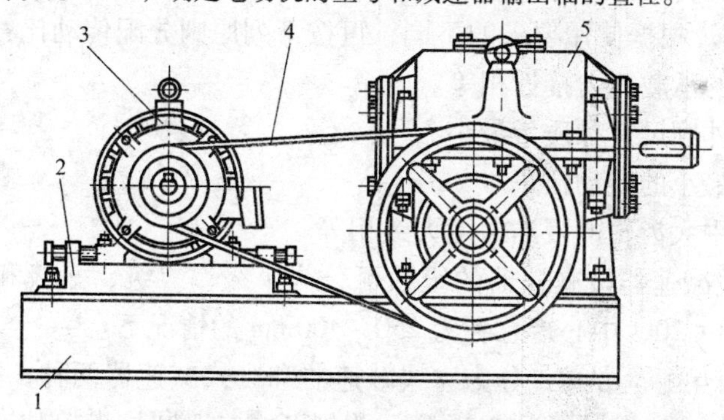

图9-4　带-减速器传动图

1—机架　2—滑轨　3—电动机　4—V带　5—减速器

模块10 减速器的设计简介

减速器是把若干对圆柱齿轮、锥齿轮或蜗轮蜗杆等安装在一个刚性封闭的箱体中，组成的一个独立部件。减速器是现代机械设备中应用最广泛的一种机械传动部件。减速器基本上已标准化，由专业生产厂组织生产，应用时可按 GB/T 11281—2009 和 JB/T 10468—2004 选用。

任务1　减速器的类型与基本构造

一、类型

减速器的类型很多，常用的齿轮及蜗轮减速器按其传动特点，可分为三类。

1. 齿轮减速器

（1）传动比的分配　单级圆柱齿轮减速器的最大传动比 $i_{max}=8\sim10$。若要求齿轮传动时的传动比 $i>10$ 时，就应采用二级传动或多级传动。

此时就应考虑各级传动比的合理分配问题，否则将影响到减速器外形尺寸的协调、承载能力能否充分发挥等。根据使用要求的不同，可按下列原则分配传动比：

1）使各级传动的承载能力接近相等。

2）使减速器的外廓尺寸和质量最小。

3）使传动具有最小的转动惯量。

4）使各级传动中大齿轮的浸油深度大致相等。

（2）种类　齿轮减速器按减速器的级数可分为单级、二级、三级和多级。二级圆柱齿轮减速器应用于 $i=8\sim20$，中心矩总和为 250～400mm 的情况下。

按轴在空间的相互配置方式，分为立式减速器和卧式减速器两种；按运动简图的特点，分为展开式、同轴式和分流式。图 10-1a 所示为展开式二级圆柱齿轮减速器，可根据需要选择输入轴端和输出轴端的位置。

图 10-1b 所示为分流式二级圆柱齿轮减速器，用于传动比 $i=8\sim40$，分流式减速器的外伸轴可向任一边伸出，分流式减速器的高速轴齿轮均为斜齿轮，一边为左旋，另一边为右旋，以抵消轴向力。

图 10-1c 所示为同轴式二级圆柱齿轮减速器，用于传动比 $i=8\sim40$，同轴式二级圆柱齿轮减速器，常用于要求输入轴端和输出轴端在同一轴线上的情况。

图 10-1d 所示为展开式三级圆柱齿轮减速器，用于要求传动比 $i>40$ 的场合。

图 10-1e 所示为单级锥齿轮减速器，直齿 $i\leqslant5$，斜齿、曲齿 $i\leqslant6$。

图 10-1f、g 所示分别为二级圆锥-圆柱齿轮减速器和三级圆锥-圆柱齿轮减速器，用于需要输入轴和输出轴成 90°配置的传动中。

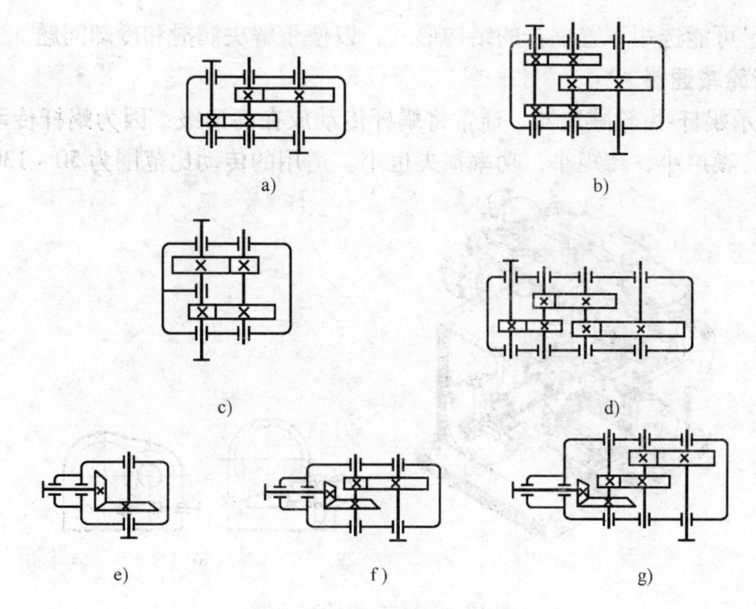

图 10-1　各式齿轮减速器

a）展开式二级圆柱齿轮减速器　b）分流式二级圆柱齿轮减速器　c）同轴式二级圆柱齿轮减速器　d）展开式二级圆柱齿轮减速器　e）一级锥齿轮减速器　f）二级圆锥-圆柱齿轮减速器　g）三级圆锥-圆柱齿轮减速器

2. 蜗杆减速器

蜗杆减速器的特点是在外廓尺寸不大的情况下可以获得很大的传动比，同时工作平稳、噪声小；但缺点是传动效率低。蜗杆减速器应用最广的是单级蜗杆减速器。

单级蜗杆减速器根据蜗杆的位置可分为上置蜗杆如图 10-2a 所示和下置蜗杆如图 10-2b 所示；二级蜗杆布局如图 10-2c 所示，其传动比范围一般为 $i = 70 \sim 1\ 000$。

图 10-2　各式蜗杆减速器

a）上置蜗杆　b）下置蜗杆　c）二级蜗杆减速器

设计时应尽可能选用下置蜗杆的结构形式，以便于解决润滑和冷却问题。

3. 蜗杆-齿轮减速器

图 10-3 所示蜗杆-齿轮减速器，通常将蜗杆传动放在高速级，因为蜗杆传动在高速时能保持传动平稳，噪声小，转矩小，功率损失也小。适用的传动比范围为 50 ~ 130。

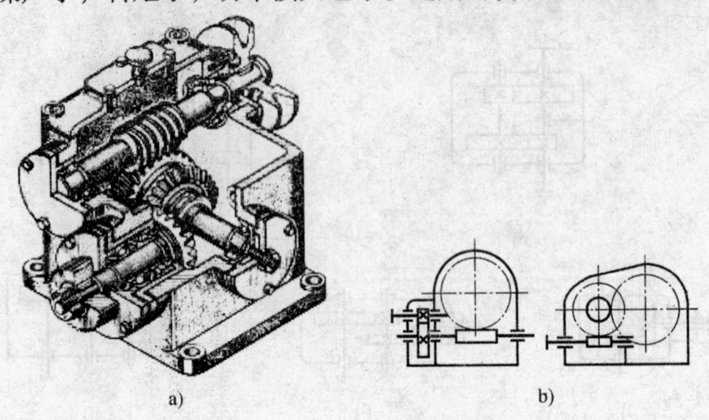

图 10-3 蜗杆-齿轮减速器

a）蜗杆-锥齿轮减速器 b）蜗杆-圆柱齿轮减速器

4. 行星齿轮减速器

（1）特点 行星齿轮减速器的突出特点是传动效率高，结构紧凑轻便，传动比范围大，传递功率不受限，当传递相同功率时，行星齿轮减速器的体积和质量要比普通减速器小很多。但行星齿轮减速器结构复杂，对制造和安装精度要求高。

（2）类型 行星齿轮减速器的类型很多，选择时应考虑结构尺寸，传动比范围，传动的功率和效率等因素。图 10-4 所示为行星齿轮减速器的三种典型形式。

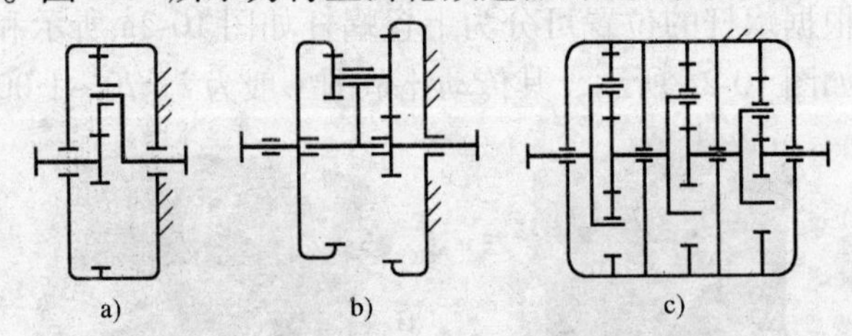

图 10-4 行星式齿轮减速器

a）单级式传动 b）二级式传动 c）三级式传动

二、基本构造

减速器的构造因其类型、用途不同而异。但无论何种减速器，其基本构造都由轴系零部件、箱体及附件组成。如图 10-5 ~ 图 10-7 所示，分别为单级圆柱齿轮减速器、双级锥齿轮减速器、单级蜗杆减速器的构造图。图中标出了组成减速器的主要零部件名称，相互关系及箱体的部分结构尺寸。

1. 轴系的零部件

（1）传动零件 减速器箱体外传动零件有链轮、带轮及联轴器等；箱体内传动零件有圆柱齿轮、锥齿轮、蜗杆蜗轮等。传动零件决定了减速器的技术特性，通常根据主要传动零件的名称命名减速器的名称。

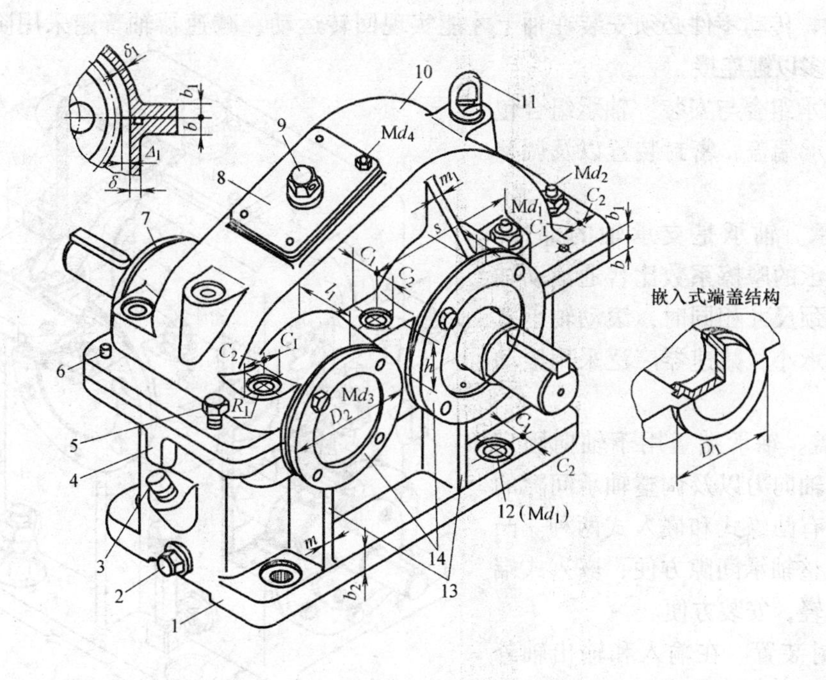

图 10-5　单级圆柱齿轮减速器

1—箱座　2—油塞　3—油标尺　4—起重吊钩　5—起盖螺钉　6—定位销　7—调整垫片　8—视孔盖　9—通气螺塞　10—箱盖　11—吊环螺钉　12—地脚螺栓孔　13—外肋片　14—轴承端盖

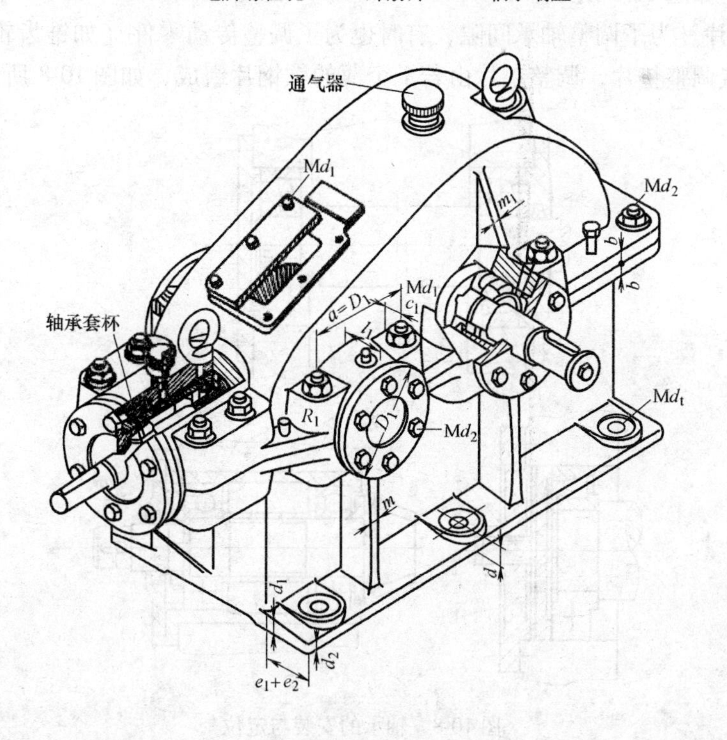

图 10-6　双级锥齿轮减速器

（2）轴　传动零件必须安装在轴上才能实现回转运动，减速器轴普遍采用阶梯轴，传动零件和轴多以键连接。

（3）轴承组合与安装　轴承组合包括轴承、轴承端盖、密封装置以及调整垫片等。

1）轴承。轴承是支承轴的部件。由于滚动轴承的摩擦系数比普通滑动轴承小，在轴颈尺寸相同时，滚动轴承宽度比滑动轴承小，减速器广泛采用滚动轴承。

2）端盖。轴承端盖用于轴向固定轴承、承受轴向力以及调整轴承间隙的作用。端盖有凸缘式和嵌入式两种。凸缘式端盖调整轴承间隙方便；嵌入式端盖的重量较轻，安装方便。

3）密封装置。在输入和输出轴外伸处，为防止灰尘、水汽及其他杂质侵入轴承，引起轴承急剧磨损和腐蚀，以及防止润滑剂外漏，需在端盖孔与轴处设置密封装置，如图 10-8 所示。

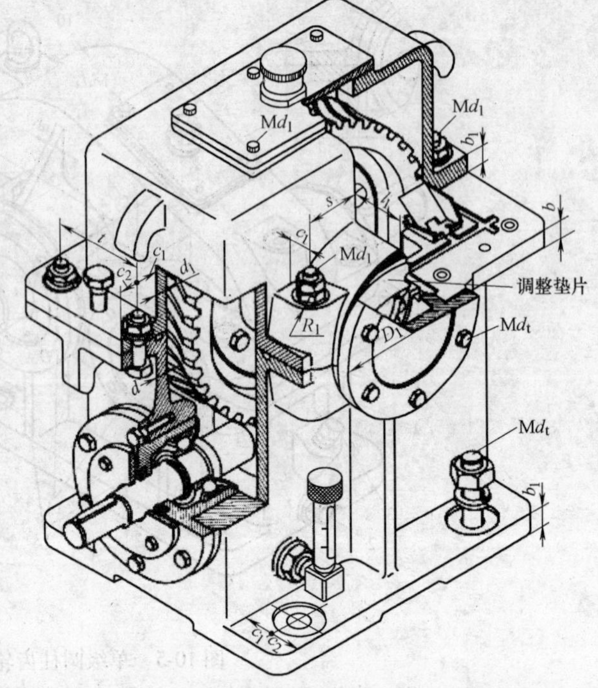

图 10-7　单级蜗杆减速器

4）调整垫片。为了调整轴承间隙，有时也为了调整传动零件（如锥齿轮、蜗轮）的轴向位置，需放置调整垫片，调整垫片由若干个薄的软钢片组成，如图 10-8 所示。

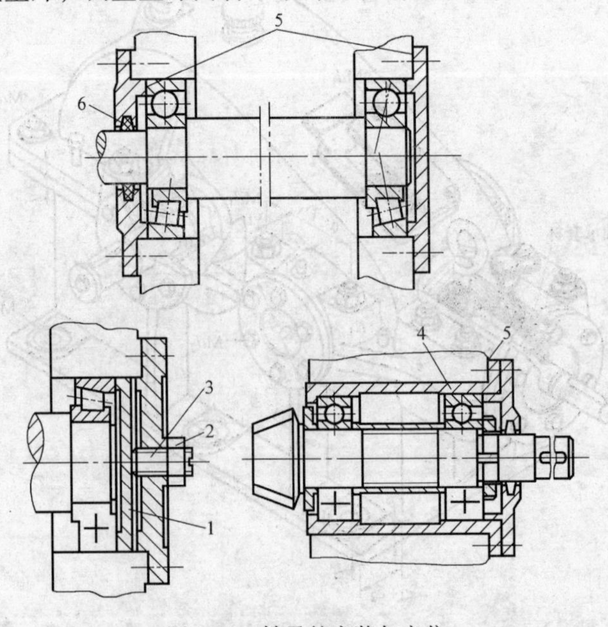

图 10-8　轴承的安装与定位

1—调节压盖　2—螺母　3—调节螺钉　4—套筒

5—调整垫片　6—密封装置

2. 箱体

减速器箱体是用以支承和固定轴系零件，是保证传动零件啮合精度、良好润滑及密封的部件，箱体结构对减速器的工作性能、加工工艺、材料消耗及成本等有很大影响，设计时必须全面考虑。

箱体材料多用铸铁（HT150 或 HT200）制造。铸造箱体易于获得合理和复杂的结构形状，刚度好。在重型减速器中，为了提高箱体强度，也有用铸钢铸造的。铸造箱体制造周期长，质量较大，多用于成批生产。箱体也可用钢板焊成，焊接箱体比铸造箱体轻，生产周期短，一般用于单件生产。

箱体可以是剖分式或整体式。剖分面多取传动件轴线所在平面，一般只有一个水平剖分面。在大型立式齿轮减速器中，为了便于制造和安装，也有采用两个剖分面的，如图 10-9a 所示。剖分式机体增加了接合面凸缘和连接螺栓组件，使机体质量增大。整体式箱体如图 10-9b 所示，整体式箱体加工量少、质量小、零件少，但装配比较麻烦。

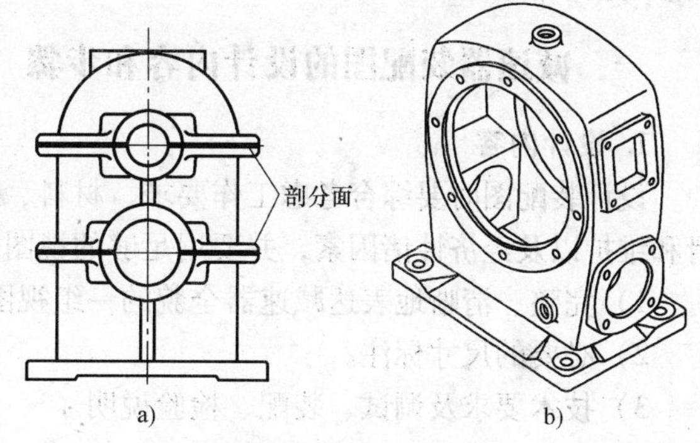

图 10-9 箱体

3. 附件

减速器附件有窥视孔盖板、通气器、油标、放油螺塞、起盖螺钉、定位销、调整垫片、密封装置、环首螺钉、吊环和吊钩，如图 10-5 所示。

1）窥视孔盖板。为了方便检查齿面啮合情况，在减速器上部开有窥视孔，润滑油也由此注入机体内。窥视孔上的盖板，用以防止污物进入机体内和润滑油飞溅出来。

2）通气器。减速器运转时，由于齿面接触摩擦发热，使机体内润滑油温度升高，气压增大，为避免润滑油从缝隙（如剖面、轴伸处间隙）向外渗漏。多在机盖顶部或窥视孔盖上设有通气器，使机体内热涨气体自由逸出，达到机体内外气压相等，提高机体有缝隙处的密封性能。

3）油标。油标用于检查油面高度，以保证在传动时有正常的油量。油标有各种结构类型，有的已定为国家标准件。

4）放油螺塞。减速器底部设有放油孔，用于排出污油，注油前要用螺塞堵住。

5）起盖螺钉。机盖与机座接合面上常涂有水玻璃或密封胶，联结后接合较紧，不易分开。为便于取下机盖，在机盖凸缘上常设有两个起盖螺钉，在起盖时，可先顺时针方向拧动螺钉顶起机盖。在轴承端盖上也可以安装起盖螺钉，便于拆卸端盖。

6）定位销。为了保证轴承座孔的制造与安装精度，在机盖和机座用螺栓连接后，镗孔之前配钻配铰两个定位销孔，装上两个定位销。

7）调整垫片。调整垫片由多片很薄的软金属片制成，用以调整轴承间隙。有的垫片还要起调整传动零件（如蜗轮、锥齿轮等）轴向位置的作用。

8）环首螺钉、吊环和吊钩。在机盖上设有环首螺钉或铸出吊环或吊钩，用以拆卸机盖或搬运。在机座上铸出吊钩，用以搬运机座及整个减速器。

9）密封装置。在伸出轴与端盖之间有间隙，必须安装密封件，以防止漏油和污物进入轴承机体内。密封件多为标准件，应根据具体情况选用。

任务2 圆柱齿轮减速器装配图的设计

减速器装配图表达了减速器的设计构思、工作原理和装配关系，也表达了各零件间的相互位置、尺寸和结构形状。它是绘制零件图的基础，又是对减速器部件组装、调试、检验及维修的技术依据。

一、减速器装配图的设计内容和步骤

1. 设计内容

设计装配图时要综合考虑工作要求、材料、强度、刚度、磨损、加工、装拆、调整、润滑和维护以及经济性诸因素，并要用足够的视图表达清楚。一般应包括：

1）完整、清晰地表达减速器全貌的一组视图。

2）必要的尺寸标注。

3）技术要求及调试、装配、检验说明。

4）零件编号、标题栏、明细栏。

2. 设计步骤

减速器装配图一般按以下步骤进行：

1）装配图的设计准备。

2）绘制减速器装配草图。

3）减速器轴系零、部件的设计计算。

4）减速器齿轮的设计计算。

5）减速器箱体的结构设计。

6）附件的选择设计。

7）完成装配图和技术要求。

装配图设计的各阶段不是绝对分开的，会有交叉和反复。在设计过程中，随时要对前面已进行的设计作必要的修改与完善。

二、设计装配图

1. 确定结构设计方案

通过查找阅读减速器有关资料，看实物、模型、录像、减速器拆装等，了解各零件的功能、类型和结构，做到对设计内容心中有数。初步确定减速器的结构方案，包括箱体结构（剖分式或整体式）、轴及轴上零件的固定方式、轴承的类型、润滑及密封方案、轴承端盖的结构（凸缘式或嵌入式）以及传动零件的结构等。

2. 准备原始数据

1）选择电动机的型号、电动机轴直径、轴伸长度、中心高。

2）各传动零件的主要尺寸参数，如齿轮分度圆直径、齿顶圆直径、中心距、锥齿轮锥距、带轮或链轮的几何尺寸、轮毂孔直径和长度尺寸等。

3）联轴器型号、毂孔直径和长度尺寸、装拆要求。

4）选轴承的类型及轴的支承形式（两端固定式或一端固定一端游动式）和轴承的尺寸。

5）键的类型和尺寸系列。

3. 选择图纸幅面、视图布置

装配图一般应用 A0 或 A1 图纸绘制，一般选主视图、俯视图、左视图并配以必要的局部视图。

为加强真实感，尽量采用 1:1 或 1:2 的比例绘图。绘图之前，应先估算出减速器的轮廓尺寸，并留出标题栏、明细栏、零件编号、技术特性表及技术要求的位置，合理布置图面，如图 10-10 所示。

4. 画装配图的注意事项

减速器装配图的设计应由内向外进行，先画内部传动零件，齿轮、轴、轴承和端盖，然后画箱体及附件等。三个视图设计要穿插进行，绝对不能以一个视图一画到底。

画装配图的过程既有结构设计，又有校核计算。计算和画图需要交叉进行，边画图，边计算，反复修改以完善设计。

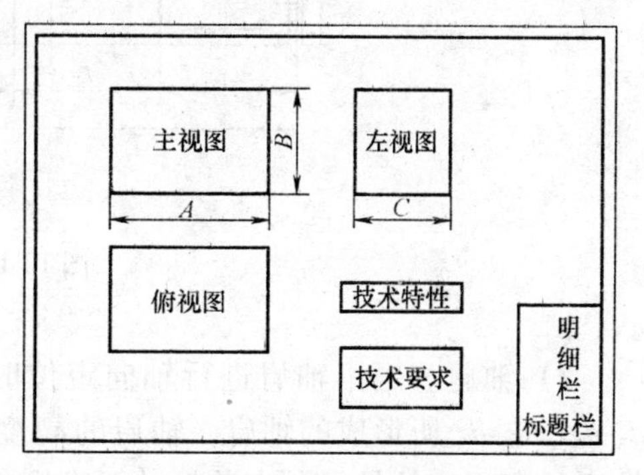

图 10-10　视图布置参考图

装配图上某些零部件（如螺栓组件、轴承等）应按机械制图国家标准关于简化画法的规定绘制。对同类型、尺寸、规格的螺栓组件连接可只画一组，但所画的这一组必须在各视图上表达完整，其他组的连接可用中心线表示。

三、减速器轴系零件的设计计算

1. 轴径的初步估算

轴的结构设计要在初步估算出最小轴径的基础上进行。轴的最小直径可按扭转强度估算，即假定轴只受转矩，根据轴上所受转矩估算轴的最小直径。由式（1-22）计算出最小直径。轴的最小直径估算式为 $d \geqslant A \cdot \sqrt[3]{\frac{P}{n}}$，圆整并取规定值。

功率 P 和转速 n 按减速器各轴计算出的功率与转速代入。

若减速器轴的外伸部分用联轴器与电动机相连，则应综合考虑电动机轴径及联轴器孔径尺寸；若减速器轴的外伸部分用带轮或链轮相连，应考虑轴径及孔径规定尺寸；适当调整初算的轴径尺寸。

2. 轴的结构设计

轴的结构设计是在初步估算出轴径的基础上进行的。为满足轴上零件的装拆、定位要求和便于轴的加工，通常将轴设计成阶梯状。轴结构设计的任务是合理确定阶梯轴的各段直径和长度。

（1）轴各段直径的确定

1）轴上装有齿轮、带轮和联轴器处的直径，如图 10-11 中的 d 和 d_3 应取标准值，参见

表 1-13 轴的标准直径选择。

而装有密封元件和滚动轴承处的直径，如 d_1、d_2 和 d_5，则应与密封元件和轴承的内圈孔径尺寸一致。轴上两个支点的轴承，应尽量采用相同的型号，便于轴承座孔的加工与备料。

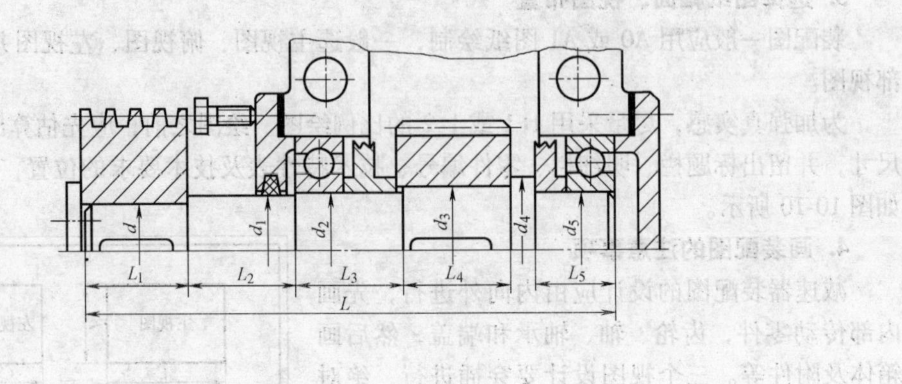

图 10-11 轴的结构设计

2）轴肩。当用轴肩进行轴向定位时，轴肩应具有一定的高度，如图 10-11 中 d-d_1、d_3-d_4、d_4-d_5 所形成的轴肩，轴肩的高度可取（0.07 ~ 0.1）d。用于对轴承内圈定位时，轴肩的高度应按轴承的安装尺寸要求取值，查表 1-11 选取零件倒角 C 与外圆角 R 的推荐值。

如果相邻两轴段的直径变化仅是为了轴上零件装拆方便时，轴肩高度取 1 ~ 2mm 即可，如图 10-11 中 d_1-d_2、d_2-d_3 的变化，也可以采用相同公称直径而取不同的公差值。

3）为了便于切削加工，一根轴上的过渡圆角应尽可能取相同的半径，退刀槽、砂轮越程槽宽度也应取相同数值为好。

（2）轴各段长度的确定　轴各段的长度如图 10-11 所示。L_1 的长度比 V 带轮的轮毂宽度短 2 ~ 5mm；L_2 的长度要考虑通盖的厚度另加螺钉的长度再加 5 ~ 10mm；L_3 的长度为轴承宽度加挡油盘定位套筒长，L_4 的长度比齿轮的轮毂宽度短 2 ~ 5mm；L_5 的长度为轴承宽度加挡油盘定位套筒长。轴的总长 L 应查表按轴的规定长度取值。

四、单级圆柱齿轮减速器装配图

图 10-12 所示为单级圆柱斜齿轮减速器，由图看出，该减速器采用主视图、俯视图和左视图三个视图表示，为了清楚起见，选用了几个局部剖视图。该减速器总长为 424mm，总宽为 365mm，总高为 315mm，两轮的中心距为 132mm，中心高为 165mm。由于减速器是斜齿轮传动，有轴向力存在，轴承采用的是圆锥滚子轴承；轴承盖采用的是凸缘式螺栓连接；轴承内圈与轴采用 n6 过渡配合；轴承外圈与箱体孔采用 H7 间隙配合；从动齿轮与轴选用 A 型平键连接，齿轮轮毂孔为基孔制 7 级精度基准孔，配合的轴段选用 m6 过渡配合。减速器各零件分别在视图上给出了标号，并通过明细栏给出了各零件的名称、数量、材料和标准件的标准号。技术要求给出了装配、调整和检验要求。技术特性给出了齿轮的几个重要参数。

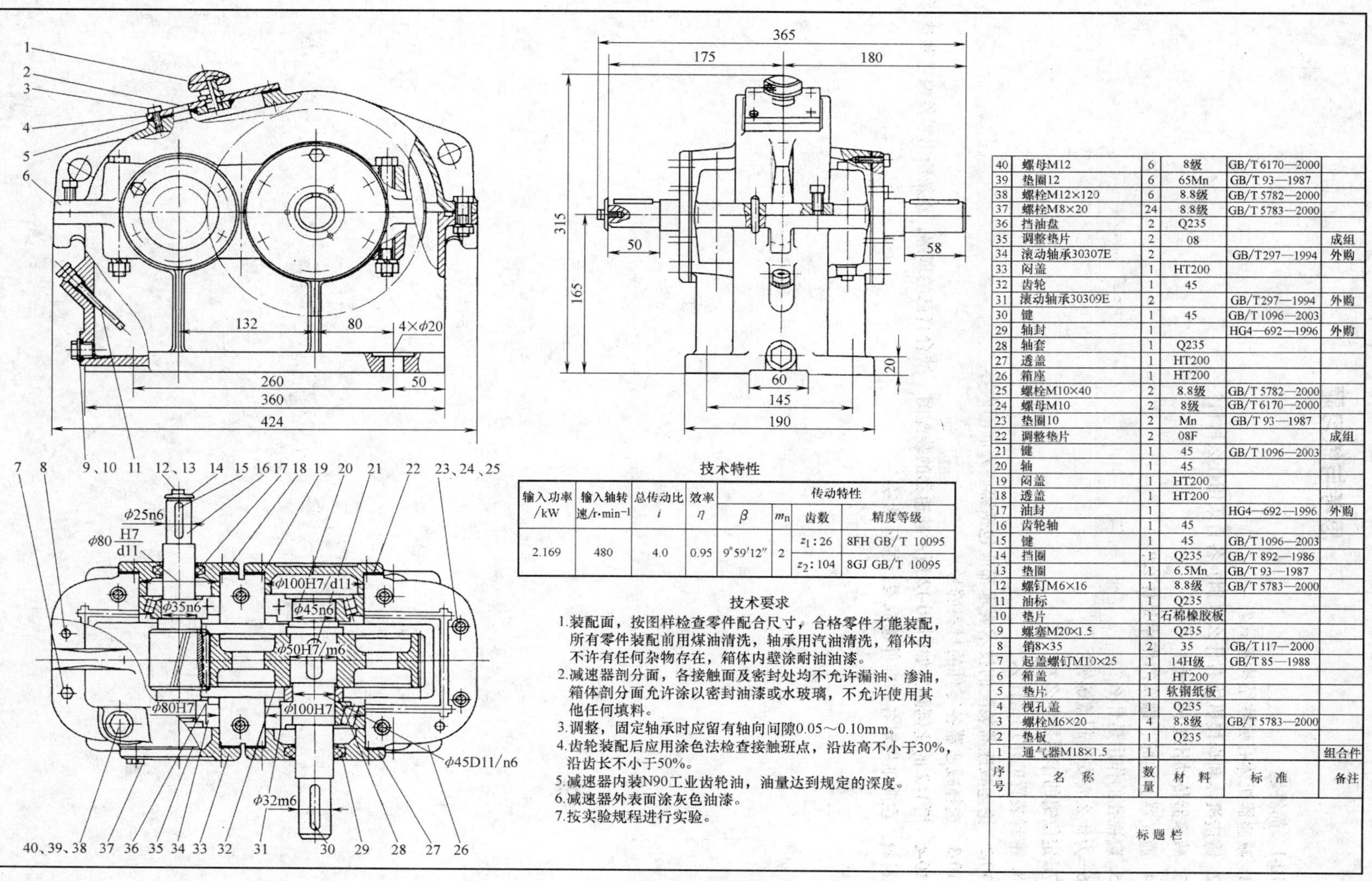

技术特性

输入功率/kW	输入轴转速/r·min⁻¹	总传动比 i	效率 η	传动特性			
				β	m_n	齿数	精度等级
2.169	480	4.0	0.95	9°59′12″	2	z_1：26	8FH GB/T 10095
						z_2：104	8GJ GB/T 10095

技术要求

1. 装配面，按图样检查零件配合尺寸，合格零件才能装配，所有零件装配前用煤油清洗，轴承用汽油清洗，箱体内不许有任何杂物存在，箱体内壁涂耐油油漆。
2. 减速器剖分面，各接触面及密封处均不允许漏油、渗油，箱体剖分面允许涂以密封油漆或水玻璃，不允许使用其他任何填料。
3. 调整，固定轴承时应留有轴向间隙0.05～0.10mm。
4. 齿轮装配后应用涂色法检查接触班点，沿齿高不小于30%，沿齿长不小于50%。
5. 减速器内装N90工业齿轮油，油量达到规定的深度。
6. 减速器外表面涂灰色油漆。
7. 按实验规程进行实验。

序号	名称	数量	材料	标准	备注
40	螺母M12	6	8级	GB/T 6170—2000	
39	垫圈12	6	65Mn	GB/T 93—1987	
38	螺栓M12×120	6	8.8级	GB/T 5782—2000	
37	螺栓M8×20	24	8.8级	GB/T 5783—2000	
36	挡油盘	2	Q235		
35	调整垫片	2	08		成组
34	滚动轴承30307E	2		GB/T297—1994	外购
33	闷盖	1	HT200		
32	齿轮	1	45		
31	滚动轴承30309E	2		GB/T297—1994	外购
30	键	1	45	GB/T 1096—2003	
29	轴封	1		HG4—692—1996	外购
28	轴套	1	Q235		
27	透盖	1	HT200		
26	箱座	1	HT200		
25	螺栓M10×40	2	8.8级	GB/T 5782—2000	
24	螺母M10	2	8级	GB/T 6170—2000	
23	垫圈10	2	Mn	GB/T 93—1987	
22	调整垫片	2	08F		成组
21	键	1	45	GB/T 1096—2003	
20	轴	1	45		
19	闷盖	1	HT200		
18	透盖	1	HT200		
17	油封	1		HG4—692—1996	外购
16	齿轮轴	1	45		
15	键	1	45	GB/T 1096—2003	
14	挡圈	1	Q235	GB/T 892—1986	
13	垫圈	1	6.5Mn	GB/T 93—1987	
12	螺钉M6×16	1	8.8级	GB/T 5783—2000	
11	油标	1	Q235		
10	垫片	1	石棉橡胶板		
9	螺塞M20×1.5	1	Q235		
8	销8×35	2	35	GB/T117—2000	
7	起盖螺钉M10×25	1	14H级	GB/T 85—1988	
6	箱盖	1	HT200		
5	垫片	1	软钢纸板		
4	视孔盖	1	Q235		
3	螺栓M6×20	4	8.8级	GB/T 5783—2000	
2	垫板	1	Q235		
1	通气器M18×1.5	1			组合件

标题栏

图10-12 单级圆柱斜齿减速器装配图

思考与练习题

10-1　简答题

1. 减速器机体有哪些结构形式？

2. 铸造机体和焊接机体有什么区别？各自采用什么材料？

3. 减速器传动比怎样分配？

4. 通气器、油标、螺塞的作用是什么？

5. 窥视孔的作用是什么？

6. 为什么要安装起盖螺钉？

7. 定位销的作用是什么？

8. 密封装置的作用是什么？

10-2　论述减速器装配的技术要求都应包括哪些方面的内容。

10-3　选择减速器各零件的材料牌号。

10-4　用1:2的比例画出如图10-12所示减速器的装配图，结合自己的理解，重新给出零件编号和选择零件材料，在明细栏对各标准件选取现行的标准号。

参考文献

[1] 丁洪生. 机械设计基础［M］. 北京：机械工业出版社，2008.

[2] 杨可桢，等. 机械设计基础［M］. 5版. 北京：高等教育出版社，2006.

[3] 孙宝钧. 机械设计基础［M］. 北京：机械工业出版社，2000.

[4] 荣辉，杨梦辰. 机械设计基础［M］. 北京：北京理工大学出版社，2004.

[5] 傅继盈，蒋秀珍. 机械学基础［M］. 哈尔滨：哈尔滨工业大学出版社，2003.

[6] 陈立德. 机械设计基础［M］. 北京：高等教育出版社，2004.

[7] 郭仁生，魏宣燕，等. 机械设计基础［M］. 3版. 北京：清华大学出版社，2005.

[8] 张策. 机械原理与机械设计［M］. 北京：机械工业出版社，2004.

[9] 邹慧君，等. 机械原理［M］. 2版. 北京：高等教育出版社，2006.

[10] 黄义俊. 机械设计基础［M］. 杭州：浙江大学出版社，2004.

[11] 张京辉. 机械设计基础［M］. 西安：西安电子科技大学出版社，2005.